普通高等学校应用型人才培养基本素质与技能教材

普通话与诗文诵读训练教程

吕建国　编著

北京航空航天大学出版社

内 容 简 介

本书为普通高等学校应用型人才培养基本素质与技能教材，是在广东嘉应学院重点科研课题《客方言区普通话教学研究》的基础上编写而成的。内容包括：普通话语音基础训练、普通话水平测试训练、诗文诵读训练、现代诗文诵读作品选、古典诗文诵读作品选等。

该教材既适用于师范专业，也适用于其他专业的学生学习训练。

图书在版编目(CIP)数据

普通话与诗文诵读训练教程 / 吕建国编著. -- 北京 ：北京航空航天大学出版社，2017.7

ISBN 978-7-5124-2445-6

Ⅰ. ①普… Ⅱ. ①吕… Ⅲ. ①普通话—高等学校—教材②汉语—朗诵—方法—高等学校—教材 Ⅳ. ①H102 ②H119

中国版本图书馆 CIP 数据核字(2017)第 133367 号

普通话与诗文诵读训练教程

吕建国 编著

责任编辑 胡晓柏 张 楠

*

北京航空航天大学出版社出版发行

北京市海淀区学院路 37 号(邮编 100191) http://www.buaapress.com.cn

发行部电话：(010)82317024 传真：(010)82328026

读者信箱：emsbook@buaacm.com.cn 邮购电话：(010)82316936

北京九州迅驰传媒文化有限公司印装 各地书店经销

*

开本：787×1 092 1/16 印张：22.25 字数：570 千字

2017 年 8 月第 1 版 2022 年 9 月第 7 次印刷 印数：17 201～17 700 册

ISBN 978-7-5124-2445-6 定价：42.00 元

若本书有倒页、脱页、缺页等印装质量问题，请与本社发行部联系调换。联系电话：(010)82317024

目　　录

卷一　普通话语音基础训练

卷二　普通话水平测试训练

卷三　诗文诵读训练

卷四 现代诗文诵读作品选

卷五 古典诗文诵读作品选

卷　一

普通话语音基础训练

一　章

[illegible]

第一章　普通话与汉语方言

一、汉民族共同语的形成

民族共同语是民族内部共同用来交际的语言，是识别一个独立民族的主要标志之一。民族共同语一般是在一种方言的基础上形成的。

汉民族共同语的形成，历史悠久，向来都是以北方方言为基础的。早在上古的夏商周和春秋时期就产生了。当时的汉民族共同语被称为“雅言”，主要流行于黄河流域，且用于当时的官场和外交场合。据《论语》记载，孔子在诵读《诗》、《书》，主持礼仪活动时就使用雅言。《左传》、《孟子》中都有一些用雅言解释方言的例子。

两汉之交的扬雄在《方言》中提到的“通语”、“凡语”、“凡通语”、“通名”、“四方之通语”，指的就是不受方言区域限制的词语，具有共同语的性质。隋唐时代，人们写诗词写文章非常注重“正音”，因此诸多韵书应运而生。韵书的出现，“正音”之风的盛行，在客观上起到了推行民族共同语的作用。元代的民族共同语叫“天下通语”，周德清《中原音韵》记录的就是当时的民族共同语。

明清时代的汉民族共同语称为“官话”，官话最初用于官场，后来也流行于民间。民国时期汉民族共同语叫“国语”。新中国成立后汉民族共同语称为“普通话”。

二、普通话的含义

“普通话”这一名称，在清末就已被一些语言学者使用。1906 年，朱文熊就提出了推行与文言、方言相对的各省通用之语“普通话”的构想。与“普通话”同时使用的名称还有“国语”。新中国成立后，为尊重兄弟民族的语言文字，避免引起不必要的误解，1955 年 10 月相继召开的“全国文字改革会议”和“现代汉语规范问题学术会议”决定将规范的现代汉语定名为“普通话”，并确定了普通话的定义和标准。1982 年我国宪法明确规定：“国家推广全国通用的普通话。”2000 年通过的《国家通用语言文字法》明确了普通话作为中华人民共和国通用语言的地位。

普通话以北京语音为标准音，以北方方言（官话方言）为基础方言，以典范的现代白话文著作为语法规范。

三、汉语方言的分区

现在比较通行的，是将汉语方言分为七大区，即七大方言。这七大方言的分布情况大致如下：

1. 北方方言

北方方言，又称官话方言。是现代汉民族共同语的基础方言。以北京话为代表。使用人口约在9亿以上。通行的地区为:长江以北各省全部汉族地区;长江下游,镇江以上,九江以下沿江地带;湖北省除东南角以外的全部地区,广西北部和湖南西北角;云、贵、川三省的非少数民族聚居地区。

2. 吴方言

吴方言也称吴语,主要通行于江苏省长江以南地区和浙江省大部分地区、上海市。以苏州话为代表。使用人口约7千万。

3. 湘方言

湘方言也称湖南话,主要分布在湖南省的大部分地区,以长沙话为代表,使用人口约占汉族总人数的3.2%。

4. 赣方言

分布在江西省大部分地区,以南昌话为代表。使用人口约3千万。

5. 客家方言

以广东梅县话为代表。分布在广东、福建、台湾、江西、广西、湖南、四川等省,其中以广东东部和北部、福建西部、江西南部和广西东南部为主。使用人口约占汉族总人数的3.6%。

6. 闽方言

主要分布在福建省和海南省的大部分地区,广东东部潮汕地区、雷州半岛部分地区,浙江南部温州地区的一部分,广西的少数地区,台湾省的大多数汉人居住区。使用人口约占汉族总人口的5.7%。

7. 粤方言

分布在广东中部、西南部和广西东部、南部。以广州话为代表。使用人口约占汉族总人口的4%。

近些年来,有专家提出将晋语、徽语、平话等方言独立出来成为大方言区,尚未得到公认。

第二章　普通话声韵调发音训练

第一节　语 音 概 说

一、语音的性质

语音是语言的物质外壳，是语言的听觉形式，是最直接的记录人们思维活动的符号系统。有了语音，语言才能被感知，从而具备了传播的条件。

语音同自然界的一切声音一样，也产生于物体的振动。因此，语音具有物理性质。语音是人的发音器官发出来的，发音器官及活动决定语音的区别。因此，语音又具有生理性质。语音是代表意义的，这是语音同自然界其他声音的本质区别，也就是语音的社会性质。

1. 语音的物理性质

从物理性质来看，语音同其他声音一样，具有音高、音强、音长和音色四个要素。

音高　音高是指声音的高低，它决定于发音体振动的快慢。在单位时间里振动次数的多少叫频率，频率的基本单位为赫兹（Hz），每秒振动一次为1赫兹。正常人能够听到的声音范围大约在16到2万赫兹之间。低于16赫兹叫次声，超2万赫兹为超声。一般说来，发音体振动频率的高低与发音体的大小、长短、粗细、厚薄及张力等因素有关。

音高因素在诸多语言里都具有区别意义等功能。例如，汉语的声调就是由音高变化构成的。

音强　音强或叫音重，指的是声音的强弱，它取决于振动幅度的大小。振幅大，声音就强；振幅小，声音则弱。音强在一些语言里也具有区别意义等功能，如汉语里的轻重音。

音长　音长指声音的长短。它取决于发音体振动时间的久暂。音长在某些语言里也有区别意义的作用；在普通话里，音长则是构成轻重、快慢及停连的主要因素。

音色　音色是指声音的本质和特色，所以也叫音质。就语音而言，它反映了每个人不同的声音品质和特色。形成不同音色主要有以下三个原因：一是发音体不同，就人而言，声带的大小、长短、厚薄、松紧等是有差异的，于是就有不同特色的声音。比如，男女声音的差别，儿童与成人与老人声音的差别等。二是发音方法不同。比如，相同发音器官发出的音，由于发音方法不同，形成不同的音素。例如，同一发音部位，我们可以使用气流强弱的不同，发出送气音和不送气音，又可以使用不同的阻碍方式发出塞音和擦音等。三是共鸣器形状不同。如，口腔开合程度不同，发出来的元音就不同；口腔内舌位的前后、高低不同，也发出不同的元音。

2. 语音的生理性质

依据不同功能，人的发音器官分为三大部分：

肺和气管　肺是呼吸气流的活动风箱，呼吸的气流是语音的原动力。

喉头和声带　声带位于喉头的中间，是两片富有弹性的薄膜。声带是发音体。

口腔和鼻腔　口腔和鼻腔是人类发音的共鸣器。

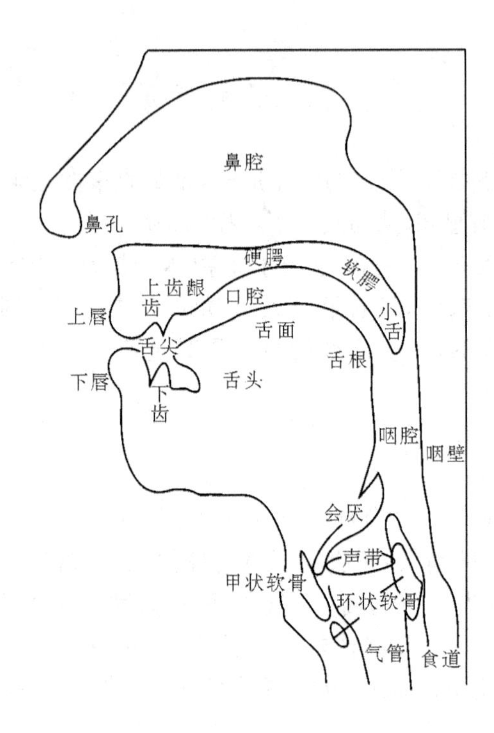

发音器官示意图

3. 语音的社会性质

语音的社会性质主要表现在两个方面：首先，什么样的声音代表什么样的意义，是由使用该语言的社会全体成员约定俗成的；其次，具有相同自然属性的音素，在不同语言或方言可能有着不同的作用。

二、语音的基本单位

1. 音素　从音质的角度划分出来的最小语音单位。音素可分为元音音素和辅音音素两大类。如：ɑ、o、e 是元音音素，b、p、m 是辅音音素。

2. 音位　是一个语音系统中能够区别意义的最小语音单位。

3. 音节　音节是语音结构的基本单位，也是自然感到的最小语音片断。一个音节可以是一个音素，也可以是几个音素的合成。一般说来，一个汉字表示一个音节。

三、汉语拼音方案

（1957 年 11 月 1 日国务院全体会议第 60 次会议通过）
（1958 年 2 月 11 日第一届全国人民代表大会第五次会议批准推行）

1. 字母表

字母	Aa	Bb	Cc	Dd	Ee	Ff	Gg
名称	ㄚ	ㄅㄝ	ㄘㄝ	ㄉㄝ	ㄜ	ㄝㄈ	ㄍㄝ
	Hh	Ii	Jj	Kk	Ll	Mm	Nn
	ㄏㄚ	ㄧ	ㄐㄧㄝ	ㄎㄝ	ㄝㄌ	ㄝㄇ	ㄋㄝ
	Oo	Pp	Qq	Rr	Ss	Tt	
	ㄛ	ㄆㄝ	ㄑㄧㄡ	ㄚㄦ	ㄝㄙ	ㄊㄝ	
	Uu	Vv	Ww	Xx	Yy	Zz	
	ㄨ	ㄪㄝ	ㄨㄚ	ㄒㄧ	ㄧㄚ	ㄗㄝ	

V 只用来拼写外来语、少数民族语言和方言。字母的手写体依照拉丁字母的一般书写习惯。

2. 声母表

b	p	m	f	d	t	n	l
ㄅ玻	ㄆ坡	ㄇ摸	ㄈ佛	ㄉ得	ㄊ特	ㄋ讷	ㄌ勒
g	k	h		j	q	x	
ㄍ哥	ㄎ科	ㄏ喝		ㄐ基	ㄑ欺	ㄒ希	
zh	ch	sh	r	z	c	s	
ㄓ知	ㄔ蚩	ㄕ诗	ㄖ日	ㄗ资	ㄘ雌	ㄙ思	

在给汉字注音的时候，为了使拼式简短，zh ch sh 可以省作 ẑ ĉ ŝ。

3. 韵母表

	i ㄧ　衣	u ㄨ　乌	ü ㄩ　迂
a ㄚ　啊	ia ㄧㄚ　呀	ua ㄨㄚ　蛙	
o ㄛ　喔		uo ㄨㄛ　窝	
e ㄜ　鹅	ie ㄧㄝ　耶		üe ㄩㄝ　约
ai ㄞ　哀		uai ㄨㄞ　歪	
ei ㄟ　欸		uei ㄨㄟ　威	
ao ㄠ　熬	iao ㄧㄠ　腰		

续 表

ou ㄡ 欧	iou ㄧㄡ 忧		
an ㄢ 安	ian ㄧㄢ 烟	uan ㄨㄢ 湾	üan ㄩㄢ 冤
en ㄣ 恩	in ㄧㄣ 因	uen ㄨㄣ 温	ün ㄩㄣ 晕
ang ㄤ 昂	iang ㄧㄤ 央	uang ㄨㄤ 汪	
eng ㄥ 亨的韵母	ing ㄧㄥ 英	ueng ㄨㄥ 翁	
ong （ㄨㄥ） 轰的韵母	iong ㄩㄥ 雍		

（1）“知、蚩、诗、日、资、雌、思”等七个音节的韵母用 i，即：知、蚩、诗、日、资、雌、思等字拼作 zhi，chi，shi，ri，zi，ci，si。

（2）韵母儿写成 er，用作韵尾的时候写成 r。例如：“儿童”拼作 ertong，“花儿”拼作 huar。

（3）韵母ㄝ单用的时候写成 ê。

（4）i 行的韵母，前面没有声母的时候，写成 yi（衣），ya（呀），ye（耶），yao（腰），you（忧），yan（烟），yin（因），yang（央），ying（英），yong（雍）。

u 行的韵母，前面没有声母的时候，写成 wu（乌），wa（蛙），wo（窝），wai（歪），wei（威），wan（弯），wen（温），wang（汪），weng（翁）。

ü 行的韵母，前面没有声母的时候，写成 yu（迂），yue（约），yuan（冤），yun（晕）；ü 上两点省略。

ü 行的韵母跟声母 j，q，x 拼的时候，写成 ju（居），qu（区），xu（虚），ü 上两点也省略；但是跟声母 n，l 拼的时候，仍然写成 nü（女），lü（吕）。

（5）iou，uei，uen 前面加声母的时候，写成 iu，ui，un。例如 niu（牛），gui（归），lun（论）。

（6）在给汉字注音的时候，为了使拼式简短，ng 可以省作 ŋ。

4. 声调符号

阴平	阳平	上声	去声
ˉ	ˊ	ˇ	ˋ

声调符号标在音节的主要母音上。轻声不标。例如：

妈 mā	麻 má	马 mǎ	骂 mà	吗 ma
（阴平）	（阳平）	（上声）	（去声）	（轻声）

5. 隔音符号

a，o，e 开头的音节连接在其他音节后面的时候，如果音节的界限发生混淆，用隔音符号（'）隔开，例如：pi'ao（皮袄）。

第二节　声母发音训练

一、声母的分类

普通话共22个声母，其中21个由辅音充当，还有一个是零声母。充当声母的辅音依据发音部位和发音方法的不同分为以下各类。

1. 按发音部位分类

发辅音时，气流都要受到阻碍，气流受阻的地方就叫做发音部位。按声母的发音部位可将声母分为七类。

双唇音：发音时，上下唇闭合形成阻碍，下唇为主动器官向上动，上唇微动互相接触。双唇音声母有b、p、m三个。

唇齿音：上齿和下唇靠拢形成阻碍。唇齿音声母只有一个，即f。

舌尖前音：舌尖平伸，向上齿背接触或接近形成阻碍。舌尖前音声母有z、c、s三个。

舌尖中音：舌尖和上齿龈(上牙床)接触形成阻碍。舌尖中音声母有d、t、n、l四个。

舌尖后音：舌尖向硬腭的最前端接触或接近形成阻碍。舌尖后音声母有zh、ch、sh、r四个。

舌面前音：舌面前部向硬腭前部接触或接近形成阻碍。舌面前音声母有j、q、x三个。

舌面后音：也称舌根音，舌根向硬腭和软腭的交界处接触或接近形成阻碍。舌面后音声母有g、k、h三个。

2. 按发音方法分类

普通话辅音声母的发音方法有以下五种：

塞音　成阻时发音部位完全形成闭塞；持阻时气流积蓄在阻碍的部位之后；除阻时受阻部位突然解除阻塞，使积蓄的气流透出，爆发破裂成声。所以也称爆破音。普通话声母有6个塞音：b、p、d、t、g、k。

擦音　成阻时发音部位之间接近，形成适度的间隙；持阻时气流从窄逢中间摩擦成声；除阻时发音结束。普通话声母有6个擦音：f、h、x、sh、r、s。

塞擦音　兼有塞音和擦音的特征，是以“塞音”开始，以“擦音”结束。由于塞擦音的“塞”和“擦”是同一部位，“塞音”的除阻阶段和“擦音”的成阻阶段融为一体，两者结合得很紧密。普通话声母有6个塞擦音：j、q、zh、ch、z、c。

鼻音　成阻时发音部位完全闭塞，封闭口腔通路；持阻时，软腭下垂，打开鼻腔通路，声带振动，气流达到口腔和鼻腔，气流在口腔受到阻碍，由鼻腔透出成声；除阻时口腔阻碍解除。鼻音是鼻腔和口腔的双重共鸣形成的。鼻腔是不可调节的发音器官，不同音质的鼻音是由于发音时在口腔的不同部位阻塞，造成不同的口腔共鸣状态而形成的。普通话声母有2个鼻音：m、n。

边音　舌尖和上齿龈稍后的部位接触，使口腔中间部分的通道阻塞；持阻时声带振动，气流从舌头两边与上腭两侧、两颊内侧形成的夹缝中通过，透出成声；除阻时发音结束。普通话声母只有一个边音：l。

此外，普通话的辅音声母还可以按发音时声带是否振动分为清音和浊音；按气流强弱分为送气音和不送气音，普通话只有塞音和塞擦音有送气与不送气的分别。

清音　发音时声带不振动。普通话辅音声母大多数是清音，共有 17 个：b、p、f、d、t、g、k、h、j、q、x、zh、ch、sh、z、c、s。

浊音　发音时振动声带。普通话辅音声母有 4 个浊音：m、n、l、r。

不送气音　发音时，没有送气特征，气流较弱，与送气音形成对立。普通话辅音声母有 6 个不送气音：b、d、g、zh、z、j。

送气音　发音时气流送出比较快也比较持久，由于除阻后声门大开，流速较快，在声门及声门以上的某个狭窄部位造成摩擦，形成“送气音”。普通话辅音声母有 6 个送气音：p、t、k、ch、c、q。

二、双唇音发音训练

1. b[p]双唇不送气清塞音

发音要领　双唇闭合，同时软腭上升，关闭鼻腔通路；气流到达双唇后蓄气；凭借积蓄在口腔中的气流突然打开双唇使气流冲破阻碍爆破成声；声带不要振动。

音节发音练习：

ba bo bi bu bai bei bao bie biao ban ben bin bian bang beng bing

常用字读音练习：

巴 包 逼 掰 杯 波 憋 标 班 奔 宾 边 帮 崩 冰 拔 驳 鼻 白 雹
别 靶 比 补 摆 北 保 表 版 本 贬 榜 丙 毕 部 败 被 报 笨 摈

常用词读音练习：

颁布 包办 卑鄙 标兵 褒贬 奔波 白班 宝贝 摆布 版本 保镖 禀报 不比
半壁 报表 病变 辨别 败北

2. p[p‘]双唇送气清塞音

发音要领　成阻和持阻阶段与 b 相同。除阻时，声门大开，从肺部呼出一股较强气流成声，不振动声带。

音节发音练习：

pa po pi pu pai pei pao pou pie piao pan pen pin pian pang peng ping

常用字读音练习：

趴 坡 坯 扑 拍 抛 瞥 飘 潘 喷 拼 偏 乓 抨 乒 爬 婆 皮 仆
排 培 咆 瓢 盘 盆 贫 便 旁 朋 评 叵 匹 普 跑 撇 瞟 怕 破
佩 派 剖

常用词读音练习：

乒乓 批评 偏僻 拼盘 琵琶 匹配 澎湃 瓢泼 品评 品牌 偏颇 批判

3. m[m]双唇浊鼻音

发音要领　双唇闭合，软腭下垂，打开鼻腔通道；声带振动，气流同时到达口腔和鼻腔，在口腔的双唇后受到阻碍，气流从鼻腔透出成声。

音节发音练习：

ma　mo　me　mi　mu　mai　mei　mao　mou　mie　miao　miu　man　men　min
mang　meng　ming　mian

常用字读音练习：

妈　摸　眯　猫　闷　麻　摩　弥　模　埋　梅　毛　谋　苗　瞒　门　民　忙　盟
明　棉　马　抹　米　母　买　美　某　渺　满　敏　莽　猛　缅　骂　莫　秘　牧
迈　妹　贸　灭　庙　谬　慢　孟　命　面　么

常用词读音练习：

麻木　眉目　明媚　美满　迷茫　泯灭　蒙昧　茂密　命名　牧民　面貌　密码
弥漫　冒昧　谩骂　盲目　明眸　麦苗

4. b p m 综合练习

b－p：逼迫　背叛　宾朋　编排　不怕　鞭炮　布匹　表皮
p－b：批驳　瀑布　陪伴　旁边　拼搏　疲惫　普遍　排版
b－m：帮忙　饱满　背面　避免　表明　部门　白描　斑马
m－b：抹布　脉搏　毛笔　弥补　面包　民兵　目标　棉被
m－p：冒牌　毛皮　门牌　蒙骗　名片　木排

5. 绕口令练习

白庙外蹲一只白猫，白庙里有一顶白帽。白庙外的白猫看见了白帽，叼着白庙里的白帽跑出了白庙。

三、唇齿音发音训练

1. f［f］唇齿清擦音

发音要领　下唇向上门齿靠拢，形成间隙；软腭上升关闭鼻腔通道；使气流从齿唇形成的间隙摩擦通过而成声，不振动声带。

音节发音练习：

fa　fo　fu　fei　fou　fan　fen　fang　feng

常用字读音练习：

发　夫　非　帆　分　芳　丰　罚　佛　福　肥　凡　汾　房　冯　法　辅　诽　否　反
粉　访　讽　珐　富　废　愤　放　奉　翻　繁　烦　返　范　饭　泛　防　妨　坟

常用词读音练习：

仿佛　丰富　夫妇　反复　防腐　非分　发放　反方　芬芳　肺腑　纷繁　方法　吩咐
发奋　放风　非凡　分发　风范

2. f－h 对比练习

发挥　发火　返回　犯浑　废话　分化　腐化　烽火　附会　防护　防洪　分红

3. 绕口令练习

粉红墙上画凤凰，凤凰画在粉红墙；红凤凰，绿凤凰，粉红凤凰花凤凰。

四、舌尖前音发音训练

1. z[ts]舌尖前不送气清塞擦音

发音要领 舌尖抵住上门齿背形成阻塞，在阻塞的部位后积蓄气流；同时软腭上升，关闭鼻腔通道；突然解除阻塞时，在原形成阻塞的部位之间保持适度的间隙，使气流从间隙透出而成声。

音节发音练习：

za ze zi zu zai zei zao zou zuo zui zan zen zuan zun zang zeng zong

常用字读音练习：

匝 兹 租 灾 遭 邹 簪 钻 尊 脏 曾 宗 砸 责 族 贼 凿 昨 咋
子 祖 宰 早 走 左 嘴 攒 怎 总 杂 仄 字 再 造 奏 坐 最 暂
葬 赠 纵

常用词读音练习：

咂嘴 栽赃 曾祖 宗族 杂字 贼子 凿子 祖宗 走卒 总则 崽子 在座
造字 自在 造作 罪则 自尊 做作

2. c[ts‘]舌尖前送气清塞擦音

发音要领 成阻阶段与 z 相同。与 z 不同的是在突然解除阻塞时，声门开启，同时伴有一股较强的气流成声。

音节发音练习：

ca ce ci cu cai cao cou cuo cui can cen cuan cun cang ceng cong

常用字读音练习：

擦 疵 粗 猜 糙 搓 摧 参 村 苍 聪 词 财 曹 痤 残 岑 存 藏 层
从 采 草 璀 惨 忖 侧 次 醋 菜 凑 错 翠 灿 窜 寸 蹭 促 挫

常用词读音练习：

猜测 仓促 匆匆 葱翠 摧残 参差 层次 残存 从此 草丛 措辞 粗糙
璀璨 草测 催促 苍翠 寸草

3. s[s]舌尖前清擦音

发音要领 舌尖接近上门齿背，形成间隙；同时软腭上升，关闭鼻腔通路；使气流从间隙摩擦通过成声。

音节发音练习：

sa se si su sai sao sou suo sui san sen suan sun sang seng song

常用字读音练习：

撒 思 苏 腮 骚 搜 缩 虽 叁 森 酸 孙 桑 僧 松 俗 随 洒 死 扫 擞 所 伞 损 嗓 耸 萨 色 寺 素 赛 岁 算 丧 送 散 嫂 斯 塑 笋 诉

常用词读音练习：

三思 思索 酥松 僧俗 松散 缫丝 洒扫 搜索 诉讼 色素 四散 送死 琐碎 瑟缩

4. z c s 综合练习

z－c：自此　字词　资财　宗祠　在册　早操　座舱
c－z：次子　刺字　词组　存在　脆枣　操作　错综
z－s：自私　子嗣　恣肆　阻塞　杂碎　总算　赞颂
s－z：私自　嗓子　嫂子　色泽　虽则　塑造　所在
c－s：赐死　厕所　才思　辞岁　从速　粗俗　彩色
s－c：四次　颂词　桑蚕　随从　思忖　素菜　酥脆

五、舌尖后音发音训练

1. zh[tʂ]舌尖后不送气清塞擦音

发音要领　舌尖前部上举，舌尖抵住硬腭前端，同时软腭上升，关闭鼻腔通道。在形成阻塞的部位后积蓄气流，突然解除阻塞时，在原形成阻塞的部位之间保持适度的间隙，使气流从间隙透出而成声。

音节发音练习：

zha zhe zhi zhu zhai zhei zhao zhou zhua zhuo zhuai zhui zhan zhen zhuan zhun zhang zheng zhuang zhong

常用字读音练习：

渣 遮 知 诸 摘 招 州 抓 捉 追 瞻 针 专 章 征 装 中 铡 哲 直 竹 宅 着 轴 浊 眨 者 纸 主 窄 找 肘 爪 展 诊 转 准 掌 整 肿 诈 这 志 祝 债 照 昼 拽 坠 战 振 传 丈 壮 重 闸 寨 斩 站 涨 帐 朝 召 罩 折 珍 震 镇 阵 蒸 睁 政 只 枝 支 之 职 执 指 至 制 智 质 治 忠 钟 终 众 周 皱 珠 逐 嘱 著 助 铸 注 赚 庄

常用词读音练习：

支柱 蜘蛛 扎针 招致 周正 挣扎 忠贞 中止 真挚 真正 征战 征兆 专注 专职 追逐 直至 执政 折中 卓著 主旨 转账 指正 指摘 整治 褶皱 辗转 长者 转折 主张 指针 战争 政治 症状 郑重 制止 住宅 注重 驻扎 债主 重镇 壮志 正直

2. ch[tʂʻ]舌尖后送气清塞擦音

发音要领　成阻阶段与 zh 相同。与 zh 不同的是在突然解除阻塞时，声带开启，同时伴有一股较强的气流成声。

音节发音练习：

cha che chi chu chai chao chou chuo chuai chui chan chen chuan chun chang cheng chuang chong

常用字读音练习：

叉 车 吃 出 拆 超 抽 戳 揣 吹 搀 穿 春 昌 称 窗 冲 茶 迟 柴 仇 垂 馋 沉 床 纯 常 程 船 崇 扯 尺 处 吵 丑 产 喘 蠢 敞 逞 闯 宠 诧 撤 赤 触 臭 绰 踹 颤 衬 串 唱 秤 创 冲 差 查 刹 岔 蝉 阐 尝 长 偿 肠 场 厂 畅 倡 抄 钞 朝 彻 尘 陈 趁 撑 城 诚 成 乘 惩 承 持 池 齿 翅 充 重 虫 稠 愁 筹 绸 除 锄 储 疮 炊 捶 锤 忏 辰 晨 趁 痴 耻

常用词读音练习：

出产 出处 拆除 车床 出差 抽查 出丑 穿插 超车 长城 乘除 惩处 蟾蜍 臭虫 除尘 唇齿 初创 充斥 长处 成虫 出场 查抄 铲除

3. sh[ʂ]舌尖后清擦音

发音要领 舌尖前部上举，接近硬腭前端，形成适度的间隙；同时软腭上升，关闭鼻腔通路；使气流从间隙摩擦通过而成声。

音节发音练习：

sha she shi shu shai shei shao shou shua shuo shuai shui shan shen shuan shun shang sheng shuang

常用字读音练习：

杀 奢 师 书 筛 烧 收 刷 说 摔 山 身 栓 商 生 双 啥 舌 时 熟 谁 勺 神 绳 傻 舍 史 暑 色 少 手 耍 甩 水 闪 审 赏 省 爽 厦 射 是 树 晒 哨 受 硕 涮 帅 睡 善 慎 顺 上 胜 沙 删 扇 伤 晌 尚 稍 蛇 摄 社 设 涉 申 深 什 渗 声 升 盛 圣 剩 失 施 湿 诗 尸 石 食 实 识 使 始 式 示 士 世 侍 事 势 市 适 视 瘦 束

常用词读音练习：

山水 申述 声势 生疏 收拾 杀生 深山 身势 赎身 伸手 伤势 少数 手术 闪失 赏识 上声 审视 省事 史书 失守 书生 双数 甩手 时尚 摄氏 设施 上升 顺手 善事 膳食 上税 射手 盛暑 树梢 束手 神圣 施事 时事 史诗 逝世 实施 事实

4. r[ʐ]舌尖后浊擦音

发音要领 舌尖上举，接近硬腭前端，形成适度间隙；同时软腭上升，关闭鼻腔通道；振动声带，气流从间隙中摩擦通过而成声。

音节发音练习：

re ri ru rao rou ruo rui ran ren ruan run rang reng rong

常用字读音练习：

扔 如 饶 柔 然 人 仍 容 惹 扰 蕊 染 忍 软 嚷 热 日 入 绕
肉 若 锐 认 闰 让 仁 任 荣 融 溶 绒 揉 乳 瑞 弱 瓤 刃 纫
韧 蹂 儒 蠕 辱 褥 润

常用词读音练习：

仁人　荏苒　荣任　仍然　柔韧　如若　忍让　闰日　柔弱　扰攘

5. zh ch sh r 综合练习

zh－ch：	战场	章程	照常	真诚	支撑	主持	侦察	展出
zh－sh：	扎实	展示	战术	掌声	招收	真实	整数	准时
zh－r：	众人	主任	转入	阵容	朝日	侏儒	峥嵘	昭然
ch－zh：	产值	长征	沉着	成长	初中	叱咤	传真	查证
ch－sh：	充实	陈述	尝试	出神	传授	重申	昌盛	阐述
ch－r：	出让	成人	承认	愁容	传染	孱弱	常任	仇人
sh－zh：	设置	深重	甚至	时装	实质	伸张	失职	收支
sh－ch：	刹车	擅长	深沉	生产	牲畜	山茶	失常	首创
sh－r：	收容	商人	输入	衰弱	禅让	湿润	示弱	渗入
r－zh：	人质	染指	认真	仁政	日照	戎装	入账	乳汁
r－ch：	热忱	人称	日程	褥疮	热潮	日场	热诚	日常
r－sh：	饶舌	惹事	忍受	认输	柔顺	如实	入神	妊娠

6. zh ch sh 与 z c s 组词对比练习

zh－z	z－zh	ch－c	c－ch	sh－s	s－sh
质子	自制	纯粹	财产	誓死	四十
制造	自主	差错	操场	上诉	死尸
种族	滋长	储存	裁处	神色	私事
准则	杂志	场次	餐车	收缩	丧失
追赃	载重	尺寸	残喘	深思	宿舍
主宰	资助	冲刺	彩绸	生死	算术
指责	字纸	陈词	草创	失散	随时
渣滓	总之	成材	操持	石笋	撒手
赈灾	组织	除草	槽床	殊死	桑葚
长子	遵照	车次	仓储	胜算	扫视
正宗	作者	陈醋	裁撤	哨所	四声
治罪	自传	吃醋	辞呈	胜似	松鼠
壮族	罪状	长辞	促成	世俗	诉说
知足	阻止	筹措	痤疮	深邃	琐事
至尊	做主	初次	残春	上溯	唆使

7. 绕口令练习

天上有个日头，地下有块石头，嘴里有个舌头，手上有五个手指头。不管是天上的热日头，地下的硬石头，嘴里的软舌头，手上的手指头；还是热日头，硬石头，软舌头，手指头，反正都是练舌头。

四是四，十是十，十四是十四，四十是四十；四不是十，十不是四，十四不是四十，四十不是十四。

试将四十四束极细的紫丝线，试织四十四支极细的紫狮子，细紫丝线试织细紫狮子，织细紫狮子用细紫丝线。

六、舌尖中音发音训练

1. d[t]舌尖中不送气清塞音

发音要领　舌尖抵住上齿龈，形成阻塞；软腭上升，关闭鼻腔通路；气流到达口腔后蓄气，突然解除阻塞成声，不振动声带。

音节发音练习：

da de di du dai dei dao dou die duo diao diu dui dan dian duan dun dang deng ding dong

常用字读音练习：

搭 低 督 呆 刀 都 爹 多 刁 丢 堆 单 颠 端 敦 当 灯 丁 冬
达 得 敌 毒 叠 夺 打 底 堵 歹 得 导 陡 朵 胆 点 短 党 等
顶 懂 大 地 度 代 道 斗 舵 掉 对 蛋 电 段 顿 档 瞪 定 动
答 戴 带 贷 待 怠 耽 担 丹 但 淡 诞 弹 挡 荡 刀 捣 倒 岛
悼 盗 德 的 登 蹬 凳 堤 滴 笛 抵 第 帝 弟 递 缔 掂 典 店
淀 垫 殿 奠 雕 叼 吊 钓 调 跌 碟 盯 钉 订 东 董 冻 洞 栋
豆 逗 独 读 杜 肚 渡 锻 断 兑 队 吨 蹲 躲 跺 堕 夺 傣 袋
稻 涤

常用词读音练习：

达到 打倒 打赌 大胆 大地 大多 大队 大道 大典 大豆 歹毒 带动 单调
单独 单打 担当 担待 当代 当地 当道 捣蛋 导弹 导电 到达 到底 道德
得到 得当 等待 低档 敌对 抵达 地带 地道 地点 颠倒 点滴 电灯 电镀
调动 掉队 跌宕 叮咚 顶点 顶端 定点 订单 定夺 动荡 兜底 斗胆 抖动
独到 独断 断代 对等 对待 对答 蹲点

2. t[tʻ]舌尖中送气清塞音

发音要领　成阻、持阻阶段与d相同；除阻阶段声门大开，从肺部呼出一股较强的气流成声。

音节发音练习：

ta te ti tu tai tao tou tie tiao tuo tui tan tian tuan tun tang teng　ting　tong

常用字读音练习：

他　踢　突　胎　掏　偷　贴　挑　拖　推　贪　天　湍　吞　汤　听　通　题　图
台　逃　头　条　驮　谈　田　团　屯　唐　疼　停　同　塔　体　土　讨　铁　妥
腿　坦　舔　躺　统　挺　踏　特　替　兔　太　套　透　跳　态　摊　滩　坛　潭
毯　叹　炭　塘　糖　倘　烫　淘　陶　藤　腾　提　蹄　剃　添　填　甜　调　亭
艇　庭　铜　童　捅　筒　投　凸　秃　徒　途　屠　吐　托　脱　椭　拓　苔　痰
昙　檀　袒　堂　淌　滔　绦　誊　梯　剔　屉　贴

常用词读音练习：

塔台　抬头　贪图　探讨　唐突　淘汰　逃脱　体贴　体态　体统　天堂　天庭　天梯
挑剔　调停　跳台　铁蹄　通天　头疼　头套　头天　头痛　投胎　团体　推托　吞吐
脱胎　脱逃　拖沓　妥帖

3. n[n]舌尖中浊鼻音

发音要领　舌尖抵住上齿龈，形成阻塞；软腭下垂，打开鼻腔通路；声带振动，气流同时到达口腔和鼻腔，在口腔受到阻碍，气流从鼻腔透出成声。

音节发音练习：

na　ne　ni　nu　nü　nai　nei　nao　nie　niao　niu　nuo　nüe　nan　nen　nian
nin　nuan　nang　neng　ning　nong　niang

常用字读音练习：

捏　妞　拈　囊　拿　泥　奴　挠　牛　挪　南　年　您　能　宁　农　娘　哪　你
努　女　奶　脑　鸟　扭　捻　暖　攮　那　逆　怒　耐　内　闹　聂　尿　拗　诺
虐　难　嫩　念　弄　酿　纳　乃　男　呢　拟　尼　撵　柠　凝　浓　捺　呐　钠
纳　奈　铙　恼　霓　鲵　啮　镍　孽　狞　纽　浓　脓　弩　疟　懦　糯

常用词读音练习：

牛奶　牛腩　奶娘　奶牛　男女　恼怒　能耐　泥泞　泥淖　袅娜　内难　忸怩　农奴

4. l[l]舌尖中浊边音

发音要领　舌尖抵住上齿龈的后部，阻塞气流从口腔中路通过的通道；软腭上升，关闭鼻腔通路，声带振动；气流到达口腔后从舌头与两颊内侧形成的空隙通过而成声。

音节发音练习：

la　le　li　lu　lü　lai　lei　lao　lou　lia　lie　liao　liu　luo　lüe　lan　lian　lin
luan　lun　lang　leng　ling　long　liang

常用字读音练习：

拉　勒　捞　溜　抡　晃　离　炉　驴　来　雷　劳　楼　聊　流　罗　兰　联　林
李　伦　狼　棱　零　龙　凉　喇　理　鲁　旅　垒　老　搂　俩　柳　裸　懒　脸
卵　朗　冷　领　拢　两　辣　乐　力　路　绿　赖　类　涝　露　列　料　六　落
略　烂　练　乱　论　浪　愣　另　亮　腊　蜡　啦　蓝　拦　篮　牢　姥　了　累
厘　梨　犁　里　礼　荔　栗　历　例　立　粒　沥　连　廉　帘　莲　恋　炼　链

粮 梁 良 辆 谅 疗 潦 烈 劣 猎 裂 磷 临 邻 淋 铃 玲 伶 凌
灵 令 留 聋 笼 隆 垄 漏 鹿 露 录 陆 履 屡 率 掠 轮 螺 萝
箩 骆 阑 谰 缆 滥 烙 泪 肋 擂

常用词读音练习：

来路 来临 拉练 拉拢 拦路 劳累 劳力 理论 历来 力量 利率 利落 联络
连累 料理 林立 淋漓 琳琅 玲珑 凌厉 零乱 领路 流连 流离 流量 流落
留恋 流利 流浪 笼络 履历 沦落 伦理 轮流 裸露 磊落

5. d-t、n-l 组词对比练习

d-t：顶替 动弹 灯塔 动态 电梯 大体 对头
t-d：土地 徒弟 铁道 同等 妥当 态度 跳动
n-l：努力 女郎 耐劳 奴隶 年轮 能量 逆流
l-n：留念 老年 冷暖 烂泥 连年 老农 历年

6. 绕口令练习

断头台倒吊短单刀，歹徒登台偷短刀，对对短刀叮当掉。
门口有四辆四轮大马车，你爱拉哪两辆就拉哪两辆。

七、舌面前音发音训练

1. j[tɕ]舌面前不送气清塞擦音

发音要领 舌尖抵住下门齿背，舌面拱起，使舌面前部贴紧硬腭前部；软腭上升，关闭鼻腔通路。在阻塞的部位后面积蓄气流，突然解除阻塞时，在阻塞部位之间保持适度间隙，使气流从间隙透出而成声。

音节发音练习：

ji jia jie jiao jiu ju jue jian jiang jin jing juan jun jiong

常用字读音练习：

击 加 皆 交 究 居 坚 江 今 京 捐 军 激 嘉 接 焦 揪 鞠 缄 僵
筋 晶 涓 菌 吉 夹 节 嚼 局 决 急 颊 竭 菊 掘 脊 甲 解 脚 久
举 检 讲 仅 景 卷 窘 几 假 姐 搅 酒 矩 简 奖 紧 警 迥 建 匠
进 静 眷 俊 计 价 界 叫 旧 具 件 降 敬 圈 骏 继 驾 借 轿 就
句 基 机 积 肌 饥 讥 鸡 极 集 籍 及 即 级 挤 迹 技 季 寄 记
寂 既 忌 纪 佳 家 嫁 架 揭 街 阶 结 截 杰 洁 戒 介 届 胶 郊
浇 娇 骄 狡 绞 饺 角 缴 教 较 觉 纠 玖 救 舅 拘 橘 沮 咀 聚
拒 据 距 俱 巨 锯 剧 绝 觉 攫 爵 角 诀 抉 崛 倔 歼 监 尖 间
煎 兼 艰 奸 肩 茧 碱 减 拣 捡 剪 践 贱 溅 箭 剑 健 键 渐 姜
将 桨 酱 斤 金 津 巾 禁 锦 谨 尽 近 晋 浸 劲 惊 精 经 茎 井
颈 竟 境 镜 竞 净 径 胫 痉 劲 倦 君 均

常用词读音练习：
积极　基金　急剧　即将　寂静　嘉奖　家具　加急　加紧　加价　坚决　艰巨　检举
间接　见解　见机　见教　健将　将近　将就　将军　奖金　讲究　降价　焦急　胶卷
交际　交界　教具　接见　接近　阶级　结交　解决　借鉴　进军　京剧　精简　经济
境界　究竟　酒精　救济　聚集　绝句　绝技　绝交　军机　津津　仅仅　渐渐　涓涓
济济　炯炯

2. q[tɕʻ]舌面前送气清塞擦音

发音要领　成阻阶段与 j 相同。不同的是当舌面前部与硬腭前部分离并形成适度空隙时，声门开启，同时伴有一股较强的气流而成声。

音节发音练习：
qi　qia　qie　qiao　qiu　qu　que　qian　qiang　qin　qing　quan　qun　qiong
常用字读音练习：
期　掐　千　枪　敲　切　钦　轻　秋　区　圈　缺　欺　牵　腔　悄　侵　倾　丘　趋
奇　前　墙　桥　茄　琴　情　穷　求　渠　权　瘸　群　齐　钱　强　瞧　勤　晴　琼
球　全　裙　起　卡　浅　抢　巧　且　寝　请　取　犬　启　遣　顷　曲　气　恰　欠
俏　切　庆　去　劝　却　器　歉　峭　窃　趣　券　确　妻　凄　柒　七　漆　沏　其
棋　旗　骑　乞　企　砌　汽　弃　契　迄　歧　崎　祈　铅　迁　签　谦　钎　钳　潜
掮　乾　虔　谴　嵌　羌　蔷　锹　跷　乔　荞　侨　翘　窍　妾　怯　惬　亲　秦　芹
禽　氢　青　晴　清　蚯　酋　囚　泅　曲　屈　驱　蛆　躯　娶　泉　拳　蜷　雀　鹊
洽
常用词读音练习：
七窍　凄切　奇巧　骑墙　祈求　崎岖　企求　气球　气枪　弃权　恰巧　牵强　铅球
千秋　前期　前驱　欠缺　强权　抢亲　强求　秦腔　清漆　轻骑　轻巧　轻取　情趣
请求　窃取　秋千　求情　求全　躯壳　取巧　蜷曲　全球　确切　凄凄　恰恰　切切
轻轻　区区　全权

3. x[ɕ]舌面前清擦音

发音要领　舌尖抵住下门齿背，使前舌面接近硬腭前部，形成适度间隙，气流从空隙摩擦通过而成声。

音节发音练习：
xi　xia　xie　xiao　xiu　xu　xue　xian　xin　xuan　xiang　xing　xiong
常用字读音练习：
西　虾　先　香　消　些　欣　星　兄　休　须　宣　靴　熏　希　瞎　掀　乡　腥　凶
修　虚　喧　削　勋　习　峡　闲　详　鞋　形　雄　徐　悬　学　循　袭　霞　弦　祥
协　型　熊　玄　穴　旬　喜　显　想　小　写　醒　朽　许　选　雪　洗　险　响　晓
省　癣　享　系　下　现　项　笑　谢　信　性　嗅　叙　渲　血　训　戏　夏　献　巷
效　屑　芯　幸　锈　序　炫　迅　吸　牺　稀　锡　膝　熄　惜　嬉　悉　夕　奚　溪
息　席　媳　檄　铣　细　狭　侠　瑕　吓　仙　鲜　纤　籼　嫌　贤　衔　涎　咸　舷

娴 冼 县 馅 宪 羡 陷 限 线 相 镶 箱 湘 襄 厢 降 橡 像 象 相
向 销 肖 宵 硝 潇 萧 箫 校 孝 哮 楔 蝎 邪 携 斜 谐 偕 胁 卸
泻 泄 械 懈 蟹 锌 辛 新 心 薪 兴 猩 行 刑 邢 杏 姓 胸 汹 匈
羞 秀 袖 绣 需 蓄 畜 酗 絮 续 婿 旋 眩 绚 楦 薛 询 巡 寻 汛
殉 徇 驯 逊 讯

常用词读音练习：

嬉戏 嬉笑 悉心 喜讯 细小 细心 戏谑 下限 下乡 下行 下旬 先行 纤细
鲜血 闲心 闲暇 险些 现象 现行 现形 相信 想象 湘绣 乡下 详细 消息
消闲 消夏 小写 小鞋 小心 小型 小学 肖像 校训 些许 新鲜 新兴 新型
心细 心弦 心胸 心虚 心绪 心血 信息 信心 兴修 兴许 星系 星宿 行星
行刑 行凶 凶信 雄心 休息 休想 休学 修行 绣像 虚线 虚心 续弦 宣泄
喧嚣 玄虚 玄学 选修 学习 学校 血腥 血型 血性 血洗 循序 寻衅

4. j q x 组词对比练习

j－q：机器 机枪 激情 极其 急切 技巧 加强 假期 减轻 健全 娇气 接洽
解气 金钱 禁区 惊奇 家禽 进取 锦旗 九泉 剧情 诀窍 军权 俊俏

j－x：机械 讥笑 吉祥 极限 急需 迹象 继续 家乡 坚信 艰险 检修 见效
教学 界线 锦绣 精心 经销 景象 竞选 举行 决心 积习 积蓄 军衔

q－j：期间 奇迹 迁就 前进 前景 抢劫 抢救 强劲 勤俭 亲近 清洁 情景
请假 请柬 请教 全局 穷尽 求救 曲解 取决 拳脚 劝解 群居 清静

q－x：期限 气息 器械 气象 谦虚 谦逊 前线 倾斜 情形 情绪 清醒 倾心
球鞋 屈膝 取消 去向 权限 劝降 缺席 缺陷 确信 清洗 侵袭 浅显

x－j：细节 下级 夏季 先进 现金 相交 橡胶 消极 小姐 谢绝 新近 信件
兴建 行径 虚假 酗酒 选举 胸襟 雄劲 修建 休假 虚惊 叙旧 学究

x－q：稀奇 喜庆 戏曲 辖区 先遣 闲钱 险情 线圈 相劝 小气 小巧 校庆
新奇 星球 省亲 凶器 胸腔 序曲 雪橇 血球 殉情 乡亲 泄气 辛勤
心情 星期 性情 选取 学期 寻求 喜鹊 需求

八、舌面后音发音训练

1. g［k］舌面后不送气清塞音

发音要领 舌面后部隆起抵住硬腭和软腭交界处，形成阻塞；软腭上升，关闭鼻腔通路；气流在受阻的部位后积蓄；突然解除阻塞而成声，不振动声带。

音节发音练习：

ga ge gu gai gei gao gou gua guo gui guai gan gen guan gun gang
geng guang gong

常用字读音练习：

嘎 哥 估 该 高 沟 瓜 锅 规 乖 甘 根 关 刚 耕 光 工 革 国

格　葛　古　改　给　搞　狗　寡　果　鬼　拐　赶　管　滚　岗　梗　广　拱　个
顾　概　够　告　挂　过　贵　怪　干　贯　棍　杠　更　逛　共　盖　感　割　歌
各　跟　公　功　改　构　股　骨　鼓　刮　观　官　归　桂　惯

常用词读音练习：

改观　改过　干戈　干果　尴尬　感官　感光　钢管　钢轨　高歌　格格　耿耿　梗概
公干　骨骼　雇工　瓜葛　乖乖　拐棍　观感　光顾　归公　鬼怪　滚滚　国歌　果敢
过关　故宫　高贵　古怪　广告　够格　公关　改革　贵庚

2. k[k‘]舌面后送气清塞音

发音要领　成阻、持阻阶段与 g 相同。除阻时声门打开，从肺部呼出一股较强气流成声。

音节发音练习：

ka　ke　ku　kai　kao　kou　kua　kuo　kuai　kui　kan　ken　kuan　kun　kang
keng　kuang　kong

常用字读音练习：

科　哭　开　夸　亏　刊　宽　昆　康　坑　筐　咳　葵　狂　卡　可　苦　楷　考
口　垮　砍　肯　款　捆　孔　课　酷　忾　靠　扣　跨　阔　愧　看　困　抗　旷
空　扛　烤　棵　颗　渴　壳　刻　块　快　矿　糠　炕　磕　壳　客　啃　抠　枯
库　挎　框　控

常用词读音练习：

开课　开垦　开口　开阔　慷慨　可靠　可口　刻苦　宽阔　旷课　困苦　开矿　坎坷
苛刻　空旷　夸口

3. h[x]舌面后清擦音

发音要领　舌面后部隆起接近硬腭和软腭的交界处，形成间隙；软腭上升，关闭鼻腔通路；使气流从形成的间隙摩擦通过而成声。

音节发音练习：

ha　he　hu　hai　hei　hao　hou　hua　huo　huai　hui　han　hen　huan　hun
hang　heng　huang　hong

常用字读音练习：

哈　喝　呼　嗨　黑　花　豁　灰　憨　欢　婚　亨　荒　轰　和　湖　还　豪　喉　华
活　淮　回　含　环　浑　航　横　黄　红　虎　海　好　吼　火　毁　喊　狠　缓　谎
哄　贺　护　害　号　后　画　货　坏　会　旱　恨　换　混　汗　行　合　盒　河　嘿
很　哼　厚　壶　划　滑　化　话　慌　挥　或　寒　焊　耗　呵　核　何　烘　虹　宏
胡　患　晃　悔　汇　绘　伙　获　祸

常用词读音练习：

哈哈　含糊　航海　豪华　好坏　荷花　合乎　合伙　后悔　呼呼　哗哗　化合　欢呼
缓和　缓缓　黄昏　辉煌　挥霍　悔恨　会话　混合　祸害　海涵　行话　浩瀚　黄河
后患　呼喊　胡话　护航　花卉　淮海　怀恨　昏黄　浑厚　火红　呵护　横祸　恍惚
回合　火候　火花

4. g k h 与 j q x 对比练习

g－j：改建 改进 干净 赶紧 感激 感觉 稿件 告诫 歌剧 隔绝 根据 工具
攻击 恭敬 供给 公斤 估计 古迹 规矩 归结 国家 柑橘 赶紧 干将
刚劲 高见 高洁 根茎 攻坚 公家 构件 故交 关节 光景 轨迹 过节

j－g：机关 激光 籍贯 及格 加工 价格 坚固 间隔 浇灌 结果 结构 解雇
尽管 进攻 经过 警告 鞠躬 军官 技工 记过 夹攻 见怪 讲稿 降格
交工 娇贵 教规 巾帼 禁锢 居功

k－q：考取 可巧 恳求 恳切 空气 空前 口腔 矿区 卡钳 开启 开窍 看轻
考勤 空缺 口琴 矿泉

q－k：期刊 千克 轻快 情况 请客 缺口 期考 气孔 卡壳 掮客 切口 勤快
青稞 清苦 轻狂 穷困

h－x：海峡 害羞 寒暄 汉学 航行 好像 核心 和谐 狠心 恒星 横行 互相
化纤 欢笑 幻想 灰心 回想 混淆 或许 海蟹 寒心 何许 和煦 胡须
花絮 滑行 华厦 欢欣 诙谐 回旋

x－h：先后 鲜红 闲话 陷害 相互 销毁 消耗 校徽 笑话 协会 信号 行贿
幸好 凶狠 雄厚 学会 血汗 循环 瞎话 下颌 吓唬 显赫 卸货 杏黄
凶悍 雄浑 休会 虚幻 玄乎 驯化

5. h－f 对比练习

何妨 和风 洪峰 洪福 花费 花粉 划分 化肥 荒废 回访 回复 汇费 混纺
活泛 活佛 虎符 豪放 横幅

6. 绕口令练习

哥挎瓜筐过宽沟，赶快过沟看怪狗；光看怪狗瓜筐扣，瓜滚筐空哥怪狗。

哥哥过河捉个鸽，回家割鸽来请客；客人称鸽吃鸽肉，哥哥请客乐呵呵。

红饭碗，黄饭碗，红饭碗盛满碗饭，黄饭碗盛半碗饭，黄饭碗添半碗饭，像红饭碗一样满碗饭。

一个大嫂子，一个大小子。大嫂子找大小子比包饺子，看是大嫂子包的饺子好，还是大小子包的饺子好？再看大嫂子包的饺子少，还是大小子包的饺子少？大嫂子包的饺子又小又好又不少，大小子包的饺子又小又少又不好。

稀奇稀奇真稀奇，麻雀踩死老母鸡，蚂蚁身长三尺六，八十岁老头儿躺在摇篮里。

第三节 韵母发音训练

一、韵母的构成及分类

1. 韵母的构成

韵母的构成成分可分为韵头、韵腹、韵尾三种。其中，韵腹是构成韵母的必需成分，所以又称主要元音。韵头、韵尾则是相对韵腹而言的，韵腹前面的元音是韵头，韵腹后面的元音或辅音则是韵尾。韵头，又叫介音，由高元音充当；韵尾，也叫尾音，由高元音或辅音充当。依据韵头、韵腹、韵尾三者组合方式，普通话韵母的构成有以下四种情况：

韵头＋韵腹＋韵尾　如：iao　iou　ian　iang

韵头＋韵腹　如：ia　ua　üe

韵腹＋韵尾　如：ai　ou　an　ang

韵腹　如：a　o　e　i　u　ü

2. 韵母的分类

依据构成韵母的音素情况可将韵母分为单韵母、复韵母、鼻韵母三类。单韵母即单元音韵母，是由一个元音音素构成的；复韵母即复元音韵母，是两个或三个元音音素组合而成的；鼻韵母是指带有鼻辅音韵尾的韵母，普通话里有两个鼻辅音韵尾，一个是 n，称为前鼻音，一个是 ng[ŋ]，称为后鼻音。

依韵母开头的音素发音时口形的圆展、开口的大小等因素，可将韵母分为四类，即：

开口呼：以 a，o，e 等开头的韵母；

齐齿呼：以 i 开头的韵母；

合口呼：以 u 开头的韵母；

撮口呼：以 ü 开头的韵母。

韵母的构成及分类详见下表：

普通话韵母总表

四呼 韵母 结构	开口呼	齐齿呼	合口呼	撮口呼	按韵头分类 韵母 按韵尾分类
单元音韵母	-i[ɿ][ʅ]	i[i]	u[u]	ü[y]	无韵尾韵母
	a[A]	ia[iA]	ua[uA]		
	o[o]	io[io][①]	uo[uo]		
	e[ɤ]				
	ê[ɛ]	ie[iE]		üe[yE]	
	er[ər]				
复元音韵母	ai[ai]		uai[uai]		元音韵尾韵母
	ei[ei]		uei[uei]		
	ao[ɑu]	iao[iɑu]			
	ou[əu]	iou[iəu]			
鼻韵母	an[an]	ian[iæn]	uan[uan]	üan[yæn]	鼻音韵尾韵母
	en[ən]	in[in]	uen[uən]	ün[yn]	
	ang[ɑŋ]	iang[iɑŋ]	uang[uɑŋ]		
	eng[ɤŋ]	ing[iŋ]	ueng[uɤŋ]		
			ong[uŋ]	iong[yŋ]	

① io 为特殊韵母，只能自成音节，如 yō（哟）。

二、单韵母发音训练

单韵母由一个元音音素构成。可分为舌面元音和舌尖元音两类，各自又依舌位的前后高低及发音时唇形的圆展再分若干小类。普通话里所涉及的舌面元音在舌位图上所处位置如下图所示：

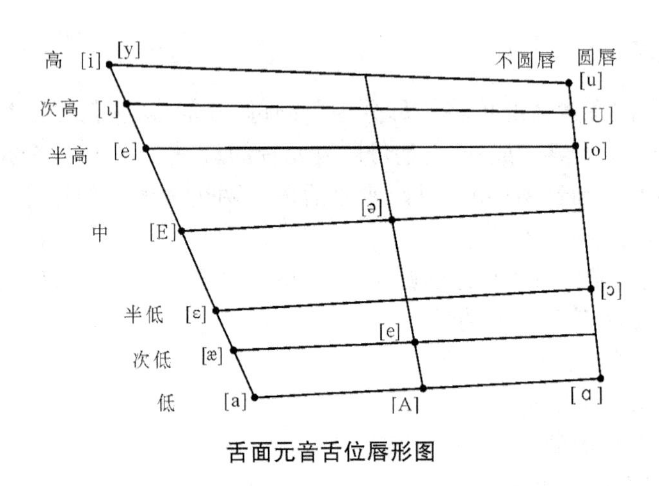

舌面元音舌位唇形图

1. ɑ[A]舌面央低不圆唇元音

发音要领 口大开，舌尖微离下齿背，舌面中部微微隆起与硬腭后部相对。发音时，声带振动，软腭上升关闭鼻腔通道。唇形不圆。

音节发音例字：

ɑ：阿啊　　bɑ：巴拔　　pɑ：趴爬　　mɑ：妈麻　　fɑ：发罚　　dɑ：耷达
tɑ：他塔　　nɑ：拿那　　lɑ：拉辣　　gɑ：嘎旮　　kɑ：喀卡　　hɑ：哈蛤
zhɑ：扎闸　　chɑ：叉茶　　shɑ：杀啥　　zɑ：咂杂
cɑ：擦　　sɑ：仨撒

双音词练习：

发达　沙发　哪怕　刹那　大厦　马达　打靶　打岔　大法　大卡
发蜡　嘎巴　杂沓　拉杂　哈达　扒拉　耷拉　喇嘛

2. o[o]舌面后半高圆唇元音

发音要领 上下唇自然拢圆，舌身后缩，舌面后部隆起和软腭相对，舌位在半高略低。发音时振动声带。

音节发音例字：

o：噢　　bo：波驳　　po：坡婆　　mo：摸摩　　fo：佛

双音词练习：

薄膜　泼墨　默默　伯伯　婆婆　馍馍

3. e[ɤ]舌面后半高不圆唇元音

发音要领　口半闭，展唇，舌身后缩，舌面后部稍隆起和软腭相对，比元音 o 略高而偏前。发音时舌面前部自然下垂。软腭上升，关闭鼻腔通路，振动声带。

音节发音例字：

ge：哥格　ke：颗可　he：喝河　zhe：遮者　che：车扯　she：舌社
re：惹热　ze：责仄　se：色　e：阿（阿胶）　鹅恶（恶心）　厄扼遏恶

双音词练习：

隔阂　合格　客车　特色　折合　车辙
隔热　褐色　色泽　特赦　折射　割舍
苛刻　哥哥　这么

4. ê[ɛ]舌面前半低不圆唇元音

发音时，唇形是扁平状，舌头前伸使舌尖抵住下齿背，舌面前部隆起和硬腭相对，振动声带。普通话中只有"欸"这个字念 ê(零声母)。

5. i[i]舌面前高不圆唇元音

发音要领　口微开，两唇呈扁平形，上下齿相对（齐齿），舌尖接触下齿背，使舌面前部隆起和硬腭前部相对。发音时，振动声带，软腭上升关闭鼻腔通路。

音节发音例字：

yi：衣移椅意　bi：逼鼻比毕　pi：披皮匹屁　mi：眯弥米密　di：低笛底弟
ti：踢提体替　ni：妮泥你逆　li：梨李栗　ji：积极挤技　qi：漆旗启气
xi：希习喜戏

双音词练习：

比例　笔记　极其　机器　集体　积极　记忆　厘米　立即　体系　以及　意义
鼻涕　地理　激励　利弊　奇迹　提议　袭击　洗涤　毅力　鄙弃　比拟　嫡系
积习　吉利　匿迹　霹雳　契机　体例　稀奇　细腻　屹立　姨姨　力气　底细

6. u[u]舌面后高圆唇元音

发音要领　双唇收缩成圆形，略向前突出；舌后缩，舌面后部高度隆起与软腭相对。发音时振动声带。

音节发音例字：

bu：部补　pu：瀑朴　mu：幕母　fu：付腐　du：度睹　tu：兔土　nu：怒努
lu：路鲁　gu：顾古　ku：酷苦　hu：护虎　zhu：注煮　chu：怵楚　shu：树暑
ru：入辱　zu：组足　cu：促粗　su：素俗　wu：乌屋污巫　无吴　伍武捂　误悟务物

双音词练习：

不如　初步　读书　服务　复述　鼓舞　朴素　突出　补助　部署
出入　粗鲁　督促　幅度　俘虏　辅助　辜负　互助　目睹　瀑布
输入　束缚　祝福　祖母　酷暑　如故　侏儒

7. ü[y]舌面前高圆唇元音

发音要领　两唇拢圆，略向前突；舌尖抵住下齿背，使舌面前部隆起与硬腭前部相对。发音时振动声带。

音节发音例字：

yu：迂鱼雨玉　ju：居菊举巨　qu：趋渠取去　xu：须徐许续　nü：女衄　lü：驴旅虑

双音词练习：

区域　旅居　须臾　序曲　絮语　语序　语句　豫剧　屈居

区区　屡屡　女婿

8. er[ər]卷舌央中不圆唇元音

发音要领　口自然打开，舌位不前不后不高不低；舌前、中部上抬，舌尖向后卷，和硬腭前端相对。发音时，声带振动，软腭上升，关闭鼻腔通道。er韵母自成音节，不与辅音声母相拼。

音节及例字词练习：

ér：儿而　ěr：耳尔饵　èr：二贰

而且　而已　而后　而是

儿女　儿童　儿子　儿歌　儿孙　儿戏

耳背　耳垂　耳朵　耳光　耳机　耳目

二胡　二话　二心　二进制　二人转

诱饵　幼儿　第二　然而　不过尔尔

9. -i(前)[ɿ]舌尖前高不圆唇元音

发音要领　口略开，展唇，舌尖和上齿背相对，保持适当距离。气流通路较狭窄，但气流通过时不发生摩擦。这个韵母只出现在z、c、s三声母的后面，且与三声母的发音部位基本在同一位置。可结合声母一起练习发音，即只读音节zi、ci、si。

音节及字词练习：

zi：资滋姿孳辎孜　子紫仔　自字　ci：疵　词磁雌辞慈　此　刺次伺赐

si：撕斯思私司丝嘶　死　寺四肆似饲

自此　自私　字词　次子　赐死　子嗣　咨询　资产　姿态　滋长　孳生　辎重　子弹

子弟　子孙　子夜　仔细　紫色　自卑　自然　自恃　自刎　字典　字帖　词汇　词序

祠堂　雌蕊　磁极　慈爱　辞职　瓷器　此刻　此时　此外　此间　次数　次等　刺耳

赐予　刺猬　伺候　思维　私营　司令　撕票　私囊　思忖　死刑　死难　肆虐　寺院

似乎　饲养

10. -i(后)[ʅ]舌尖后高不圆唇元音

发音要领　发音时，口略开，舌尖上翘接近硬腭前部，气流通路虽狭窄，但气流通过时不发生摩擦，唇形不圆。这个韵母只能与舌尖后音声母zh、ch、sh、r相拼。

音节及字词练习：

zhi：只支知汁之　职直执值　指只纸止　至制智质治

chi：吃痴嗤　池迟持驰　齿尺耻侈　赤翅炽斥叱
shi：师失施湿诗尸　十石时食实识　史使始驶　式士世事是适视试
ri：日

只身　支撑　知识　脂肪　枝蔓　肢体　织女　职称　直径　执勤　值日　侄子　植苗
殖民　指令　只得　纸捻　止境　咫尺　旨意　指摘　至今　制订　智能　质疑　秩序
滞销　稚气　吃惊　吃醋　吃重　痴心　痴呆　嗤笑　池塘　持续　迟疑　池沼　驰骋
驰名　迟钝　赤字　翅膀　炽热　赤诚　叱咤　斥责　赤贫　齿轮　尺寸　耻辱　齿龈
侈谈　尺码　耻笑　师范　失约　施行　湿润　诗歌　尸体　尸骸　什锦　石灰　时日
食用　实习　识别　拾掇　史册　使命　始末　矢量　史诗　使者　矢口　式样　示范
侍奉　士兵　世袭　是否　事项　市场　适宜　视觉　试卷　释放　日程　日晕

三、复韵母发音训练

复韵母由复元音构成，依响度较大的主要元音所处的位置可分如下三类：
前响复元音韵母：ai　ei　ao　ou　　后响复元音韵母：ia　ua　uo　ie　üe
中响复元音韵母：iao　uai　uei　iou

1. ai[ai]

发音要领　ai 是前元音的音素复合，舌位动程较宽。发音时，起点元音是比单韵母 a 的舌位靠前的前低不圆唇元音 a[a]（简称前 a），舌尖抵住下齿背，使舌面前部隆起与硬腭相对。从前 a 开始，舌位向 i 的方向滑动升高，大体停在次高元音[ɪ]上。

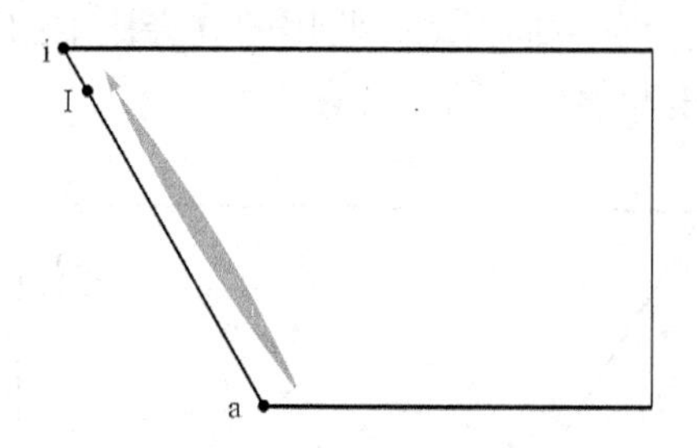

音节发音例字：
ai：哀挨爱　bai：掰白败　pai：拍排　mai：埋买迈　dai：呆歹代
tai：胎台太　nai：奶耐奈　lai：来赖　gai：该改盖　kai：开凯慨
hai：孩海害　zhai：摘窄寨　chai：拆柴豺　shai：筛色晒　zai：灾宰在
cai：猜才菜　sai：腮赛塞
双音词练习：
白菜　灾害　爱戴　开采　拆台　海带　拍卖　择菜　彩排　买卖　抬爱　海派　白白
太太　哀求　柏树　猜测　豺狼　逮捕　概括　海拔　凯旋　来往　埋没　耐烦　徘徊
腮腺　筛选　泰然　载重　栽培　摘要

2. ei [ei]

发音要领 起点元音是前半高不圆唇元音 e[e],实际发音时,舌位要靠后靠下,接近央元音[ə]。发音过程中,舌尖抵住下齿背,使舌面前部隆起对着硬腭中部。舌位从 e 开始升高,向 i 的方向往前往高滑动,大体停在次高元音[ɩ]上。ei 是动程较短的复合元音。

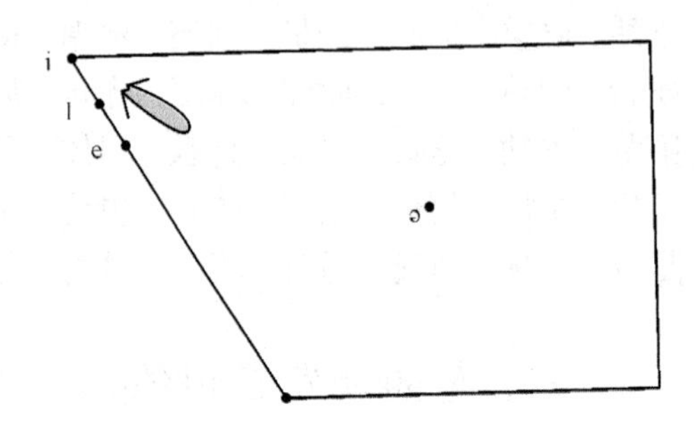

音节发音例字:

bei:杯北被　pei:培赔配　fei:飞肥费　mei:梅美妹　dei:得(去)　nei:内
lei:勒雷累　gei:给　hei:黑嘿　zhei:这(个)　shei:谁　zei:贼

双音词练习:

非常　蓓蕾　北美　贝类　配备　非得　卑鄙　背包　诽谤　沸腾　给以　黑暗　雷雨
类型　没辙　媒介　内容　配合　贼心

3. ou [əu]

发音要领 起点元音比单韵母 o 的舌位略前,接近央元音[ə],唇形略圆。发音时,从略带圆唇的央[ə]开始,舌位向 u 的方向滑动。收尾的 u 音比单韵母 u 的舌位略低,是个次高元音。ou 是普通话复韵母里动程最短的复元音。

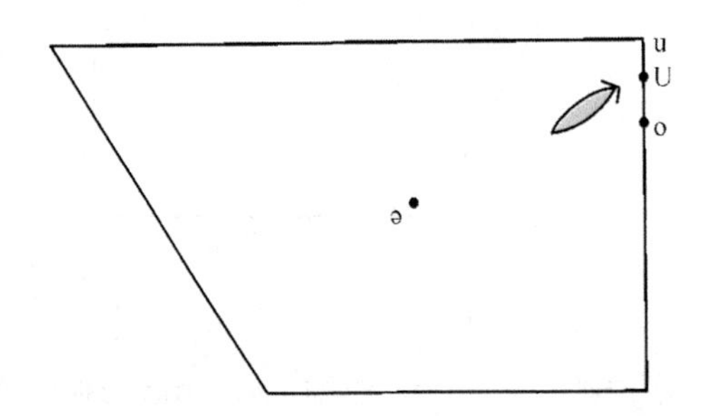

音节发音例字:

ou:欧偶怄　pou:剖　mou:谋某　fou:否　dou:都斗陡　tou:偷头透
lou:楼篓漏　gou:沟狗够　kou:抠口扣　hou:喉吼后　zhou:州轴皱　chou:抽仇臭
shou:收熟狩　rou:柔肉　zou:邹走奏　cou:凑　sou:搜艘

双音词练习:

口头　走漏　走狗　筹谋　丑陋　抖擞　喉头　口授　漏斗　守候　走兽　欧洲　怄气
沤肥　剖白　剖析　谋略　牟取　否定　否决　兜售　斗室　豆豉　偷窃　露面　苟且

勾当　口径　叩拜　喉舌　厚颜　舟楫　骤然　抽签　愁绪　手腕　狩猎　柔韧　肉麻
走失　奏效　凑数　搜寻

4. ao[ɑu]

发音要领　ao是后元音音素的复合。起点元音比单韵母ɑ[A]的舌位靠后，是后低不圆唇元音，可称为后ɑ。发音时，舌头后缩，使舌面后部隆起。从后ɑ开始，舌位向u(拼写时写作o，实际发音接近u)的方向滑动。收尾的u音舌位状态接近单韵母u，但舌位略低。

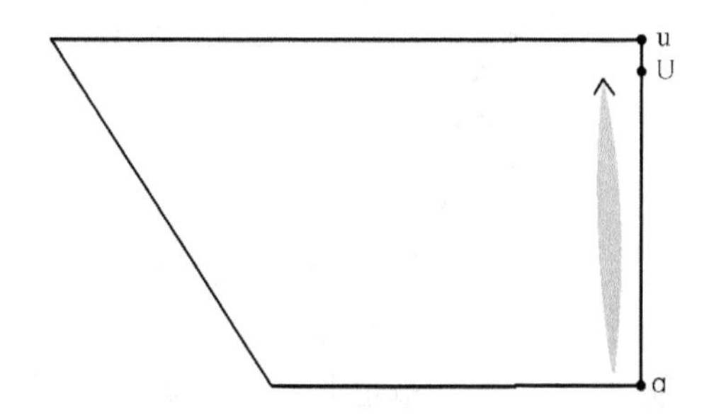

音节发音例字：
ao：凹熬奥　　bao：包薄抱　　pao：抛袍炮　　mao：猫毛冒　　dao：刀捣到
tao：涛桃套　　nao：挠脑闹　　lao：捞劳涝　　gao：高搞告　　kao：考铐靠
hao：豪好号　　zhao：招找赵　　chao：超潮炒　　shao：烧勺少　　rao：饶绕
zao：遭凿造　　cao：糙曹草　　sao：骚扫嫂
双音词练习：
报告　号召　糟糕　操劳　吵闹　高考　牢骚　跑道　敖包　懊恼　包抄　暴躁
草包　高着　告饶　号啕　犒劳　茅草　抛锚　绕道　骚扰　讨好　早稻　祷告

5. ia[iA]

发音要领　起点元音是前高元音i，舌位滑向央低元音ɑ[A]。i的发音较短，ɑ的发音响而长。

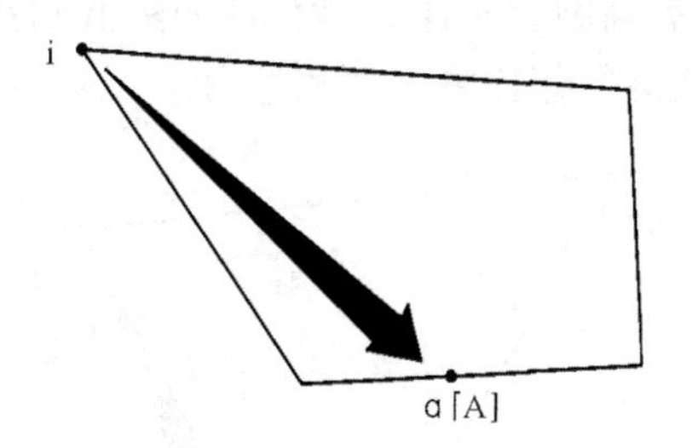

音节发音例字：
ya：压牙哑亚　　jia：家颊甲价　　qia：掐卡恰　　xia：瞎霞下　　lia：俩
双音词练习：
加价　下牙　压价　加压　家家　恰恰　压迫　鸦片　丫头　押解　鸭绒　鸭子　牙齿
芽接　蚜虫　衙门　牙垢　牙碜　哑场　哑铃　雅观　雅兴　雅致　哑巴　亚军　亚麻
嘉奖　夹杂　家眷　佳节　夹缝　枷锁　加冕　袈裟　夹克　戛然　假如　假设　甲壳

甲虫　价格　驾驶　假期　嫁妆　驾驭　架势　掐算　卡壳　恰当　恰巧　恰似　洽谈
瞎扯　虾米　侠义　狭隘　狭窄　辖区　瑕疵　匣子　下降　下午　夏季　下颌　吓唬

6. ie[iE]

发音要领　起点元音是前高元音 i[i]，舌位向下滑向前半低元音 ê[ε]。实际终止位置是比[ε]略高的[E]。ie 舌位动程较窄。

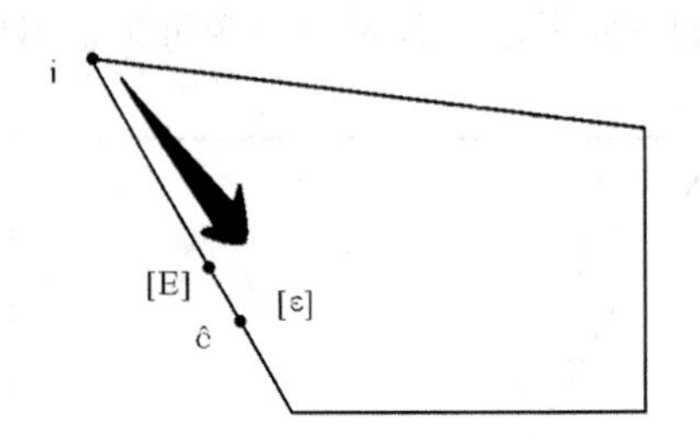

音节发音例字：
bie：憋别　pie：瞥撇　ye：椰爷也业　die：爹跌谍叠　mie：乜灭
tie：贴铁帖　nie：捏聂啮　lie：烈猎　jie：接节姐借　qie：切且怯窃
xie：歇斜写谢
双音词练习：
结业　节烈　接界　切切　谢谢　姐姐　爹爹　贴切　铁鞋　趔趄　喋喋　烈烈　憋气
别人　别扭　跌宕　谍报　迭起　揭露　接触　街坊　阶层　结实　阶级　截止　劫持
节能　杰出　竭力　结晶　解剖　解散　姐妹　戒律　界限　介绍　列车　烈士　裂纹
劣迹　裂缝　猎犬　蔑视　灭绝　捏造　孽障　啮齿　镍钢　撇开　瞥见　苤蓝　撇嘴
切磋　切削　茄子　且慢　切合　怯懦　惬意　窃贼　贴切　帖子　铁锹　些许　楔子
歇凉　协调　携带　谐音　偕同　邪恶　斜射　胁迫　写实　血晕　泻药　泄密　卸任
谢罪　懈怠　蟹黄　野蛮　野营　也罢　冶金　业余　夜宵　液体　谒见　页码

7. ua[uA]

发音要领　起点元音是后高圆唇元音 u，舌位滑向央低元音 a[A]，唇形逐渐由圆变展。由于受 u 的影响，终止位置实际往往比央 a 要稍偏后。

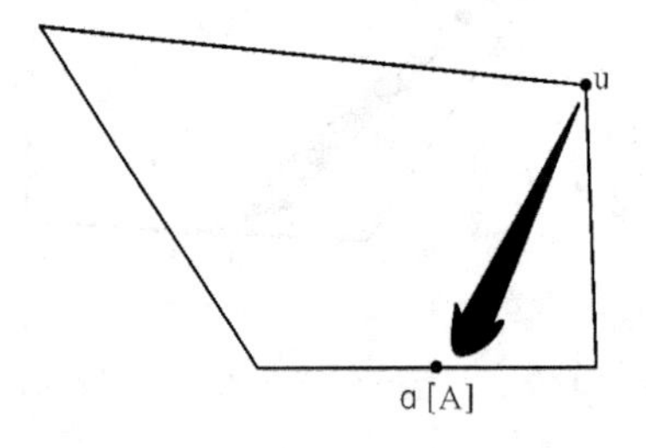

音节发音例字：
wa：挖娃袜　gua：瓜寡挂　kua：夸垮挎　hua：花华话　zhua：抓爪　shua：刷耍
双音词练习：
娃娃　挂花　花袜　耍滑　画画　哇哇　刮脸　瓜葛　寡头　挂帅　花圃　划算　滑润

华夏　哗然　画屏　划拨　化名　夸奖　垮台　挎包　跨越　耍弄　刷新　挖补　瓦砾
佤族　袜筒　瓦刀　抓瞎

8. uo[uo]

发音要领　起点元音是后高元音 u，舌位下滑到后半高元音 o。唇形始终为圆唇，开始唇形收缩稍紧，收尾时唇形开度稍加大。uo 舌位动程很窄，发音时一定注意要有舌位动程，口腔开度由闭到半闭。不能处理成一个单元音的发音过程。

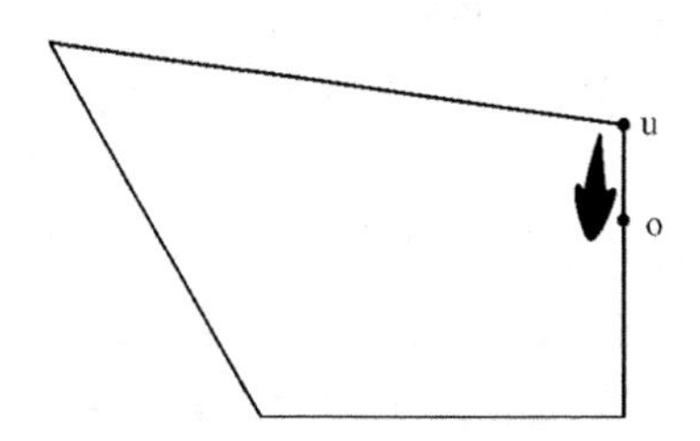

音节发音例字：

wo：窝我沃　duo：多夺跺　tuo：拖驮妥　nuo：挪懦诺　luo：罗裸落
guo：锅国过　kuo：扩阔括　huo：豁活火　zhuo：捉卓浊　chuo：戳辍绰
shuo：说硕　ruo：若弱　zuo：昨左坐　cuo：搓痤错　suo：缩索所

双音词练习：

哆嗦　堕落　啰唆　骆驼　脱落　错过　国货　火锅　阔绰　懦弱　硕果　陀螺　着落
坐落　活捉　蹉跎　做作　罗锅　辍学　绰号　搓板　撮合　痤疮　措辞　挫败　驮子
舵手　国粹　果脯　裹挟　过瘾　豁口　活佛　火烫　豁达　祸殃　霍乱　获悉　货栈
括号　螺旋　螺纹　锣鼓　裸露　落魄　络绎　挪用　糯米　诺言　偌大　若是　说客
硕果　蓑衣　梭镖　唆使　缩写　索引　琐细　锁链　脱档　拖把　拖沓　托词　鸵鸟
驼色　妥帖　拓荒　唾骂　涡流　窝头　蜗牛　倭瓜　斡旋　卧铺　握别　捉摸　拙劣
桌面　卓著　着陆　灼热　酌量　茁壮　琢磨　镯子　作坊　佐证　柞蚕　作梗　作呕
作揖　做主

9. üe[yE]

发音要领　üe 是由两个前元音复合而成。起点元音是圆唇前高元音 ü，舌位下滑至接近前半低元音 ê 的位置，唇形由圆唇逐渐展开。实际发音比 ê 略高为[E]。这也是一个舌位动程较窄的复合元音，发音时既要注意唇形的变化，也要注意舌位的动程。

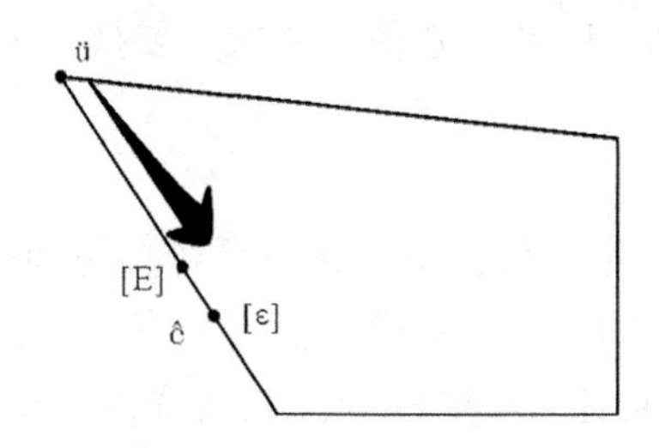

音节发音例字：

yue：曰跃月　jue：决绝掘　que：缺瘸确　xue：薛学雪血　nüe：虐　lüe：略掠

双音词练习：

雀跃　约略　绝学　月缺　跃跃　略略　角色　决断　诀别　抉择　崛起　绝顶　倔强
觉悟　掠取　略微　疟疾　虐待　缺额　鹊桥　却步　雀斑　确诊　学舌　穴位　雪耻
血脉　血型　血渍　血本

10. iao[iɑu]

发音要领　舌位由起点元音前高元音 i 开始，向下向后，滑向后 ɑ[ɑ]，再由低升高到后半高元音 o。终止元音实际位置是比 o 偏高接近后高元音 u 的[U]。唇形由折点元音 ɑ 开始逐渐由不圆唇变为圆唇。这是普通话中舌位动程最大的复合元音之一。动程变化由高到低再由低到高，其中还要加上唇形的变化。一要注意不能由于起始点与终止点元音都是高元音，而使折点元音 ɑ 的位置降不下来，口腔开度不能打开，从而易使与舌位动程曲线相似动程稍窄的三合复合元音 iou 音色相混淆。二要注意三合复合元音发音要是三个元音的复合，要仔细体会舌位的动程，而不能将其中两个元音音素变为一个音色相近的单元音音素，把三合元音变为二合元音来发音。

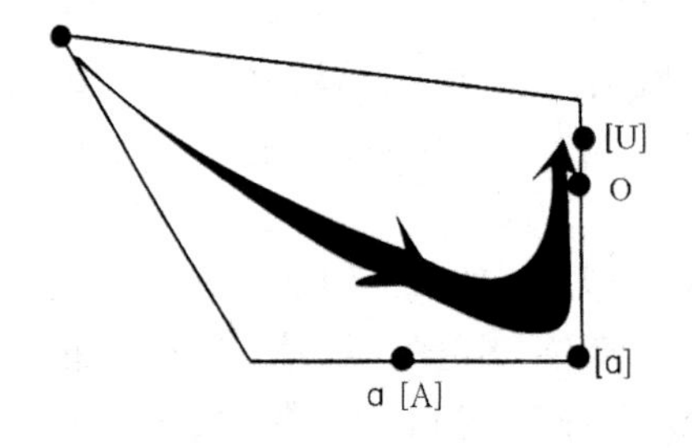

音节发音例字：

yao：腰摇要　　biao：标表鳔　　piao：飘瓢漂　　miao：苗渺妙　　diao：刁掉吊
tiao：挑条跳　　niao：鸟尿　　liao：聊了料　　jiao：交绞轿　　qiao：悄桥巧
xiao：肖小笑

双音词练习：

巧妙　教条　娇小　苗条　脚镣　吊桥　叫嚣　疗效　吊销　渺小　笑料　调教
萧条　秒表　小调　窈窕　飘渺　逍遥　膘情　表决　鳔胶　凋零　刁难　掉色
教书　骄横　矫正　侥幸　剿灭　酵母　潦倒　了结　料想　苗圃　瞄准　藐视
鸟瞰　尿素　漂泊　剽悍　飘洒　瓢虫　漂白　票额　漂亮　敲诈　翘首　乔迁
荞麦　侨居　憔悴　瞧见　悄然　巧遇　峭壁　俏丽　挑拣　条幅　调侃　笤帚
挑唆　眺望　跳蚤　萧瑟　哮喘　效仿　要求　要挟　邀请　遥远　要好　钥匙

11. iou[iəu]

发音要领　舌位由前高元音 i 开始，降至比央元音[ə]稍偏后的位置，再向后向上滑升，终止位置是比后高元音 u 稍低的[U]。唇形由折点元音[ə]开始逐渐拢圆。由于舌位动程曲线相似，要注意与三合复合元音 iao 的区分。在播音发声中要注意复元音 iou 的韵腹元音 o 不能弱化，尤其是在音节中阴平和阳平声调时，更要强调韵腹元音发音时的口腔开度。汉语拼音方案中规定 iou 前拼声母时可以简化拼写为 iu，拼写的简化不能简单地套用成发

音的简化。

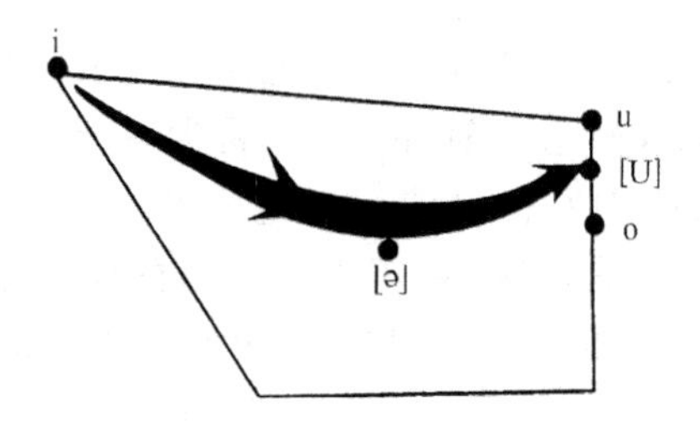

音节发音例字：

you：优由右　　diu：丢　　miu：谬　　niu：妞牛扭　　liu：溜流柳

jiu：揪久旧　　qiu：秋求　　xiu：休朽秀

双音词练习：

优秀　牛油　悠久　求救　旧友　秋游　丢丑　纠缠　酒盅　韭黄　久仰　就范

救生　旧址　臼齿　流窜　留守　谬论　牛蒡　牛犊　牛腩　牛鞅　忸怩　扭捏

纽带　秋风　求饶　囚徒　羞怯　修整　休止　朽木　袖珍　优抚　莜麦　油脂

12. uai[uai]

发音要领　由后高元音 u 开始舌位向前向下滑动到前 a[a]再折向前高元音 i 的方向滑升，终止元音是比前高元音 i 偏低的[ɪ]。唇形由圆唇开始到折点元音 a 逐渐变为展唇；舌位由后到前，由高到低再到高，曲折幅度大。这也是普通话中舌位动程最大的复合元音之一。同样要注意韵元音的舌位一定要能低下来，口腔开度要打开。要注意不能由于拼写可以简化，而发音也简化为二合复合元音。同时要注意与舌位动程曲线相似的三合复合元音 uei 的区分。

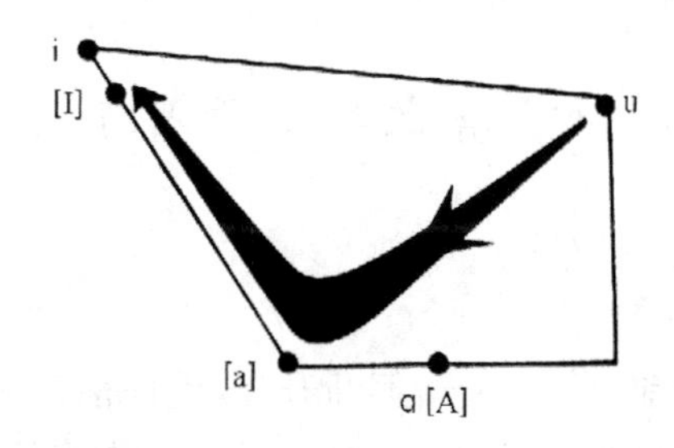

音节发音例字：

wai：歪外　　guai：乖拐怪　　kuai：快块筷　　huai：怀坏

zhuai：拽　　chuai：揣踹　　shuai：衰甩帅

双音词练习：

怀揣　摔坏　外快　乖乖　乖巧　拐杖　怪癖　淮海　踝骨　坏死　快慰　揣测
衰竭

摔跤　甩卖　率先　外埠　外销

13. uei[uei](ui)

发音要领　由后高元音 u 开始，舌位向前向下滑至前半高元音[e]的位置，唇形由拢圆

到展开。实际发音折点元音的位置不是后半高不圆唇元音[ɤ]而是比[e]稍偏后、偏低，相当于央元音[ə]偏前的位置，再向前高元音 i 的位置滑升。终点位置是比 i 稍低的[ɿ]。实际发音时，同样要注意，拼写可以简化，播音发声不能简化。三合复合元音不能发成二合复合元音。特别要注意与舌尖音(包括舌尖前、舌尖中、舌尖后音)拼合的音节，发音时韵腹不能丢失，注意音节声调为阴平、阳平发音时韵腹不能丢失。此外，还应该注意避免另一种倾向，即三合复合元音发音时受方言的影响，折点元音 e 的位置偏低，口腔开度偏大，口腔控制偏松，与前 ɑ[a]接近，使元音 uei 的发音与 uai 相近似的倾向。

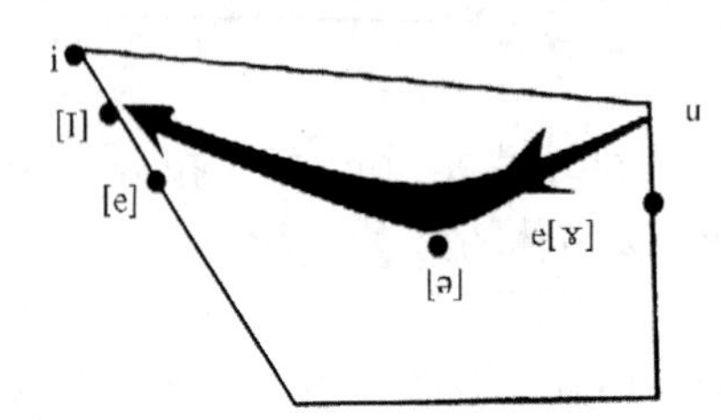

音节发音例字：

wei：威围为　　dui：堆对队　　tui：推颓退　　gui：归鬼桂　　kui：亏葵愧
hui：辉回会　　zhui：追坠　　chui：吹垂　　shui：谁水税　　rui：蕊锐瑞
zui：嘴最　　cui：催翠脆　　sui：虽随岁

双音词练习：

摧毁　垂危　归队　归罪　鬼祟　回归　回味　汇兑　荟萃　退回　未遂　畏罪
卫队　追悔　追随　醉鬼　罪魁　愧对　魁伟　水位　推诿　退税　吹拂　垂涎
璀璨　淬火　兑付　对襟　对峙　瑰宝　诡诈　诙谐　回禀　悔悟　晦涩　窥视
岿然　傀儡　馈赠　锐意　水泵　税率　遂愿　蜕变　威吓　偎依　危难　帷幔
桅樯　猥琐　卫戍　椎骨　追溯　赘述

四、鼻韵母发音训练

1. ɑn[an]

发音要领　起点元音为前 ɑ[a]，舌面逐渐升高，舌面前部贴向硬腭前部。当两者将要接触时，软腭下降，鼻腔通路打开。紧接着舌面前部与硬腭前部闭合，口腔中受阻气流由鼻腔透出。口腔开度由开到闭，舌位动程较大。

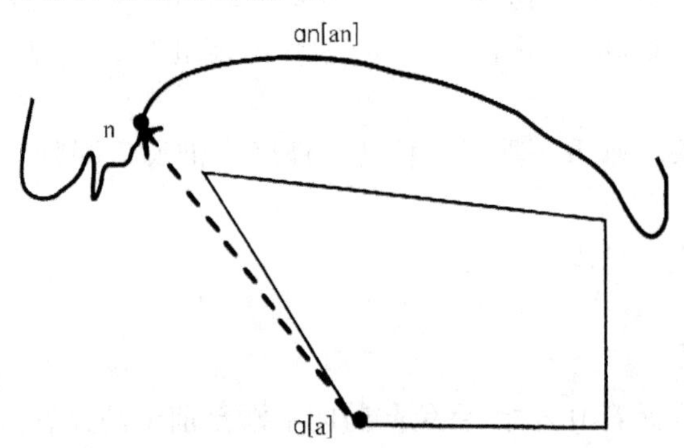

音节发音例字：

an：安按暗　ban：班板半　pan：攀盘盼　man：瞒满慢　fan：帆凡饭
dan：单胆淡　tan：贪潭探　nan：南腩难　lan：兰懒烂　gan：甘赶干
kan：刊砍看　han：憨寒旱　zhan：沾展战　chan：搀蝉忏　shan：山闪善
ran：然冉染　zan：簪暂赞　can：参蚕灿　san：三散

双音词练习：

安然　黯然　案板　岸然　参半　参看　惨淡　单产　单干　胆寒　胆敢　但凡
翻案　反叛　犯案　反感　泛滥　肝胆　感叹　寒战　懒汉　懒散　勘探　漫谈
蛮干　难产　难堪　攀谈　蹒跚　盘缠　散漫　舢板　善战　贪婪　摊贩　谈判
坦然　赞叹　沾染　展览　湛蓝　战犯　灿烂　干旱　栏杆　斑斓　三山　参战
暗暗　潺潺　泛泛　单单　姗姗　冉冉

2. en［ən］

发音要领　起点元音是央元音[ə]，舌面升高，舌面前部贴向硬腭前部。两者将要接触时，软腭下降，鼻腔通路打开，紧接着舌面前部与硬腭前部闭合，口腔中受阻气流由鼻腔透出。口腔开度由开到闭，舌位动程较小。

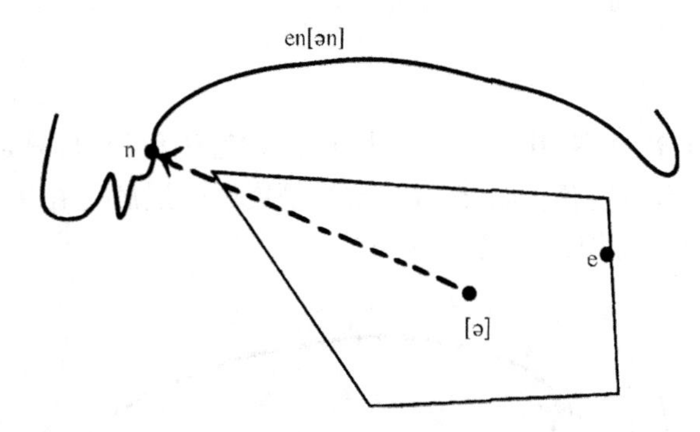

音节发音例字：

en：恩　ben：奔本笨　pen：喷盆　men：闷们　fen：分坟份
nen：嫩　gen：根跟　ken：肯啃恳　hen：痕狠恨　zhen：真诊振
chen：尘陈衬　shen：深神慎　ren：人仁刃　zen：怎　cen：参
sen：森

双音词练习：

根本　人们　认真　恩人　本身　本人　愤恨　门诊　人参　身份　人身　深沉
贲门　本分　分身　分神　粉尘　妊娠　神人　珍本　真人　沉闷　审慎　振奋
奔腾　本能　笨拙　沉淀　沉着　称心　分歧　芬芳　分外　跟踪　狠毒　肯定
恳切　垦荒　闷热　门户　嫩绿　喷发　喷香　森严　深邃　神龛　渗透　人称
仁政　任凭　韧带　斟酌　甄别　阵脚　纷纷　人人　沉沉　森森　狠狠　深深

3. in［in］

发音要领　起点元音是前高不圆唇元音 i，舌面升高，舌面前部贴向硬腭前部。当两者将要接触时，软腭下降，鼻腔通路打开。紧接着，舌面前部与硬腭前部闭合，口腔中受阻气

流由鼻腔透出。口腔开度闭，几乎没有变化，舌位动程很小。

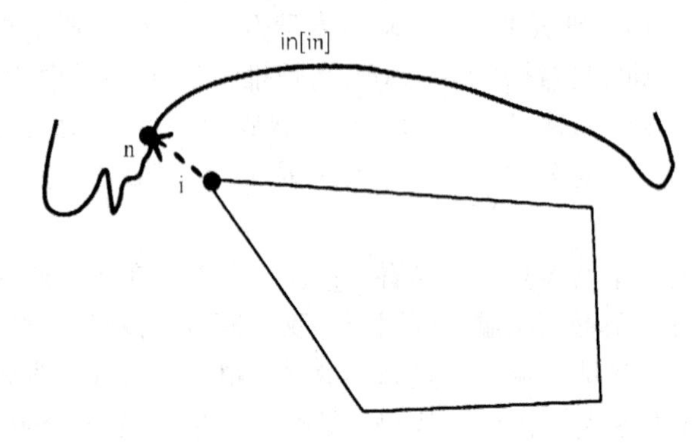

音节发音例字：

yin：音因银寅引隐印荫　　bin：宾濒殡摈　　pin：拼贫频品聘　　min：民敏泯

nin：您　　lin：林临邻淋　　jin：今金仅紧进浸禁　　qin：亲侵琴勤寝

xin：心新欣辛信

双音词练习：

贫民　辛勤　新近　薪金　引进　濒临　尽心　邻近　拼音　亲近　心劲　姻亲

殷勤　引信　民心　信心　音频　亲信　斤斤　仅仅　凛凛　彬彬　新新

4. ün [yn]

发音要领　起点元音是高圆唇元音 ü。与 in 的发音过程相似，只是唇形变化不同。ün 从前高元音 ü 开始，唇形稍展开。而 in 唇形始终是展唇。展唇应在接续鼻尾音 n 时开始，而不能由 ü 开始展唇到 i 再接续鼻尾音。

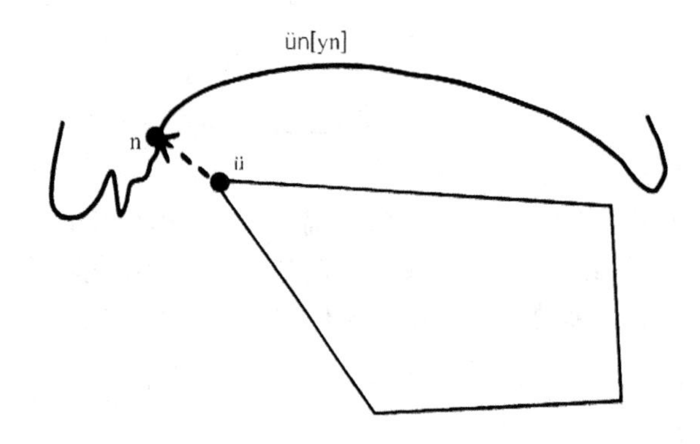

音节发音例字：

yun：晕云匀运韵陨允　　jun：君军均俊骏　　qun：群裙　　xun：勋熏旬巡寻训讯殉徇

双音词练习：

军训　均匀　逡巡　芸芸　循循　熏熏　军备　军械　均衡　俊俏　骏马　群众

裙带　循环　寻求　熏陶　巡捕　寻衅　汛期　讯问　殉难　驯羊　徇私　逊色

晕厥　云杉　匀称　陨星　允诺　晕车

5. ian [iæn]

发音要领　起点元音为前高元音 i，舌位降低向前 ɑ[a]方向滑动，但没有完全降到[a]，

只降到前元音[æ]的位置即开始升高，直到舌面前部贴向硬腭前部形成鼻音 n。实际发音，等于在 an 前面加上一段由前高元音 i 开始的动程。

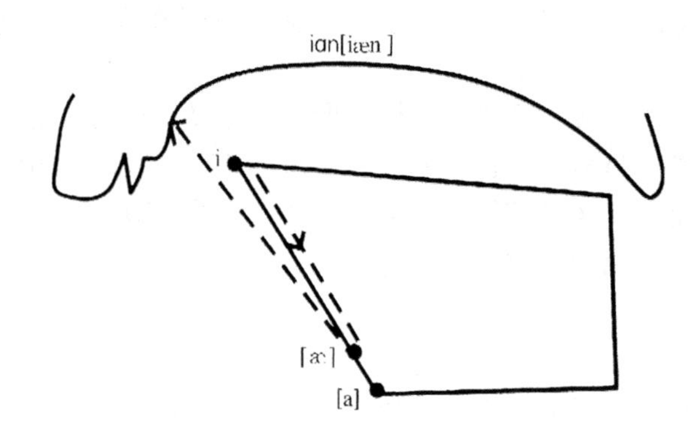

音节发音例字：

yan：烟胭　言研盐严岩沿延　演眼掩　艳厌燕验　bian：边编扁贬变辩
pian：偏篇片骗　mian：棉绵腼缅免勉面　dian：颠掂点典电店
tian：天添填田甜舔　nian：拈年黏捻碾念　lian：联连脸炼练链
jian：尖奸减检见间建　qian：千迁钱前浅欠　xian：仙先贤险显现线

双音词练习：

边沿　变脸　变迁　变天　便宴　癫痫　垫肩　电键　电线　艰险　简便　简练
检点　检验　渐变　见面　联翩　连绵　连篇　连天　脸面　棉田　棉线　绵延
面前　年间　年鉴　偏见　翩跹　片面　片言　牵念　牵线　前边　前面　前天
前线　前沿　浅见　浅显　天边　天年　天堑　天仙　田间　先前　鲜艳　闲钱
显现　显眼　现钱　现眼　盐碱　盐田　沿线　眼见　眼帘　眼线　腼腆　唁电
年限　演变

6. üan［yæn］

发音要领　起点元音为前高圆唇元音 ü，舌位向前 ɑ[a]方向滑动，过程中唇形由圆渐展，舌位只降到前元音[æ]即开始升高，接续鼻尾音 n。实际发音，等于在 an 的前面加上一段由前高元音 ü 开始的动程。

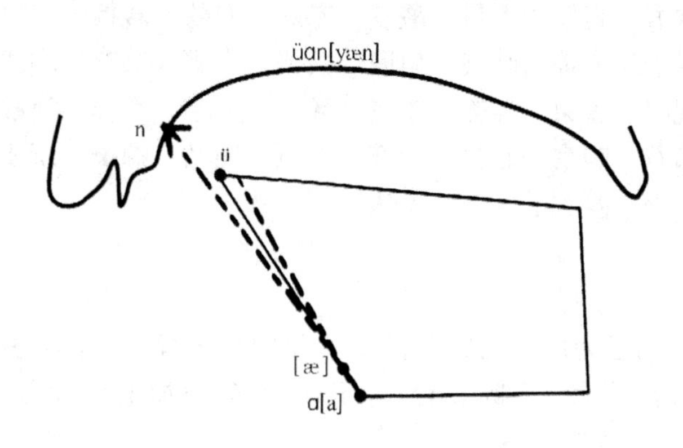

音节发音例字：

yuan：冤元员原园圆猿源远愿怨院　　juan：捐涓卷眷圈

quan：圈权全泉犬劝券　　xuan：宣喧旋玄悬癣选渲炫眩绚

双音词练习：

源泉　圆圈　全员　渊源　轩辕　全权　捐躯　卷尺　眷属　卷宗　圈阅　拳术
蜷曲　权宜　全数　痊愈　诠释　犬牙　劝勉　劝降　宣泄　喧嚷　漩涡　玄妙
悬浮　选拔　渲染　旋风　炫耀　眩晕　绚丽　渊博　冤屈　元月　园圃　辕门
猿猴　原形　援引　缘分　院落　怨言

7. uan [uan]

发音要领　起点元音为后高元音 u，舌位向前向下滑向前 a[a]，过程中，口腔开度由合渐开，唇形由圆渐展，舌位到前 a[a]后紧接着升高，接续鼻尾音 n。实际发音，等于在 an 前面加上一段由后高元音 u 开始的动程。

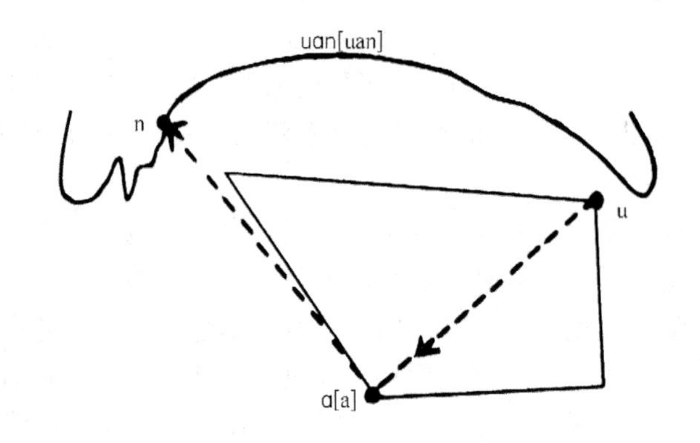

音节发音例字：

wan：弯湾剜完玩顽丸宛挽晚万腕蔓　　duan：端短锻　　tuan：团湍

nuan：暖　　luan：孪卵乱　　guan：官关观管馆冠惯　　kuan：宽款

huan：欢环还缓患焕换　　zhuan：专砖转传　　chuan：穿川船传喘串　　shuan：闩栓涮

ruan：软　　zuan：钻　　cuan：攒窜篡　　suan：酸蒜算

双音词练习：

传唤　贯穿　软缎　宛转　万贯　酸软　专断　专款　转换　转弯　换算　宽缓
穿凿　川贝　椽子　船埠　喘气　串联　攒聚　窜逃　篡夺　端详　短视　断炊
官邸　关押　观瞻　管束　灌输　欢畅　环绕　寰宇　豢养　涣散　幻境　宽恕
款式　孪生　卵石　暖房　软禁　栓塞　湍急　团结　蜿蜒　玩耍　专横　转瞬
转轴　赚头　撰著　篆刻　钻营　钻床

8. uen [uən]

发音要领　起点元音为后高圆唇元音 u，舌位向央元音[ə]滑动，其间唇形由圆渐展，随后舌位升高接续鼻尾音 n。实际发音，等于在 en 前面加上一段由后高元音 u 开始的动程。

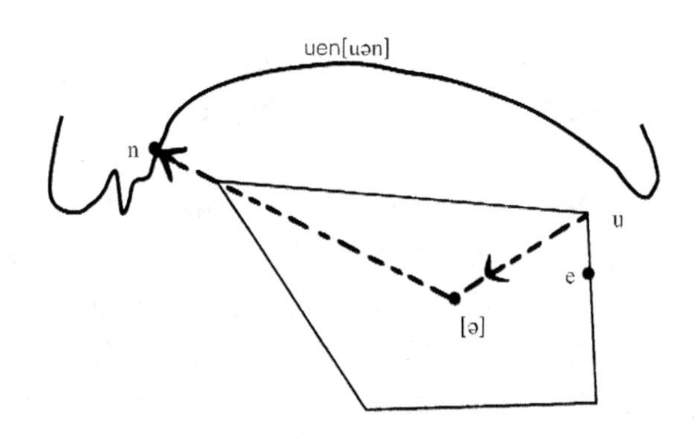

音节发音例字：

wen：温文闻吻稳问　　dun：吨敦蹲顿　　tun：吞屯囤臀　　lun：抡轮论伦沦
gun：滚棍　　kun：昆坤捆困　　hun：昏浑混　　zhun：准
chun：春纯蠢　　shun：顺舜瞬　　run：闰润　　zun：尊遵
cun：村存忖寸　　sun：孙榫笋损

双音词练习：

春笋　混沌　馄饨　昆仑　困顿　伦敦　论文　温存　温顺　滚滚　谆谆　蠢蠢
春色　淳朴　醇厚　唇舌　纯洁　蠢材　存疑　寸阴　敦促　吨位　顿挫　钝角
盾牌　滚热　棍棒　荤腥　昏厥　婚约　浑噩　浑浊　魂灵　混合　昆曲　捆绑
困倦　沦落　轮换　伦理　论著　瞬息　顺应　榫头　榫眼　吞并　囤积　温饱
瘟疫　文身　蚊帐　闻名　稳定　紊乱　吻合　问津　准绳　尊称　尊长　遵守

9. ang [ɑŋ]

发音要领　起点元音是后 ɑ[ɑ]，舌根抬起，贴近软腭时，软腭下降，鼻腔通路打开。紧接着舌根与软腭接触，关闭口腔通路，气流从鼻腔透出。

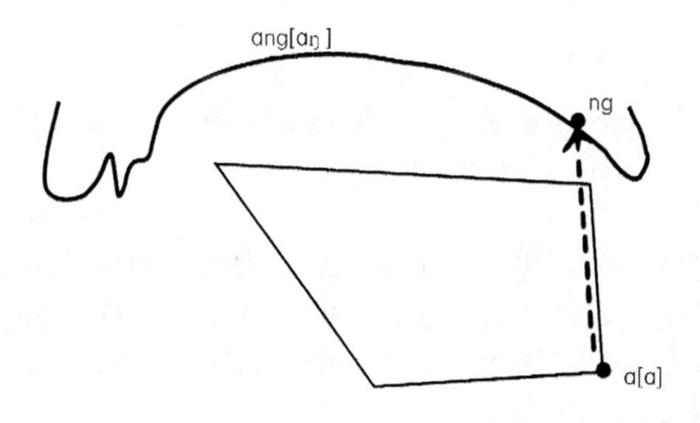

音节发音例字：

ang：肮昂盎　　bang：帮膀棒　　pang：滂旁胖　　mang：忙盲莽
fang：方房放　　dang：当党荡　　tang：汤唐烫　　nang：囊攮
lang：狼朗浪　　gang：刚岗杠　　kang：康扛抗　　hang：航行

zhang：章长丈　　chang：昌尝唱　　shang：商赏上　　rang：瓤嚷让
zang：脏藏葬　　cang：仓藏苍　　sang：桑嗓丧
双音词练习：
肮脏　帮忙　仓房　沧桑　苍茫　厂长　厂商　当啷　党纲　党章　当场　放荡
行当　浪荡　盲肠　商行　商场　上当　上苍　上访　上账　螳螂　烫伤　长房
账房　方丈　长廊　茫茫　堂堂　朗朗　刚刚　常常　嚷嚷　傍晚　猖狂　尝试
偿还　敞亮　嫦娥　场院　肠炎　场次　怅然　畅快　仓储　苍劲　苍穹　苍术
藏拙　当差　挡驾　党参　当真　荡涤　方剂　房檐　仿效　放纵　刚劲　钢筋
港湾　岗哨　杠铃　航模　行距　康复　糠秕　扛活　亢奋　抗体　莽撞　囊括
攮子　滂沱　磅礴　膀胱　彷徨　庞杂　瓤子　让座　伤逝　赏赐　尚且　绱鞋
上溯　丧服　桑蚕　丧命　汤匙　塘堰　搪塞　倘或　赃官　脏腑　掌舵　涨潮

10. iang［iɑŋ］

发音要领　起点元音为前高元音 i，舌位向后向下滑向后 a［ɑ］，紧接着舌位升高，接续鼻尾音 ng。实际发音，等于在 ang 前面加一段由前高元音 i 开始的动程。

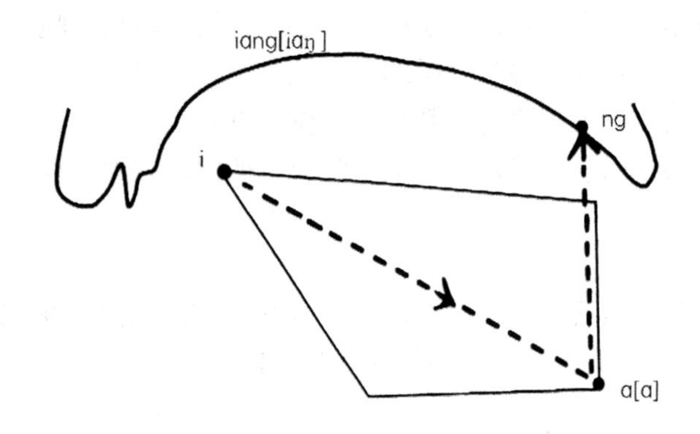

音节发音例字：
yang：央羊样　　niang：娘酿　　liang：凉两晾　　jiang：江讲降
qiang：枪强抢　　xiang：相详向
双音词练习：
江洋　将养　将相　强项　想象　响亮　像样　香江　粮饷　亮相　两厢　洋相
洋枪　洋姜　洋腔　泱泱　痒痒　浆洗　豇豆　僵持　疆域　缰绳　奖惩　将领
降格　犟嘴　凉爽　量度　量变　娘胎　酿造　墙头　强劲　强求　强迫　镶嵌
相称　降伏　巷战　仰慕　漾奶

11. uang［uɑŋ］

发音要领　起点元音为后高圆唇元音 u，舌位下降到后 a［ɑ］，其间唇形由圆渐展，紧接着舌位升高，接续鼻尾音 ng。实际发音，等于在 ang 前面加一段由后高元音 u 开始的动程。

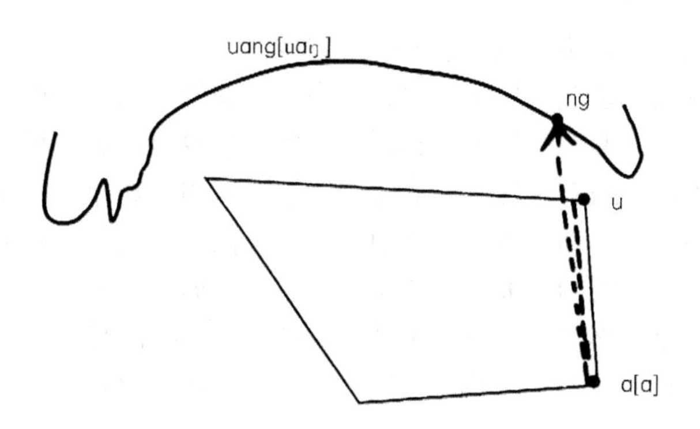

音节发音例字：

wang:汪王亡网往望忘妄　　guang:光广逛　　kuang:筐狂框况矿旷
huang:荒慌黄皇晃　　zhuang:庄装撞幢壮状　　chuang:窗疮床闯创
shuang:双霜爽

双音词练习：

狂妄　双簧　网状　状况　装潢　窗框　矿床　框框　往往　光光　光明　广泛
逛荡　荒谬　荒芜　黄疸　惶恐　恍惚　晃悠　矿藏　旷野　况且　匡算　诳语
孀居　爽直　疮疤　创伤　闯祸　创始　亡魂　王冠　枉然　往还　忘我　妄称
望风　旺盛　装殓　装束　撞车　壮阔

12. eng[ɤŋ]

发音要领　起点元音是后半高不圆唇元音 e[ɤ]，舌根抬起，贴向软腭，当两者将要接触时，软腭下降，鼻腔通路打开，紧接着舌根与软腭接触，关闭口腔通路，受阻气流从鼻腔透出。

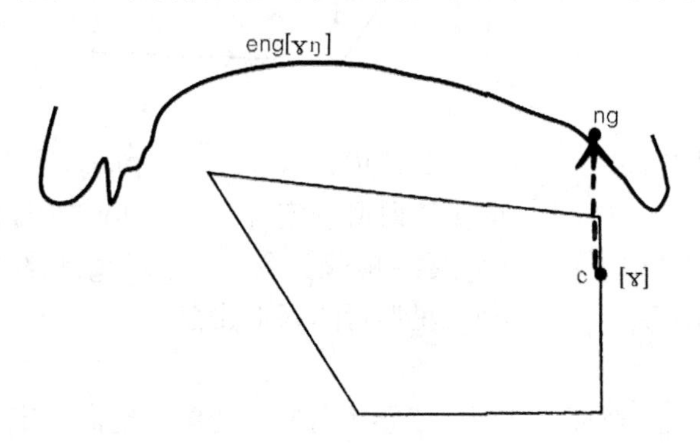

音节发音例字：

beng:崩嘣绷迸蹦　　peng:烹朋膨捧碰　　meng:蒙萌猛梦孟
feng:风丰逢讽凤　　deng:灯登等瞪邓　　teng:疼誊藤腾
neng:能　　leng:棱冷愣　　geng:耕耿梗更
keng:坑吭铿　　heng:亨恒横衡　　zheng:征争蒸整正政诤
cheng:称成程逞秤　　sheng:声生升绳省盛胜圣　　reng:扔仍
zeng:曾憎增赠　　ceng:层曾蹭　　seng:僧

双音词练习：

成风　承蒙　逞能　登程　登峰　丰登　丰盛　风声　风筝　更正　更生　横生

吭声 冷风 萌生 声称 生冷 升腾 省城 生成 鹏程 征程 蒸腾 整风
增生 等等 耿耿 蒸蒸 层层 整整 崩溃 绷带 绷脸 迸裂 蹦跶 层次
曾经 撑腰 称谓 蛏子 城池 程式 乘凉 惩戒 橙黄 承载 丞相 秤星
灯盏 等价 瞪眼 封存 烽火 蜂巢 锋芒 疯癫 逢迎 缝纫 讽喻 缝隙
耕耘 更衣 梗概 哽咽 更加 亨通 恒心 横眉 横财 坑害 铿锵 冷暖
蒙骗 蒙混 猛烈 盟约 梦幻 能耐 抨击 澎湃 蓬松 捧哏 扔掉 仍然
僧侣 胜券 圣贤 疼痛 誊写 腾越 曾孙 憎恶 增订 赠阅 症结 征聘
争执 峥嵘 狰狞 整饬 拯救 症候 正月 正轨 挣扎 挣命 政客 诤友

13. ing[iŋ]

发音要领 起点元音是前高不圆唇元音 i[i]，由 i 开始舌位不降低一直后移，同时舌尖离开下齿背，舌根稍微抬起，贴向软腭，当两者将要接触时，软腭下降，鼻腔通路打开，紧接着舌根与软腭接触，关闭口腔通路，受阻气流由鼻腔透出。注意舌位由 i 向 ng 移动过程中，高度不变，不能降低后再上升，不能加进[ə]、[ɤ]等一串音素。

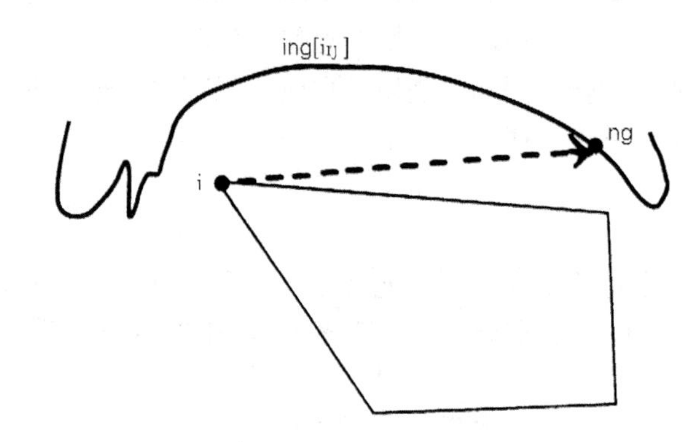

音节发音例字：

ying：英应营迎影应硬
bing：兵冰丙饼病并
ping：乒平凭瓶评屏
ming：明名鸣命
ding：丁盯叮顶定订
ting：听厅停亭挺艇
ning：宁柠凝拧宁
ling：零灵岭领另令
jing：精经景井静敬
qing：轻清情顷请庆
xing：星形行醒兴幸性杏

双音词练习：

冰凌 冰晶 秉性 禀性 并行 丁零 叮咛 定睛 定名 定型 定性 经营
精明 惊醒 晶莹 精灵 精英 零星 菱形 伶仃 灵性 领情 另行 聆听
宁静 明净 明星 酩酊 命令 命名 平定 平静 平行 评定 清静 清醒
清明 蜻蜓 情形 轻盈 倾听 情景 请命 情境 庆幸 听凭 行径 行星
性命 性情 姓名 兴兵 刑警 英灵 英名 英明 影评 硬性 应景 嘤嘤
平平 明明 轻轻 槟榔 屏弃 丙纶 病态 盯梢 顶用 鼎沸 订正 惊愕
镜框 敬佩 痉挛 径自 劲旅 翎毛 领巾 冥想 瞑目 鸣谢 铭刻 宁肯
狞笑 凝滞 屏风 评注 苹果 凭空 青稞 氢弹 晴朗 顷刻 亲家 厅堂
停职 庭院 挺进 腥臭 腥臊 猩红 兴致 应届 鹰犬 婴儿 樱桃 鹦鹉
赢利 荧光 营造 迎战 应征 映衬

14. ueng [uɤŋ]

发音要领　起点元音为后高圆唇元音 u，舌位向下滑动降到比后半高元音 e[ɤ]稍靠前、略低的位置，其间唇形由圆渐展，紧接着舌位升高，接续鼻尾音 ng。实际发音，等于在 eng 前面加一段由后高元音 u 开始的动程。

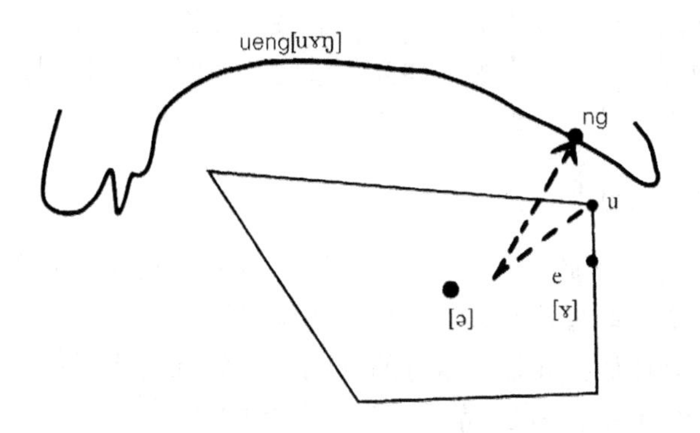

音节及字词练习：

翁嗡蓊　瓮　老翁　嗡嗡　蓊郁　瓮城　蕹菜

15. ong [uŋ]

发音要领　起点元音是比后高圆唇元音 u 舌位略低的[U]，舌尖离开下齿背，舌后缩，舌根稍隆起，贴向软腭，当两者将要接触时，软腭下降，鼻腔通路打开，紧接着舌根与软腭接触，并闭口腔通路，受阻气流从鼻腔透出。唇形始终拢圆，变化不明显。

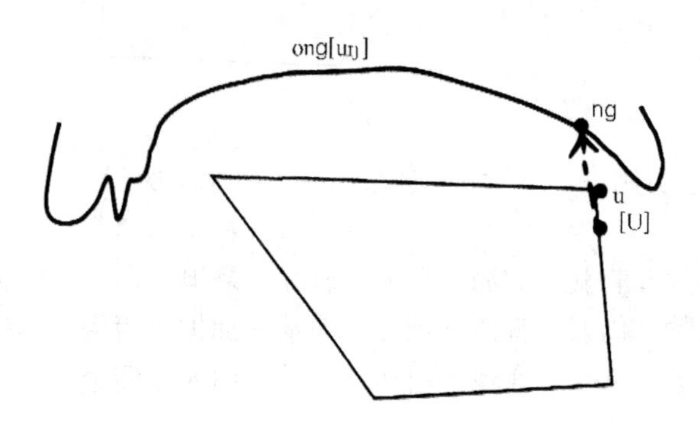

音节发音例字：

dong：东冬董懂动冻洞　tong：通同铜童统桶痛　nong：农浓脓弄
long：龙聋隆垄拢笼　gong：公工攻供拱贡共　kong：空恐孔控
hong：轰烘红虹宏洪哄　zhong：中终种肿重众　chong：冲充重虫崇宠冲
rong：容溶熔戎绒荣融　zong：宗综棕踪总纵粽　cong：聪葱匆从丛淙
song：松耸宋送诵颂

双音词练习：

从容　从中　充公　冲动　动工　动容　共同　工种　公众　公共　轰隆　洪钟
轰动　红肿　红铜　空洞　空中　恐龙　隆重　隆冬　龙宫　笼统　浓重　脓肿

溶洞　松动　送终　通融　通红　童工　瞳孔　中东　中共　总统　纵容　淙淙
匆匆　通通　统统　轰轰　重重　忡忡　充沛　重叠　崇敬　聪颖　葱翠　丛林
冬眠　栋梁　侗族　宫廷　攻势　供求　恭维　拱门　贡献　供职　烘焙　哄抬
鸿沟　宏愿　哄骗　空袭　恐慌　孔道　空额　控告　聋哑　垄断　笼罩　农闲
浓郁　弄权　容颜　熔岩　戎马　绒毛　荣辱　融合　松弛　耸立　送殡　诵读
颂扬　童谣　铜钱　痛斥　中枢　中用　中兴　衷肠　忠厚　钟爱　终了　种畜
肿胀　中风　中肯　中意　中暑　仲裁　重创　宗祠　宗师　棕绷　踪影　综述
总括　总揽　总则　粽子　纵深　纵情

16. iong[yŋ]或[iuŋ]、[yuŋ]

发音要领　起点元音为前高元音 i，但由于受后面圆唇元音的影响，i 也带上圆唇动作。实际发音中同以 ü 开头的韵母没有太大差别。传统汉语语音学把 iong 归属撮口呼。舌位向后移动，略有下降，到比后高元音 u 略低的[U]的位置，紧接着舌位升高，接续鼻尾音 ng。实际发音，等于在 ong 前面加一段由前高元音 ü 开始的动程。

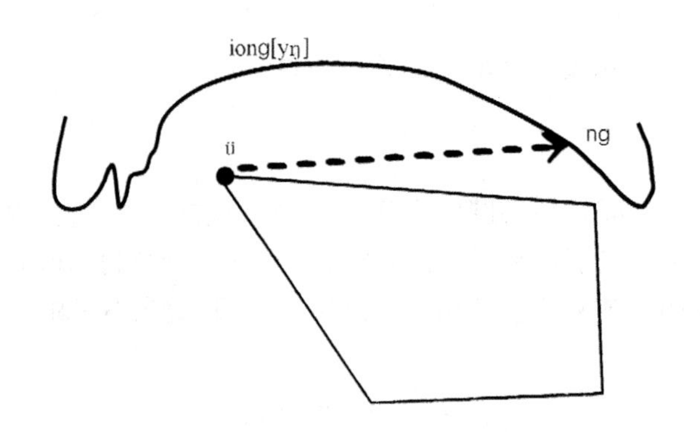

音节发音例字：
yong：拥庸踊涌永勇用　　jiong：窘迥　　qiong：穷琼　　xiong：凶胸兄雄熊
双音节词练习：
炯炯　汹汹　熊熊　茕茕　汹涌　穷凶　窘况　窘迫　迥然　穷苦　琼脂　凶恶
胸怀　胸脯　凶煞　匈奴　胸襟　雄姿　熊掌　拥护　庸俗　痈疽　佣工　踊跃
永久　勇于　甬道　咏叹　涌现　用功　用品　用人　佣金

五、难点韵母对比发音练习

1. 单韵母对比练习

a－e
阿娇—阿胶　达到—得到　踏青—特轻　看哪—看呢　拉索—勒索　走吗—走么
嘎吱—咯吱　卡通—可通　蛤蟆—河马　闸盒—折合　杂交—择交　叉子—车子
傻气—舍弃
叉车　刹车　茶社　射杀　车闸　核查

i－ü

遗产—渔产　疑点—雨点　疫苗—育苗　意想—预想　拟人—女人　里程—旅程
积压—拘押　急促—局促　几尺—矩尺　记住—巨著　季风—飓风　技法—句法
七窍—躯壳　棋谱—曲谱　气象—去向　启齿—龋齿　稀罕—虚汗　喜酒—许久
系列—序列　戏文—序文　细雨—絮语　抑郁—寓意　急剧—聚集　崎岖—取齐

－i(前、后)－e

资—责　子—则　自—仄　次—册　四—色　知—遮　直—哲　止—者　志—这　吃—车
尺—扯　赤—彻　诗—奢　石—舌　史—舍　是—设　日—热
自生—仄声　刺字—测字　色泽—四则　知羞—遮羞　直射—折射　直人—哲人
制糖—蔗糖　痴迷—车迷　侈谈—扯谈　赤道—撤到　施主—赊主　石头—舌头
使命—舍命　示众—射中　日历—热力
测试　册子　自责　自治　紫色　姿色　折纸　折子　褶子　车次　撤职　奢侈
摄氏　设置　惹事　职责　指责　赤色　失色　施舍　史册

e－er

鹅—儿　俄—而　恶—耳　饿—二
蛾子—儿子　俄语—耳语　恶化—二话
扼守—二手　恶人—二人

2. 复韵母对比练习

ai－ei

白—杯　摆—北　败—背　排—培　派—配　埋—梅　买—美　卖—媚　耐—内　来—雷
赖—累　改—给　嗨—黑　寨—这　灾—贼
败北　买煤　该给　北派　黑白　美差

ao－ou

抛—剖　刀—都　倒—斗　道—豆　涛—偷　桃—头　套—透　劳—楼　老—搂　高—沟
搞—苟　告—够　考—口　靠—扣　好—吼　号—后　招—州　找—肘　召—咒　抄—抽
潮—愁　吵—丑　烧—收　少—手　绍—瘦　饶—柔　绕—肉　遭—邹　早—走　造—奏
凹—欧　袄—呕　奥—怄　骚—搜
保守　报仇　遭受　招收　拗口　操守　刀口　到头　高寿　稿酬　壕沟　好手
挠头　抛售　炮手　扫帚　酬报　酬劳　构造　后脑　口罩　搂抱　漏勺　柔道
收操　手稿　寿桃　偷盗　头号　投稿

ie－üe

椰—曰　夜—月　叶—悦　聂—虐　列—略　节—决　借—倔　切—缺　茄—瘸　切—确
歇—薛　斜—学　写—雪　谢—血
解决　协约　谐谑　谢却　节约　灭绝　孑孓　决裂　月夜　确切　学界　血液

ia－ie

鸭子—椰子　哑巴—也罢　亚麻—页码　夹道—街道　戛然—截然　假托—解脱
假条—借条　假期—届期　恰恰—切切　瞎子—楔子　匣子—鞋子　下世—谢世

ai－uai

哀—歪　爱—外　该—乖　改—拐　盖—怪　开—快　孩—怀　害—坏　债—拽　拆—揣
筛—摔　色—甩　晒—帅

拐带　淮海　怀才　卖乖　徘徊　开怀

3. 单、复韵母对比练习

i－ei

逼—杯　比—北　毕—备　批—胚　皮—培　僻—配　迷—梅　米—美　秘—媚
卑鄙　匹配　必备　比美　疲惫　比飞

a－ua

嘎—瓜　尬—挂　卡—垮　哈—花　蛤—华　扎—抓　眨—爪　杀—刷　傻—耍
扎人—抓人　傻人—耍人　哈哈—哗哗

4. 鼻韵母对比练习

an－ang

安—肮　按—盎　班—帮　版—绑　伴—棒　攀—乓　盘—庞　盼—胖　瞒—忙
满—莽　帆—方　凡—防　反—访　饭—放　单—当　胆—党　蛋—档　贪—汤
谈—堂　坦—躺　叹—趟　南—囊　兰—狼　懒—朗　烂—浪　甘—刚　敢—岗
干—杠　刊—康　看—抗　寒—航　汉—行　沾—章　展—掌　战—仗　搀—昌
蝉—常　产—厂　忏—畅　山—伤　闪—赏　扇—上　然—瓤　燃—让　咱—脏
暂—藏　参—苍　蚕—藏　三—桑　伞—嗓

岸然—盎然　扳手—帮手　班会—帮会　参天—苍天　谗言—常言　产区—厂区
单日—当日　丹心—当心　淡然—荡然　帆布—方布　翻案—方案　凡人—防人
杆子—缸子　干支—刚直　泔水—钢水　含情—行情　烂漫—浪漫　满员—莽原
蝻子—攮子　盘剥—磅礴　三伏—丧服　山风—伤风　闪光—赏光　善心—上心
弹词—搪瓷　弹簧—堂皇　赞颂—葬送　毡子—獐子　斩官—长官

班长　繁忙　反常　赶上　赶忙　山冈　擅长　赞赏　战场　安康　暗藏　暗伤
伴唱　禅房　单杠　担当　胆囊　返航　肝脏　南方　盘账　燃放　染坊　禅让
贪赃　坦荡　叹赏　毡房　绽放　怅然　档案　防范　钢板　茫然　桑蚕　商谈
伤寒　藏蓝

ian－iang

年—娘　念—酿　连—凉　脸—两　链—亮　尖—江　捡—奖　千—枪　钱—强
浅—抢　先—香　贤—详　险—想　现—向

险象—想象　简历—奖励　坚硬—僵硬　浅显—抢险　老年—老娘　大连—大梁
试验—式样　鲜花—香花　钳制—强制　廉价—粮价　眼光—仰光　仙姑—香菇

uan－uang

弯—汪　玩—王　碗—往　万—望　关—光　管—广　惯—逛　宽—匡　款—矿
欢—荒　环—黄　缓—谎　换—晃　专—庄　转—壮　穿—窗　船—床　喘—闯
串—创　栓—双

机关—激光　专车—装车　心欢—心慌　关节—光洁　奉还—凤凰　晚年—往年
车船—车床　管饭—广泛　万年—忘年
观光　宽广　观望　端庄　蒜黄　冠状　光环　慌乱　狂欢　双关　皇冠　匡算
en - eng
奔—崩　本—绷　笨—蹦　喷—烹　盆—朋　喷—碰　闷—蒙　门—盟　分—风
汾—逢　粉—讽　奋—缝　嫩—能　跟—耕　肯—坑　很—衡　恨—横　真—征
枕—整　振—政　沉—程　衬—秤　深—生　神—绳　审—省　肾—胜　人—仍
怎—增　岑—层　森—僧
陈旧—成就　陈规—成规　真理—争理　诊治—整治　震中—正中　木盆—木棚
瓜分—刮风　绅士—声势　人参—人生　沉积—乘机　长针—长征　粉刺—讽刺
奔腾　本能　尘封　纷争　门缝　人称　神圣　深层　真正　真诚　成本　成分
登门　承认　诚恳　更深　风尘　能人　胜任　生根
uen - ueng(ong)
温—翁　问—瓮　稳—蓊　吨—冬　盾—冻　吞—通　屯—同　轮—龙　滚—拱
棍—共　昆—空　捆—孔　困—控　昏—轰　浑—红　混—哄　谆—中　准—种
春—冲　纯—重　蠢—宠　润—戎　尊—宗　村—聪　存—从　孙—松　笋—耸
存钱—从前　依存—依从　春风—冲锋　吞并—通病　轮子—笼子　余温—渔翁
炖肉—冻肉　乡村—香葱　浑水—洪水
稳重　滚动　顺从　昆虫　混同　尊重　农村　中文　共存　通顺　重孙　恭顺
in - ing
音—英　银—赢　引—影　印—硬　宾—兵　摈—并　贫—平　民—名　您—宁
林—零　今—精　仅—景　近—静　亲—清　勤—情　寝—请　心—星　信—幸
亲生—轻生　金质—精致　人民—人名　信服—幸福　频繁—平凡　亲近—清静
贫民—平民
阴影　心情　新兴　民警　品行　聘请　进行　尽情　尽兴　新型　心灵　拼命
亲情　侵凌　民兵　金星　新颖　病因　听信　定心　灵敏　挺进　领巾　精心
轻信　京津　迎新　影印
ün - iong
晕—拥　允—勇　运—用　君—窘　群—穷　勋—凶　寻—雄
运费—用费　晕车—用车　群像—穷相　人群—人穷　工运—公用　勋章—胸章
韵脚—用脚　寻机—雄鸡
运用　云涌　军用　群雄　驯熊　拥军　用韵
an - ian
安—烟　般—边　板—扁　半—变　潘—偏　盘—便　盼—片　瞒—棉　满—免
慢—面　单—颠　胆—点　但—电　贪—天　谈—甜　南—年　难—念　蓝—联
烂—链
半天　蔓延　难免　叛变　安眠　斑点　版面　半边　弹片　谰言　满目　漫天
难点　盘店　延安　扁担　便饭　典范　脸蛋　碾盘　偏安　偏袒
in - ün
阴—晕　银—云　瘾—允　印—运　金—君　近—菌　琴—群　新—熏　信—训

银海—云海　饮食—陨石　金库—军裤　金子—君子　禽兽—群兽　心软—熏染
信号—讯号　信誉—训喻
因循　音讯　进军　熏心　寻衅　军心
ian－üan
烟—冤　言—园　演—远　验—愿　坚—捐　检—卷　见—圈　签—圈　钱—权
浅—犬　欠—劝　先—宣　弦—玄　险—选　现—炫
严肃—元素　沿海—远海　延年—元年　艰险—捐献　毽子—卷子　前线—权限
前头—拳头　潜力—全力　签子—圈子　前程—全程　潜水—泉水　先讲—宣讲
仙草—萱草　险路—选录
演员　健全　怨言　捐献　劝勉　选编　眷念　权限　远见　线圈
an－uan
安—弯　肝—关　刊—宽　憨—欢　单—端　谈—团　腩—暖　烂—乱　展—转
搀—川　删—栓　染—软　赞—钻　灿—窜　散—算
感官　战船　辗转　残喘　战乱　山峦　单传　胆管　办完　帆船　短暂　传单
断然　惯犯　患难　涣散　宽泛　酸懒　宛然　万般　专案　专刊　转战　钻探
ing－iang
应—秧　营—羊　影—养　映—样　惊—姜　颈—讲　青—枪　晴—墙　请—抢
腥—香　醒—享　姓—象　领—两　铃—凉
形象　营养　领奖　明亮　清凉　影响　晶亮　星相　冰凉　荆江　明亮　相应
良性　详情　象形　强行　两性　阳平　凉亭　养性
ang－ong
当—东　党—懂　汤—通　堂—同　躺—统　郎—龙　浪—弄　章—忠　仗—仲
仓—匆　昌—冲　长—虫　冈—公　康—空　杭—宏
帮工　长虹　当中　房东　抗洪　盲从　充当　哄堂　空场　通常　弄堂　匆忙
ang－eng
庞—彭　莽—猛　航—横　朗—冷　张—争　长—整　常—橙　帐—郑　伤—生
长—城　赏—省　刚—庚　康—坑
长城　掌灯　放风　章程　成长　登场　冷烫　膨胀　正常　风浪　锋芒　风尚

六、韵母发音绕口令练习

ɑ、uɑ
墙头上有个老南瓜，掉下来打着胖娃娃。
娃娃叫妈妈，妈妈摸娃娃，娃娃骂南瓜。
娃挖蛙出瓦；妈骂马吃麻。
i、ü
清早起来雨淅淅，王七上街去买席，骑着毛驴跑得急，捎带卖蛋又贩梨。一跑跑到小桥西，毛驴一下失了蹄，打了蛋，撒了梨，跑了驴，急得王七眼泪滴，又哭鸡蛋又骂驴。
山前有个闫圆眼，山后有个袁眼远，二人山前来比眼，不知是闫圆眼的眼比袁眼远的眼长得圆，还是袁眼远的眼比闫圆眼的眼看得远。

南边来了个瘸子，手里托着个碟子，碟子里装着茄子。地上钉着个橛子，绊倒了南来的瘸子，撒了碟子里的茄子；气得瘸子，撇了碟子，拔了橛子，踩了茄子。

u、ü

芜湖徐如玉，出门屡次处处遇大雾。

曲阜苏渔庐，上路不顾五度遇大雨。

一面小花鼓，鼓上画老虎，鼓槌敲破了鼓，姑姑用布补。到底是布补鼓还是布补虎。

an、ang、uan、eng

城隍庙内俩判官，左边是潘判官，右边是庞判官。不知是潘判官管庞判官，还是庞判官管潘判官。

an、ian

大姐梳辫，两个人编。二姐编那半边，三姐编这半边，三姐编那半边，二姐编这半边。

in、ing

天上有银星，星旁有阴云。阴云要遮银星，银星躲进阴云不让阴云遮银星。

天上七颗星，树上七只鹰，梁上七只钉，台上七盏灯。拿扇扇了灯，用手拔了钉，举枪打了鹰，乌云盖了星。

en、eng

老彭拿着一个盆，路过老陈住的棚，

盆碰棚，棚碰盆，棚倒盆碎棚压盆，

老陈要赔老彭的盆，老彭不要老陈来赔盆，

老陈陪着老彭去补盆，老彭帮着老陈来修棚。

第四节　声调发音训练

一、调类、调形、调值

1. 调类

调类即声调的分类。普通话的调类有四种，分别是阴平、阳平、上声和去声。

2. 调形

调形又称调型。指声调的高低、升降、平曲及长短的具体形式，通常有平、升、降、降升和升降等几种。普通话四个声调的调形也是四个不同的调形，分别为：阴平是平调形，阳平是升调形，上声是降升调形，去声是降调形。

3. 调值与五度标记法

调值是声调的相对音高值。由于音高是随时间而变化的，所以调值通常用一个声调的首、尾和转折点的音高值来表示。调值通常采用五度标记法记录。即用一条竖线表示声音的高低，由下面最低点到最高点共分为五度，即低、半低、中、半高、高，分别用1、2、3、4、5依次表示（如图）。普通话各声调的调值及调形为：阴平，高平调，55；阳平，高升调，35；上声，降升调，214；去声，全降调，51。

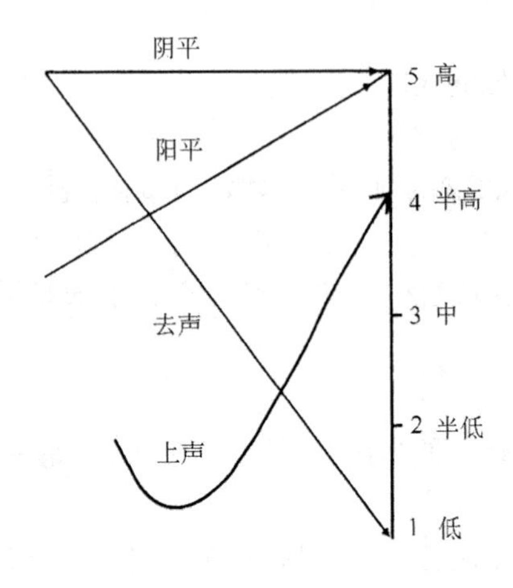

二、阴平调与平调发音训练

1. 平调分辨训练

低平调：ɑ^{11} o^{11} e^{11} i^{11} u^{11} ü^{11}　　半低平调：ɑ^{22} o^{22} e^{22} i^{22} u^{22} ü^{22}

中平调：ɑ^{33} o^{33} e^{33} i^{33} u^{33} ü^{33}　　半高平调：ɑ^{44} o^{44} e^{44} i^{44} u^{44} ü^{44}

高平调：ɑ^{55} o^{55} e^{55} i^{55} u^{55} ü^{55}

2. 阴平调发音特点

阴平调为高平调形，声音基本上是高而平，由5度到5度，大体没有升降变化。全调时值比上声、阳平略短，比去声稍长。

3. 阴平调发音练习

阿 噢 婀 衣 乌 迂 哀 凹 殴 八 波 哥 机 哭 趋 灾 抛 剖 他
摸 喝 披 朱 须 该 高 沟

阿訇 哀思 安心 肮脏 熬心 班车 帮凶 包扎 兵丁 苍天 吃惊 出击 当中
东风 阿胶 甘心 更新 亨通 几乎 科班 垃圾 摸黑 讴歌 乒乓 清高 申冤
松涛 天生 心酸 应当

八仙桌 包身工 超声波 单相思 机关枪 居安思危 声东击西 呜呼哀哉 卑躬屈膝

三、阳平调与升调发音训练

1. 升调分辨训练

中升班：ɑ^{13} o^{13} e^{13} i^{13} u^{13} ü^{13}　　高 升 调：ɑ^{35} o^{35} e^{35} i^{35} u^{35} ü^{35}

全升调：a^{15}　o^{15}　e^{15}　i^{15}　u^{15}　$ü^{15}$　　其他升调：a^{24}　o^{24}　e^{24}　i^{24}　u^{24}　$ü^{24}$
a^{34}　o^{34}　e^{34}　i^{34}　u^{34}　$ü^{34}$

2. 阳平调发音特点

阳平调为高升调形。声音由中高音升到高音，由 3 度到 5 度。发音时，声带从不松不紧开始，逐渐绷紧，到最紧为止。全调时值比阴平、去声稍长，比上声略短。发好阳平调关键在于起调要保持较高，升高时要直接上升不要拐弯曲线上升。

3. 阳平调发音练习

牙 娃 鹅 移 无 鱼 儿 皑 谋 霞 华 革 急 竹 徐 决 孩 白 夺
佛 学 奴 文 银 昂 王 圆
昂扬 别名 成熟 传神 存亡 独白 得宜 儿童 鹅黄 芙蓉 格言 国情 何如
宏图 竭诚 灵魂 毛竹 民俗 南极 平凡 齐全 情节 人文 实习 调皮 同学
行为 阳平 邮局 着急
长毛绒 儿童节 独龙族 联合国 形容词 儿童文学 合成石油 名存实亡 蓝田猿人

四、上声调与曲调发音训练

1. 曲调分辨训练

降升调：a^{535}　a^{313}　a^{214}　a^{515}　a^{212}　a^{213}　　升降调：a^{353}　a^{131}　a^{151}　a^{242}　a^{252}

2. 上声发音特点

上声调为降升调。发音时，声带从略微有些紧张开，立刻松弛下来，稍稍延长，然后迅速绷紧，但没有到最紧。发音过程中，声音主要表现在低声段 1—2 度之间，成为上声的基本特征。上声的音长在普通话四声调是最长的。发音时，降升的转折处不要停顿，要一气完成。

3. 上声调单字发音练习

以 武 雨 耳 矮 袄 呕 哑 也 把 马 法 傻 洒 假 垮 瓦 跛 妥
我 渴 惹 铁 史 洗 挤 楚 海 美 朽 稿 管 饼 好 准 有 伟 演
养 网 勇 影 引 俩 苦

五、去声调与降调发音训练

1. 降调分辨训练

全降调：a^{51}　o^{51}　e^{51}　i^{51}　u^{51}　$ü^{51}$　　半降调：a^{53}　o^{53}　e^{53}　i^{53}　u^{53}　$ü^{53}$
中降调：a^{31}　o^{31}　e^{31}　i^{31}　u^{31}　$ü^{31}$　　低降调：a^{21}　o^{21}　e^{21}　i^{21}　u^{21}　$ü^{21}$

2. 去声发音特点

去声为全降调形。发音时，声带从紧开始，到完全松弛为止。声音由高到低。去声的音长在普通话四调里是最短的。发好去声的关键在于起调要高，迅速下降，要干脆，不能拖沓。

3. 去声发音练习

伴 盼 漫 范 但 探 烂 干 看 汉 站 忏 善 殡 聘 吝 进 沁 病
命 另 静 庆 姓 硬 定 胜 证 让 秤 啊 饿 义 务 郁 贰 做 沤
右 要 亚 叶 月 卧 魏
爱好 暗淡 报效 赤字 创作 大众 定律 二话 分外 个性 供认 晦气 技术
困惑 立志 密切 目的 宁愿 怄气 恰当 歉疚 日月 设备 胜券 世态 遂愿
太监 忘却 血汗 质地
奥运会 备忘录 赤卫队 大动脉 电气化 二进制 副作用 慢性病 四季豆
背信弃义 电化教育 对症下药 政治面目

六、四声综合练习

1. 双音词异调组合练习

阴阳：阿姨 冰凌 单独 风情 工程 辉煌 批驳
阴上：宗旨 音响 新颖 危险 施舍 私语 撒野
阴去：规范 音乐 庄重 希望 欢笑 尖锐 相称
阳阴：陈规 伏击 伶仃 琼脂 挠钩 瑕疵 维新
阳上：惩处 而且 和蔼 联想 民主 难点 如此 仪表
阳去：昂贵 博爱 讹诈 儿戏 结束 门径 柔嫩 责难
上阴：本科 感知 讲师 美观 匹夫 水晶 妥帖 写真
上阳：卜辞 点穴 改革 可能 拟人 史实 坦然 走卒
上去：鄙视 处境 等候 抚恤 蛊惑 假若 考试 呕吐
去阴：办公 象征 客观 信息 木星 创新 认真 匠心
去阳：教条 进行 立即 气节 事实 特别 姓名 祝福
去上：隘口 伴侣 倒影 喝彩 敬仰 迫使 瑞雪 授首

2. 四声顺序练习

兵强马壮 风调雨顺 瓜田李下 千锤百炼 山穷水尽 深谋远虑 酸甜苦辣
心明眼亮 中流砥柱 三皇五帝 工农子弟 光明磊落

3. 四声逆序练习

背井离乡 调虎离山 刻骨铭心 逆水行舟 视死如归 顺理成章 万古长青

异曲同工　妙手回春　热火朝天　一马平川　万里长征

4. 四声乱序练习

天罗地网　花好月圆　先入为主　能工巧匠　同甘共苦　形影相吊　言简意赅　明目张胆
无懈可击　恼羞成怒　美中不足　改邪归正　取而代之　海誓山盟　马到成功　落花流水
借风使船　慢条斯理　抱残守缺　下里巴人

5. 绕口令练习

王家有只黄毛猫，偷吃汪家灌汤包，
汪家打死王家的黄毛猫，王家要汪家赔黄毛猫，
汪家要王家赔灌汤包。

老师老是叫老史去捞石，
老史老是没有去捞石，
老史老是骗老师，
老师老是说老史不老实。

石室诗士施氏，嗜狮，誓食十狮。氏时时适市视狮。十时，适十狮适市。是时，适施氏适市。氏视是十狮，恃矢势，使是十狮逝世。氏拾是十狮尸，适石室。石室湿，氏使侍拭石室。石室拭，氏始试食是十狮。食时，始识是十狮尸，实十石狮尸。试释是事。

第五节　音节训练

一、普通话音节的构成及特点

1. 普通话音节的构成

从构成音节的音素数量来看，有四种格式，即：

由一个音素构成。如：a 阿、啊；e 鹅、恶；yi 衣、义；wu 乌、无；yu 迂、鱼。

由二个音素构成。如：ai 哀、爱；ao 凹、傲；an 安、俺；ang 昂、盎；ya 丫、亚；wa 挖、瓦；yin 音、引。

由三个音素构成。如：yao 妖、姚；you 优、有；yan 烟、眼；yang 洋、养；ban 班、办；pai 拍、排。

由四个音素构成。如：biao 标、表；pian 偏、骗；zhuang 庄、壮。

从声韵组合的角度看，又可分为辅音声母音节和零声母音节两大类，二者又以韵母的构成方式分若干小类。

零声母音节分为四小类：

完全式。如：yao 邀；wai 歪；wan 湾。

无头式。如：ao 袄；ai 矮；an 按。

无尾式。如：ya 压；wa 娃；yue 月。

无头无尾式。如：a 阿；yi 椅；yu 雨。

辅音声母音节同样分为四小类：

完全式。如：jian 尖；juan 娟；jiao 交。

无头式。如：jin 今；jun 君；zao 早。

无尾式。如：jia 家；jue 决；guo 国。

无头无尾式。如：ji 机；ju 居；gu 古。

2. 普通话音节的特点

与其他语言比较，普通话音节有如下一些特点：

(1) 音节长短差异不大，最多由四个音素构成，最少一个，平均二点五个音素。比较齐整。

(2) 元音占优势，乐音成分大，富于音乐美。每个音节都有元音，元音音素最多可有三个，且连续出现；元音可以自成音节。

(3) 每个音节都有声调。声调变化或平或曲或升或降，是构成汉语音乐美的又一重要因素。

二、普通话声韵配合关系

普通话声母和韵母拼合成为音节，有一定的规律。

从声母跟韵母的配合上看，有以下一些规律：

(1) 双唇音 b、p、m 与舌尖中音 d、t 能跟开口呼、齐齿呼、合口呼韵母拼合，不能与撮口呼韵母拼合。双唇音拼合口呼仅限于 u。

(2) 唇齿音、舌面后音、舌尖前音和舌尖后音等组声母能跟开口呼、合口呼韵母拼合，不能跟齐齿呼、撮口呼韵母拼合。唇齿音拼合口呼仅限于 u。

(3) 舌面前音与上述四组声母相反，只能与齐齿呼、撮口呼韵母拼合，不能与开口呼、合口呼韵母拼合。

(4) 舌尖中音 n、l 能跟四呼韵母拼合。零声母音节在四呼中都有。

从韵母与声母的配合出发，又有另一些规律：

(1) “o”韵母只拼唇音、唇齿音声母，而 uo 却不拼唇音和唇齿音声母。

(2)“ong”韵母没零声母音节，“ueng”韵母只有零声母音节。

(3) - i(前)韵母只拼“z、c、s”，- i(后)韵母只拼“zh、ch、sh、r”，且均无零声母音节。

(4) “er”韵母不与任何声母拼合，只有零声母音节。

以上一些规律是粗略的，详情请见《普通话声韵配合表》。

三、声母在音节中的动态变异

声母在音节中由于受到后面韵母的影响，发音部位和发音方法产生了一些细微的变化，这是我们在学习音节发音时应予以重视的。不然，就会出现声母、韵母发音都不错而发出来的音节却不像地道的普通话这样的现象。

声母在音节发音产生的变异大致包括舌位变化(发音部位变化)和唇形变化两种情况。

1. 声母的圆唇变化

除 f 外,其他所有声母在与后面的圆唇元音相拼时都会双唇拢圆,即变成了圆唇的辅音。让我们从以下各组音节的对比发音中体会这种变化。

ba 爸- bu 不　pa 怕- pu 辅　bi 逼- bo 波　pi 批- po 坡
ma 骂- mu 木　mi 秘- mo 莫　da 答- du 都　die 爹- duo 多
dei 得- dui 对　dan 旦- duan 段　den 扽- dun 盾　deng 灯- dong 东
ta 他- tu 突　tie 铁- tuo 妥　tai 太- tui 退　tan 贪- tuan 湍
tan 谈- tun 屯　teng 腾- tong 同　na 纳- nu 怒　nie 聂- nuo 诺
nan 腩- nuan 暖　neng 能- nong 农　la 辣- lu 路　lie 烈- luo 落
lan 烂- luan 乱　lin 林- lun 轮　leng 冷- long 拢　ge 个- gu 顾
ga 旮- gua 瓜　gao 高- guo 锅　gai 该- guai 乖　gei 给- gui 鬼
gan 干- guan 关　gen 亘- gun 棍　gang 刚- guang 光　geng 更- gong 共
ke 可- ku 苦　ka 卡- kua 夸　kao 靠- kuo 阔　kai 忾- kuai 快
kei 剋- kui 亏　kan 砍- kuan 款　ken 肯- kun 捆　kang 抗- kuang 况
keng 坑- kong 空　he 河- hu 湖　ha 哈- hua 花　hao 号- huo 或
hai 孩- huai 怀　hei 黑- hui 灰　han 喊- huan 缓　hen 恨- hun 混
hang 航- huang 黄　heng 横- hong 红　zhe 遮- zhu 朱　zha 扎- zhua 抓
zhao 招- zhuo 桌　zhai 寨- zhuai 拽　zhei 这- zhui 坠　zhan 展- zhuan 转
zhen 诊- zhun 准　zhang 张- zhuang 庄　zheng 正- zhong 中　che 车- chu 出
chao 超- chuo 戳　chai 拆- chuai 揣　chai 柴- chui 锤　chan 产- chuan 喘
chen 陈- chun 纯　chang 长- chuang 床　cheng 称- chong 冲　she 社- shu 树
sha 杀- shua 刷　shao 烧- shuo 说　shai 筛- shuai 衰　shui 谁- shui 水
shan 山- shuan 栓　shen 肾- shun 顺　shang 伤- shuang 双　re 热- ru 入
rao 绕- ruo 若　ren 认- rui 锐　ran 染- ruan 软　ren 任- run 闰
reng 仍- rong 荣　ze 则- ru 如　zao 凿- zuo 昨　zei 贼- zui 嘴
zan 暂- zuan 钻　zen 怎- zun 尊　zeng 曾- zong 宗　ce 测- cu 醋
cao 糙- cuo 搓　cen 岑- cui 催　can 灿- cuan 窜　can 残- cun 存
ceng 层- cong 从　se 色- su 素　sao 嫂- suo 索　sai 赛- sui 岁
san 三- suan 酸　sen 森- sun 孙　seng 僧- song 松　ni 你- nü 女
nie 孽- nüe 疟　li 理- lü 旅　lie 列- lüe 掠　ji 急- ju 局
jie 杰- jue 决　jian 尖- juan 捐　jin 今- jun 军　jing 景- jiong 迥
qi 气- qu 去　qie 切- que 却　qian 钱- quan 权　qin 勤- qun 群
qing 情- qiong 穷　xi 西- xu 须　xian 弦- xuan 玄　xin 心- xun 勋
xing 星- xiong 兄

2. 声母发音部位的变化

舌尖中音声母 d、t、n、l 和齐齿呼韵母(以 i 开头的韵母)相拼时,受 i 的影响,舌面接近硬腭，变成了具有舌面音色彩的辅音。比较以下各组音节的发音，体会这种细微变化。

da 大- di 地　dan 单- dian 颠　ta 他- ti 踢　tan 贪- tian 天
na 哪- ni 你　nan 难- nian 年　la 辣- li 力　lan 兰- lian 连

舌根音 g、k、h 与 ei 韵母相拼时，受前元音 e 的影响，发音部位前移。比较以下各组音节的发音，体会这种变化。

gai 改- gei 给　kai 开- kei 剋　hai 海- hei 黑

四、韵母在音节中的动态变异

iou、uei、uen 三韵母有阴平、阳平二调的音节中，中间的主要元音明显弱化甚至接近消失。仔细品读以下各组音节，体会这一变化。

iu 优、油- iou 有、右　niu 妞、牛- niou 纽、拗　liu 溜、刘- liou 柳、六
jiu 揪- jiou 久、就　qiu 秋、求- qiou 糗　xiu 休- xiou 朽、秀
ui 威、惟- uei 委、卫　dui 堆- duei 队　tui 推、颓- tuei 腿、退
gui 归- guei 鬼、贵　kui 亏、魁- kuei 傀、馈　hui 灰、回- huei 毁、会
zhui 追- zhuei 坠　shui 谁- shuei 水、税　cui 催- cuei 璀、翠
sui 虽、随- suei 髓、岁　un 温、文- uen 稳、问　dun 吨- duen 盹、顿
tun 吞、屯- tuen 氽、褪　kun 昆- kuen 捆、困　hun 昏、浑- huen 混
zhun 谆- zhuen 准　chun 春、纯- chuen 蠢　cun 村、存- cuen 忖、寸
sun 孙- suen 损

五、零声母音节带来的元音变异

由于普通话的音节多数是辅音声母与元音或元音与辅音组合成的韵母拼合而成的，零声母音节是韵母自成音节，前面没有辅音；受这种拼合惯性的影响，零声母音节开头的元音或多或少地带上了一定的辅音成分。高元音 i、u、ü 开头的零声母音节开头的元音向辅音靠拢，变成了相应的半元音；中、低元音开头的零声母音节则可能在音节开头带上喉塞成分。我们按韵母的四呼来详细说明。

1. 开口呼零声母音节

以 a、o、e 开头的零声母音节可能在音节开头带上喉塞成分或有喉部紧张的动作。音节及例字词如下：

a：阿　阿姨　阿飞　阿拉伯　阿昌族　an：安　安排；俺　俺们；按　按照
ao：凹　凹版；熬　熬煎；奥　奥秘　ai：挨　挨个儿；矮　矮子；爱　爱情
ang：肮　肮脏；昂　昂扬；盎　盎然　ou：欧　欧洲；呕　呕心；怄　怄气
e：阿　阿胶；讹　讹诈；厄　厄运　en：恩　恩情　恩惠；摁　摁扣儿
er：儿　儿童；耳　耳朵；二　二心

2. 齐齿呼零声母音节

以 i 开头的零声母音节，开头的元音 i 变成了带有摩擦成分的半元音。音节及例字词如下：

yi：衣　衣服；移　移动；以　以为　ya：丫　丫头；牙　牙口；哑　哑巴
ye：椰　椰子；爷　爷们儿；野　野心　yao：要　要求；摇　摇篮；杳　杳然
you：优　优异；由　由衷；有　有底　yan：烟　烟火；言　言谈；演　演绎
yin：音　音乐；银　银币；引　引发　yang：央　央求；洋　洋行；养　养育
ying：英　英雄；迎　迎合；影　影戏

3. 合口呼零声母音节

以 u 开头的零声母音节，开头的元音 u 成了双唇半元音[w]或唇齿半元音[ʋ]。音节及例字词如下：

wu：乌　乌云；无　无法；武　武术　wa：挖　挖苦；娃　娃娃；瓦　瓦解
wo：窝　窝火；我　我们；沃　沃土　wai：歪　歪曲；外　外宾　外交　外科
wei：威　威风；维　维护；委　委托　wan：弯　弯路；完　完成；挽　挽留
wen：温　温暖；文　文学；稳　稳固　wang：汪　汪洋；王　王朝；枉　枉然
weng：翁　翁仲；蓊　蓊郁；瓮　瓮城

4. 撮口呼零声母音节

以 ü 开头的零声母音节，开头的元音 ü 变成带有摩擦成分的半元音。音节及例字词如下：

yu：迂　迂回；余　余党；语　语言　yue：约　约请；月　月饼　月亮　月季
yuan：冤　冤家；元　元凶；远　远方　yun：晕　晕厥；云　云游；陨　陨石
yong：拥　拥护；永　永世　永远　永存

第三章　普通话语流音变发音训练

第一节　变 调 训 练

变调，也称连续变调，是一种语流音变。指的是在两个以上音节连续发音的时候所产生的声调变化。这种变化主要表现为调型和调值两方面的变化。普通话的连续变调最为复杂的是上声变调，其次是一些特殊字词或特殊格式的变调。

一、上声的变调

1. 上声＋上声

两个上声连续，第一个音节变读为阳平调，调型由原来的曲调变为升调，调值为35。例如：

版本　保举　彼此　产品　导体　典雅　反省　讲解　口语　马匹　乞讨　审美　所以　永远　展览　引导　指使　稳妥

三个上声音节相连，末尾音节一般不产生变调，开头、当中的上声有两种变调格式：

(1) 当词语的结构是“双单格”时，开头、当中的上声音节变读为阳平调，调值为35。例如：

选举法 xuǎnjǔfǎ　　变读为 xuánjúfǎ　　洗脸水 xǐliǎnshuǐ　　变读为 xíliánshuǐ

勇敢者 yǒnggǎnzhě　变读为 yónggánzhě　两米五 liǎngmǐwǔ　　变读为 liángmíwǔ

(2) 当词语的结构是“单双格”，开头音节处在被强调的逻辑重音时，读作“半上”，调值为211；当中音节则按两字组变调规律变为35。例如：

党小组　小拇指　纸老虎　耍笔杆　老保守　冷处理　孔乙己　厂党委

2. 上声＋阴平、阳平、去声

上声在阴平、阳平及去年前变读为“半上”，调值为211。例如：

上声＋阴平：板书　北方　打击　顶真　古诗

上声＋阳平：本人　本职　本能　美学　美名

上声＋去声：笔供　笔顺　笔墨　惨败　惨重

3. 上声＋轻声

上声出现在轻声或轻读音节前有两种变调格式，一是变为“半上”，调值为211；二是变为阳平调，调值为35。

(1) 一般情况是变读为“半上”211调，末尾的轻声音节意义上多数比较虚，属于后缀等。例如：

斧子　椅子　苦头　镐头　小的　紫的　脸上　掌上　底下　我们　你们　醒了　哑巴
老婆　耳朵　马虎　伙计　脊梁　婶婶　暖和

（2）上声在轻读音节前变为阳平35调的，后音节一般为可轻声，即轻与不轻在两可之间。例如：

桶里　水里　小姐　把手　想法　哪里　想想　走走　洗洗　瞅瞅

二、“一”的变调

1. 读原调，即阴平调

在以下几种情况下，“一”读为阴平调：

单说，如：一、二、三　一一握手。

在句末、词语末，如：初一　第一　星期一。

表序数，如：一班　一楼　一分队。

2. 变读为阳平调

“一”出现在去声音节前面，变读为阳平调，例如：

一半　一带　一旦　一定　一道　一度　一概　一共　一贯　一会儿　一律　一切　一下子
一系列　一辈子　一再　一样　一唱一和　一物降一物　一叶知秋

3. 变读为去声调

在阴平、阳平、上声音节前，“一”变读为去声调，例如：

“一”＋阴平：一生　一身　一天　一只　一般　一波三折　一天到晚
“一”＋阳平：一时　一行　一直　一成　一齐　一尘不染　一朝天子一朝臣
“一”＋上声：一起　一手　一举　一点儿　一口气　一反常态　一碗水端平

4. 变读为轻声

“一”夹在词语中间，变读为轻声，例如：

摸一摸　吃一吃　聊一聊　谈一谈　想一想　走一走　试一试　看一看

三、“不”的变调

1. 读原调，即去声

以下几种情况，“不”念原调去声：

单说，如：不，你该想想别的办法。

在句末，如：你去不？

在阴平、阳平、上声音节前，如：

“不”＋阴平：不安　不公　不禁　不堪　不惜　不甘寂寞　不知天高地厚
“不”＋阳平：不妨　不觉　不良　不平　不容　不寒而栗　不同凡响
“不”＋上声：不等　不法　不解　不久　不免　不可思议　不管三七二十一

2. 变读为阳平调

“不”在去声音节前变读为阳平调，例如：
不必　不断　不过　不愧　不料　不见得　不论　不是　不但　不幸　不用　不在乎

3. 变读为轻声

“不”夹在词语中间时念轻声，例如：
行不行　去不去　会不会　能不能　来不及　巴不得　对不起　差不多　看不见
打不开　上不去　起不来

四、形容词重叠形式的变调

1. AA 儿式

单音节形容词重叠，如果第二音节儿化，则该儿化音节不论原调是什么均变读为阴平调。例如：

新新儿的衣服　粗粗儿的手指　长长儿的棍子　平平儿的场子　好好儿地工作
早早儿地上学　慢慢儿地走路　快快儿地跑

这种变调，比较它们的不同读法：

好好学习——好好儿学习　慢慢来吧——慢慢儿来吧　长长的棍子——长长儿的棍子

AA 式较为书面，第二音节不产生变调；AA 儿式为口语格式，第二音节习惯上都变读为阴平调。

2. ABB 式

这种格式，在《现代汉语词典》里多数定为 BB 变读为阴平，少数不变念原调。近来，有些专家认为可以不变，或者变与不变都可以。我们作这样的处理：特别口语化的，还是读变调即阴平调；有些文言留下来的形式里，在正式或比较正式的风格里，不变，仍读原调。

(1) BB 应变读为阴平的，如：

白晃晃　白蒙蒙　碧油油　沉甸甸　呆愣愣　黑洞洞　黑油油　红彤彤　黄澄澄　灰蒙蒙
火辣辣　金晃晃　亮堂堂　绿茸茸　绿油油　乱蓬蓬　慢腾腾　毛茸茸　明晃晃　清凌凌
热辣辣　热腾腾　软绵绵　湿漉漉　湿淋淋　水淋淋　笑吟吟　笑盈盈　血淋淋　直瞪瞪
直统统　文绉绉　羞答答

另外，还有相当数量 ABB 式词语，BB 本身就是阴平调，不存在变读的问题。常见的有：

矮墩墩　白苍苍　白花花　白乎乎　臭烘烘　喘吁吁　脆生生　短出出　粉扑扑　干巴巴
孤单单　光秃秃　汗津津　好端端　黑漆漆　黑压压　红光光　红通通　滑溜溜　急冲冲

假惺惺　娇滴滴　紧绷绷　颤悠悠　阴森森　蓝英英　乐呵呵　乐滋滋　冷冰冰　冷清清
冷丝丝　冷飕飕　亮晶晶　绿茵茵　乱纷纷　乱哄哄　乱糟糟　麻酥酥　满当当　慢吞吞
毛糙糙　蓬松松　气哼哼　怯生生　水汪汪　顺当当　弯曲曲　稀拉拉　香喷喷　笑哈哈
笑眯眯　笑嘻嘻　虚飘飘　雄赳赳　眼睁睁　直勾勾　醉醺醺　静悄悄　硬邦邦

(2) BB不用变为阴平，仍读原调的，如：

白皑皑　白茫茫　赤裸裸　赤条条　恶狠狠　孤零零　金灿灿　亮闪闪　阴沉沉　红艳艳
空落落　懒洋洋　喜洋洋　平展展　气昂昂　气喘喘　气鼓鼓　暖融融　晴朗朗　圆滚滚
松垮垮　直挺挺　明亮亮

3. AABB式

一部分口语色彩较浓的双音节形容词重叠为AABB式或AABB儿式时，产生以下变调：一是第二个音节变读为轻声，二是三四音节即BB或BB儿变读为阴平调。例如：

大大方方　服服帖帖　简简单单　零零星星　扎扎实实　老老实实　明明白白　含含糊糊
马马虎虎　勉勉强强　清清楚楚　支支吾吾　规规矩矩　宽宽敞敞　整整齐齐　踏踏实实
漂漂亮亮　干干净净　客客气气　热热闹闹　陆陆续续　快快乐乐　地地道道

当然，以上变化格式通常也只是比较随意的，在非正式的谈话语体中出现，正式的、认真的、特别强调的语境中则可以不变。

另外，一些比较书面的双音节形容词重叠为AABB式时是不产生上述变调的。例如：

勤勤恳恳　恩恩爱爱　和和睦睦　冷冷淡淡　圆圆满满　遮遮掩掩　密密麻麻　平平稳稳
鬼鬼祟祟　随随便便　潦潦草草　伶伶俐俐　矮矮小小　安安稳稳　诚诚恳恳　从从容容
零零碎碎　笼笼统统　莽莽撞撞　苗苗条条　实实在在　斯斯文文　详详细细

五、其他变调

1. 去声变调问题

两个以上的去声相连，除末尾的一个不变读全降51调外，前头的均可变为53调值。例如：

伴唱　变质　测试　拜谒　大众　定性　扼要　奉献　挂帅　喝令　计较　教授　内涝
去世　日志　渗透　事业　未必　奥运会　大众化　四季豆　现代化　艺术性　背信弃义
就事论事　社会制度　义务教育

但是，如果第二音节为重读音节，则该音节的调值不变，仍读全降51调。如：第二性，第六次等。

2. 七、八的变调问题

“七”和“八”在去声音节前，习惯上可变读为阳平调。例如：

七岁　七块　七路车　八路　八块　八岁

当然，也可以不变，仍读阴平调。

第二节 轻声训练

一、轻声的性质与作用

1. 轻声的性质

所谓“轻声”，并不是四声之外的第五种声调，而是四声的一种特殊音变，即在一定的条件下读得又短又轻的调子。

从声学上分析，轻声音节的能量较弱，是音高、音长、音色、音强综合变化的效应，但这些语音要素在轻声音节的辨别中所起作用的大小是不同的。语音实验证明，轻声音节特性是由音高和音长这两个比较重要的因素构成的。从音高上看，轻声音节失去原有的声调调值，变为轻声音节特有的音高形式，构成轻声调值。从音长上看，轻声音节一般短于正常重读音节的音长。

轻声音节的音色也或多或少发生变化。最明显的是韵母发生弱化，如主要元音舌位趋向中央、产生脱落等。声母也可以发生变化，如不送气的清塞音和清塞擦音由于轻读而变为浊音。我们从下面例子中体会一下轻声带来的声母和韵母的变化：

月饼、补丁、玫瑰、讲究、胭脂、祖宗

——b、d、g、zh、z、j 清声母浊化。

妈妈、亲家、棉花、拉扯、来了、姐姐、儿子、孙子、老爷子、桌子、椅子、凳子

——ɑ、e、-i(前)元音央化。

豆腐、心思、踏实、东西、凑合、亲戚、婆婆、咱们俩、多么好、怎么办

——单元音韵母脱落。

2. 轻声产生的原因

第一，汉语复音词的大量产生，使得在古汉语音韵系统里不占地位的轻重音逐渐被利用起来了。它可以帮助我们把不同含义的同音词区别开来，或者把词的界线划得更清楚一些。试比较下面例句中轻声与非轻声的用法：

① 做买卖要讲究买卖公平。

② 县里张干事是个干事的人。

③ 把莲子串起来作帘子，有点儿想象力。

第二，从发音的生理上来看，人们在说多音节词语时，对每个音节是不会均衡用力的，一般情况是在双方能听明白的地方音响也就减弱了，因而形成了轻声。对于普通话的每个词来说，该不该读轻声，则完全由社会历史的习惯决定。某个多音节词语里的某个音节，或是某些语素，人们经常把它读得很弱，丢掉了原有的调子，天长日久，就会形成一个固定读法。例如一些构词后缀、动态助词、结构助词等已基本上读作轻声了。

第三，语言节律的要求。表现语言节律的因素很多，而词的重读和轻读则是许多语言里存在的一个重要因素。在语流中，轻重交替出现，就可以增强语言的节奏感，使语言更加

生动活泼，富于弹性。

3. 轻声的区别作用

（1）区别词性

自然　zìrán　名词　自然界　大自然
　　　zìran　形容词　你的表情不太自然
大方　dàfāng　名词　大方之家　贻笑大方
　　　dàfang　形容词　举止大方　出手很大方
运动　yùndòng　名词　排球运动　运动健将
　　　xùndong　动词　运动官府　运动脑子
大意　dàyì　名词　段落大意
　　　dàyi　形容词　太大意了

（2）区别意义

男人　nánrén　泛指男性
　　　nánren　特指丈夫
女人　nǚrén　泛指女性
　　　nǚren　泛指妻子
反正　fǎnzhèng　复归于正道　拨乱反正
　　　fǎnzheng　副词　反正去不去都一样
合计　héjì　总共　两班合计68人
　　　héji　商量　大家合计一下，这事儿该怎么处理
生意　shēngyì　富于生命力的气象　生意盎然
　　　shēngyi　商业的经营　生意兴隆

（3）区别单位

兄弟　xiōngdì　短语　你们兄弟二人都去　兄弟民族
　　　xiōngdi　词　兄弟初到此地，请多关照
东西　dōngxī　短语　不辨东西
　　　dōngxi　词　买东西　真不是个东西
下水　xiàshuǐ　短语　拖人下水　新船下水
　　　xiàshui　词　牲畜内脏　牛下水三元一斤
用人　yòngrén　短语　领导要善于用人
　　　yòngren　词　即仆人

二、轻声音高变化的读音格式

1. 轻声读作中降调，调值为31

轻声出现在阴平、阳平、去声音节后面读作中降调，即31调。例如：
阴平＋轻声：妈妈　桌子　砖头　说了　屋里　他们　青的　身上　乡下　吃吧　催催

　　　　　休息　掺和　结巴　多么
阳平＋轻声:伯伯　房子　石头　晴了　团里　人们　红的　墙上　年下　行吧　聊聊
　　　　　活泼　南面　泥巴　什么
去声＋轻声:爸爸　扇子　日头　困了　袋里　同志们　绿的　镇上　地下　去吧　看看
　　　　　困难　热和　下巴　那么

2. 轻声读作次高平调,调值为44

上声音节后面的轻声读为次高平调。例如:
上声＋轻声:婶婶　椅子　苦头　醒了　你们　紫的　脸上　底下　好吧　脊梁　暖和
　　　　　哑巴　怎么　好处　老婆

另外,有些上声音节由于在轻声前面变读为阳平调,其后韵轻声也就读成了中降调,即31调。例如:

桶里　水里　火里　讲讲　想想　走走　打手　把手　打点　主意　倒腾　想法　哪里
瞅瞅

三、轻声词的构成及特点

1. 轻声词的构成

普通话里读轻声的词语大致可分为两种情况,一是较为规则的,二是不大规则的。所谓规则的轻声词大致包括以下各类:

(1) 结构助词"的"、"地"、"得"都读轻声,例如:
你的　大的　红的　吃的　努力地学习　慢慢地爬行　干得好　信得过　吃得开

(2) 动态助词"了"、"着"、"过",例如:
走了　好了　盼望着　笑着　读过　去过

(3) 语气词,常见的如:的、了、吧、呢、啊、嘛、呗、啦、嘞、喽、哇、呀、哪、吗、么等。

(4) 一些后缀
子:儿子　老子　嫂子　包子　盖子　桃子
们:咱们　我们　你们　他们　她们　它们
得:觉得　懂得　晓得　舍得　省得　认得
乎:在乎　热乎　玄乎　悬乎
头:斧头　跟头　罐头　码头　念头　枕头
么:多么　什么　这么　那么　怎么　要么
巴:哑巴　嘴巴　下巴　结巴　尾巴　泥巴
和:温和　软和　暖和　掺和　搅和　热和

(5) 方位词
上:身上　脸上　头上　手上　船上　车上
里:那里　哪里　房里　屋里
边:南边　东边　西边　前边　后边
下:地下　底下
面:上面　下面　里面　外面　前面　后面

(6) 叠音的亲属称谓词
爷爷　奶奶　爸爸　妈妈　叔叔　伯伯　舅舅　婶婶　哥哥　姐姐　弟弟　妹妹　公公
婆婆　姥姥　姑姑　太太　娃娃　宝宝

(7) 动词重叠式

看看　瞧瞧　瞅瞅　尝尝　摸摸　说说　聊聊　想想　走走　商量商量　打扮打扮　收拾收拾　清理清理　拾掇拾掇　合计合计

(8) 夹在词语中间的"一"和"不"。

(9) 量词"个",如:十个、一个、这个。

(10) 表示约数的"来"、"把",例如:十来个、百来人、千把斤、个把月。

(11) 口语色彩强的四音节词语,第二音节往往是词缀性质的,读轻声。

啰哩啰嗦　糊里糊涂　土里土气　慌里慌张　古里古怪　娇里娇气　黑不溜秋　酸不剌唧　傻不济济　白不呲咧　灰不溜丢　黑咕隆咚

2. 轻声词构成的特点

轻声是一种口语现象,轻声词也往往是一些与人们日常生活密切相关的词语。判断轻声词主要靠语感,但南方方言区的人们初学普通话往往找不到语感,因此常常出错。我们可以运用排除方法来培养语感。比如:

与口语相对应的比较文雅的书面语词是不会读轻声的。例如:头颅、脸面、胸脯、腿部、根本、公式、构想、姑且、光临、革命等。

外来语词一般也不会读轻声。例如:吉普、的士、引擎、苏打、沙发、扑克、咖啡、摩托、浪漫、夹克、瓦斯、引渡、取缔等。

轻声词往往是一些老资格的双音词,新生词也往往不会读轻声。比较一下下列词语,就会明白其中的缘由(前面读轻声,后面的不读轻声)。

衣服、衣裳——西服、制服、中山服

工钱、薪水——工资、资金、酬金

胡琴——吉他、小提琴、钢琴

先生、师傅——同志、教师、老总

生意、买卖——经销、营销、推销

从正面来说,轻声词与人们的日常生活息息相关。比如:

表示人体部位的词语:脑袋、头发、眉毛、眼睛、鼻子、嘴巴、舌头、耳朵、脖子、胳膊、手指头、指甲、肚子、屁股、脊梁。

表示人与人之间关系的词语:丈夫、太太、对头、朋友、亲戚、亲家、爱人、丈人、少爷、老爷、女婿、用人、兄弟、街坊、叔伯。

表示人的行为动作及心理活动的词语:巴结、打扮、打量、打发、打算、叨唠、得罪、对付、告诉、教训、叫唤、休息、絮叨、应酬、知道、晓得、认得、认识、招呼、耷拉、逛荡、提防、拉扯、拉拢、卖弄、忙活、吓唬、张罗、转悠、做作、挑剔等。

表示人的职业身份的词语:木匠、铁匠、石匠、护士、大夫、裁缝、特务、客人、闺女、寡妇、会计、老婆、学生、用人、和尚、道士、丫头、王爷、相公、干事、伙计、奴才、状元、祖宗等。

表示人的某种状态或感觉的词语:别扭、残疾、聪明、大意、哆嗦、疙瘩、规矩、含糊、糊涂、活泼、机灵、结实、近视、精神、客气、快活、困难、老实、利害、凉快、麻烦、马虎、迷糊、明白、模糊、暖和、漂亮、冤枉、恶心等。

表示人们劳动工具或器具的词语：斧子、锄头、扫帚、灯笼、扳手、棒槌、斗篷、砚台、帐篷、笸箩、算盘等。

表示人的饮食起居的词语：点心、豆腐、甘蔗、高粱、核桃、黄瓜、篱笆、粮食、风水、烧饼、芝麻、庄稼、荸荠、馄饨、菱角、苤蓝、牌楼、石榴、栅栏等。

四、轻声词分类练习

1. 阴平＋轻声

八哥 bāge
巴结 bājie
扒拉 bāla
包袱 bāofu
包涵 bāohan
憋闷 biēmen
拨拉 bōla
拨弄 bōnong
苍蝇 cāngying
差事 chāishi
掺和 chānhuo
称呼 chēnghu
抽搭 chōuda
抽屉 chōuti
出落 chūluo
出息 chūxi
窗户 chuānghu
耷拉 dāla
搭理 dāli
答应 dāying
耽搁 dānge
耽误 dānwu
叨唠 dāolao
灯笼 dēnglong
提防 dīfang
掂掇 diānduo
东边 dōngbian
兜肚 dōudu
嘟噜 dūlu

嘟囔 dūnang
多么 duōme
风筝 fēngzheng
干巴 gānba
干系 gānxi
甘蔗 gānzhe
高粱 gāoliang
膏药 gāoyao
疙瘩 gēda
胳膊 gēbo
跟头 gētou
工夫 gōngfu
工钱 gōngqian
公家 gōngjia
功夫 gōngfu
勾搭 gōuda
估摸 gūmo
姑娘 gūniang
官司 guānsi
棺材 guāncai
归置 guīzhi
规矩 guīju
闺女 guīnü
哈欠 hāqian
花哨 huāshao
叽咕 jīgu
饥荒 jīhuang
机灵 jīling
家伙 jiāhuo

奸细 jiānxi
煎饼 jiānbing
将就 jiāngjiu
交情 jiāoqing
娇嫩 jiāonen
街坊 jiēfang
结巴 jiēba
结实 jiēshi
磕打 kēda
窟窿 kūlong
宽敞 kuāngchang
宽绰 kuānchuo
拉扯 lāche
拉拢 lālong
眯缝 mīfeng
拍打 pāida
篇幅 piānfu
欺负 qīfu
漆匠 qījiang
亲戚 qīnqi
清楚 qīngchu
山药 shānyao
烧饼 shāobing
烧卖 shāomai
身份 shēnfen
身量 shēnliang
生分 shēngfen
牲口 shēngkou
尸首 shīshou

师父 shīfu
师傅 shīfu
师爷 shīye
收成 shōucheng
收拾 shōushi
书记 shūji
叔伯 shūbai
舒服 shūfu
舒坦 shūtan
疏忽 shūhu
摔打 shuāida
说合 shuōhe
说和 shuōhe
思量 sīliang
斯文 sīwen
松快 sōngkuai
踏实 tāshi
踢腾 tīteng
添补 tiānbu
温和 wēnhuo
窝囊 wōnang
窝棚 wōpeng
稀罕 xīhan
虾米 xiāmi
先生 xiāngsheng
消息 xiāoxi
歇息 xiēxi
心思 xīnsi
薪水 xīnshui

星星 xīngxing
猩猩 xīngxing
腥气 xīngqi
休息 xiūxi
胭脂 yānzhi
烟筒 yāntong
央告 yānggao
秧歌 yāngge
吆喝 yāohe
妖精 yāojing
衣服 yīfu
衣裳 yīshang
冤家 yuāngjia
冤枉 yuānwang
约莫 yuēmo
扎实 zhāshi
张罗 zhāngluo
招呼 zhāohu
招牌 zhāopai
折腾 zhēteng
针脚 zhēnjiao
真是 zhēnshi
支吾 zhīwu
芝麻 zhīma
知道 zhīdao
知识 zhīshi
周正 zhōuzheng
庄稼 zhuāngjia
作坊 zuōfang

2. 阳平＋轻声

白净 báijing
财主 cáizhu
柴火 cháihuo
长处 chángchu
锄头 chútou
扶手 fúshou
福分 fúfen
福气 fúqi
蛤蟆 háma
孩子 háizi
含糊 hánhu
寒碜 hánchen
行当 hángdang
行家 hángjia
合同 hétong
和气 héqi
和尚 héshang
核桃 hétao
狐狸 húli
胡琴 húqin
葫芦 húlu
糊涂 hútu
黄瓜 huánggua
活泛 huófan
活计 huóji
活泼 huópo
节气 jiéqi
觉得 juéde
咳嗽 késou
来路 láilu
牢靠 láokao
累赘 léizhui
篱笆 líba
莲蓬 liánpeng
凉快 liángkuai
粮食 liángshi
铃铛 língdang
菱角 língjiao
萝卜 luóbo
麻烦 máfan
麻利 máli
馒头 mántou
忙乎 mánghu
玫瑰 méigui
眉毛 méimao
门路 ménlu
门面 ménmian
迷糊 míhu
棉花 miánhua
苗条 miáotiao
名堂 míngtang
名字 míngzi
明白 míngbai
模糊 móhu
磨蹭 móceng
蘑菇 mógu
难为 nánwei
能耐 néngnai
泥鳅 níqiu
年成 niáncheng
年月 niányue
黏糊 niánhu
娘家 niángjia
奴才 núcai
挪动 nuódong
牌楼 páilou
盘缠 pánchan
盘算 pánsuan
朋友 péngyou
便宜 piányi
皮匠 píjiang
皮实 píshi
疲沓 píta
脾气 píqi
婆家 pójia
前头 qiántou
勤快 qínkuai
情形 qíngxing
拳头 quántou
人家 rénjia
人们 rénmen
芍药 sháoyao
舌头 shétou
神甫 shénfu
什么 shénme
石榴 shíliu
石头 shítou
时辰 shíchen
时候 shíhou
拾掇 shíduo
熟识 shóushi
俗气 súqi
随和 suíhe
抬举 táiju
笤帚 tiáozhou
头发 tóufa
徒弟 túdi
娃娃 wáwa
王八 wángba
王爷 wángye
鞋匠 xiéjiang
行李 xíngli
玄乎 xuánhu
学生 xuésheng
学问 xuéwen
牙碜 yáchen
牙口 yákou
衙门 yámen
严实 yánshi
阎王 yánwang
姨夫 yífu
油水 yóushui
云彩 yúncai
匀溜 yúnliu
匀实 yúnshi
杂碎 zásui
咱们 zánmen
直溜 zhíliu
琢磨 zuómo

3. 去声＋轻声

爱人 àiren
棒槌 bàngchui
报酬 bàochou
辈分 bèifen
蹦跶 bèngda
便当 biàndang
别扭 bièniu
簸箕 bòji
部分 bùfen
颤悠 chànyou
畜生 chùsheng
伺候 cìhou
刺猬 cìwei
凑合 còuhe
错处 cuòchu
大夫 dàifu
大爷 dàye
道士 dàoshi
弟兄 dìxiong
动弹 dòngtan
动静 dòngjing
豆腐 dòufu
队伍 duìwu
对付 duìfu
奉承 fèngcheng
富余 fùyu
告示 gàoshi
个子 gèzi
故事 gùshi
罐头 guàntou
逛荡 guàngdang
害处 hàichu
后头 hòutou
厚道 hòudao
厚实 hòuhsi
护士 hùshi
坏处 huàichu
晃荡 huàngdang
晃悠 huàngyou
记得 jìde
记号 jìhao
记性 jìxing
忌妒 jìdu
价钱 jiàqian
架势 jiàshi
嫁妆 jiàzhuang
叫唤 jiàohuan
戒指 jièzhi
芥末 jièmo
进项 jìnxiang
客气 kèqi
客人 kèren
快当 kuàidang
快活 kuàihuo
筷子 kuàizi

困难 kùnnan
阔气 kuòqi
力量 lìliang
力气 lìqi
厉害 lìhai
利落 lìluo
利索 lìsuo
骆驼 luòtuo
落得 luòde
麦子 màizi
卖弄 màinong
木匠 mùjiang
木头 mùtou
那么 nàme
内人 nèiren
腻烦 nìfan
念叨 niàndao
念头 niàntou
疟疾 nüèji

炮仗 pàozhang
屁股 pìgu
漂亮 piàoliang
气性 qìxing
俏皮 qiàopi
亲家 qìngjia
热和 rèhuo
热乎 rèhu
热闹 rènao
认得 rènde
认识 rènshi
任务 rènwu
日子 rìzi
扫帚 sàozhou
少爷 shàoye
事情 shìqing
势力 shìli
寿数 shòushu
顺当 shùndang

素净 sùjing
算计 suànji
算盘 suànpan
岁数 suìshu
态度 tàidu
特务 tèwu
嚏喷 tìpen
痛快 tòngkuai
吐沫 tùmo
唾沫 tuòmo
外甥 wàisheng
外头 wàitou
忘性 wàngxing
位置 wèizhi
味道 wèidao
下巴 xiàba
吓唬 xiàhu
相公 xiànggong
相声 xiàngsheng

笑话 xiàohua
谢谢 xièxie
秀才 xiùcai
秀气 xiùqi
絮叨 xùdao
絮烦 xùfan
砚台 yàntai
样子 yàngzi
要是 yàoshi
钥匙 yàoshi
义气 yìqi
益处 yìchu
意思 yìsi
应酬 yìngchou
应付 yìngfu
硬朗 yìnglang
用处 yòngchu
用人 yòngren
月饼 yuèbing

月亮 yuèliang
月钱 yuèqian
在乎 zàihu
造化 zàohua
诈唬 zhàhu
栅栏 zhàlan
丈夫 zhàngfu
丈人 zhàngren
帐篷 zhàngpeng
兆头 zhàotou
照应 zhàoying
这么 zhème
志气 zhìqi
转悠 zhuànyou
壮实 zhuàngshi
状元 zhuàngyuan
字号 zìhao
做作 zuòzuo

4. 上声＋轻声

摆布 bǎibu
本子 běnzi
比方 bǐfang
比量 bǐliang
扁担 biǎndan
补丁 bǔding
尺寸 chǐcun
打扮 dǎban
打点 dǎdian
打发 dǎfa
打量 dǎliang
打磨 dǎmo
打算 dǎsuan
打听 dǎting
倒腾 dǎoteng
底下 dǐxia
点心 diǎnxin
点缀 diǎnzhui

懂得 dǒngde
斗篷 dǒupeng
恶心 ěxin
耳朵 ěrduo
法子 fǎzi
斧头 fǔtou
谷子 gǔzi
骨头 gǔtou
寡妇 guǎfu
好处 hǎochu
火烧 huǒshao
伙计 huǒji
脊梁 jǐliang
讲究 jiǎngjiu
搅和 jiǎohuo
姐夫 jiěfu
考究 kǎojiu
苦处 kǔchu

喇叭 lǎba
喇嘛 lǎma
懒得 lǎnde
老婆 lǎopo
老实 lǎoshi
老爷 lǎoye
冷清 lěngqing
里头 lǐtou
马虎 mǎhu
码头 mǎtou
买卖 mǎimai
免得 miǎnde
牡丹 mǔdan
奶奶 nǎinai
脑袋 nǎodai
你们 nǐmen
扭搭 niǔda
扭捏 niǔnie

女婿 nǚxu
暖和 nuǎnhuo
笸箩 pǒluo
软和 ruǎnhuo
洒脱 sǎtuo
嫂子 sǎozi
晌午 shǎngwu
舍得 shěde
婶婶 shěnshen
省得 shěngde
使得 shǐde
使唤 shǐhuan
数落 shǔluo
属相 shǔxiang
爽快 shuǎngkuai
体面 tǐmian
铁匠 tiějiang
妥当 tuǒdang

瓦匠 wǎjiang
晚上 wǎnshang
尾巴 wěiba
委屈 wěiqu
稳当 wěndang
我们 wǒmen
喜欢 xǐhuan
显得 xiǎnde
响动 xiǎngdong
小气 xiǎoqi
晓得 xiǎode
哑巴 yǎba
雅致 yǎzhi
眼睛 yǎnjing
养活 yǎnghuo
痒痒 yǎngyang
已经 yǐjing
椅子 yǐzi

影子 yǐngzi	怎么 zěnme	指甲 zhǐjia	种子 zhǒngzi	祖宗 zǔzong
早晨 zǎochen	找补 zhǎobu	指头 zhǐtou	主意 zhǔyi	嘴巴 zuǐba
早上 zǎoshang	枕头 zhěntou			

第三节　儿 化 训 练

一、儿化的性质与作用

1. 儿化的性质

普通话的儿化现象主要是由词尾“儿”变化而来的。词尾“儿”本来是一个独立的音节，由于在口语里处于轻读的地位，长期与前面的音节流利地连续而产生音变，“儿”失去了独立性，“化”到前一音节上，只保持一个卷运作，使两个音节融合成一个音节，前面音节的韵母受儿化——卷舌动作的影响或多或少地发生了变化。这种音变现象就是所谓“儿化”。

2. 儿化的作用

从词汇角度来看，儿化可以分化同音词；也可以改变词的含义，构成新词；还可以使词义获得细小、轻松、亲昵、可爱等附加的色彩意义。请看下列的例子：

丁：甲乙丙丁　人丁兴旺

丁儿：把萝卜切成丁儿　肉丁儿

当心：下雨路滑，你要当心哪。

当心儿：校园的当心儿是个广场。

头：他的头有点儿歪。

头儿：他是咱们的头儿。

水：跳水　喝水　用水　挑水

水儿：汽水儿　橘子水儿

萝卜丝儿、线头儿、零碎儿、豆芽儿、小菜儿、针尖儿、煤球儿、宝贝儿、心肝儿、脸蛋儿、刺儿、机灵鬼儿、热心肠儿。

从语法的角度来看，儿化可以改变词的词性；还可以改变语素组合的性质。例如：

盖　动词　盖上钢印　盖上茶壶

盖儿　名词　锅盖儿　壶盖儿　盖上盖儿

画　动词　画眉毛　画水彩

画儿　名词　一幅画儿　画画儿

干　形容词　衣服干了

干儿　名词　杏干儿　老白干儿

一块　数量短语　一块钱　一块肉

一块儿　副词　一块儿去学习　一块儿走

半天　名词　想了半天也没想出来。（不定的。）

半天儿　短语　意为半日，是确定的。

听信　动词　不要听信谣言。

听信儿　短语　两天后听信儿吧。

从修辞的角度来看，儿化可以产生小巧玲珑的色彩，产生可爱、亲昵、怜悯的色彩，产生轻蔑、憎恶的色彩。试比较下列各组例词：

飞机—小飞机儿	喇叭—小喇叭儿	礼堂—小礼堂儿
书包—小书包儿	耍猴子—耍猴儿	大婶子—大婶儿
火炉子—火炉儿	眼珠子—眼珠儿	教员—教员儿
研究员—研究员儿	科长—科长儿	爱情—爱情儿

二、儿化音变的读音规律

ɑ 为韵腹（主要元音）的韵母儿化时可分四种情况：

（1）ɑ、iɑ、uɑ 三韵母可在韵腹 ɑ 的基础上直接加卷舌动作，注意 ɑ 在卷舌时舌位有所抬高。例如：哪儿、小鸭儿、花儿。

（2）ai、uai、an、uan、ian、üan 六韵母儿化时韵尾 i、n 失落，在韵腹 ɑ 上加卷舌动作，同样 ɑ 的舌位有所抬高。例如：小孩儿、一块儿、快板儿、好玩儿、冒烟儿、四合院儿。

（3）ao、iao 两韵母儿化时韵尾不失落，在主要元音和韵尾的基础上卷舌，受卷舌动作影响，韵尾 o(u)的舌位有所降低。例如：桃儿、柳条儿。

（4）ang、iang、uang 三个后鼻音韵母儿化时，后鼻音韵尾失落，主要元音变为鼻化元音，然后加上卷舌动作。例如：药方儿、傻样儿、小汪儿。

注意：三、四两类主要元音 ɑ 不同于一、二两类，其舌位较后较低。

o 为主要元音的韵母有 o、uo 两个，儿化时均在主要元音 o 的基础上加上卷舌动作。例如：围脖儿、酒窝儿。另有 ou、iou 两韵母，儿化时韵尾不失落，在韵腹和韵尾基础加卷舌动作。例如：小偷儿、球儿。

e 为主要元音的韵母包含 e、ei、uei、en、uen、eng、ueng、ie、üe 共九个，儿化音变可分为四种情况：

（1）e 本身舌位很靠后，卷舌时舌位也是较后且较高的。如：哥儿们、这儿。

（2）ei、uei、en、uen 四韵母儿化时韵尾失落，主要元音为中央元音，加上卷舌动作，读音与单韵母 er 完全一致。如：酒杯儿、味儿、树根儿、没准儿。比较“哥儿”与“根儿”的细微差别。

（3）ie、üe 两韵母的主要元音较一、二两类的主要元音又有不同，舌位很前，也较低。如：爷儿俩、旦角儿。

（4）eng、ueng 两个后鼻音韵母儿化时韵尾失落，主要元音的舌位与一类相同，鼻化后加卷舌动作。例如：麦梗儿、酒瓮儿。

i 为主要元音的韵母有 i、in、ing 三个，儿化结果都是 i＋er，只是 ing 的儿化韵主要元音 er 舌位稍后且鼻化。结果为：衣儿＝音儿≠英儿；梨儿＝林儿≠铃儿；鸡儿＝今儿≠茎儿。

ü 为主要元音的韵母有 ü、ün、iong 三个，儿化结果也都是 ü＋er，只是 iong 的儿化韵主要元音 er 为鼻化音。结果为：小徐儿＝小荀儿≠小熊儿。

u 为主要元音的韵母有 u、ong 两个，都是在主要面音 u 上加卷舌动作，不同的是，前者不鼻化，后者要鼻化。注意区别：雏儿、虫儿；珠儿、盅儿；裤儿、空儿。

zhi、chi、shi、zi、ci、si 六音节儿化时，都是丢掉韵母，拿声母直接与 er 相拼。结果为：zhi→zher 树枝儿、果汁儿；chi→cher 风翅儿、锯齿儿；shi→sher 找食儿、没事儿；zi→zer 瓜子儿、咬字儿；ci→cer 词儿、刺儿；si→ser 丝儿、四儿。

三、常用儿化词语练习

a－ar：刀把儿　话把儿　板擦儿　找碴儿　裤衩儿　打杂儿　那儿　哪儿　价码儿　没法儿　半拉儿　马扎儿

ai－ar：鞋带儿　小孩儿　男孩儿　女孩儿　盖儿　小菜儿　本色儿　举牌儿

an－ar：快板儿　腰板儿　老伴儿　蒜瓣儿　杂拌儿　脸蛋儿　白干儿　包干儿　光杆儿　门槛儿　收摊儿　坎儿　上班儿　慢慢儿　一半儿　花篮儿　小三儿

ia－iar：一下儿　豆芽儿　纸匣儿　人家儿

ian－iar：差点儿　一点儿　小辫儿　坎肩儿　一边儿　扇面儿　照面儿　刀片儿　影片儿　片儿汤　聊天儿　单弦儿　心眼儿　尖儿　前儿

uai－uar：一块儿　乖乖儿　土块儿

ua－uar：大褂儿　爪儿　画儿　话儿　牙刷儿　鲜花儿

uan－uar：好玩儿　撒欢儿　猪倌儿　大腕儿　门闩儿　当官儿　拐弯儿　抱团儿

üan－üar：烟卷儿　出圈儿　绕远儿　人缘儿　杂院儿　手绢儿

ang－ãr：药方儿　帮忙儿　棒儿香　赶趟儿　小张儿

iang－iãr：鼻梁儿　像样儿　好样儿　娘儿俩　看样儿　透亮儿

uang－uãr：相框儿　蛋黄儿　借光儿　天窗儿　张庄儿

ao－aor：岔道儿　走道儿　好好儿　掌勺儿　口哨儿　早早儿　没着儿　半道儿　符号儿　一股脑儿　小刀儿　桃儿

iao－iaor：走调儿　豆角儿　面条儿　小鸟儿　山雀儿　小苗儿

o－or：土坡儿　末儿　围脖儿

uo－uor：做活儿　大伙儿　干活儿　蝈蝈儿　被窝儿　心窝儿　饭桌儿　没错儿　发火儿　昨儿个

ou－our：奔头儿　个头儿　老头儿　年头儿　说头儿　头头儿　死扣儿　裤兜儿　高手儿　两口儿　风斗儿　小偷儿　耍猴儿　后儿

iou－iour：一溜儿　抓阄儿　顶牛儿　打球儿　蜗牛儿　挤油儿　拈阄儿

e－er：饱嗝儿　打嗝儿　挨个儿　自个儿　哥儿们　模特儿　下巴颏儿　八哥儿　山歌儿　这儿　高个儿　方格儿

ei－er：倍儿棒　椅子背儿　晚辈儿

en－er：够本儿　老本儿　下本儿　刨根儿　调门儿　嗓门儿　邪门儿　有门儿　纳闷儿　开刃儿　桑葚儿　走神儿　压根儿　大婶儿　串门儿　愣神儿

ie－ier：锅贴儿　一些儿　小街儿　半截儿　藕节儿　姐儿们　台阶儿　小鞋儿

üe－üer：旦角儿　木橛儿　丑角儿

eng－ẽr：八成儿　板凳儿　麻绳儿　钢镚儿

ueng－uẽr：小瓮儿

uei－uer：哪会儿　那会儿　一会儿　这会儿　围嘴儿　奶嘴儿　烟嘴儿　墨水儿　走味儿　跑腿儿　橱柜儿　麦穗儿

uen－uer：胖墩儿　打盹儿　冰棍儿　光棍儿　三轮儿　没准儿　一顺儿

i－i:er：玩意儿　针鼻儿　几儿　妮儿　没好气儿　果皮儿　露底儿　梨儿　小米儿　一髻儿　地儿　理儿　一屉儿　小鸡儿

in－i:er：够劲儿　傻劲儿　送信儿　今儿　一个劲儿　巧劲儿　捎信儿　皮筋儿　较劲儿　心儿　得劲儿　不对劲儿　脚印儿

ing－i:ẽr：起名儿　打鸣儿　人影儿　明儿　零儿　小命儿　成形儿

u－ur：爆肚儿　碎步儿　煤核儿　指头肚儿　主儿　纹路儿　眼珠儿　白醭儿　雏儿　兔儿爷

ong－ũr：没空儿　萤火虫儿

ü－üer：小曲儿　金鱼儿　蛐蛐儿　有趣儿　毛驴儿　侄女儿

ün－ü:er：花裙儿　合群儿

iong－üer：小熊儿

－i(前)－er：枪子儿　铜子儿　瓜子儿　咬字儿　毛刺儿　词儿　挑刺儿　刺儿头　细铁丝儿

－i(后)－er：顶事儿　侄儿　豆汁儿　没事儿　果汁儿　树枝儿　锯齿儿　凤翅儿　找食儿

第四节　语气词“啊”的音变训练

语气词“啊”在普通话里可以用于陈述句、疑问句、祈使句、感叹句全部四类句式，是最为常用的一个语气词。归纳起来，“啊”的使用方式大致有以下几种情况：

(1) 用于陈述句末尾，表示解释或提醒对方，有时带有不耐烦的语气。例如：

今天的成绩可是来之不易啊。　你说什么？我没听清啊。

不是我不想管，我实在是管不了啊。

(2) 用于祈使句末尾，表请求、催促、命令等。例如：

请安静啊，同学们！　快点儿走啊，小张！　你要小心，千万别上当啊！

你赶快去啊！　咱们可得好好儿学啊！

(3) 用于感叹句末尾或打招呼的话里。例如：

这孩子多可爱啊！　老李啊，你得多谈谈。

(4) 用于问句末尾。例如：

是谁啊？　今天上语文还是上数学啊？　谁知道是怎么回事啊？

(5) 用在句中停顿处，表示说话人的犹豫，或为引起对方注意；表示列举；表假设、条件等。例如：

去年啊，去年这会儿啊，我还在广州呢。　你啊，真该去上上学。

这里的山啊，水啊，树啊，草啊，都是我从小就非常熟悉的。

要是自己会啊，我就不会找你了。

(6)用在重复的动词后面,表过程长等。例如:

他们找啊找啊,终于找到了那位先生。　小鸟唱啊唱,嘤嘤有韵。

语气词“啊”受前字末尾音素的影响而产生音变,共有六种变化形式。

一、读 ya

(1)“啊”出现在以 a、o、e、ê 为末尾音素的音节后面,产生异化增音音变。包括的韵母有:a、ia、ua、o、uo、e、ie、üe。例如:

哎哟妈呀,原来是他啊。

怎么就咱们俩呀。　这是谁的家呀。　这是谁送的花呀。　多甜的瓜呀。

老伯呀,你慢慢儿走吧。　你快点儿说呀。　祖国呀,我亲爱的祖国。　真没辙呀。

就这么点水,谁舍得喝呀。大姐呀,你快点儿写呀。好大的雪呀。不会怎么办,学呀。

(2)“啊”出现在以 i、ü 为末尾音素的音节后面,产生同化增音音变。包含的韵母有:i、ai、ei、uai、uei、ü。例如:

老弟呀,别急呀。　你呀,生什么气呀。　你发什么呆呀,快来呀。　真黑呀。　抓贼呀。

小妹呀,努力吧。　这人真怪呀。　他跑得真快呀。　怎么还不会呀。　东西好贵呀。

你还不去呀。　好大的雨呀。

二、读 wa

出现在以 u 为末尾音素的音节后面,均为同化增音。包含的韵母有:u、ou、iou、ao、iao。例如:

别哭哇。　真苦哇。　这是谁的书哇。　快走哇。　真臭哇。　又是一个大丰收哇。

吹什么牛哇。　房子真旧哇。　多好哇。　别闹哇。　快跑哇。　真好笑哇。

多聪明的小鸟哇。　真巧哇。

三、读 na

出现在前鼻音韵母后面,属同化增音。包含的韵母有:an、en、in、ün、ian、uan、üan、uen。例如:

怎么办啊。真难哪。我哪儿敢哪。他真笨哪。你好狠哪。人哪,还是不能忘本哪。

你怎么还不信哪。可别多心哪。这是历史的教训哪。好险哪。你怎么一天三变哪。

这事儿谁管哪。他管得真宽哪。今天走得真远啊。好玄啊。你算得真准哪。真困哪。

四、读 nga

出现在后鼻音韵母后面,属同化增音,包含的韵母有:ang、eng、ong、ing、iong、iang、uang、ueng。例如:

真忙啊。　好脏啊。　党啊,亲爱的妈妈。　好冷啊。　成啊。　你真能啊。　真想不通啊。

还不懂啊。 冲啊。 行啊。 真要命啊。 多厚的冰啊。 真凶啊。
这玩意儿有什么用啊。 真穷啊。 娘啊，你讲啊。 人和动物都是一样啊。 你别慌啊。
什么情况啊。 咱是主人翁啊。 什么叫请君入瓮啊。

五、读 ra

出现在 zhi、chi、shi、ri、er 及儿化音节后面，属同化增音。例如：
同志啊，你真无知啊。 真无耻啊。 你快吃啊。 是啊。 有什么事啊。 谁写的诗啊。
今天是节日啊。 儿啊，怎么才得第二啊。 真好玩儿啊。今天怎么来这儿啊。

六、读[za]

出现在 zi、ci、si 三音节后面，亦属同化增音。例如：
老子啊，是古代的一位大思想家。 人生会有多少个第一次啊。 老四啊，要多思啊。

第四章　方音辨正

第一节　声母辨正

一、梅州人学普通话容易出现的声母问题

1. 送气音与不送气音问题

与普通话相比，梅州客家话送气音声母所涵盖的字颇为丰富。相当一部分普通话里读不送气音的字，梅州话里读送气音。分别举例如下：

p‘－p：罢拔败白办伴傍蚌抱暴薄帛脖背倍备步部哺遍辩濒病别避等（并母仄声）

t‘－t：大代待导道盗悼淡荡敌弟第笛电淀掉碟谍迭叠定豆动洞邓独毒度读盾钝段断舵惰肚等（定母仄声）

k‘－k：估沽辜概溉跪柜巩共等（群母仄声）

ts‘－tɕ：就践贱捷截尽净静疾等（从母仄声开三四等）

ts：坐座脏在罪造族贼皂暂杂泽昨凿（从母仄声）

tʂ：助寨闸栈状（崇母仄声），治赵郑兆召丈直仲逐（澄母仄声）

2. 平翘舌音问题

多数地区的客家话没有翘舌音声母，一般是将翘舌音读与之对应的平舌音；兴宁、大埔、五华、丰顺等县均有平翘的分别，翘舌音一般读为舌叶音。客家话平舌音与普通话翘舌音对应情况如下：

ts－tʂ：诈债斩扎壮庄装（庄母），遮猪朱周针章证忠脂（章、知母）

ts‘－tʂ‘：车彻耻齿唱充（彻、昌母），池朝程（澄母平声），初楚疮（初母），锄柴馋（崇母平声）

tʂ：（见上1小节）

s－ʂ：沙纱师使衫山霜（生母），蛇书世税水少收陕叔（书、禅、船母）

tʂ‘：船唇闸产成诚城辰晨承乘常禅（船母平声）

另外，普通话的r声母字，客家话里多数读为鼻音声母或零声母。如：

ȵ：染人热软人忍认日（日母部分字）

Ø：如儒柔然让若绒仁（日母部分字）

3. f、x问题

梅州客家话一般将合口呼的x声母字读为f声母。按普通话音节分别举例如下：

hu：胡湖糊壶狐虎户沪护忽乎呼互

hua：花华桦划化画话
huai：怀淮槐坏
huan：桓环还缓唤焕换
huang：荒谎慌皇晃凰
hun：昏婚荤浑魂混
huo：火伙货祸活获或豁
hong：宏弘红虹烘鸿洪
hui：挥辉晖回卉会汇惠彗慧诲晦悔灰

4. 舌面音问题

梅州客家话声母系统里没有舌面音 tɕ、tɕʻ、ɕ，根据不同来源分别读为 ts、tsʻ、s 或 k、kʻ、x。舌面音的发音是梅州人学普通话的一大难点。普通话 tɕ、tɕʻ、ɕ 与客家话 ts、tsʻ、s、k、kʻ、x对应情况如下：

tɕ－ts：姐借挤济际祭焦酒尖煎钱箭荐津尽进精晶井晋将积绩即迹接节俊眷等

tsʻ：就截践贱捷痴尽静靖净等

k：鸡机肌已记纪寄计既继基急及吉击居拘锯据矩举句交郊教较窖觉娇矫骄饺叫酵解介皆界阶戒届九久韭救究纠兼检间奸坚艰肩简柬见建卷斤巾京经景警竟竞境敬劲紧江讲降甲夹劫君军均决诀角脚

tɕʻ－kʻ：丘企敲巧欠谦钦劝腔去渠期乔求强琴琼穷启圈等

tsʻ：妻齐七切妾窃且签千前浅侵亲秦青清枪抢秋趋徐取趣全

ɕ－h：鞋学穴休朽嗅嫌险贤掀苋闲限现献宪显悬玄弦香乡享响向项凶兄雄狭霞虾夏厦胁协侠瞎虚血勋熏欣兴形型刑训旭蓄下

s：西夕习昔袭惜析悉息媳席锡洗细些斜邪写泻卸屑泄需胥须婿绪序叙絮续恤雪薛宣旋选旬询殉徇巡循逊讯迅消销小笑先仙鲜羞修秀纤箱湘详相祥想象心辛信性腥醒性

5. 零声母问题

普通话的零声母音节在客家话里有读零声母的，更有不读零声母的，对应情况如下：

Ø－Ø：阿亚娅鸦丫也野爷耶冶夜屙啊哟衣医以于迂与予羽儿移夷姨余贻寅伊雨依椅已意异亿俞愉愈怡唉挨矮蔼哀爱凹袄奥夭妖腰要摇谣姚耀欧讴鸥呕殴怄沤友有由邮油尤忧优悠幽游右又柚幼诱谙庵奄淹炎盐掩厌艳焰音阴荫姻饮咽烟冤渊援元园员圆袁猿缘沿丸延焉远院宴燕恩嗯安按案因英婴殷应营嬴蝇莹引印匀云永泳韵运陨映影航央秧痒养扬杨阳羊洋勇涌拥用佣压押鸭页叶邑挖阅悦粤越一益忆抑亦易液役译郁厄扼恶约跃药浴育

Ø－m：尾味微问网无亡忘望蚊

Ø－V：娃蛙窝握威委维为围违伟尉畏卫位胃未武乌污务物勿歪弯湾完挽婉宛万碗温文汶闻稳汪王往枉旺翁

Ø－ŋ：我俄鹅娥讹饿卧语仪愚疑耳义遇娱议蚁驭吴鱼吾五伍女午外桅艾敖肴乐尧咬偶岩严验研言阮岸原颜眼愿彦雁硬迎昂仰业月额恶岳玉狱

此外，应该引起注意的还有，一部分普通话里读 f 声母的字，梅州客家话读 p‘声母。这些字是：缝、冯、房（姓）、符、肥、吠、甫、扶、纺、伏、覆、孵。

二、潮汕人学普通话容易出现的声母问题

除了和梅州客家话相同的“平翘舌音问题”、“舌面音问题”、“送气音与不送气音问题”之外，还有以下声母问题应予以注意。

1. f 声母问题

潮汕话里没有 f 声母，普通话念 f 声母的字均念作 h。下面是普通话念 f 声母的字，要注意记认。

fa：发乏伐罚阀法发

fan：帆番蕃翻凡烦繁反返犯饭泛范贩

fang：方坊芳防妨房肪访仿纺放

fei：飞妃非绯菲诽蜚匪翡肥吠肺费沸狒

fen：分吩芬纷氛汾坟焚粉份奋愤粪

feng：丰风枫封疯峰锋烽蜂冯逢缝讽凤奉俸

fo：佛

fou：否

fu：夫肤孵敷弗伏芙孚扶拂服俘浮符涪匐幅福蝠甫抚斧府俯辅脯父讣付负妇附阜咐复赴副赋傅富腹缚覆

2. m 声母问题

一部分普通话里读 m 声母的字，潮汕话里读 b 声母（双唇浊塞音），这些字是：

ma：马码　mo：磨抹沫墨模　mu：木亩牡　mi：米　miao：苗描瞄庙　mao：猫卯

mai：买卖麦　mei：梅媒枚霉眉　men：闷

3. n、l 问题

一部分鼻音、边音声母的字，潮汕人的读法刚好与普通话相反，需要纠正过来。这些字是：

n－l：内你您难乱农浓弄宁拧咛辇嫩

l－n：郎浪卵廉帘览揽蓝莲两粮梁量领岭篮

另外，有些 n 声母字，潮汕话读 z 声母，如：挠、尿、腻、廿、酿、溺、暖等；有些读 g 声母，如：倪牛。读 l 声母的“赁、另”潮汕话也念 z 声母，都需要纠正过来。

4. 翘舌音声母问题

最突出的问题是，一部分 tʂ、tʂ‘声母的字，潮汕话里读 t、t‘声母。这些字是：

tʂ－t：摘桌卓越琢筑潮着猪箸知蜘致置智治宙昼纣住贮株诛蛛著追坠张长丈帐账胀郑湛朕重值珍桎蜇哲秩侄篆中忠仲逐竹竺轴妯转传镇阵直谆掷绽

t‘：柱宅滞辙

tʂ‘－t‘：拆钗锄持抽筹畴踌丑储锤槌程呈铲撑蛏虫撤彻澈畅传宠冢窗惩畜搐陈

t：叱厨除锄茶缀绸缠琛郴沉尘

其次，与普通话ʂ声母对应的有ts、ts‘、s三个声母。对应字如下：

ʂ－s：沙砂杀煞纱傻佘社舍赦设师狮湿诗尸施时始矢屎使驶示势誓逝世侍柿士事适释拭实识失室数束赎属熟术述梢捎哨绍韶少烧山汕珊删姗伤赏扇闪陕杉善尚身神肾声圣盛胜绳特甥升申呻伸审婶甚慎剩说顺霜谁双爽输舒抒殊署暑曙恕庶瘦刷涮首守兽寿等多数字

ts：石十什拾食少水上叔蜀率舌

ts‘：赊奢杓鼠市试手售栓闩生深树

再次，就是ʐ声母在潮汕话里除了读与之对应的平舌音z外，还有一部分字读n。例如：

ʐ－z：惹热饶娆扰绕若锐芮柔揉如儒孺蠕乳冉苒染刃纫忍韧任人然燃壤让弱戎绒茸冗辱褥仍扔润闰

n：让（让你）染肉

5. 零声母问题

普通话零声母字，在潮汕话除读零声母外，还有ŋ、g、h、b、m、z等多个声母。分布情况是：

Ø：阿亚丫鸦鸭也野我哀欧凹窝恶腰药矮乌于与优友义医韦安羊圆音英用等多数字

b：无毋尾未午巫诬武舞侮务雾忘妄亡万

g：外碍鹅艺吴蜈语御驭衙月疑魏玉狱芽

ŋ：牙雅崖岸熬肴尧俄愚梧悟伍危伪研硬岩严业言眼

m：勿杳望物微娓挽晚问网

h：瓦蚁额役邀页雨鱼渔幽悠艾吻

z：悦而尔耳洱饵儿愉俞逾裕吁维惟唯遗允

三、广州人学普通话容易出现的声母问题

除跟梅州、潮汕相同的一些声母问题外，广州人还应特别注意以下几个问题。

1. 分辨广州话[tʃ、tʃ‘、ʃ]所涵盖的普通话声母

广州话的〔tʃ、tʃ‘、ʃ〕三个声母，发音介于普通话的〔ts、ts‘、s〕与〔tɕ、tɕ‘、ɕ〕之间，听感上更接近后者。这三个声母实际上涵盖了普通话的〔ts、ts‘、s〕、〔tɕ、tɕ‘、ɕ〕、〔tʂ、tʂ‘ʂ、〕三套共九个声母，发音时与此三套声母均有不同程度的差距，成为广州人学普通话的一大难点。掌握对应情况，分别发音操练是很有必要的。对应情况举例如下（详细情况可参看常用字表、词表）

tʃ－tʂ：知朱中珍庄周专（知照），直浊助（澄床仄声）

ts：资灾租宗子左作（精），罪（从仄声）

tɕ：尖积蒋祭借接进（精、京音齐撮），贱绝（从仄声）

s：寺嗣饲颂讼诵俗祀（那仄声）

ɕ:谢袖序象夕席习袭续(邪仄声、京音齐撮)
tʃʻ-tʂʻ:叉车抄抽春初昌穿(彻穿),陈柴(澄床平声)
tsʻ:雌猜粗餐仓(清、穿少精字),残从才层(从平声)
tɕʻ:妻秋千妾取趣(清、齐撮),樵墙全(从平声)
ʂ:奢始杉设刷(审),柿(床)
s:似赛塞速(邪仄声部分字,心开合口)
ɕ:斜邪祥详徐巡循肖(邪平声,心少数字,齐撮)
tʂ:诊疹柱重(章澄少数字)
ʃ-ʂ:诗书山沙时树绳食事(审、禅部分),枢(穿)
s:私腮三苏孙酸扫萨遂(心,邪部分,京音开合口)
ɕ:西须宣先心惜修雪写消(心,京音齐撮)
tʂʻ:成乘常晨愁蝉垂船唇崇(禅床平声)
tsʻ:岑涔(床少数字)

2. j 声母的改读问题

广州话的 j 声母,是个舌面中的浊擦音,它涵盖了普通话的 ʐ、ɕ、tɕʻ、n 及零声母的一部分字,也需要分辨清楚,分别对待。接普通话音节分列如下:
yi:一衣依医宜仪移夷姨疑倚椅已以乙义议易意异逸忆亿抑翼益亦译役疫
yan:淹腌烟胭炎盐阎严颜延言研沿掩演验厌艳谚砚燕咽宴
yang:央秧殃羊洋扬杨阳养痒样
ye:噎爷也野夜叶业液
you:忧优悠幽尤犹由油邮游友有又右诱幼釉
yao:妖要腰摇谣窑遥姚尧舀耀药钥
yin:音因姻殷吟淫银寅饮引隐印
ying:应英鹰樱婴蝇迎赢盈营萤影
er:儿而耳二贰
en:恩
wan:完丸婉
weng:翁
yu:鱼於余愚娱于愉榆语与雨羽御预誉遇寓裕喻育玉狱欲浴
yuan:冤渊员圆元园缘原源袁猿援远院愿怨
yue:约悦月越粤跃
yong:拥勇涌用
xu:旭 xue:穴 xiu:休 xian:嫌现县贤 xuan:玄悬 xin:欣衅
xing:刑形型省(反省)
qiu:丘蚯 qian:铅 qin:钦 qi:泣 nie:蘖孽 nüe:虐疟 ni:逆拟 ning:凝
ran:然燃染 rang:让 re:惹热 ren:人仁忍任刃认韧 reng:仍 rao:饶扰绕
rou:柔肉 ri:日 ru:如儒乳辱入褥 ruan:软 ruo:若弱 rong:戎绒融茸容溶熔
run:闰润

3. w 声母的改读问题

广州话的 w 声母是浊擦音，涵盖了普通话的 x、z、及零声母的部分字，也需分辨清楚。分类排列如下：

零声母

合口呼：乌恶（厌恶）；蛙挖；窝蜗；歪；威桅为唯维违围委伟苇纬卫喂为位畏慰胃渭猬；弯湾玩顽碗挽惋腕；汪王枉往旺；温瘟稳

撮口呼：郁域；匀云允晕韵运熨；永咏泳

齐齿呼：遗；尹；颖

h 声母

hu：胡湖糊葫狐壶核户护互

hua：华划滑话画划

huo（he）：活获或和禾

huai：怀槐坏

hui：回毁汇会慧彗惠讳汇

huan：还环缓唤焕换幻患

huang：皇蝗

hun：浑魂混

hong（heng）：弘宏横

r 声母

rong：荣嵘

第二节 韵母辨正

一、梅州人学普通话容易出现的韵母问题

（一）韵头问题

韵头的问题有两个方面：一是韵头的改换，由于客家话没有撮口呼，也就没有了 ü 韵头，需要将一部分 i 韵头改读为 ü 韵头；二是韵头的增减，如：u 韵头，不少县市就没有，i 韵头也因声母改换而丢失。还有些字，普通话里是没有韵头的，客家话里却添上了韵头。

1. 韵头改换：i →ü

下面是普通话里念 ü 韵头的字，注意辨认。

yue：曰月阅悦越粤

nüe：疟虐

lüe：略掠

jue：决诀抉角觉绝倔掘厥爵

que：缺瘸却雀确鹊榷

xue：削靴穴学雪血谑

yuan：冤渊元圆员袁原援缘猿源远苑怨院愿

juan：捐涓娟镌卷隽倦绢圈眷

quan：圈权全诠泉拳痊蜷颧犬劝券
xuan：宣喧玄悬旋漩癣炫绚眩渲

2. 增添韵头

一些带 i、u 韵头的音节，梅州客家话往往念得韵头不明显或完全失落，如兴宁、五华等地。i、u 韵头所含韵母及常用例字如下：

ia：压丫押鸭牙芽涯衙雅亚；俩；家佳嘉夹假价；掐卡恰洽；虾瞎霞下夏

ian：烟盐演眼燕艳；边编鞭扁变便；偏篇片骗；棉绵免勉面；颠点典电店；天甜田舔；年粘捻辗念；连联脸链练；尖煎减贱见建；千签钱前浅欠；先仙咸闲险鲜现县

iang：央秧羊洋扬养样；娘酿；良凉两量辆；江将讲奖匠降；枪强墙抢；相香详祥想响像向

iao：腰邀摇姚舀要；标表；漂瓢；鸟尿；聊辽了料；苗秒妙；交焦浇较叫教；悄桥巧俏；销小晓笑校

iou：优忧由尤有友右又；妞牛扭；溜刘流柳六；谬；纠久九旧就；秋球求；休修朽秀袖

ie：噎爷也业页；别；撇；灭；爹谍；贴铁；捏聂；列烈；接结节姐借；切茄且；歇斜写谢

ua：娃挖瓦袜；瓜寡挂；夸垮挎跨；花华划画话；抓爪；刷耍

uai：淮怀坏；乖拐怪；快块；歪外；拽；揣踹；衰甩帅

uan：弯完碗万；端短断段；团；暖；卵乱；专转赚；川穿船喘串；栓闩涮；软；钻；窜；酸算

uang：汪王往望；光广逛；筐狂矿；荒黄谎晃；庄装壮撞；双爽

uo：窝我卧；多夺朵躲垛；拖砣妥；挪糯诺；罗萝裸落；锅国果过；阔；活火祸；捉桌卓；戳；说硕烁；昨左坐；搓错；梭索锁

3. 省掉韵头

一些韵母，普通话是没有韵头的，梅州话都添加了韵头，要注意省掉韵头。常见音节及例字：

gong：恭供弓躬宫拱巩共　kong：恐　long：龙垄　zong：纵综踪　cong：从
song：松怂颂讼嵩耸

（二）韵腹问题

1. 展唇音改读为圆唇音：i－ü

下面是客家话读展唇音而普通话读圆唇音的常见音节及例字：

yu：迂于愚俞与予羽雨语裕誉喻豫　lü：吕侣履虑
ju：居拘矩举拒巨距句具惧锯　qu：区趋渠瞿取娶去趣
xu：虚嘘圩须需诩许绪序叙絮徐　yun：匀云耘纭陨运韵
jun：君军均钧郡　qun：群裙
xun：勋熏训

2. 圆唇音改读为展唇音

o－e：哥歌戈个；科柯苛棵可坷课；河何和荷禾贺；么；俄蛾讹饿

oi－ei：胚赔；背；吠灰；梅枚媒妹
ui－ei：雷擂垒儡累类泪；内
oi－ai：哀爱；代袋贷；胎台抬苔；来；该改丐盖；开凯；海害；载在；财材；腮赛
on－an：安鞍按案；干肝杆赶；看侃；寒韩罕汗汉捍翰
un－en：奔本笨；喷盆；分芬汾焚坟粉奋份愤；门们闷；圳
ong－ang：帮梆邦榜膀绑磅；旁滂彷；芒茫；方芳房防妨坊访仿纺放；当档党挡；堂唐糖倘淌躺烫；郎琅狼榔朗浪；章张仗；长尝常；上伤尚；脏；仓苍舱；桑丧；缸冈刚纲；康慷亢抗炕；行航杭；肮昂盎
ung－eng：蓬捧；蒙檬朦；丰封风疯枫峰锋逢冯讽凤奉俸
uon－uan：官倌观冠管贯灌
iong－iang：量良凉粮梁两辆亮谅；将蒋奖桨酱；墙枪抢；相湘详祥想象像；娘；香乡享响饷向；央秧殃痒氧养卯扬杨羊洋阳样

3. 单元音改读为复元音

i－ei：杯卑悲碑贝辈背倍备被；培陪配佩沛；美每眉楣媚昧袂；非菲妃飞肥肺废
vi－uei：威维为围伟委卫畏尉位畏谓
u－ou：都；周舟帚胄咒昼；抽绸稠筹酬丑臭；收手守首授受寿

4. 其他韵腹的改读

ɿ－u：阻祖组租；粗醋；苏酥素诉
ʅ－u：初锄楚；梳
e－i：啤；哩；齐；洗细
ang－eng：砰澎棚；猛；横；冷；正争睁整郑；城成呈程橙；生声省；庚更耕；坑
ang－ing：钉盯仃订顶；听厅；零伶另；星
iang－ing：饼丙柄病；平瓶；名明命；领岭铃；井惊颈镜；青清轻晴请；腥醒姓；迎营赢映影

（三）韵尾问题

1. 改m为n

am－an：帆凡犯泛范；担耽淡；贪探谈潭谭昙；南楠男腩；蓝岚榄揽览；甘橄感敢；勘坎；含函喊撼；沾瞻斩占站湛；馋；衫陕；参蚕惨；三；谙庵
iam－ian：点店惦；添甜；帘廉殓；尖歼兼检剑；签潜纤钳欠；粘念；嫌险；奄炎盐掩厌艳验
im－in：林淋临；金今锦禁浸；侵钦琴寝沁；心；音阴淫姻饮荫吟
em－en：针斟枕；沉；深沈审婶慎甚；砧；岑；森

2. 改前鼻音为后鼻音：n－ng

in－ing：兵秉并；平屏评；丁顶定；厅汀迁庭亭停挺；铃陵凌灵令；精睛晶；情；性；京经景儆竟敬；轻庆；兴刑形；英婴应蝇莹营盈

en－eng：崩；烹朋；盟萌孟；灯登等邓；曾层；蒸惩升圣
en－ing：冰凭冥宁星倾凝幸杏

二、潮汕人学普通话容易出现的韵母问题

潮汕人学普通话，在韵母方面，除跟客家话相同的没有撮口呼、有 m 韵尾等问题外，还有下面一些难点。

（一）鼻化韵与鼻音韵尾的改读问题

1. 鼻化韵母的改读

潮汕话里有不少鼻化韵母，它们在普通话里的读音有三种情况：
一是读元音，如：怕、爱、活、好、嗅、幼、跪、柜、危、伪、畏等字。
二是读前鼻音韵尾，涵盖的字较多，常见的如：担、胆、淡、单，滩、炭，蓝、篮、烂，般、半、办，满、慢，三，伞、散，山、衫，干、敢，安、案；官、宽、欢；煎、贱、见，边、扁、变，便、片，棉、面，年、拈；泉、悬等。
三是读后鼻音韵尾，常见的字如：兵、冰、名、命、精、请、营、影；张、帐、娘、粮、枪、抢、象、想、常、赏；彭、撑、冷、更、坑等。

2. 后鼻音韵尾改读为前鼻音韵尾

韵母对应情况及代表例字如下：
ang－an：班、板、扮；盼；蛮、慢；丹、但、蛋；坦、叹；兰、懒、烂；干、刊、寒；赞、残、栈、铲、删；安、案等
ang－ian：奸、间、艰；言、眼、谚；限等
iang－ian：边、贬、辨、变；偏、骗、片；绵、免；颠、典、电；天、填、腆；连、怜、练；笺、剪、践；迁、浅；仙、鲜；研、燕、延、咽
uang－uan：端、断；湍、团；孪、乱；暖；专、转；穿、川、串；关、冠、惯；宽、款；患、幻、焕；弯、宛、腕
ing－in：宾、彬、殡；贫、品；民、抿；邻、鳞；津、尽、进；亲、秦；新、信；因、引、印
ung－en：本、笨、奔；喷、盆；门、闷；分、坟
uen：吨、盾、顿；吞、屯；抡、轮、论；尊、存、孙；准、春、吮、润；滚、昆、昏、温等
ün：军、郡、俊；群；旬、巡、驯；匀、运

3. m 韵尾的改读

潮汕话 m 韵尾所涵盖的字与梅州客家话大体相同，均可改读为前鼻音韵尾 n。

（二）舌面元音改读问题

1. 将单元音改读为复元音

o－uo：多、朵；托、驼；娜、懦；罗、裸、落；坐、做；错；梭、所、索；窝、卧；桌、卓

o－ao：抱、宝；帽、毛；刀、倒；牢；草、糙；高、稿、告；好、耗、号；袄、奥

2. 复元音改读为单元音

ou－u：布、步；普、铺；亩、牡；肚、度、杜；土、兔；奴；卢、路；租、祖；粗、醋；苏、素；孤、姑、古；苦、库；户、湖、互；乌、伍

ua－o：播、钵；婆、破、泼；磨、沫

3. 展唇音改读为圆唇音

ɯ－u：猪、箸；除、锄；书、薯、鼠、数

ɯ－ü：驴、旅、吕；居、举、矩、巨；徐、虚、许；渠、去；于、予、与、预、鱼

4. 其他韵母的改读

e－a：扒、把、爸；琶、爬、帕；叉、茶、查；纱

ui－ei：悲、卑；肥、吠；美；雷、累、磊、泪

（三）舌尖元音的改读问题

潮汕话里没有舌尖元音 ɿ 和 ʅ，也就没有了普通话里的 tʂʅ、tʂʻʅ、ʂʅ、tsɿ、tsʻɿ、sɿ 等音节，与之对应的潮汕话音节有下面一些：

tʂʅ－tsi：止、址、只、指、旨、志、挚、至、制

tsî：支、脂、肢、吱、稚

ti：知、致、置、智、治

tʻi：痔、滞

tsɯ：之、芝

tʂʻʅ－tsʻi：痴、驰、迟、耻

tʻi：持、翅

ʂʅ－si：施、尸、诗、时、始、矢、是、视、世、恃、势、逝、蚀、示、氏、侍

sɯ：师、史、士、事

sai：狮、使、驶、屎、柿

tsɿ－tsɯ：咨、姿、孜、兹、资、滋、辎、孳、子、仔、自

tsʻɿ－tsɯ：慈、磁、瓷、疵、雌、此、次

sɿ－sɯ：思、斯、私、厮、似、祀、肆

si：司、丝、死、四、肆

三、广州人学普通话容易出现的韵母问题

（一）单元音与复元音互换改读问题

普通话的一些单元音在广州话里读复元音，普通话的一些复元音在广州话里又读单元音，需要分辨清楚。

1. 将单元音改读为复元音

ɑ→uɑ:瓜、寡、卦、夸、跨、画、蛙
ɔ→uo:多、躲、惰、驼、妥、挪、懦、罗、左、果、过、锅
ɛ→ie:爹、些、写、卸、谢、邪、斜、姐、借

2. 将复元音改读为单元音

ei→i:比、鼻、皮、地、你、离、基、希
ou→u:布、普、都、徒、奴、路、租、苏、母
ɑi→i:米、低、批、泥、例、鸡、妻、西、系
oe→ü:居、拘、女、吕、许、取、徐、须、绪

(二) 四呼改读问题

1. 将撮口呼改读为合口呼

y→u:朱、主、注、书、暑、恕、树、蔗、竖
yn→un:尊、遵、村、存、忖、孙、损
　　uan:端、短、团、暖、乱、钻、川、酸、专、窜
yt→uo:夺、脱、撮、辍、拙、茁、说

2. 将合口呼改读为开口呼

ui→ei:杯、辈、陪、配、煤、梅、每、妹
un→ɑn:般、搬、半、伴、潘、判、叛、盘、满、瞒
　　ən:本、盆、门、们、闷
uŋ→əŋ:捧、碰、猛、风、峰、封、凤
ut→o:勃、没、殁、拨、钵、泼、末、秣

3. 将开口呼改读为合口呼

ɑːi→uɑi:快、块、乖、拐、怪、怀、槐、淮、坏
ɑi→uei:辉、挥、晖、危、魏、威、伟、位、归、鬼、桂
ɑn→un:吞、饨、昏、婚、荤、盹、温、魂、混、滚、困
ɑŋ→uŋ:轰、訇、宏、弘

(三) 圆唇音改读为展唇音问题

ɔ→ɤ:哥、歌、个、科、可、课、河、贺
ou→ɑu:报、袍、毛、帽、刀、讨、脑、老、高、好
ɔi→ɑi:哀、代、胎、奈、来、该、开、海、灾、采
ɔn→ɑn:安、干、赶、刊、看、寒、汉、岸
ɔŋ→ɑŋ:当、汤、郎、冈、康、帮、庞、方、房、盲

此外，还有如 zhi、chi、shi、ri、zi、ci、si 等音节的发音问题，m 韵尾的改读问题等，都是要特别注意的。

第三节 声 调 辨 正

一、调 类 问 题

1. 调类的数量差别

普通话：4 个声调，分别是阴平、阳平、上声和去声。
客家话：6 个声调，分别是阴平、阳平、上声、去声、阴入和阳入。
潮汕话：8 个声调，分别是阴平、阳平、阴上、阳上、阴去、阳去、阴入和阳入。
广州话：9 个声调，分别是阴平、阳平、阴上、阳上、阴去、阳去、上阴入、下阴入和阳入。

2. 调类的对应关系

普通话与广东三大方言声调对照表

<table>
<tr><td rowspan="2">古调类
例字
调类、调值
方言</td><td colspan="2">平 声</td><td colspan="3">上 声</td><td colspan="2">去 声</td><td colspan="4">入 声</td></tr>
<tr><td>天</td><td>平</td><td>古</td><td>老</td><td>近</td><td>放</td><td>大</td><td>急</td><td>各</td><td>六</td><td>杂</td></tr>
<tr><td>普通话</td><td>阴平
55</td><td>阳平
35</td><td colspan="2">上声
214</td><td colspan="3">去声
51</td><td colspan="4">入声分别派入阴
阳上去四调</td></tr>
<tr><td>客家话</td><td>阴平
44</td><td>阳平
11</td><td colspan="2">上声
31</td><td colspan="3">去声
52</td><td colspan="2">阴入
21</td><td colspan="2">阳入
5</td></tr>
<tr><td>潮汕话</td><td>阴平
33</td><td>阳平
55</td><td>阴上
53</td><td colspan="2">阳上
35</td><td>阴去
213</td><td>阳去
11</td><td colspan="2">阴入
2</td><td colspan="2">阳入
5</td></tr>
<tr><td>广州话</td><td>阴平
53</td><td>阳平
21</td><td>阴上
35</td><td colspan="2">阳上
13</td><td>阴去
33</td><td>阳去
22</td><td>上阴入
55</td><td>下阴入
33</td><td colspan="2">阳入
22</td></tr>
</table>

二、调形、调值难点分析

1. 梅州客家话调形、调值难点

普通话调形四种，即平、升、曲、降。客家话只有平、降两种调形，学习升、曲二调比较困难。通常是将阳平调读成曲调，升得不够高也不够直接；将上声调读成低降调，有点像半上，缺少升的意思。平、降二调与普通话差别不大，稍加变化即可。

2. 潮汕话调形、调值难点

潮汕话四种调形齐全，但与普通话的分布则完全不同，将错位的调值、调形改读过来即可。

3. 广州话调形、调值难点

从调形上说，广州话只缺曲调，曲调的训练应是重点。另外，其他调形与普通话的分布也不尽相同，同样需要改读。

三、入声字的改读问题

广东三大方言都有入声，入声普遍的特点是都有塞音韵尾，调子比较短促。入声字派入普通话阴平、阳平、上声、去声的情况可参见《现代汉语常用字表》。

附录一

普通话与方言常用词语对照表

普通话	梅县话	潮州话	广州话
太阳	日头	日头公	热头
月亮	月光	月娘	月光
星星	星子	星	星
银河	河溪	天河	天河
雾	蒙沙	雾	雾
冰	冰	霜	雪
闪电	火蛇	闪电	闪电
雷	雷公	雷公	雷
虹	天弓	虹	虹
天气	天色	天时	天时
晴天	好天		好天
阴天	乌阴天	乌阴	阴天
池塘	塘	池	塘
现在	今下	此在	而家
从前	早先	旧时	旧时
刚才	头先	同早	头先
去年	旧年	旧年	旧年
今天	今晡日	今日	今日
明天	天光日		听日
昨天	秋晡日	昨日	寻日
白天	日晨头	日挂	日头
夜里	夜晡头	夜挂	晚黑
早晨	朝晨	眠起早	朝早
上午	上昼	上挂	上昼
中午	当昼	日蚪	晏昼
下午	下昼	下挂	下昼
傍晚	临暗	夜昏	挨晚
晚上	暗晡夜	夜挂	晚黑
端午	五月节	五月节	五月节
中秋	八月半	八月中秋	中秋节
铝	轻铁	轻铁	锑
石头	石头	石部	石
土	泥	涂	泥

普通话	梅县话	潮州话	广州话
灰尘	尘灰	涂粉	烟尘
垃圾	垃圾	杜粪	垃圾
末儿	末	碎	碎
味道	味道	味道	味道
气味	味道	味	味
畜生	头性	畜生	精牲
猴子	猴哥	猴	马骝
蝙蝠	帛婆	蝠鼠	蜜婆
公牛	牛牯	牛牯	牛公
母牛	牛嫲	牛母	牛乸
小牛	细牛子	牛团	牛仔
公马	马牯	马牯	马公
母马	马嫲	马母	马乸
老鹰	鹞婆	老鹰婆	麻鹰
大雁	雁鹅	海鹅	雁
喜鹊	鸦鹊子	客鸟	喜鹊
麻雀	禾毕子	麻雀	麻雀
鸽子	月鸽子	粉鸟	白鸽
八哥	乌鹩哥	鹩哥	鹩哥
公鸡	生鸡	鸡翁	生鸡
螃蟹	老蟹	蟹	蟹
萤火虫	火炎虫	火夜姑	萤火虫
苍蝇	乌绳	胡蝇	乌蝇
蚊子	蚊子	虻	蚊
蛋	卵	卵	蛋
高粱	芦粟	高粱	高粱
玉米	包粟	薏米仁	粟米
花生	番豆	地豆	花生
南瓜	冬瓜	番瓜	金瓜
黄瓜	青瓜	吊瓜	青瓜
萝卜	长菜	菜头	萝卜
茄子	吊菜	茄	矮瓜
水果	青果、生果	果只	生果
荸荠	马荠	钱葱	马蹄
藕	莲根	莲厚	莲藕
板栗	栗子	厚栗	风栗
香蕉	弓蕉	弓蕉	香蕉
早饭	朝	眠起	早餐

普通话	梅县话	潮州话	广州话
午饭	昼	日蚪	晏昼饭
晚饭	夜	夜昏	晚饭
米汤	饭汤	饮	饭汤
猪血	猪红	猪血	猪红
鸡蛋	鸡卵	鸡卵	鸡春
开水	滚水	滚水	滚水
香烟	烟仔	薰团	烟仔
冰激凌	雪糕	雪糕	雪糕
冰棍儿	雪枝	雪条	雪条
衣服	衫裤	衫裤	衫
拖鞋	鞋拖	鞋拖	拖鞋
围巾	颈围	颔盘	颈巾
家	屋下	内	屋企
房子	屋子	厝	屋
台阶	断	路头坎	步级
角落	角落头	角头	角落头
厕所	屎窖	东司	厕所
家具	家利	家私	家私
书桌	书桌	书床	书台
抽屉	拖格	柜格	柜桶
筷子	箸只	箸	筷子
汽油	电油	电油	电油
煤油	洋油	火油	火水
钥匙	锁匙	锁匙	锁匙
伞	遮子	雨遮	遮
电灯	电火	电火	电灯
脸盆	面盆	面脸	面盆
肥皂	番枧	饼药	枧
手巾	面帕	面布	面巾
铁锹	铁铲	铲	铁铲
扁担	担竿	□担	担挑
水泥	红毛灰	红毛灰	红毛泥
钱	钱	镭	银(纸)
自行车	脚车	脚车	单车
学校	学堂	学堂	学校
本子	簿子	簿	簿
故事	古	古	古仔
球	球	球	波

普通话	梅县话	潮州话	广州话
秋千	千秋	登秋	千秋
风筝	纸鹞子	风琴	纸鹞
头	头那	头壳	头(壳)
头发	头那毛	头毛	头发
脸	面	面	面
前额	额角	额门神	额头
眼睛	目珠	目	眼
眼珠	眼珠仁	目仁	眼核
眉毛	目眉毛	目眉	眼眉
鼻子	鼻公	鼻	鼻哥
舌头	舌	舌	脷
牙齿	牙齿	齿	牙
胡子	胡须、须姑	须	胡须
脖子	颈根	颔	颈
胸脯	胸脯	心肝头	心口
屁股	屎窟	脚穿板	屎窟
胳膊	手臂	手臂	手
左手	左手	倒手	左手
右手	右手	正手	右手
手掌	手巴掌	手底	手板
大拇指	手指公	指头公	手指公
小拇指	手指尾	尾指囝	手指尾
腿	脚臂	脚(腿)	脚(骨)
膝盖	膝头	脚头污	膝头(哥)
眼泪	目汁	目汁	眼泪
男人	男儿人	□埔	男人
女人	妇人家	姿婆	女人
老头儿	老阿公	老人	伯爷公
老太婆	老阿婆	老妈人	伯爷婆
小伙子	后生哥	后生囝	后生仔
姑娘	妹子人	姿娘囝	后生女
小孩儿	细人子	奴囝	细佬哥
乞丐	告化子	乞食	乞儿
小偷	贼牯	鼠贼囝	鼠摸
祖父	阿公	阿公	阿爷
祖母	阿婆	阿媛	阿嫲
父亲	阿爸	阿父	老豆
母亲	阿姆	阿媛	阿妈、老母

普通话	梅县话	潮州话	广州话
婶母	叔姆	阿婶	阿婶
外祖父	外阿公	外公	外公
外祖母	外阿婆	外妈	外婆
舅母	舅姆	阿妗	妗母
公公	家官	大官	家公
婆婆	家娘	大家	家婆
哥哥	阿哥	阿兄	大佬
弟弟	老弟	阿弟	细佬
姐姐	阿姊	阿姐	家姐
姐夫	姊丈	阿郎	姐夫
妹妹	老妹	阿妹	妹妹
妹夫	老妹婿	妹婿	妹夫
夫妻	公婆	翁姐	公婆
妯娌	子嫂	大小姆	婶母
邻居	邻居	厝边	邻舍
客人	人客	人客	人客
前面	前背	头前	前便
后面	后背	后畔	后便
里边	底背	底畔	里便
外边	外背	外畔	外便
上面	上背	顶畔	上便
下面	下背	下畔	下便
地方	地方	地方	地方
东西	东西	物件	嘢
天亮	天光	天光	天光
打雷	雷公响	拍雷	行雷
下雾	起蒙沙	落雾	落雾
化雪	融雪	雪融	雪融
淋雨	涸雨	沃雨	淋雨
看	看、睐	睇	睇
闻	鼻	鼻	闻
吃	食	食	食
喝	食	啱	饮
拿	拿	挠	捞
捏	捏	捻	捻
提	车	挽	掼
抬	扛	扛	抬
挑	孩、担	担	担

普通话	梅县话	潮州话	广州话
扛	背	骑	托
推	搡	拢	推
拔	掷	拔	搣
搂	揇	揽	揽
捅	捅、督	搪	督、桶
撕	扯	撊	撕、抆
折	拗	拗	拗
拧	扭	揿	扭
走	行	行	行
跑	示	走	走
站	企	企	企
蹲	蹲	咕	踎
靠	靠	倚	挨、凭
挤	尖	挤	迫
吃饭	食饭	食饭	食饭
吃午饭	食昼	食日蚪	食晏昼饭
吃晚饭	食夜	食夜昏	食晚饭
喝酒	食酒	食酒	饮酒
喝茶	食茶	食茶	饮茶
吸烟	食烟	食薰	食烟
洗脸	洗面	洗面	洗面
洗澡	冲凉	洗浴	冲凉
理发	挥发	剃头	飞发
挑选	挑、择	择、拣	拣、挑
说话	讲话	呾话	讲说话
闲谈	闲谈	诐闲话	倾偈
吵架	相骂	相骂	闹交
打架	相打	相拍	打交
求饶	讨饶	叫唔敢	叫唔敢
吹牛	车大炮	车大炮	放葫芦
拍马	捧大脚	扶浪泡	托大脚
发誓	咒鬼	咒誓	发誓
干活	做细	做工课	做工
种地	耕田	作田	耕田
开车	驶车	驶车	驶车
划船	扒船	扒船	扒艇
买油	倒油	倒油	买油
买药	捡药	拆药	执药

普通话	梅县话	潮州话	广州话
上课	上堂	上堂	上课
下课	下堂	落堂	落课
照相	映相	耗相	映相
下棋	捉棋子	行棋	捉棋
睡觉	睡目		
打哈欠	开欠	喝戏	打喊路
喜欢	中意	欢喜	欢喜
怕	畏、惊	惊、畏	怕、惊
知道	知得	知	知
懂	识得	识、晓	晓、识
猜	估	约、猜	估
忘记	添忘	晤记得	唔记得
不要	唔爱	勿	唔要
是	系	是	系
小	细	细	细
窄	狭	狭	窄
陡	�	崎	斜
黑	乌	乌	黑
稀	仙	溦	稀
干净	净	清气	干净
热闹	闹热	闹热	热闹
模糊	濛	濛	濛
浑	浑	涉	浊
要紧	紧要	切要	紧要
暖和	暖	烧	暖
漂亮	好看	雅	好睇
强壮	健、壮	健	壮
内行	光行	在行	在行
直爽	爽直	爽行	爽直
可爱	得人惜	好惜	得人爱
害羞	怕羞	小礼	怕丑
我	涯	我	我
他	佢	伊	佢
我们	涯登人	阮	我哋
你们	你登人	恁	你哋
他们	佢登人	伊人	佢哋
大家	齐家	大家	大家
自己	自家	胶己	自己

普通话	梅县话	潮州话	广州话
我的	涯个	我个	我嘅
他的	佢个	伊个	佢嘅
我们的	登人个	阮个	我哋嘅
你们的	你登人个	恁人个	你哋嘅
他们的	涯登人个	伊个人	佢俅嘅
别的	别个	别样	第二样
这么	咹	照	咀
这样	咹样	照虫样	咀
谁	瞒人		边个
哪些	哪兜	咃撮	边啲
哪会儿	哪下	时	也嘢
怎么	酿般	在生	点
为什么	他乜个	做呢	点解
多少	几多	若稌	几
一点儿	一滴	一滴团	一啲
一个人	一只人	一个人	一个人
一头牛	一条牛	一只牛	一只牛
一匹马	一条马	一只马	一只马
一条鱼	一条鱼	一尾鱼	一条鱼
一棵树	一条树	一丛树	一颇树
一朵花	一朵花	一蕊花	一朵花
一串葡萄	一串葡萄	一球葡萄	一揪菩提子
一瓶酒	一罂酒	一樽酒	一樽酒
一口水	一口水	一嘴水	一啖水
一套衣服	一身衫裤	一副衫裤	一脱衫裤
一副手套	一双手套	一双手套	一对手套
一条被子	一番被	一领被	一张被
一顶蚊帐	一顶蚊帐	一领虻帐	一堂蚊帐
一把刀	一张刀	一支刀	一把刀
一座房子	一栋屋	一间厝	一间屋
一扇门	一皮门	一爿门	一度门
一座桥	一座桥	一条桥	一度桥
一辆车	一架车	一张车	一架车
一笔生意	一笔生理	一帮生理	一单生意
遍（看一遍）	过	遍	次
回（劝一回）	摆	币	匀
趟（走一趟）	转	币	趟
元（一元钱）	块	箍	文

普通话	梅县话	潮州话	广州话
刚	正	正	正话
一向	一直	一支留	一路
常常	贴常	长时	时时、同时
赶快	抗快	猛猛	快脆
马上	即刻	随时	登时
很	好	过	好
更	又过	愈	更、重
最	最、第一	上顶	最、至
稍微	略为	须须	稍为
都	都	拢	都
一起	一下	做一堆	一齐
一共	捞等	拢总	一共
仍然	还系	依原	重系
特地	特事	专门	特登
幸亏	好彩	好得	好彩
一定	定着	硬虎	梗
恰巧	啱好	堵堵	碰啱
不	唔	唔、无	唔
别	莫	孬、忽	咪
不用	唔使	免用	唔使
把(介词)	将	将、对	将
被(介词)	分	分	畀
在		在	响
从	打、从	同、对	由
如果	系活	若是	如果、若果

附录二

常用汉字普通话正音偏旁（代表字）类推表

一、平翘舌声母字（z、c、s 和 zh、ch、sh）偏旁（代表字）类推表

z

匝-匝 zā，砸 zá。

赞-赞 zàn，攒（积～）zǎn。

澡-澡、藻 zǎo，噪、燥、躁 zào。

造-造 zào；糙 cāo。

责-责、啧 zé（例外：债 zhài）。

则-则 zé；厕、测 cè（例外：铡 zhá）。

曾-曾（姓～）、憎、增 zēng，赠 zèng；曾（～经）céng。

兹-兹（～定于）、滋 zī；慈、磁 cí。

资-资、咨、姿 zī，恣 zì。

子-子、仔（～细）、籽 zǐ，孜 zī；仔（牛～）zǎi。

宗-宗、综（～合）、棕、踪 zōng，粽 zòng；淙、琮 cóng（例外：崇 chóng）。

卒-卒、（小～）zú；醉 zuì。

祖-祖、诅、阻、组 zǔ，租 zū；粗 cū。

尊-尊、遵 zūn。

c

擦-擦、嚓（象声词）cā；蔡 cài（例外：察 chá）。

才-才、材、财 cái（例外：豺 chái）。

采-采、彩、睬、踩 cǎi，菜 cài。

曹-曹、漕、槽 cáo；糟、遭 zāo。

参-参（～观）cān，惨 cǎn；参（～差）cēn（例外：参〔人～〕shēn，渗 shèn）。

仓-仓、伧（～俗）、沧、苍、舱 cāng（例外：疮、创〔～伤〕chuāng，创〔～造〕chuàng；伧〔寒～〕chen）。

从-从（～容）、丛 cóng。

此-此 cǐ，疵 cī；龇 zī（例外：柴 chái）。

卒-卒（仓～）、猝 cù；翠、粹、啐、瘁 cuì；卒（小～）zú。

醋-醋 cù；措、错 cuò。

窜-窜 cuàn，蹿 cuān。

崔-崔、催、摧 cuī，璀 cuǐ。

寸-寸、村 cūn，忖 cǔn（例外：肘 zhǒu）。

搓-搓、磋 cuō；差（参～）cī（例外：差〔～别〕chā，差〔～不多〕chà；差〔出～〕chāi）。
挫-挫、锉 cuò。

s

散-散（～漫）、馓 sǎn，散（～会）sàn；撒（～手）sā，撒（～种）sǎ。
桑-桑 sāng，搡、嗓 sǎng。
司-司 sī，伺（～敌）、饲、嗣 sì；词、祠 cí，伺（～候）cì。
思-思 sī；腮、鳃 sāi。
斯-斯、厮、撕、嘶 sī。
四-四、泗、驷 sì。
松-松、忪（惺～）sōng，颂 sòng（例外：忪〔怔～〕zhōng）。
叟-叟 sǒu；嫂 sǎo；搜、嗖、馊 sōu（例外：瘦 shòu）。
素-素、愫、嗉 sù。
遂-遂（半身不～）suí，遂（～心）、隧 suì。
孙-孙、荪、狲（猢～）sūn。
唆-唆、梭 suō；酸 suān。
锁-锁、唢（～呐）、琐 suǒ。

zh

占-占、占、站 zhàn，沾、毡、粘（～贴标语）zhān；砧 zhēn（例外：钻〔～研〕zuān，钻〔～石〕zuàn）。
章-章、漳、彰、樟、蟑 zhāng，障、嶂 zhàng。
长-长（生～、班～）、涨（～潮）zhǎng，张 zhāng，胀、帐、涨（豆子泡～了）zhàng；长（～短、特～）cháng。
丈-丈、仗、杖 zhàng。
召-召（号～）、诏、照 zhào，招、昭 zhāo，沼 zhǎo；韶 sháo，召（姓）、邵、绍 shào。
折-折（～跟头）、蜇（被蝎子～了）zhē，折（～磨）哲、蜇（海～）zhé，浙 zhè；折（棍子～了）shé；誓 shì。
者-者、赭、锗 zhě；诸、猪 zhū，煮 zhǔ，著、箸 zhù；储 chǔ。
贞-贞、侦、祯、帧 zhēn。
珍-珍 zhēn，诊、疹 zhěn；趁 chèn。
真-真 zhēn，缜 zhěn，镇 zhèn；慎 shèn。
正-正（～月）、怔、征、症（～结）zhēng，整 zhěng，正（～义）、证、政、症（～候）zhèng；惩 chéng。
争-争、挣（～扎）、峥、睁、筝 zhēng，诤、挣（～脱）zhèng。
支-支、枝、肢 zhī；翅 chì。
只-只（两～手、～身）、织 zhī，职 zhí，只（～有）zhǐ，帜 zhì；识（～别）shí；炽 chì。
知-知、蜘 zhī，智 zhì；痴 chī。
执-执 zhí，贽、挚 zhì；蛰 zhé。
直-直、值、植、殖 zhí，置 zhì。
止-止、址、趾 zhǐ；耻 chǐ。

至-至、致、窒 zhì，侄 zhí；室 shì。
志-志、痣 zhì。
中-中(～央)、忠、钟、盅、衷 zhōng，种(～子)、肿 zhǒng，中(打～、～暑)、种(～植)、仲 zhòng；冲(锋)chōng，冲(～劲儿)chòng。
朱-朱、诛、珠、株、蛛 zhū；姝、殊 shū。
主-主、拄 zhǔ，住、注、柱、驻、蛀 zhù。
专-专、砖 zhuān，转(～身、～达)zhuǎn，转(～动)、传(～记)zhuàn；传(宣～)chuán。
啄-啄、诼、琢 zhuó，涿 zhuō。
ch
叉-叉(鱼～)、杈 chā，叉(～住)chá，叉(～开)、衩(裤～)chǎ，叉(劈～)、杈(树～)、衩(衣～)chà；钗 chāi。
谗-谗、馋 chán，搀 chān。
产-产、铲 chǎn。
昌-昌、猖 chāng，倡，唱 chàng。
场-场(～院)、肠 cháng，场(会～)chǎng，畅 chàng。
抄-抄、吵(～ ～)、钞 chāo，吵(～架)、炒 chǎo。
朝-朝(～前、～鲜)、潮、嘲 cháo；朝(～气)zhāo。
辰-辰、晨 chén；唇 chún；振、赈、震 zhèn。
成-成、诚、诚、盛(～东西)chéng；盛(茂～，姓～)shèng。
呈-呈、程 chéng，逞 chěng。
池-池、弛、驰 chí。
斥-斥 chì；坼 chè；拆(～信)chāi。
筹-筹、俦、畴、踌(～躇)chóu。
绸-绸、惆(～怅)、稠 chóu。
出-出 chū，础 chǔ，黜 chù；拙 zhuō，茁 zhuó。
除-除、滁、蜍 chú。
厨-厨、橱 chú。
喘-喘 chuǎn；揣(～在怀里)chuāi，揣(～测)chuǎi。
垂-垂、陲、捶、锤 chuí。
春-春、椿 chūn，蠢 chǔn。
啜-啜、辍 chuò。
sh
山-山、舢 shān，讪、汕 shàn。
珊-珊、删、跚(蹒～)shān；栅(～栏)zhà(例外：册 cè)。
扇-扇(～动)、煽 shān，扇(～子、两～窗)shàn。
善-善、膳 shàn。
尚-尚、绱 shàng，赏 shǎng，裳(衣～)shang；徜(～徉)cháng。
捎-捎、梢、稍(～微)、艄 shāo，哨、稍(～息)shào。
少-少(～数)shǎo，少(～年)shào；沙(～土)、纱、砂、莎、裟、鲨 shā(例外：娑 suō)。

舍-舍(～己求人)shě,舍(宿～)shè;啥 shà。
申-申、伸、呻、绅 shēn,神 shén,审、婶 shěn。
生-生、牲、笙 shēng,胜(～利)shèng。
师-师、狮 shī;筛 shāi(例外:蛳 sī)。
诗-诗 shī,时 shí,侍、恃 shì(例外:寺 sì)。
市-市、柿 shì。
式-式、试、拭、轼 shì。
受-受、授、绶 shòu。
抒-抒、纾、舒 shū。
叔-叔、淑、菽 shū。
孰-孰、塾、熟 shú(熟又音 shóu)。
署-署、薯、曙、暑 shǔ。
刷-刷 shuā,刷(～白)shuà;涮 shuàn。
率-率(～领)、蟀 shuài,摔 shuāi。

二、鼻边音声母字(n)和(l)偏旁(代表字)类推表

n
那-那 nà,哪 nǎ;挪、娜 nuó。
乃-乃、奶、氖 nǎi。
奈-奈、萘(～子)nài;捺 nà。
南-南、喃、楠 nán,蝻(～子)nǎn(例外:罱〔～泥〕lǎn)。
脑-脑、恼、瑙 nǎo。
内-内 nèi;讷 nè;呐、纳 nà。
尼-尼、泥、呢(～绒)ní,伲、泥(拘～)nì。
倪-倪、霓 ní。
念-念 niàn,捻 niǎn。
捏-捏 niē,涅 niè。
宁-宁、拧、咛、狞、柠 níng,宁(～可)、泞 nìng。
聂-聂、蹑、颞、镊 niè
纽-纽、扭、忸 niǔ,妞 niū。
农-农、浓、脓、侬 nóng。
奴-奴、孥、驽 nú,努、弩 nǔ,怒 nù。
诺-诺、喏 nuò;匿 nì。
懦-懦、糯 nuò。
虐-虐、疟 nüè。
l
剌-剌、辣 là,喇 lǎ;赖、癞、籁 lài。

腊-腊、蜡 là;猎 liè。
兰-兰、拦、栏 lán,烂 làn。
蓝-蓝、篮 lán,滥 làn。
览-览、揽、缆、榄(橄～)lǎn。
老-老、佬、姥 lǎo。
劳-劳、痨、崂、唠(～叨)láo,捞 lāo,涝、唠(～ ～)lào。
乐-乐 lè;砾 lì。
垒-垒 lěi。
累-累 lěi;骡、螺 luó,裸 luǒ,漯、摞 luò。
雷-雷、擂、镭 léi,蕾 lěi。
离-离、漓、篱 lí,璃(玻～)li。
里-里、理、鲤 lǐ,厘、狸 lí;量 liàng。
力-力、荔 lì;劣 liè;肋 lèi;勒 lè。
历-历、沥、坜、呖、枥 lì。
立-立、粒、笠 lì;拉、垃、啦 lā。
厉-厉、励、蛎、疠 lì。
利-利、俐、痢、莉 lì,梨、犁、蜊 lí,蜊(蛤～)li。
连-连、莲、涟、鲢 lián,琏 liǎn,链 liàn。
廉-廉、濂、镰 lián。
脸-脸、敛、裣 liǎn,殓、潋 liàn。
炼-炼、练 liàn。
恋-恋 liàn;娈、孪、鸾、滦 luán。
良-良、粮 liáng;郎、廊、狼、琅、螂(蟑～)láng,朗 lǎng,浪 làng。
凉-凉 liáng,谅、晾 liàng;掠 lüè。
梁-梁、粱 liáng。
两-两、俩(伎～)liǎng,辆 liàng,俩(咱～)liǎ。
鳞-鳞、嶙、磷、麟 lín。
菱-菱、凌、陵 líng;棱 léng。
令-令 lìng,伶、玲、铃、聆、零、龄 líng,岭、领、令(一～纸)lǐng;邻 lín;冷 lěng;怜 lián。
龙-龙、咙、聋、笼、胧 lóng,陇、垄、拢 lǒng。
隆-隆 lóng,窿(窟～)long。
娄-娄、喽、楼 lóu,搂、篓 lǒu;缕、屡 lǚ。
流-流、琉、硫 liú。
留-留、馏、榴、瘤 liú,溜 liū。
柳-柳 liǔ;聊 liáo。
卢-卢、泸、颅、鲈、轳 lú。
鲁-鲁、橹 lǔ。
录-录、禄、碌 lù;绿(～豆)、氯 lǜ。
鹿-鹿、漉、麓、辘 lù。

路-路、露、潞、璐 lù;露(～脸)lòu。
仑-仑、伦、沦、轮 lún,抡 lūn,论 lùn。
罗-罗、逻、箩、锣 luó。
烙-烙、酪 lào;略 lüè。
洛-洛、落、络、骆 luò。
吕-吕、侣、铝 lǚ。
虑-虑、滤 lǜ。

三、齿唇和舌根擦音声母字(f)和(h)偏旁(代表字)类推表

f
发-发(～达)fā,发(理～)fà;废 fèi。
伐-伐、阀、筏 fá。
乏-乏 fá;泛 fàn。
番-番、蕃、藩、翻 fān。
凡-凡、矾、钒 fán,帆 fān。
反-反、返 fǎn,饭、贩、畈 fàn。
方-方、芳、坊(埤～)fāng,防、妨、房 fáng,访、仿、纺、舫 fǎng,放 fàng。
非-非、啡、扉、霏、蜚、绯 fēi,诽、匪、斐、翡、菲(～薄)fěi,痱 fèi。
分-分、芬、吩、纷 fēn,粉 fěn,份、忿 fèn。
风-风、枫、疯 fēng,讽 fěng。
蜂-蜂、峰、烽、锋 fēng。
夫-夫、肤、麸 fū,芙、扶 fú。
孚-孚、俘、浮 fú,孵 fū。
弗-弗、拂(仿～)fú;佛(～教)fó;沸、费、狒 fèi。
伏-伏、袱 fú。
福-福、幅、辐、蝠、副 fú,富 fù。
甫-甫、辅 fǔ,敷 fū,傅、缚 fù。
付-付、附、驸 fù,符 fú,府、俯、腑、腐 fǔ,咐(吩～)fù。
父-父 fù,斧、釜 fǔ。
复-复、腹、馥、覆 fù。
h
禾-禾、和(他～她)hé,和(～诗)hè;和(～面)huó。
红-红、虹、鸿 hóng。
洪-洪 hóng,哄(～动)、烘 hōng,哄(～骗)hǒng。
乎-乎、呼、滹 hū。
忽-忽、惚、唿 hū。
胡-胡、湖、葫、猢、瑚、糊(～涂)hú。

狐-狐、弧 hú。
虎-虎、唬、琥 hǔ。
户-户、沪、护 hù。
化-化、华(姓～)、桦 huà,花、哗(～啦)huā,华、哗、铧 huá;货 huò。
活-活、佸 huó。
坏-坏 huài,怀 huái。
还-还(归～)、环 huán;还(～是)hái。
奂-奂、涣、换、唤、焕、痪 huàn。
荒-荒、慌 huāng,谎 huǎng。
皇-皇、凰、湟、惶、徨、煌、蝗 huáng。
黄-黄、璜、潢、磺、簧 huáng。
晃-晃(～眼)、恍、幌 huǎng,晃(摇～)huàng。
灰-灰、恢、诙 huī。
挥-挥、辉 huī;荤 hūn,浑 hún。
回-回、茴、蛔 huí;徊 huái。
悔-悔 huǐ,诲、晦 huì。
会-会、绘、烩 huì。
惠-惠、蕙 huì。
昏-昏、阍、婚 hūn。
混-混 hùn,馄 hún。
火-火、伙 huǒ。
或-或、惑 huò。

四、前后鼻韵母字(an、en、in 和 ang、eng、ing)偏旁(代表字)类推表

an

安-安、鞍、桉、氨 ān,铵 ǎn,案、按、胺 àn。
般-般、搬 bān;磐 pán。
半-半、拌、伴、绊 bàn;判、叛、畔 pàn。
参-参(～考)cān,惨 cǎn,掺 chān。
单-单(～位)、殚、郸 dān,掸、弹 dàn;单(～于)、蝉、婵 chán;弹(～棉花)tán;单(姓)shàn。
旦-旦、担(～子)、但 dàn,担(～保)dān,胆 dǎn;坦、袒 tǎn。
反-反、返 fǎn,饭、贩 fàn;扳 bān,坂、板、版 bǎn。
干-干、杆(～子)、竿、肝 gān,赶、秆 gǎn,干(～部)gàn;鼾 hān,汗(可～)、邗 hán,罕 hǎn,汗(～水)、旱、悍、捍 hàn;刊 kān。
甘-甘、柑、gān;酣 hān,邯 hán;钳 qián。
监-监 jiān;蓝、篮 lán,滥 làn。
曼-曼、漫、慢、谩(～骂)、蔓、幔 màn,馒 mán。

难-难(困～)nán,难(～友)nàn;滩、瘫 tān。
欠-欠 qiàn;坎、砍 kǎn;锨 xiān;欢 huān。
山-山、舢 shān,汕、讪 shàn;灿 càn;仙 xiān;岸 àn;炭 tàn;岩 yán。
炎-炎 yán;淡、啖 dàn;谈、痰 tán,毯 tǎn。
元-元 yuán;浣 huàn;玩、完、顽 wán,皖 wǎn;远 yuǎn,院 yuàn。
番-番、翻 fān,蕃 fán;潘 pān,蟠 pán。
庵-庵 ān,俺 ǎn;淹 yān,掩 yǎn。
扁-扁 biǎn,编 biān;偏、篇 piān,骗 piàn。
斩-斩、崭 zhǎn;暂 zàn;惭 cán;渐 jiàn。
残-残 cán;践、贱、溅 jiàn;钱 qián,浅 qiǎn;线 xiàn;盏 zhǎn。
专-专、砖 zhuān,转 zhuàn,传(～记)zhuàn;传(～统)chuán。
咸-咸 xián;感 gǎn;喊 hǎn,憾 hàn;减 jiǎn。
见-见、舰 jiàn;观 guān;宽 kuān;览、揽、缆 lǎn;现 xiàn。
千-千、迁 qiān,纤(拉～)qiàn;奸、歼 jiān;纤(～维)xiān。
前-前 qián;煎 jiān,剪 jiǎn,箭 jiàn。
检-检、俭 jiǎn,剑 jiàn;脸、敛 liǎn;签 qiān;险 xiǎn;验 yàn。
卷-卷、倦、眷 juàn;圈 quān,拳 quán,券 quàn。
占-占、战、站 zhàn,粘(～贴)zhān;钻 zuān;粘(～土)nián。
豌-豌 wān,碗、婉 wǎn,腕 wàn;怨 yuàn。
en
贲-贲 bēn;喷(～泉)pēn,喷(～香)pèn;愤 fèn。
本-本、苯 běn,笨 bèn。
参-参(～差)cēn;参(人～)shēn,渗 shèn。
辰-辰、晨 chén;振、赈、震 zhèn;娠 shēn,蜃 shèn。
分-分(～析)、芬、吩、纷、氛 fēn,汾、棼 fén,粉 fěn,分(身～)、份、忿 fèn;盆 pén。
艮-艮、莨 gèn,根、跟 gēn;垦、恳 kěn;痕 hén,很、狠 hěn,恨 hèn。
肯-肯、啃 kěn。
门-门、们(图～江)、扪 mén,闷(～热)mēn,闷(～～不乐)、焖 mèn,们(我～)men。
壬-壬、任(姓)rén,荏 rěn,任(～务)、饪、妊 rèn。
刃-刃、仞、纫、韧 rèn,忍 rěn。
申-申、伸、呻、绅、砷 shēn,神 shén,审、婶 shěn。
甚-甚、葚 shèn;葚(桑～儿)rèn;斟 zhēn。
珍-珍 zhēn,诊、疹 zhěn;趁 chèn。
贞-贞、侦、祯、桢、帧 zhēn。
真-真 zhēn,缜 zhěn,镇 zhèn;嗔 chēn;慎 shèn。
枕-枕 zhěn;忱 chén;沈 shěn。
in
宾-宾、傧、滨、缤 bīn,摈、殡、鬓 bìn;嫔 pín(例外:槟[～榔]bīng)。
今-今、衿、矜 jīn,妗 jìn;衾 qīn,琴 qín;吟 yín。

斤-斤 jīn，近、靳 jìn；芹 qín；忻、欣、新、薪 xīn。
禁-禁（～受）、襟 jīn，禁（～止）jìn。
尽-尽（～管）jǐn，尽（～力）、烬 jìn。
堇-堇、谨、馑 jǐn；勤 qín；鄞 yín。
林-林、淋、琳、霖 lín；彬 bīn。
粦-磷、鳞、嶙 lín。
民-民、岷 mín，泯、抿 mǐn。
侵-侵 qīn，寝 qǐn；浸 jìn。
禽-禽、擒、噙 qín。
心-心、芯（灯～）xīn，芯（～子）xìn；沁 qìn。
辛-辛、莘（～庄）、锌 xīn；亲 qīn（例外：亲〔～家〕qìng）。
因-因、茵、姻、氤（～氲）yīn。
阴-阴 yīn，荫 yìn。
ang
卬-卬、昂 áng；仰 yǎng。
邦-邦、帮、梆 bāng，绑 bǎng。
旁-旁、磅（～礴）、膀（～胱）páng，膀（～肿）pāng；榜、膀（～子）bǎng。
仓-仓、沧、苍、舱 cāng；创 chuàng；枪 qiāng，抢 qiǎng。
长-长（～短）cháng，伥（为虎作～）chāng，怅 chàng；张 zhāng，涨、长（生～）zhǎng，帐、胀 zhàng。
肠-肠、场（赶～）cháng，场（会～）chǎng，畅 chàng；荡 dàng；汤（菜～）tāng，烫 tàng；殇、觞、汤（河水～～）shāng；扬、杨 yáng。
当-当 dāng，挡 dǎng，档、当（～铺）dàng。
方-方、芳 fāng，房、坊、防、妨（～害、不妨）fáng，访、仿、纺 fǎng，放 fàng。
缸-缸 gāng，杠 gàng；江 jiāng；扛 káng；项 xiàng。
亢-亢、抗、伉 kàng；杭、吭（引～高歌）、航 háng，沆 hàng。
荒-荒、慌 huāng，谎 huǎng。
良-良 liáng；娘 niáng；郎、狼、廊 láng，朗 lǎng，浪 làng。
桑-桑 sāng，搡、嗓 sǎng。
上-上（～下）shàng，上（～声）shǎng；让 ràng。
尚-尚shàng，赏 shǎng，裳 shang；党 dǎng；常、嫦、徜 cháng，敞 chǎng；趟 tāng，堂、棠 táng，倘、淌、躺 tǎng；掌 zhǎng。
王-王（姓，君～）wáng，汪 wāng，枉 wǎng，旺、王（～天下）wàng；筐 kuāng，狂 kuáng；逛 guàng。
亡-亡 wáng，忘、望、妄 wàng；忙、盲、茫、氓（流～）máng。
相-相、箱 xiāng，想 xiǎng；霜 shuāng。
羊-羊、洋 yáng，养、氧 yǎng，样 yàng；详、祥、翔 xiáng。
eng
成-成、诚、城、盛（～东西）chéng；盛（～会）shèng。

呈-呈、程 chéng，逞 chěng。
乘-乘 chéng；乘（史～）、剩 shèng。
丞-丞 chéng；蒸 zhēng，拯 zhěng。
登-登 dēng，凳、澄（把水～清）、瞪 dèng；澄（～清）chéng。
风-风、枫、疯 fēng，讽 fěng。
峰-峰、烽、蜂 fēng，逢、缝（～衣）féng，缝（门～）fèng；蓬、篷 péng。
奉-奉、俸 fèng；捧 pěng；棒 bàng。
更-更（～正）gēng，埂、哽、梗 gěng，更（～加）gèng；粳 jīng；硬 yìng（例外：便 biàn、pián）。
亨-亨、哼 hēng；烹 pēng。
塄-塄、楞 léng，愣 lèng。
蒙-蒙（～骗）mēng，蒙（～蔽）、檬、朦 méng，蒙（内～古）měng。
孟-孟 mèng，猛、蜢 měng。
彭-彭、澎、膨 péng。
朋-朋、棚、鹏 péng；崩、绷（～带）bēng，绷（～着脸）běng，蹦、绷（～硬）bèng。
生-生、牲、甥、笙 shēng，胜 shèng。
誊-誊、腾、滕、藤 téng。
曾-曾（姓）、憎、增、缯 zēng，赠 zèng；层、曾（～经）céng，蹭 cèng；僧 sēng。
正-正（～月）、怔、征 zhēng，整 zhěng，正（～义）、证、政、症 zhèng；惩 chéng。
争-争、挣（～扎）、峥、狰、睁、筝 zhēng，诤、挣（～脱）zhèng。
ing
丙-丙、炳、柄 bǐng，病 bìng。
并-并 bìng，饼、屏（～除）bǐng；瓶、屏（～风）píng（例外：迸 bèng，拼、姘 pīn，骈、胼 pián）。
丁-丁、仃、盯、钉（～子）dīng，顶、酊（酩～）dǐng，订、钉 dìng；厅、汀 tīng。
定-定、腚、碇 dìng。
京-京、惊、鲸 jīng；黥 qíng。
茎-茎、泾、经 jīng，刭、颈 jǐng，劲（～敌）、胫、径 jìng；轻、氢 qīng（例外：劲〔干～〕jìn）。
景-景、憬 jǐng；影 yǐng。
敬-敬 jìng，警 jǐng；擎 qíng。
令-伶、苓、玲、铃、聆、龄 líng，岭、领 lǐng，令（命～）lìng（例外：拎 līn、邻 lín）。
名-名、茗、铭 míng，酩 mǐng。
冥-冥、溟、暝、瞑 míng。
宁-宁（安～）、拧（～绳子）、咛、狞、柠 níng，拧（～螺丝钉）nǐng，宁（～可）、泞、拧（～脾气）nìng。
平-平、评、苹、坪、萍 píng。
青-青、清、蜻 qīng，情、晴 qíng，请 qǐng；菁、睛、精 jīng，靖、静 jìng。
廷-廷、庭、蜓、霆 tíng，艇、挺 tǐng。
亭-亭、停、婷 tíng。

刑-刑、邢、形、型 xíng;荆 jīng。
英-英、瑛 yīng。
营-营、荧、莹、萤、萦 yíng,莺 yīng。
婴-婴、樱、鹦、缨 yīng。
ün
云-云、耘、芸、纭 yún,运、酝 yùn。
俊-俊、骏、浚、峻、竣 jùn。
群-群、裙 qún。
旬-旬、询、荀、洵、恂 xún,殉、徇 xùn。
迅-迅、讯、汛 xùn。
训-训、驯 xùn。
iong
用-佣、拥、痈、庸 yōng,用、佣 yòng。
永-永、咏、泳 yǒng。
甬-甬、俑、勇、涌、恿、蛹、踊 yǒng。
凶-凶、匈、汹、胸 xiōng。
uen
文-文、蚊、纹、炆、雯 wén,紊 wěn,汶 wèn。
温-温、瘟 wēn。
仑-仑、沦、轮、伦、纶 lún,论 lùn,抡 lūn。
屯-吨、盹、炖、钝、顿、囤 dùn;屯 tún。
昆-昆 kūn;混 hùn;棍 gùn。
寸-寸、村 cūn,忖 cǔn。
ong
东-东 dōng,冻、栋 dòng。
董-董、懂 dǒng。
同-同、桐、铜 tóng;洞、侗、恫 dòng。
通-通 tōng,捅、桶 tǒng,痛 tòng。
农-农、侬、浓、哝、脓 nóng。
龙-龙、咙、珑、胧、聋、笼 lóng,垄、拢、笼 lǒng。
工-工、攻、功 gōng,巩、汞 gǒng,贡 gòng;空 kōng,恐 kǒng,空、控 kòng;红、虹、鸿 hóng,讧 hòng。
共-供、恭、龚 gōng,拱 gǒng,共、供 gòng;烘、哄 hōng,洪 hóng,哄 hǒng。
中-中、忠、盅、钟、衷 zhōng,肿、种 zhǒng,中、仲、种 zhòng;冲、忡 chōng,冲 chòng。
容-容、蓉、溶、榕、熔 róng。
宗-宗、综、棕、踪、鬃 zōng,粽 zòng;淙 cóng。
从-从、丛 cóng;纵 zòng;怂、耸 sǒng。
公-公、蚣 gōng;松、忪 sōng,讼、颂 sòng。
翁-翁、嗡 wēng,蓊 wěng。

附录三

常用多音字组词练习

一、读音不同，意义不同

阿　ā 阿姨　阿訇　阿门　阿昌族　ē 阿胶　阿谀　阿弥陀佛
挨　āi 挨个儿　挨近　挨次　ái 挨打　挨饿
艾　ài 艾滋病　艾绒　方兴未艾　yì 自怨自艾
拗　ào 拗口　拗口令　niù 执拗　脾气很拗
柏　bǎi 柏树　柏油　bó 柏林（地名）
膀　bǎng 翅膀　肩膀　pāng 膀肿　páng 膀胱
磅　bàng 磅秤　过磅　páng 磅礴
堡　bǎo 堡垒　碉堡　bǔ 堡子　瓦窑堡　pù 十里堡
辟　bì 复辟　pì 辟谣　开辟
屏　bǐng 屏除　屏弃　屏气　píng 屏风　屏幕　银屏
伯　bó 伯父　伯母　老伯　bǎi 大伯子（夫兄）　叔伯（轻声）
簸　bǒ 颠簸　bò 簸箕
卜　bǔ 占卜　卜卦　未卜先知　姓卜　bo 萝卜
差　chā 差错　差异　一念之差　chà 差劲　差不多　很差　chāi 出差　差事　差使　cī 参差
颤　chàn 颤动　发颤　颤抖　颤悠　zhàn 颤栗　打颤
场　chǎng 场合　市场　场所　一场球　cháng 场院　打场
车　chē 汽车　车床　jū 车马炮（象棋）
匙　chí 汤匙　茶匙　shi 钥匙
冲　chōng 冲破　冲锋　chòng 冲床　有冲劲儿　气味很冲
创　chuàng 创造　创举　chuāng 创伤　重创敌人
绰　chuò 绰号　阔绰　绰绰有余　chāo 绰起棍子
伺　cì 伺候　sì 伺机　窥伺
攒　cuán 攒聚　万头攒动　zǎn 积攒　攒钱
撮　cuō 一撮盐　一撮儿匪徒　zuǒ 一撮儿毛
答　dá 回答　答谢　报答　dā 答应　答理　羞答答
打　dǎ 打鼓　打官司　dá 苏打　一打（12 个）
大　dà 大小　大夫（古官名）　大王（汽车大王）　dài 大黄　大夫（医生）　大王（国王；强盗首领）
当　dāng 当地　相当　应当　当官　当年（指过去）　dàng 上当　适当　典当　当年（同一年）
倒　dǎo 颠倒　倒戈　卧倒　dào 倒立　反倒　倒数

的　de 我的　大的　dí 的确　dì 目的　无的放矢
都　dōu 都是　全都　dū 都市　首都　都督
度　dù 温度　大度　duó 揣度　忖度
发　fā 发生　发财　出发　fà 理发　怒发冲冠
坊　fāng 牌坊　坊巷　fáng 油坊　染坊　磨坊
佛　fó 佛教　fú 仿佛
服　fú 礼服　服毒　服药　fù 一服药(用于中药)
干　gān 干支　干戈　晒干　干着急　干系　gàn 干部　干事　精明强干
给　gěi 发给　献给　给以　jǐ 给予　给养　供给　自给自足
更　gēng 更正　三更　自力更生　gèng 更加　更好
供　gōng 供给　提供　供销　gòng 口供　上供　供词　供职
骨　gǔ 骨头　骨干　骨肉　gū 骨碌　骨朵
莞　guǎn 东莞　wǎn 莞尔一笑
龟　guī 龟甲　乌龟　龟缩　jūn 龟裂　qiū 龟兹(国名)
哈　hā 哈哈大笑　哈欠　哈腰　hǎ 哈达　哈巴狗　姓哈
喝　hē 喝茶　吃喝　hè 喝令　大喝一声
和　hé 温和　和平　和尚　我和你　hè 唱和　应和　附和　huó 和面　和泥
huò 二和药　和稀泥　huo 掺和　搅和　暖和　软和　温和　hú 和了　和牌
横　héng 纵横　横肉　hèng 蛮横　横祸　专横
会　huì 开会　会师　不会　kuài 会计　财会
混　hùn 混淆　混合　混饭吃　hún 混蛋　犯混
豁　huō 豁口　豁出去　huò 豁亮　豁免　豁然开朗
几　jī 茶几　几乎　窗明几净　jǐ 几个　几何　几多
济　jì 救济　同舟共济　jǐ 济南　人才济济
间　jiān 中间　房间　车间　jiàn 间隔　间谍　间或　间歇
监　jiān 监牢　监视　监督　jiàn 太监　国子监
将　jiāng 将军　将来　即将　jiàng 将领　武将　麻将
角　jiǎo 三角　角落　独角戏　jué 角色　主角　口角
脚　jiǎo 手脚　脚注　根脚　jué 脚色　脚儿
结　jié 结交　结婚　结果　结冰　结合　结局　jiē 结巴　结实　开花结果
解　jiě 解放　解救　jiè 押解　解送　xiè 解数
尽　jǐn 尽管　尽快　尽量　尽先　尽早　jìn 尽力　尽情　尽量　尽然　尽数　尽兴
尽责　尽忠
菌　jūn 细菌　药菌　jùn 香菌
卡　kǎ 卡片　卡车　卡通　qiǎ 关卡　卡子　发卡
看　kàn 看望　查看　看病　kān 看管　看护　看守
擂　léi 擂鼓　自吹自擂　lèi 擂台　打擂
累　lěi 积累　累计　lèi 连累　受累　劳累　léi 累赘
量　liáng 测量　丈量　liàng 胆量　能量　量力而为

淋 lín 淋浴 淋漓 淋巴 lìn 过淋 淋病
绿 lǜ 绿色 绿豆 绿茶 lù 绿林 鸭绿江
脉 mài 命脉 脉搏 山脉 mò 脉脉含情
眯 mī 眯缝 眯了一会儿 mí 眯了眼
靡 mí 奢靡 mǐ 萎靡 风靡 披靡 靡靡之音
模 mó 模范 规模 模仿 模型 mú 模子 模样
难 nán 难看 难免 艰难 难兄难弟(难得的朋友) nàn 发难 灾难 难民 难兄难弟(共患难的人)
弄 nòng 玩弄 愚弄 lòng 弄堂 里弄 梅花三弄
娜 nuó 婀娜 袅娜 nà 娜(人名)
胖 pàng 肥胖 胖子 pán 心广体胖
喷 pēn 喷气 香喷喷 pèn 喷香
片 piàn 唱片 影片 肉片 片刻 piān 唱片儿 相片儿
撇 piě 撇捺 撇嘴 piē 撇开 撇油
迫 pò 迫近 急迫 压迫 迫降 pǎi 迫击炮
仆 pú 仆人 公仆 风尘仆仆 pū 仆倒 前仆后继
奇 qí 奇怪 奇迹 传奇 jī 奇数 奇蹄目
茄 qié 茄子 番茄 jiā 雪茄
悄 qiāo 静悄悄 悄悄地 qiǎo 悄然 悄声
亲 qīn 母亲 亲人 亲手 qìng 亲家 亲家母
散 sǎn 散漫 松散 散文 散打 散曲 零散 sàn 分散 解散 散会 失散 散步 烟消云散
煞 shā 煞车 煞尾 shà 煞白 凶煞 煞有介事
舍 shě 舍弃 取舍 shè 宿舍 舍下 舍亲
什 shén 什么 shí 什物 家什 什锦
省 shěng 外省 省事 节省 xǐng 反省 省亲 不省人事
属 shǔ 属性 亲属 zhǔ 属望 属意 相知相属
说 shuō 说明 说客 说书 说服 shuì 游说
似 sì 相似 类似 似乎 归心似箭 shì 似的
宿 sù 宿舍 宿怨 宿命 xiǔ 住一宿 谈了半宿 xiù 星宿
遂 suì 遂意 未遂 诸事顺遂 suí 半身不遂
沓 tà 重沓 纷至沓来 dá 一沓纸
提 tí 提高 提倡 前提 dī 提防 提溜
帖 tiē 妥帖 服帖 tiě 请帖 字帖儿 tiè 碑帖 字帖
圩 wéi 圩子 圩院 xū 圩场 赶圩
吓 xià 吓人 惊吓 hè 恐吓 恫吓 威吓
纤 xiān 纤细 纤维 化纤 qiàn 拉纤 纤夫
相 xiāng 相亲 互相 相扑 xiàng 相声 相貌 相机行事
巷 xiàng 巷战 巷口 hàng 巷道(矿业专用语)

校　xiào 学校　上校　jiào 校对　校正　校稿
吁　xū 长吁短叹　yù 呼吁　yū 吁(拟声词)
轧　yà 轧棉花　倾轧　轧道机　zhá 轧钢　冷轧
要　yāo 要求　要挟　yào 要好　要害　机要
殷　yīn 殷切　殷勤　殷实　yān 殷红
应　yīng 应该　应届　应许　yìng 应用　应征　应验
佣　yōng 雇佣　佣工　女佣　yòng 佣金　佣钱
晕　yūn 晕倒　头晕(昏沉感觉)　晕头转向　yùn 晕车　月晕　血晕　头晕(旋转感觉)
载　zǎi 记载　千载难逢　zài 装载　载歌载舞
涨　zhǎng 涨潮　高涨　zhàng 头昏脑涨　涨红了脸
着　zháo 着急　着忙　着火　着迷　打不着　睡不着　zhuó 附着　着陆　着落　着手　着力　着重　着想　zhāo 着数　着点儿盐　zhe 听着　这么着
中　zhōng 当中　中央　中等　人中　中看　中听　中断　zhòng 中肯　中毒　中暑　中奖　中选　中意　看中
轴　zhóu 车轴　轴承　zhòu 压轴
转　zhuǎn(移动方位的活动)转变　向左转　转达　旋转　zhuàn(圆周回旋的运动)转盘　转椅　转炉　转圈子
作　zuò 工作　作业　创作　作料　zuō 作坊

二、词性不同,读音不同

把　bǎ(动词、介词、量词)把持　把关　把东西送来　一把米
　　bà(名词)话把儿　刀把儿
藏　cáng(动作义)收藏　埋藏　矿藏　捉迷藏
　　zàng(名物义)宝藏　大藏经　西藏
长　cháng(性状义)冗长　长度　长短
　　zhǎng(动作义、名物义)长进　成长　厂长　首长
臭　chòu(性状义)臭气
　　xiù(名物义)乳臭　铜臭
处　chǔ(动作义)处理　相处　处女
　　chù(名物义)所处　处长　办事处
畜　chù(名物义)牲畜　家畜
　　xù(动作义)畜养　畜产
传　chuán(动作义)相传　传诵　传说　传奇　传令
　　zhuàn(名物义)传记　自传　传略
担　dān(动作义)担当　担水　担任
　　dàn(名物义)担子　重担
弹　tán(动作义)弹射　弹性　弹力
　　dàn(名物义)弹弓　弹药　枪弹

恶 è(性状、名物义)丑恶　凶恶　罪恶

wù(动作义)厌恶　憎恶　可恶　好恶

ě(动作义)恶心

分 fēn(动作义及部分名物义)分析　分类　分泌　一分儿

fèn(用于部分名物义)本分　成分　水分　分外　分量

缝 féng(动作义)缝纫　缝补

fèng(名物义)门缝

冠 guān(名物义)皇冠　桂冠　冠心病

guàn(动作义)冠军　夺冠

号 hào(名物义)号角　号召　号码　符号

háo(动作义)呼号　哀号　号叫

好 hǎo(性状义)好坏　好看　好懂

hào(动物义)爱好　好动　好逸恶劳

夹 jiā(动作义)夹攻　夹着书包　夹杂　夹竹桃　夹克

jiá(性状义)夹袄　夹被　夹壁墙

劲 jìng(性状义)劲旅　强劲　刚劲　疾风知劲草

jìn(名物义)干劲　劲头　有劲　鼓劲

卷 juǎn(动物义、性状义)卷帘　卷饼　卷烟　卷尺　龙卷风

juàn(名物义)书卷　文卷　试卷　上卷

笼 lóng(名物义)鸟笼　牢笼　笼头

lǒng(动作义)笼罩　笼络

溜 liū(动作义、性状义)溜冰　溜须拍马　溜圆　溜光

liù(名物义)檐溜　随大溜　一溜儿

磨 mó(动作义)磨刀　磨合　磨灭　磨炼

合

mò(名物义)推磨　磨盘　石磨

泥 ní(名物义)泥土　黄泥　泥淖　泥泞　水泥

nì(动作义)拘泥　泥古不化

宁 níng(性状义)宁静　安宁　心神不宁

nìng(动作义、虚词)宁可　宁肯　宁愿　宁死不屈　毋宁

泊 pō(名物义)湖泊　血泊　梁山水泊

bó(动作义、性状义)停泊　泊岸　漂泊　淡泊

铺 pū(动作义)铺路　铺轨　铺陈　铺张

pù(名物义)饭铺　卧铺　铺板　铺子

强 qiáng(性状义)强大　强攻　逞强　强硬

qiǎng(动作义)强迫　强逼　勉强　强人所难　强词夺理

jiàng(性状义)倔强　强嘴

切 qiē(动作义)切菜　切片　切面　切磋

qiè(性状义等)心切　亲切　切实　切题　一切　反切

曲 qū(性状义、部分名物义)曲线 曲径 酒曲 大曲
qǔ(名物义)歌曲 曲调 异曲同工
丧 sāng(名物义、性状义)丧服 丧葬 奔丧 治丧 吊丧
sàng(动作义)丧失 丧胆 丧气 丧心病狂
扇 shān(动作义)扇风 扇炉子
shàn(名物义)扇子 电扇 蒲扇 一扇门
数 shù(名物义)数目 岁数 多数 单数
shǔ(动作义)数九 数落 数一数二 数说
shuò(性状义)数见不鲜
瓦 wǎ(名物义)瓦片 瓦匠 瓦盆
wà(动作义)瓦刀 瓦屋顶
为 wéi(动作义)人为 为非作歹 为难 成为 为人所不知
wèi(虚词)为了 因为 为什么 为人作嫁
兴 xīng(动作义、性状义)兴起 复兴 兴旺 兴奋 兴师动众
xìng(名物义)兴趣 兴致 兴味 高兴 雅兴 兴高采烈
咽 yān(名物义)咽喉 咽炎 咽头
yàn(动作义)吞咽 咽下
yè(动作义、词素)哽咽 呜咽 悲咽 呜呜咽咽
与 yǔ(动物义、虚词)赠与 相与 与人为善 与其 父与子
yù(动作义)参与 与会
乐 yuè(名物义)音乐 乐器 姓乐
lè(动作义、性状义)快乐 乐观 乐于助人
种 zhǒng(名物义)种类 种族 播种(播下种子)
zhòng(动作义)种田 广种 播种(种的方式)
钻 zuān(动作义)钻研 钻探 钻空子
zuàn(名物义)钻石 金刚钻 钻床 钻头

三、语体不同,读音不同

剥 bō(文)剥削 剥夺 bāo(白)剥皮 剥花生
薄 bó(文)薄弱 单薄 日薄西山 薄烟 薄情 薄命
báo(白)薄板 薄饼 待他不薄 薄脆
澄 chéng(文)澄清 澄澈 澄湛
dèng(白)澄浆泥 澄沙
逮 dài(文)逮捕 dǎi(白)逮特务 逮蚊子
核 hé(文)核心 核桃 核实 核算 原子核
hú(白)枣核儿 煤核儿
颈 jǐng(文)颈项 颈椎
gěng(白)脖颈子

嚼 jué(文)咀嚼
jiáo(白)嚼碎 嚼舌头
勒 lè(文)勒令 勒索 悬崖勒马
lēi(白)勒紧行李
露 lù(文)露骨 暴露 lòu(白)露富 露脸 露马脚
落 luò(文)降落 落魄 落花生
lào(白)落色 落枕 落架
là(白)丢三落四 落在后面
蔓 màn(文)蔓延 蔓草 蔓生植物
wàn(白)爬蔓 垂蔓 瓜蔓儿
翘 qiáo(文)翘首 连翘
qiào(白)翘尾巴 翘辫子
壳 qiào(文)甲壳 地壳 躯壳 金蝉脱壳
ké(白)蛋壳儿 脑壳儿 子弹壳儿
雀 què(文)麻雀 孔雀 雀斑
qiǎo(白)家雀儿
qiāo(白)雀子
色 sè(文)色彩 景色 面色
shǎi(白)掉色儿 套色 色子
塞 sè(文)堵塞 闭塞 塞责 搪塞
sài(文)要塞 边塞 塞外 塞翁失马
sāi(白)活塞 瓶塞 把洞塞住
杉 shān(文)杉树 水杉 shā(白)杉木 杉篙
葚 shèn(文)桑葚 rèn(白)桑葚儿
熟 shú(文)成熟 熟练 熟悉 熟视无睹
shóu(白)饭熟了 我跟他很熟
削 xuē(文)剥削 削弱 xiāo(白)削皮 刀削面
血 xuè(文)心血 血压 血汗 血战 血泊 流血牺牲
xiě(白)流了点儿血 吐了一口血 鸡血 血淋淋

附录四

普通话异读词审音表

（1985年12月27日修订，国家语言文字工作委员会、国家教育委员会、广播电视部发布）

说　　明

一、本表所审，主要是普通话有异读的词和有异读的作为“语素”的字。不列出多音多义字的全部读音和全部义项，与字典、词典形式不同。例如：“和”字有多种义项和读音，而本表仅列出原有异读的八条词语，分别于 hè 和 huo 两种读音之下（有多种读音，较常见的在前。下同）；其余无异读的音、义均不涉及。

二、在字后注明“统读”的，表示此字不论用于任何词语中只读一音（轻声变读不受此限），本表不再举出词例。例如：“阀”字注明“fá（统读）”，原表“军阀”、“学阀”、“财阀”条和原表所无的“阀门”等词均不再举。

三、在字后不注“统读”的，表示此字有几种读音，本表只审订其中有异读的词语的读音。例如“艾”字本有 ài 和 yì 两音，本表只举“自怨自艾”一词，注明此处读 yì 音；至于 ài 音及其义项，并无异读，不再赘列。

四、有些字有文白二读，本表以“文”和“语”作注。前者一般用于书面语言，用于复音词和文言成语中；后者用于口语中的单音词及少数日常生活事物的复音词中。这种情况在必要时各举词语为例。例如：“杉”字下注“（一）shān（文）：紫～、红～、水～；（二）shā（语）：～篙、～木。”

五、有些字除附举词例之外，酌加简单说明，以便读者分辨。说明或按具体字义，或按“动作义”、“名物义”等区分，例如：“畜”字下注“（一）chù（名物义）：～力、家～、牲～、幼～；（二）xù（动作义）：～产、～牧、～养”。

六、有些字的几种读音中某音用处较窄，另音用处甚宽，则注“除××（较少的词）念乙音外，其他都念甲音”，以避免列举词条繁而未尽、挂一漏万的缺点。例如：“结”字下注“除‘～了个果子’、‘开花～果’、‘～巴’、‘～实’念 jiē 之外，其他都念 jié”。

七、由于轻声问题复杂，除《初稿》涉及的部分轻声词之外，本表一般不予审订，并删去部分原审的轻声词，例如“麻刀（dao）”、“容易（yi）”等。

八、本表酌增少量有异读的字或词，作了审订。

九、除因第二、六、七各条说明中所举原因而删略的词条之外，本表又删略了部分词条。主要原因是：1. 现已无异读（如“队伍”、“理会”）；2. 罕见词语（如“俵分”、“仔密”；3. 方言土音（如“归里包堆（zuī）”、“告送（song）”；4. 不常用的文言词语（如“刍荛、“氍毹”）；5. 音变现象（如“胡里八涂［tū］”、“毛毛腾腾［tēngtēng］”）；6. 重复累赘（如原表“色”字的有关词语分列达23条之多）。删汰条目不再编入。

十、人名、地名的异读审订，除原表已涉及的少量词条外，留待以后再审。

A

阿(一)ā

～訇　～罗汉　～木林

～姨

(二)ē

～谀　～附　～胶　～弥

陀佛

挨(一)āi

～个　～近

(二)ái

～打　～说

癌 ái(统读)

霭 ǎi(统读)

蔼 ǎi(统读)

隘 ài(统读)

谙 ān(统读)

埯 ǎn(统读)

昂 áng(统读)

凹 āo(统读)

拗(一)ào

～口

(二)niù

执～　脾气很～

坳 ào(统读)

B

拔 bá(统读)

把 bà

印～子

白 bái(统读)

膀 bǎng

翅～

蚌(一)bàng

蛤～

(二)bèng

～埠

傍 bàng(统读)

磅 bàng

过～

龅 bāo(统读)

胞 bāo(统读)

薄(一)báo(语)

常单用,如"纸很～"。

(二)bó(文)

多用于复音词。

～弱　稀～

淡～　尖嘴～舌

单～　厚～

堡(一)bǎo

碉～　～垒

(二)bǔ

～子　吴～

瓦窑～　柴沟～

(三)pù

十里～

暴(一)bào

～露

(二)pù

一～(曝)十寒

爆 bào(统读)

焙 bèi(统读)

惫 bèi(统读)

背 bèi

～脊　～静

鄙 bǐ(统读)

俾 bǐ(统读)

笔 bǐ(统读)

比 bǐ(统读)

臂(一)bì

手～　～膀

(二)bei

胳～

庇 bì(统读)

髀 bì(统读)

避 bì(统读)

辟 bì

复～

裨 bì

～补　～益

婢 bì(统读)

痹 bì(统读)

壁 bì(统读)

蝙 biān(统读)

遍 biàn(统读)

骠(一)biāo

黄～马

(二)piào

～骑　～勇

傧 bīn(统读)

缤 bīn(统读)

濒 bīn(统读)

髌 bìn(统读)

屏(一)bǐng

～除　～弃　～气

～息

(二)píng

～藩　～风

柄 bǐng(统读)

波 bō(统读)

播 bō(统读)

菠 bō(统读)

剥(一)bō(文)

～削

(二)bāo(语)

泊(一)bó

淡～　飘～　停～

(二)pō

湖～　血～

帛 bó(统读)

勃 bó(统读)

钹 bó(统读)

伯(一)bó

～～(bo)　老～

(二)bǎi

大～子(丈夫的哥哥)

箔 bó(统读)

簸(一)bǒ

颠～

（二）bò
～箕
膊 bo
胳～
卜 bo
萝～
醭 bú（统读）
哺 bǔ（统读）
捕 bǔ（统读）
鵏 bǔ（统读）
埠 bù（统读）

C

残 cán（统读）
惭 cán（统读）
灿 càn（统读）
藏（一）cáng
矿～
（二）zàng
宝～
糙 cāo（统读）
嘈 cáo（统读）
螬 cáo（统读）
厕 cè（统读）
岑 cén（统读）
差（一）chā（文）
不～累黍　不～什么
偏～　色～　～别
视～　误～　电势～
一念之～　～池
～错　言～语错
一～二错　阴错阳～
～等　～额　～价
～强人意　～数　～异
（二）chà（语）
～不多　～不离　～点儿
（三）cī
参～
猹 chá（统读）
搽 chá（统读）
阐 chǎn（统读）
羼 chàn（统读）
颤（一）chàn
～动　发～
（二）zhàn
～栗（战栗）
打～（打战）
韂 chàn（统读）
伥 chāng（统读）
场（一）chǎng
～合　～所　冷～
捧～
（二）cháng
外～　圩～　～院
一～雨
（三）chang
排～
钞 chāo（统读）
巢 cháo（统读）
嘲 cháo
～讽　～骂　～笑
耖 chào（统读）
车（一）chē
安步当～　杯水～薪
闭门造～　螳臂当～
（二）jū
（象棋棋子名称）
晨 chén（统读）
称 chèn
～心　～意　～职
对～　相～
撑 chēng（统读）
乘（动作义，念 chéng）
包～制　～便
～风破浪　～客　～势
～兴
橙 chéng（统读）
惩 chéng（统读）
澄（一）chéng（文）
～清（如“～清混乱”、
“～清问题”）
（二）dèng（语）
单用，如“把水～清了”。
痴 chī（统读）
吃 chī（统读）
弛 chí（统读）
褫 chǐ（统读）
尺 chǐ
～寸　～头
豉 chǐ（统读）
侈 chǐ（统读）
炽 chì（统读）
舂 chōng（统读）
冲 chòng
～床　～模
臭（一）chòu
遗～万年
（二）xiù
乳～　铜～
储 chǔ（统读）
处 chǔ（动作义）
～罚　～分　决～
～理　～女　～置
畜（一）chù（名物义）
～力　家～　牲～
幼～
（二）xù（动作义）
～产　～牧　～养
触 chù（统读）
搐 chù（统读）
绌 chù（统读）
黜 chù（统读）
闯 chuǎng（统读）
创（一）chuàng
草～　～举　首～
～造　～作
（二）chuāng
～伤　重～

绰(一)chuò
～～有余
(二)chuo
宽～
疵 cī(统读)
雌 cí(统读)
赐 cì(统读)
伺 cì
～候
枞(一)cōng
～树
(二)zōng
～阳[地名]
从 cóng(统读)
丛 cóng(统读)
攒 cuán
万头～动　万箭～心
脆 cuì(统读)
撮(一)cuō
～儿　一～儿盐
一～儿匪帮
(二)zuǒ
一～儿毛
措 cuò(统读)

D

搭 dā
答(一)dá
报～　～复
(二)dā
～理　～应
打 dá
苏～　一～(十二个)
大(一)dà
～夫(古官名)
～王(如爆破～王、钢铁～王)
(二)dài
～夫(医生)　～黄
～王(如山～王)
～城[地名]
呆 dāi(统读)
傣 dǎi(统读)
逮(一)dài(文)如"～捕"。
(二)dǎi(语)单用,如"～蚊子"、"～特务"。
当 dāng
～地　～间儿　～年(指过去)　～日(指过去)
～天(指过去)
～时(指过去)　螳臂～车
(二)dàng
一个～俩　安步～车
适～　～年(同一年)
～日(同一时候)
～天(同一天)
档 dàng(统读)
蹈 dǎo(统读)
导 dǎo(统读)
倒(一)dǎo
颠～　颠～是非
颠～黑白　颠三～四
倾箱～箧　排山～海
～板　～嚼　～仓
～嗓　～戈　潦～
(二)dào
～粪(把粪弄碎)
悼 dào(统读)
纛 dào(统读)
羝 dī(读)
氐 dī[古民族名]
堤 dī(统读)
提 dī
～防
的 dí
～当　～确
抵 dǐ(统读)
蒂 dì(统读)
缔 dì(统读)
谛 dì(统读)
点 dian
打～(收拾、贿赂)
跌 diē(统读)
蝶 dié(统读)
订 dìng(统读)
都(一)dōu
～来了
(二)dū
～市　首～
大～(大多)
堆 duī(统读)
吨 dūn(统读)
盾 dùn(统读)
多 duō(统读)
咄 duō(统读)
掇(一)duō("拾取、采取"义)
(二)duo
撺～　掂～
裰 duō(统读)
踱 duó(统读)
度 duó
忖～　～德量力

E

婀 ē(统读)

F

伐 fá(统读)
阀 fá(统读)
砝 fǎ(统读)
法 fǎ(统读)
发 fà
理～　脱～　结～
帆 fān(统读)
藩 fān(统读)
梵 fàn(统读)
坊(一)fāng
牌～　～巷
(二)fáng
粉～　磨～　碾～

染～　油～　谷～
妨 fáng(统读)
防 fáng(统读)
肪 fáng(统读)
沸 fèi(统读)
汾 fén(统读)
讽 fěng(统读)
肤 fū(统读)
敷 fū(统读)
俘 fú(统读)
浮 fú(统读)
服 fú
～毒　～药
拂 fú(统读)
辐 fú(统读)
幅 fú(统读)
甫 fǔ(统读)
复 fù(统读)
缚 fù(统读)

G

噶 gá(统读)
冈 gāng(统读)
刚 gāng(统读)
岗 gǎng
～楼　～哨　～子
门～　站～　山～子
港 gǎng(统读)
葛(一)gé
～藤　～布　瓜～
(二)gě(姓)(包括单、复姓)
隔 gé(统读)
革 gé
～命　～新　改～
合 gě(一升的十分之一)
给(一)gěi(语)单用。
(二)jǐ(文)
补～　供～
供～制　～予　配～
自～自足
亘 gèn(统读)
更 gēng
五～　～生
颈 gěng
脖～子
供(一)gōng
～给　提～　～销
(二)gòng
口～　翻～　上～
佝 gōu(统读)
枸 gǒu
～杞
勾 gòu
～当
估(除"～衣"读 gù 外,都读 gū)
骨(除"～碌"、"～朵"读 gū 外,都读 gǔ)
谷 gǔ
～雨
锢 gù(统读)
冠(一)guān(名物义)
～心病
(二)guàn(动作义)
沐猴而～　～军
犷 guǎng(统读)
庋 guǐ(统读)
桧(一)guì[树名]
(二)huì[人名]"秦～"
刽 guì(统读)
聒 guō(统读)
蝈 guō(统读)
过(除姓氏读 guō 外,都读 guò)

H

虾 há
～蟆
哈(一)hǎ
～达
(二)hà
～什蚂
汗 hán
可～
巷 hàng
～道
号 háo
寒～虫
和(一)hè
唱～　附～
曲高～寡
(二)huo
搀～　搅～　暖～
热～　软～
貉(一)hé(文)
一丘之～
(二)háo(语)
～绒　～子
壑 hè(统读)
褐 hè(统读)
喝 hè
～彩　～道　～令
～止　呼幺～六
鹤 hè(统读)
黑 hēi(统读)
亨 hēng(统读)
横(一)héng
～肉　～行霸道
(二)hèng
蛮～　～财
訇 hōng(统读)
虹(一)hóng(文)
～彩　～吸
(二)jiàng(语)单说。
讧 hòng(统读)
囫 hú(统读)
瑚 hú(统读)
蝴 hú(统读)

桦 huà(统读)
徊 huái(统读)
踝 huái(统读)
浣 huàn(统读)
黄 huáng(统读)
荒 huang
饥～(指经济困难)
诲 huì(统读)
贿 huì(统读)
会 huì
一～会　多～儿
～厌(生理名词)
混 hùn
～合　～乱　～凝土
～淆　～血儿　～杂
蠖 huò(统读)
霍 huò(统读)
豁 huò
～亮
获 huò(统读)

J

羁 jī(统读)
击 jī(统读)
奇 jī
～数
芨 jī(统读)
缉(一)jī
通～　侦～
(二)qī
～鞋口
几 jī
茶～　条～
圾 jī(统读)
戢 jí(统读)
疾 jí(统读)
汲 jí(统读)
棘 jí(统读)
藉 jí
狼～(籍)

嫉 jí(统读)
脊 jǐ(统读)
纪(一)jǐ[姓]
(二)jì
～念　～律　纲～
～元
偈 jì
～语
绩 jì(统读)
迹 jì(统读)
寂 jì(统读)
箕 ji
簸～
辑 ji
逻～
茄 jiā
雪～
夹 jiā
～带藏掖　～道儿
～攻　～棍　～生
～杂　～竹桃　～注
浃 jiā(统读)
甲 jiǎ(统读)
歼 jiān(统读)
鞯 jiān(统读)
间(一)jiān
～不容发　中～
(二)jiàn
中～儿　～道
～谍　～断　～或
～接　～距　～隙
～续　～阻　～作
挑拨离～
趼 jiǎn(统读)
俭 jiǎn(统读)
缰 jiāng(统读)
膙 jiǎng(统读)
嚼(一)jiáo(语)
味同～蜡

咬文～字
(二)jué(文)
咀～　过屠门而大～
(三)jiào
倒～(倒嚼)
侥 jiǎo
～幸
角(一)jiǎo
八～(大茴香)　～落　独～戏　～膜　～度　～儿(犄～)　～楼　勾心斗～
号～　口～(嘴～)　鹿～菜　头～
(二)jué
～斗　～儿(脚色)
口～(吵嘴)　主～儿
配～儿　～力
捧～儿
脚(一)jiǎo
根～
(二)jué
～儿(也作"角儿",脚色)
剿(一)jiǎo
围～
(二)chāo
～说　～袭
校 jiào
～勘　～样　～正
较 jiào(统读)
酵 jiào(统读)
嗟 jiē(统读)
疖 jiē(统读)
结(除"～了个果子"、"开花～果"、"～巴"、"～实"念 jiē 之外,其他都念 jié)
睫 jié(统读)
芥(一)jiè
～菜(一般的芥菜)
～末

（二）gài
～菜（也作“盖菜”）
～蓝菜
矜 jīn
～持 自～ ～怜
仅 jǐn
～～ 绝无～有
馑 jǐn（统读）
觐 jìn（统读）
浸 jìn（统读）
斤 jin
千～（起重的工具）
茎 jīng（统读）
粳 jīng（统读）
鲸 jīng（统读）
境 jìng（统读）
痉 jìng（统读）
劲 jìng
刚～
窘 jiǒng（统读）
究 jiū（统读）
纠 jiū（统读）
鞠 jū（统读）
鞫 jū（统读）
掬 jū（统读）
苴 jū（统读）
咀 jǔ
～嚼
矩（一）jǔ
～形
（二）ju
规～
俱 jù（统读）
龟 jūn
～裂（也作“皲裂”）
菌（一）jūn
细～ 病～ 杆～ 霉～
（二）jùn
香～ ～子
俊 jùn（统读）

K

卡（一）kǎ
～宾枪 ～车 ～介苗
～片 ～通
（二）qiǎ
～子 关～
揩 kāi（统读）
慨 kǎi（统读）
忾 kài（统读）
勘 kān（统读）
看 kān
～管 ～护 ～守
慷 kāng（统读）
拷 kǎo（统读）
坷 kē
～拉（垃）
疴 kē（统读）
壳（一）ké（语）
～儿 贝～儿
脑～ 驳～枪
（二）qiào（文）
地～ 甲～ 躯～
可（一）kě
～～儿的
（二）kè
～汗
恪 kè（统读）
刻 kè（统读）
克 kè
～扣
空（一）kōng
～心砖 ～城计
（二）kòng
～心吃药
眍 kōu（统读）
矻 kū（统读）
酷 kù（统读）
框 kuàng（统读）
矿 kuàng（统读）
傀 kuǐ（统读）
溃（一）kuì
～烂
（二）huì
～脓
篑 kuì（统读）
括 kuò（统读）

L

垃 lā（统读）
邋 lā（统读）
罱 lǎn（统读）
缆 lǎn（统读）
蓝 lan
苤～
琅 láng（统读）
捞 lāo（统读）
劳 láo（统读）
醪 láo（统读）
烙（一）lào
～印 ～铁 ～饼
（二）luò
炮～（古酷刑）
勒（一）lè（文）
～逼 ～令 ～派
～索 悬崖～马
（二）lēi（语）多单用。
擂（除“～台”、“打～”读 lèi 外，都读 léi）
礌 léi（统读）
羸 léi（统读）
蕾 lěi（统读）
累 lèi
（辛劳义，如“受～”［受劳～］）
（二）léi
（如“～赘”）
（三）lěi
（牵连义，如“带～”、“～

及”、“连～”、“赔～”、“牵～”、“受～”[受牵～])
蠡(一)lí
管窥～测
(二)lǐ
～县 范～
喱 lí(统读)
连 lián(统读)
敛 liǎn(统读)
恋 liàn(统读)
量(一)liàng
～入为出 忖～
(二)liang
打～ 掂～
踉 liàng
～跄
潦 liáo
～草 ～倒
劣 liè(统读)
捩 liè(统读)
趔 liè(统读)
拎 līn(统读)
遴 lín(统读)
淋(一)lín
～浴 ～漓 ～巴
(二)lìn
～硝 ～盐 ～病
蛉 líng(统读)
榴 liú(统读)
馏(一)liú(文)如“干～”、“蒸～”。
(二)liù(语)如“～馒头”。
镏 liú
～金
碌 liù
～碡
笼(一)lóng(名物义)
～子 牢～
(二)lǒng(动作义)
～络 ～括 ～统 ～罩
偻(一)lóu
佝～
(二)lǚ
伛～
瞜 lou
眍～
虏 lǔ(统读)
掳 lǔ(统读)
露(一)lù(文)
赤身～体 ～天 ～骨 ～头角 藏头～尾 抛头～面 ～头(矿)
(二)lòu(语)
～富 ～苗 ～光 ～相 ～马脚 ～头
榈 lǘ(统读)
捋(一)lǚ
～胡子
(二)luō
～袖子
绿(一)lǜ(语)
(二)lù(文)
～林 鸭～江
孪 luán(统读)
挛 luán(统读)
掠 lüè(统读)
囵 lún(统读)
络 luò
～腮胡子
落(一)luò(文)
～膘 ～花生 ～魄 涨～ ～槽 着～
(二)lào(语)
～架 ～色 ～炕 ～枕 ～儿 ～子(一种曲艺)
(三)là(语),遗落义。
丢三～四 ～在后面

M

脉(除“～～”念 mòmò 外,一律念 mài)
漫 màn(统读)
蔓(一)màn(文)
～延
不～不支
(二)wàn(语)
瓜～ 压～
牤 māng(统读)
氓 máng
流～
芒 máng(统读)
铆 mǎo(统读)
瑁 mào(统读)
盟 méng(统读)
祢 mí(统读)
眯(一)mí
～了眼(灰尘等入目,也作“迷”)
(二)mī
～了一会儿(小睡)
～缝着眼(微微合目)
靡(一)mí
～费
(二)mǐ
风～ 委～ 披～
秘(除“～鲁”读 bì 外,都读 mì)
泌(一)mì(语)
分～
(二)bì(文)
～阳[地名]
娩 miǎn(统读)
缈 miǎo(统读)
皿 mǐn(统读)
闽 mǐn(统读)
茗 míng(统读)
酩 mǐng(统读)

谬 miù(统读)
摸 mō(统读)
模(一)mó
　～范　～式　～型　～糊
　～物儿　～棱两可
　(二)mú
　～子　～具　～样
膜 mó(统读)
摩 mó
　按～　抚～
嬷 mó(统读)
墨 mò(统读)
耱 mò(统读)
沫 mò(统读)
缪 móu
　绸～

N

难(一)nán
　困～(或变轻声)
　～兄～弟(难得的兄弟,现多用作贬义)
　(二)nàn
　排～解纷　发～　刁～
　责～　～兄～弟(共患难或同受苦难的人)
蝻 nǎn(统读)
蛲 náo(统读)
讷 nè(统读)
馁 něi(统读)
嫩 nèn(统读)
恁 nèn(统读)
妮 nī(统读)
拈 niān(统读)
鲇 nián(统读)
酿 niàng(统读)
尿(一)niào
　糖～症
　(二)suī(只用于口语名词)
　尿 niào～　～脬
嗫 niè(统读)
宁(一)níng
　安～
　(二)nìng
　～可　无～　(姓)
忸 niǔ(统读)
脓 nóng(统读)
弄(一)nòng
　玩～
　(二)lòng
　～堂
暖 nuǎn(统读)
衄 nǜ(统读)
疟(一)nüè(文)
　～疾
　(二)yào(语)
　发～子
娜(一)nuó
　婀～　袅～
　(二)nà
　(人名)

O

殴 ōu(统读)
呕 ǒu(统读)

P

杷 pá(统读)
琶 pá(统读)
牌 pái(统读)
排 pǎi
　～子车
迫 pǎi
　～击炮
湃 pài(统读)
爿 pán(统读)
胖 pán
　心广体～(～为安舒貌)
蹒 pán(统读)
畔 pàn(统读)
乓 pāng(统读)
滂 pāng(统读)
脬 pāo(统读)
胚 pēi(统读)
喷(一)pēn
　～嚏
　(二)pèn
　～香
　(三)pen
　嚏～
澎 péng(统读)
坯 pī(统读)
披 pī(统读)
匹 pǐ(统读)
僻 pì(统读)
譬 pì(统读)
片(一)piàn
　～子　唱～　画～　相～
　影～　～儿会
　(二)piān(口语一部分词)
　～子　～儿　唱～儿　画～儿　相～儿　影～儿
剽 piāo(统读)
缥 piāo
　～缈(飘渺)
撇 piē
　～弃
聘 pìn(统读)
乒 pīng(统读)
颇 pō(统读)
剖 pōu(统读)
仆(一)pū
　前～后继
　(二)pú
　～从
扑 pū(统读)
朴(一)pǔ
　俭～　～素　～质
　(二)pō
　～刀

（三）pò
～硝 厚～
蹼 pǔ（统读）
瀑 pù
～布
曝（一）pù
一～十寒
（二）bào
～光（摄影术语）
Q
栖 qī
两～
戚 qī（统读）
漆 qī（统读）
期 qī（统读）
蹊 qī
～跷
蛴 qí（统读）
畦 qí（统读）
萁 qí（统读）
骑 qí（统读）
企 qǐ（统读）
绮 qǐ（统读）
杞 qǐ（统读）
槭 qì（统读）
洽 qià（统读）
签 qiān（统读）
潜 qián（统读）
荨（一）qián（文）
～麻
（二）xún（语）
～麻疹
嵌 qiàn（统读）
欠 qian
打哈～
戕 qiāng（统读）
镪 qiāng
～水
强（一）qiáng
～渡 ～取豪夺
～制 博闻～识
（二）qiǎng
勉～ 牵～
～词夺理 ～迫
～颜为笑
（三）jiàng
倔～
襁 qiǎng（统读）
跄 qiàng（统读）
悄（一）qiāo
～～儿的
（二）qiǎo
～默声儿的
橇 qiāo（统读）
翘（一）qiào（语）
～尾巴
（二）qiáo（文）
～首 ～楚 连～
怯 qiè（统读）
挈 qiè（统读）
趄 qie
趔～
侵 qīn（统读）
衾 qīn（统读）
噙 qín（统读）
倾 qīng（统读）
亲 qìng
～家
穹 qióng（统读）
黢 qū（统读）
曲（麯）qū
大～ 红～ 神～
渠 qú（统读）
瞿 qú（统读）
蠼 qú（统读）
苣 qǔ
～荬菜
龋 qǔ（统读）
趣 qù（统读）
雀 què
～斑 ～盲症
R
髯 rán（统读）
攘 rǎng（统读）
桡 ráo（统读）
绕 rào（统读）
任 rén［姓，地名］
妊 rèn（统读）
扔 rēng（统读）
容 róng（统读）
糅 róu（统读）
茹 rú（统读）
孺 rú（统读）
蠕 rú（统读）
辱 rǔ（统读）
挼 ruó（统读）
S
靸 sǎ（统读）
噻 sāi（统读）
散（一）sǎn
懒～ 零零～～ ～漫
（二）san
零～
丧 sang
哭～着脸
扫（一）sǎo
～兴
（二）sào
～帚
埽 sào（统读）
色（一）sè（文）
（二）shǎi（语）
塞（一）sè（文）动作义。
（二）sāi（语）名物义，如“活～”“瓶～”；动作义，如“把洞～住”。
森 sēn（统读）

煞(一)shā
　～尾　收～
　(二)shà
　～白
啥 shá(统读)
厦(一)shà(语)
　(二)xià(文)
　～门　噶～
杉(一)shān(文)
　紫～　红～　水～
　(二)shā(语)
　～篙　～木
衫 shān(统读)
姗 shān(统读)
苫(一)shàn(动作义,如"～布")
　(二)shān(名物义,如"草～子")
墒 shāng(统读)
猞 shē(统读)
舍 shè
　宿～
慑 shè(统读)
摄 shè(统读)
射 shè(统读)
谁 shéi,又音 shuí
娠 shēn(统读)
什(甚)shén
　～么
蜃 shèn(统读)
葚(一)shèn(文)
　桑～
　(二)rèn(语)
　桑～儿
胜 shèng(统读)
识 shí
　常～　～货　～字
似 shì
　～的
室 shì(统读)
螫(一)shì(文)
　(二)zhē(语)
匙 shi
　钥～
殊 shū(统读)
蔬 shū(统读)
疏 shū(统读)
叔 shū(统读)
淑 shū(统读)
菽 shū(统读)
熟(一)shú(文)
　(二)shóu(语)
署 shǔ(统读)
曙 shǔ(统读)
漱 shù(统读)
戍 shù(统读)
蟀 shuài(统读)
孀 shuāng(统读)
说 shuì
　游～
数 shuò
　～见不鲜
硕 shuò(统读)
蒴 shuò(统读)
艘 sōu(统读)
嗾 sǒu(统读)
速 sù(统读)
塑 sù(统读)
虽 suī(统读)
绥 suí(统读)
髓 suǐ(统读)
遂(一)suì
　不～　毛～自荐
　(二)suí
　半身不～
隧 suì(统读)
隼 sǔn(统读)
莎 suō
　～草
缩(一)suō
　收～
　(二)sù
　～砂密(一种植物)
嗍 suō(统读)
索 suǒ(统读)

T

趿 tā(统读)
鳎 tǎ(统读)
獭 tǎ(统读)
沓(一)tà
　重～
　(二)ta
　疲～
　(三)dá
　一～纸
苔(一)tái(文)
　(二)tāi(语)
探 tàn(统读)
涛 tāo(统读)
悌 tì(统读)
佻 tiāo(统读)
调 tiáo
　～皮
帖(一)tiē
　妥～　伏伏～～
　俯首～耳
　(二)tiě
　请～　字～儿
　(三)tiè
　字～　碑～
听 tīng(统读)
庭 tíng(统读)
骰 tóu(统读)
凸 tū(统读)
突 tū(统读)
颓 tuí(统读)
蜕 tuì(统读)

臀 tún(统读)
唾 tuò(统读)

W

娲 wā
挖 wā
瓦 wà
　～刀
㖞 wāi(统读)
蜿 wān(统读)
玩 wán(统读)
惋 wǎn(统读)
脘 wǎn(统读)
往 wǎng(统读)
忘 wàng(统读)
微 wēi(统读)
巍 wēi(统读)
薇 wēi(统读)
危 wēi(统读)
韦 wéi(统读)
违 wéi(统读)
唯 wéi(统读)
圩(一)wéi
　～子
　(二)xū
　～(墟)场
纬 wěi(统读)
委 wěi
　～靡
伪 wěi(统读)
萎 wěi(统读)
尾(一)wěi
　～巴
　(二)yǐ
　马～儿
尉 wèi
　～官
文 wén(统读)
闻 wén(统读)
紊 wěn(统读)
喔 wō(统读)
蜗 wō(统读)
硪 wò(统读)
诬 wū(统读)
梧 wú(统读)
牾 wǔ(统读)
乌 wù
　～拉(也作"靰鞡")
　～拉草
杌 wù(统读)
鹜 wù(统读)

X

夕 xī(统读)
汐 xī(统读)
晰 xī(统读)
析 xī(统读)
皙 xī(统读)
昔 xī(统读)
溪 xī(统读)
悉 xī(统读)
熄 xī(统读)
蜥 xī(统读)
惜 xī(统读)
锡 xī(统读)
樨 xī(统读)
袭 xí(统读)
檄 xí(统读)
峡 xiá(统读)
暇 xiá(统读)
吓 xià
　杀鸡～猴
鲜 xiān
　屡见不～　数见不～
锨 xiān(统读)
纤 xiān
　～维
涎 xián(统读)
弦 xián(统读)
陷 xiàn(统读)
霰 xiàn(统读)
向 xiàng(统读)
相 xiàng
　～机行事
淆 xiáo(统读)
哮 xiào(统读)
些 xiē(统读)
颉 xié
　～颃
携 xié(统读)
偕 xié(统读)
挟 xié(统读)
械 xiè(统读)
馨 xīn(统读)
囟 xìn(统读)
行 xíng
　操～　德～　发～　品～
省 xǐng
　内～　反～　～亲　不～人事
芎 xiōng(统读)
朽 xiǔ(统读)
宿 xiù
　星～　二十八～
煦 xù(统读)
蓿 xu
　苜～
癣 xuǎn(统读)
削(一)xuē(文)
　剥～　～减　瘦～
　(二)xiāo(语)
　切～　～铅笔　～球
穴 xué(统读)
学 xué(统读)
雪 xuě(统读)
血(一)xuè(文)用于复音词及成语,如"贫～""心～""呕心沥～""～泪史""狗～喷头"等。

（二）xiě（语）口语多单用，如“流了点儿～”及几个口语常用词，如“鸡～”“～晕”“～块子”等。
谑 xuè（统读）
寻 xún（统读）
驯 xùn（统读）
逊 xùn（统读）
熏 xùn
煤气～着了
徇 xùn（统读）
殉 xùn（统读）
蕈 xùn（统读）

Y

押 yā（统读）
崖 yá（统读）
哑 yǎ
～然失笑
亚 yà（统读）
殷 yān
～红
芫 yán
～荽
筵 yán（统读）
沿 yán（统读）
焰 yàn（统读）
夭 yāo（统读）
肴 yáo（统读）
杳 yǎo（统读）
舀 yǎo（统读）
钥（一）yào（语）
～匙
（二）yuè（文）
锁～
曜 yào（统读）
耀 yào（统读）
椰 yē（统读）
噎 yē（统读）
叶 yè
～公好龙
曳 yè
弃甲～兵　摇～
～光弹
屹 yì（统读）
轶 yì（统读）
谊 yì（统读）
懿 yì（统读）
诣 yì（统读）
艾 yì
自怨自～
荫 yìn（统读）
（“树～”“林～道”应作“树阴”“林阴道”）
应（一）yīng
～届　～名儿　～许　提出的条件他都～了　是我～下来的任务
（二）yìng
～承　～付　～声
～时　～验　～邀
～用　～运　～征
里～外合
萦 yíng（统读）
映 yìng（统读）
佣 yōng
～工
庸 yōng（统读）
臃 yōng（统读）
壅 yōng（统读）
拥 yōng（统读）
踊 yǒng（统读）
咏 yǒng（统读）
泳 yǒng（统读）
莠 yǒu（统读）
愚 yú（统读）
娱 yú（统读）
愉 yú（统读）
伛 yǔ（统读）
屿 yǔ（统读）
吁 yù
呼～
跃 yuè（统读）
晕（一）yūn
～倒　头～
（二）yùn
月～　血～　～车
酝 yùn（统读）

Z

匝 zā（统读）
杂 zá（统读）
载（一）zǎi
登～　记～
（二）zài
搭～　怨声～道
重～　装～
～歌～舞
簪 zān（统读）
咱 zán（统读）
暂 zàn（统读）
凿 záo（统读）
择（一）zé
选～
（二）zhái
～不开　～菜　～席
贼 zéi（统读）
憎 zēng（统读）
甑 zèng（统读）
喳 zhā
唧唧～～
轧（除“～钢”“～辊”念 zhá 外，其他都念 yà）（gá 为方言，不审）
摘 zhāi（统读）
粘 zhān
～贴
涨 zhǎng
～落　高～

着(一)zháo
～慌 ～急 ～家
～凉 ～忙 ～迷
～水 ～雨
(二)zhuó
～落 ～手 ～眼
～意 ～重
不～边际
(三)zhāo
失～
沼 zhǎo(统读)
召 zhào(统读)
遮 zhē(统读)
蛰 zhé(统读)
辙 zhé(统读)
贞 zhēn(统读)
侦 zhēn(统读)
帧 zhēn(统读)
胗 zhēn(统读)
枕 zhěn(统读)
诊 zhěn(统读)
振 zhèn(统读)
知 zhī(统读)
织 zhī(统读)
脂 zhī(统读)
植 zhí(统读)
殖(一)zhí
繁～ 生～ ～民
(二)shi
骨～
指 zhǐ(统读)
掷 zhì(统读)
质 zhì(统读)
蛭 zhì(统读)
秩 zhì(统读)
栉 zhì(统读)
炙 zhì(统读)
中 zhōng
人～(人口上唇当中处)
种 zhòng
点～(义同“点播”。动宾结构念 diǎnzhǒng,义为点播种子)
诌 zhōu(统读)
骤 zhòu(统读)
轴 zhòu
大～子戏 压～子
碡 zhou
碌～
烛 zhú(统读)
逐 zhú(统读)
属 zhǔ
～望
筑 zhù(统读)
著 zhù
土～
转 zhuǎn
运～
撞 zhuàng(统读)
幢(一)zhuàng
一～楼房
(二)chuáng
经～(佛教所设刻有经咒的石柱)
拙 zhuō(统读)
茁 zhuó(统读)
灼 zhuó(统读)
卓 zhuó(统读)
综 zōng
～合
纵 zòng(统读)
粽 zòng(统读)
镞 zú(统读)
组 zǔ(统读)
钻(一)zuān
～探 ～孔
(二)zuàn
～床 ～杆 ～具
佐 zuǒ(统读)
唑 zuò(统读)
柞(一)zuò
～蚕 ～绸
(二)zhà
～水(在陕西)
做 zuò(统读)
作(除“～坊”读 zuō 外,其余都读 zuò)

卷　二

普通话水平测试训练

第一章　普通话水平测试概说

第一节　测试的性质与方式

一、测试的性质

普通话水平测试是一种政府行为，由政府部门组织实施：省级以上普通话培训测试机构为有权命题部门，省级以上普通话培训测试管理机构颁发证书，由测试员代表政府对受测人的普通话水平进行认定。

普通话水平测试不是一般意义上的文化考试。但普通话是一种文化语言，参加测试就需要一定的文化程度。

二、测试的方式

纯粹口头测试，由读、说两种方式构成，一般由三名测试员共同进行测试。现在多采用计算机辅助测试形式进行测试，测试员一般只对说话项进行人工评分。

第二节　测试题型及评分标准

广东省执行的普通话水平测试有四种题型，即读单音节字词、读双音节多音节词语、朗读短文、说话。

一、读单音节字词及评分标准

1. 单音字词的构成

难度：表一 70 个，表二 30 个。共 100 字。

结构：每个声母不少于 3 次，每个韵母不少于 2 次，每个声调的出现次数大致相同。不含轻声、儿化音节。一般应是单音字词。

排列：相同测试项如同声、同韵、同调不连续出现。

2. 要求

时间：限时 3.5 分钟。

更正：发现错误可更正一次，以每两次为评分依据。

3. 评分标准

错误：每字扣 0.1 分，声韵调其中一项以上发音错误均判定为错误。
缺陷：每字扣 0.05 分，声韵调其中一项发音不到位判定为缺陷。
超时：1 分钟以内扣 0.5 分，1 分钟以上（含 1 分钟）扣 1 分。
本题占 10 分。

二、读双音节多音节词语及评分标准

1. 双音多音词的构成

难度：同单音字词。
结构：声韵调分布同单音字词。轻声 5 次左右，儿化 4 次，上上变调 3 次左右，其他变调 5 次。
排列：同单音字词。
分布：双音词 45 个，三音词语 2 个，四音词语 1 个。

2. 要求

时间：限时 2.5 分钟
更正：发现错误可更正一次，以第二次为评分依据。

3. 评分标准

错误：每个音节错误扣 0.2 分。错误包括：声韵调发音错误、轻重格式错误、儿化错误及变调错误。
缺陷：每个音节缺陷或连接缺陷扣 0.1 分。
超时：1 分钟以内扣 0.5 分，1 分钟以上（含 1 分钟）扣 1 分。
本题占 20 分。

三、朗读短文及评分标准

1. 短文的构成

《普通话水平测试实施纲要》公布的 60 篇短文，抽签决定读哪一篇。测试以 400 字为限。

2. 评分标准

（1）每错读、漏读、增读 1 个音节扣 0.1 分。
（2）声韵系统性缺陷，视程度扣 0.5 分或 1 分。
（3）语调偏误，视程度扣 0.5 分、1 分、2 分。

(4) 停连不当,视程度扣 0.5 分、1 分、2 分。
(5) 朗读不流畅(包括回读等),视程度扣 0.5 分、1 分、2 分。
(6) 超时扣 1 分。
本题占 30 分。

四、命题说话及评分标准

1. 话题构成

《纲要》公布的 30 个话题,抽签决定说哪个话题。话题大致可分为记叙和议论两类。

2. 评分标准

语音面貌,占 25 分,共六档:
一档:扣 0～2 分。
二档:扣 3～4 分。
三档:扣 5～6 分。
四档:扣 7～8 分。
五档:扣 9～11 分。
六档:扣 12～14 分。
词汇语法规范程度,占 10 分,分三档:
一档:扣 0 分。
二档:扣 1 分或 2 分。
三档:扣 3 分或 4 分。
自然流畅程度,占 5 分,分三档:
一档:扣 0 分。
二档:扣 1 分。
三档:扣 2 分。
缺时扣分:缺时 1 分钟以内(含 1 分钟)扣 1～3 分;缺时 1 分钟以上扣 4～6 分;说话不满 30 秒(含 30 秒),本项测试成绩为 0 分。
本题占 40 分。

第二章　如何读好单音节字词

一、声母难点发音辨析

按普通话水平测试命题要求，在第一题的100个单音字词中每个声母得出现3次或3次以上，即方言里没有的或难以分辨的声母要增加1—2次。广东三大方言里没有或难以分辨的声母主要有：zh、ch、sh、r、z、c、s、j、q、x；f－h，j－z(zh)，q－c(ch)，x－s(sh)，b－p，d－t，g－k，n－l等。

粤语区的人往往把舌尖前后音z、c、s，zh、ch、sh、r都读得像j、q、x。如"儿子"读得像"鹅几"，"同志"读得像"董季"，"一次"读得像"一气"，"吃饭"读得像"七饭"等等。读准zh、ch、sh、r和z、c、s的关键，在于使用舌尖而不是舌面或舌叶。读舌尖前音z、c、s时要将舌尖抵住上门齿背；读舌尖后音zh、ch、sh、r时要将舌尖翘起抵住硬腭前部(可略靠后)。舌位对了，发音就不难了。会发音之后，还要记住一些常用字。现将相关高频字罗列如下：

zh：这着者只直指治至主中重种众知志战站真珍针阵争整正政找照转传展长装准张章

ch：出处成长吃迟耻穿川船车常场唱床窗冲

sh：是士石师上十时史事实山谁水声生身深神识使叔书树术数少睡沙收手受说硕

r：人认任热如入日瓤让然

z：子字资在再作做坐造早怎咱嘴暂脏

c：从词次村草菜厕策操粗醋错猜掺参层

s：三思似四死色送岁算扫速酸

客家人难以读准的声母除zh、ch、sh、r外，主要是j、q、x，往往把它们读成舌尖前音z、c、s。读准舌面音的关键在于：将舌面拱起，把舌面的前部贴在硬腭前部，舌尖在发音时不要起作用。舌尖实在不听指挥，可将它固定在下齿背上。不妨依此方法练读下列词语：

积极　急剧　见解　接近　仅仅；七窍　恰巧　请求　秋千　切切；嬉戏　下乡　纤细　小心　信息　想象　行星　休学

下面将h－f易混音节及常用字对比情况排列如下，供分辨练读。

hua：花华哗桦划画话化	fa：发乏伐法
huo：火活伙或惑祸获豁	fo：佛
hu：忽乎呼胡湖糊壶弧虎户互沪护	fu：夫肤孵伏幅服浮福俘符辅府甫父付负
hui：挥辉灰回悔毁会汇慧诲	fei：飞非绯肥匪翡肺吠废沸费痱
huan：欢环还缓换焕唤	fan：番翻帆凡烦繁反返犯犯泛范贩
huang：荒慌皇黄晃谎幌	fang：方芳防妨房仿放

hong:轰哄弘红虹洪鸿讧　　　　feng:丰风封枫疯峰逢冯奉缝
hun:婚昏荤浑魂混诨　　　　fen:分纷芬氛坟焚粉份奋愤

此外,还要注意对上面列出的其他声母的分辨。

二、韵母难点发音辨析

1. 单韵母发音难点分析

普通话的10个单韵母,广东三大方言里都有的只有 a、i、u 三个。其他七个单韵母实际上均存在发音困难。普遍存在的老大难问题是三个舌尖元音的发音,其次是圆唇元音与展唇元音的分辨。

读好舌尖元音的关键在于用准舌尖,发 er 时在央元音 e 的基础上加上卷舌动作;发 zhi、shi、chi、ri、zi、ci、si 等音节时,注意声母和韵母基本在同一位置,舌尖基本不离开硬腭或上齿背。利用下列字词的对比发音练习一下舌尖元音与舌面元音的区别:

er－e:儿子—蛾子;二人—恶人;这儿—这
zhi－zhe:知羞—遮羞;直人—哲人;制糖—蔗糖
chi－che:痴迷—车迷;侈谈—扯淡;赤道—车道
shi－she:施主—赊主;石头—舌头;使命—舍命
ri－re:日历—热力
zi－ze:自生—仄声
ci－ce:刺字—测字
si－se:四则—色泽

掌握普通话声韵配合规律是分辨圆唇元音与不圆唇元音的关键。如圆唇元音 o 是不能与舌根音 g、k、h、相拼的,那么将方言里的 go、ko、ho 等音节改读为同一位置上的展唇音 e 就行了。如:唱歌、一个;可以、上课;喝水、祝贺。o 基本不能自成音节,而 e 却可以,常用字有:阿(-胶)、俄、饿、鹅、额、鄂、鳄、厄、扼、遏、蛾、恶(-心)、恶(凶-)等。i、ü 的区分,发音较容易,主要是记住一些常用的高频字,有意识地多做区分练习。试区分练读下列词语:

遗产—渔产;疑点—雨点;疫苗—育苗;意想—预想;拟人—女人;历程—旅程;积压—拘押;急促—局促;几尺—矩尺;记住—巨著;技法—句法;七窍—躯壳;棋谱—曲谱;气象—去向;启齿—龋齿;稀罕—虚汗;喜酒—许久;系列—序列;戏文—序文;细雨—絮语;抑郁—寓意;急剧—聚集;崎岖—取齐。

在客家话里,还有将 zu、cu、su 读为 zi、ci、si 的,常用字如:租、组、阻、祖、粗、醋、苏、酥、素、诉等,应注意改读过来。

另外,不圆唇元音也存在发音上的差异和分辨问题。如广州话将舌面后半高元音 e 读成舌面前半低元音 e(与 zh、ch、sh 相拼时),常用字有"遮、者、车、扯、奢、舌、射、社、舍、涉"等;而梅县客家话则将上述例字的韵母读为 a。这些发音上的细微差别,都是我们在学习普通话时应特别注意的。

2. 复韵母发音难点分析

普通话的四个前响复韵母 ai、ei、ao、ou,广东诸方言里基本都有,不大存在发音问题,

主要是韵母所包含的字与普通话不一致,需要重新排列组合。另外,还有一些字需要将韵腹由圆唇改为展唇,对应情况及常用字如下:

oi→ai:哀爱代胎来载在才菜赛该改开概海害等

oi(ui)→ei:胚培陪吠背梅妹内;杯辈配;雷垒类泪等

ou→ao:报袍毛帽刀讨脑老高好等

关于 ou 韵母,广东三大方言存在两种相反的读音现象,一是粤语与潮汕话将一部分 u 韵字读为 ou 韵母,二是客家话有一部分 ou 韵字读成 u 韵。分列如下,以便分辨:

u-ou:不步普铺亩牡肚度土兔奴陆租祖醋苏素孤姑古苦沪湖乌伍(潮汕话);布普度徒奴路租苏(广州话)

ou-u:豆州舟咒昼抽丑收手首授寿(梅州话)

普通话的五个后响复韵母 ia、ua、uo、ie、üe,广州粤语里均没有,梅县话、潮汕话里也只有一部分,加之与普通话又不完全对应,因此需要下较大力气读准这些韵母并同时掌握各韵母所包含的常用字。举例如下:

ia:压鸭牙哑亚家加夹甲假价;掐卡恰洽;瞎虾霞辖下夏俩

ua:挖娃瓦袜;瓜寡挂卦;夸垮跨挎;花华划画话;抓爪;刷耍

uo:窝我沃卧;多夺朵躲跺;拖托驮妥;挪懦诺;罗裸落;锅国果过;扩阔括;豁活火伙或获;捉卓浊;戳辍绰;搓痤错措;缩所锁

ie:椰爷也野业夜;憋别;瞥撇;爹碟叠;乜灭;贴铁帖;捏聂啮;列烈裂劣;接结节截姐借;切且窃;歇些斜血谢泄

üe:曰跃月越;决诀绝掘;缺瘸却确;薛穴雪血;虐;略掠

普通话的四个三合复韵母 iao、iou、uai、uei,方言里多存在读失韵头的现象,要注意将韵头读出来。广州粤语将 iao 韵读为 iu,注意将 iao 的动程读够,以免造成韵腹弱化或失落。比较练习下列音节及例字:

iao	iou
m:苗描秒妙庙	谬
d:刁雕吊钓掉	丢
j:交娇焦脚叫教	纠究揪九酒旧救
q:悄锹敲桥巧翘	丘秋囚求球
x:萧肖淆小笑校	休修羞朽秀袖

还要注意,普通话里 b、p、g、k、h 及舌尖后音等声母是不能与 iu(iou)韵母拼合成音节的。

3. 鼻韵母发音难点分析

广东三大方言与普通话在鼻韵母上的差异主要表现在以下几个方面。

第一,韵头的有无和异同。广州话里鼻韵母都没有韵头,部分客家地区也是如此。另外,i、ü 两韵头的分辨也是要特别加以注意的。提供以下分辨练习:

an-ian:半边　难免　漫天;　典范　脸蛋　扁担

an-uan:感官　展转　战乱;　短暂　宽泛　钻探

en-uen:诊-准　陈-纯　甚-顺　森-孙

ang-iang:扛枪　航向　刚强;　狼-良　囊-娘

ang－uang：钢-光　抗-框　航-黄　张-庄

ian－üan：演员　健全　线圈；　怨言　捐献　劝勉

第二，韵腹的差异主要表现在圆唇和展唇的分辨上，有将普通话的圆唇韵腹读为展唇的，更多的是将展唇读为圆唇。

下列例字为圆唇音，不要读成展唇：

ün：云运均军群勋训（不读 an 或 in 等）

下列例字为展唇音，不要读成圆唇：

an：安岸按案干赶刊看寒罕汉汗（不读 on）

ang：帮庞方房盲当汤郎冈康唐堂狼张章昌长场厂常赏上尚刚航仓丧桑（不读 ong）

en：本奔笨盆喷门分芬纷坟焚奋粪（不读 un）

eng：捧碰猛风峰封逢凤蒙（不读 ung）

第三，韵尾的发音和分辨是广东人学习普通话鼻韵母的一大难点。具体说来，有三方面的困难：一是分不清前后鼻音，梅州人分不清 in－ing、en－eng；潮汕人分不清得更多，an－ang、ian－iang、uan－uang、uen－ueng、ün－iong 等都有分辨上的困难。二是三大方言均多出一个 m 韵尾，需要改读为 n 韵尾。三是存在非前非后的一组鼻化元音。

读准前韵尾的关键在于舌尖要停落在上齿背及上齿龈上，可以通过声母和韵尾相同的音节连读来体会首尾两音在同一部位，如男男、嫩嫩、您您、年年、暖暖。读准后鼻韵尾，要将舌面前半部分垂下，抬起舌根与软腭接触形成口腔阻塞，使气流走鼻腔通道。发 ing 时舌面不必下移，稍往后缩即可。下面是一些分辨发音练习材料：

in－ing：阴影　新兴　拼命；　定心　灵敏　京津

en－eng：奔腾　人称　神圣；　承认　生根　更深

an－ang：班长　反常　担当；　档案　商谈　怅然

ian－iang：点将　坚强　现象；　相间　香甜　想念

uan－uang：观光　宽广　端庄；　光环　双关　狂欢

ün－iong：运用　云涌　军用；　拥军　用韵

此外，广州人学鼻韵母还需将下列韵母改读为相应的普通话韵母：

ün→üan：元圆捐权全犬劝宣

ün→uen：尊遵村存寸孙损

ün→uan：端团暖乱钻川酸专窜

un→uan：碗官观管宽款欢换

三、声调难点辨析

方言与普通话的声调差异，表现在调类、调形和调值三个方面。调类多少不一，如粤语有九个调类，梅州客家话一般有六个调类，潮汕话有八个调类；调形也不同，粤语有平、升、降三种调形，梅州客家话只有平、降两种调形，潮汕话则与普通话一样有平、升、曲、降四种调形；调值的差异更细微，细论起来，广东三大方言没有一个声调的调值是跟普通话完全一致的。读准普通话的声调，要在调形与调值上下功夫。

普通话的阴平调是高平调形，调值是 55。客、潮两方言分别是次高平 44 和中平 33，调形是一致的,只须提高调值,读得高一些就行了。粤语阴平为降调形,改读成平调也不难。

普通话的阳平调是升调形,调值为35。这一调形、调值,粤、潮方言里都有,粤语阴上(如:古)、潮语阳上(如:老、近)都是35调,移植过来就成了。困难的是客家人,由于没有升调,读普通话的阳平调往往出现失误:要么是起点不够高,升幅不够;要么是读成微曲的调形。读准普通话阳平调的关键在于找准起点直接上升至最高音。客家话连读变调里也存在类似的调子,如"开门"中的"开"。

普通话的上声是降升型曲调,调值是214,特点是低降高升,与潮汕话的阴去调(如:放)相似。粤、客两方言里没有曲调调形,读曲调就有些困难。客家人往往读成降调形,只降不升,粤语则相反。我们读上声要把降升结合起来才行,注意降、升之间不要断开,以免听感上像两个字;升的时候还要注意收住,不要拉得太长。

普通话的去声是个全降调形,读音注意降幅要够,不要降至半途就停止。

广东三大方言里都完整地保留了入声调类,入声调一般都有塞音韵尾,读音较急促短暂。将入声改读成舒声,办法很多,我们建议大家采用找同音的舒声字一起练读记忆,解决入声字改读的难题。举例如下(前舒后入):

bā:巴—八　bō:波波—拨剥　bǎi:摆—百佰柏　bì:币闭—必毕碧壁

fú:扶符—伏服福　kě:可—渴　kè:课—克刻客　chá:茶查—察

另外,还有一批字,大家往往将其声调读错,在此将正读与误读排列如下,供分辨:

例字	正读	误读	例字	正读	误读	例字	正读	误读
惩	chéng	chěng	吨	dūn	dùn	而	ér	ěr
帆	fān	fán	妨	fáng	fāng	氛	fēn	fèn
扶	fú	fū	幅	fú	fù	龚	gōng	gǒng
混	hùn	hǔn	积	jī	jí	脊	jǐ	jí
即	jí	jì	接	jiē	jié	茎	jīng	jìng
铐	kào	kǎo	框	kuàng	kuāng	捞	lāo	láo
辆	liàng	liǎng	拢	lǒng	lóng	捻	niǎn	niàn
匹	pǐ	pī	瞥	piē	piě	颇	pō	pǒ
顷	qǐng	qīng	绕	rào	rǎo	仍	réng	rēng
慎	shèn	shěn	娃	wá	wā	伪	wěi	wèi
穴	xué	xuè	殉	xùn	xún	荫	yìn	yīn
拥	yōng	yǒng	增	zēng	zèng	浙	zhè	zhé
召	zhào	zhāo	沼	zhǎo	zhāo			

四、排除误读,选准字音

在读单音节字词的测试中,不少应试人会出现误读现象。产生误读的原因是多方面的,有心理的原因,有技术的原因,还有些说不清道不明的原因。我们这里主要从技术上加以指导,排除误读。

试题中往往有些字是从联绵词中选取的,这些字一般不单独出现。我们平常是以词为单位来记忆,记住的是一个词而不是一个字,当它们单独出现时就容易产生误读。常见的字如:“孑孓”中的“孑”(jié)、“孓”(jué);“鸳鸯”中的“鸳”(yuān)、“鸯”(yāng);“疙瘩”中的“疙”(gē);“窈窕”中的“窈”(yiǎo)、“窕”(tiǎo);“肮脏”中的“肮”(āng);“蹒跚”中的“蹒”(pán)、“跚”(shān);“尴尬”中的“尴”(gān)、“尬”(gà)等。读这些字时,要先想想,判断一下它是相应联绵词的前字还是后字,拿准了再读。

有些形体相近的字也容易误读,要仔细看清字的形体,以免误读。如以下形近字常被误读,注意分辨:余 yú—佘 shé;襄 xiāng—囊 náng;攘 rǎng—攮 nǎng;饶 ráo—绕 rào;挠 náo—桡 ráo;薛 xuē—薜 bì;毫 háo—亳 bó;薄 bó—簿 bù;鼓 gǔ—豉 chǐ;戳 chuō—戮 lù;侯 hóu—候 hòu;准 zhǔn—淮 huái;已 yǐ—巳 sì;灸 jiù—炙 zhì;抗 kàng—杭 háng;刺 cì—剌 là;券 quàn—卷 juàn;蕊 ruǐ—芯 xīn;恃 shì—持 chí;嵩 sōng—蒿 hāo;沓 tà—杳 yǎo;斡 wò—翰 hàn;冼 xiǎn—洗 xǐ;乏 fá—泛 fàn。

有些形声字,由于字音变化,声旁的表音功能减弱,读字读半边就容易出现误读。如:

例字	正读	误读	例字	正读	误读	例字	正读	误读
隘	ài	yì	盎	àng	yāng	迸	bèng	bìng
濒	bīn	pín	殡	bìn	bīn	糙	cāo	zào
钗	chāi	chā	忏	chàn	qiān	瞠	chēng	táng
蛏	chēng	shèng	炽	chì	zhì	淙	cóng	zōng
忖	cǔn	cùn	痤	cuó	zuò	傣	dǎi	tài
涤	dí	tiáo	淀	diàn	dìng	侗	dòng	tóng
讹	é	huà	沸	fèi	fú	赅	gāi	hāi
梏	gù	gào	浣	huàn	wán	歼	jiān	qiān
缄	jiān	xián	酵	jiào	xiào	菁	jīng	qīng
阄	jiū	guī	碾	niǎn	zhǎn	拗	niù/ào	yòu
滂	pāng	páng	抨	pēng	píng	娠	shēn	chén
栓	shuān	quán	拴	shuān	quán	挞	tà	dá
唾	tuò	chuí	佟	tóng	dōng	楔	xiē	qì
癣	xuǎn	xiǎn	屑	xiè	xiāo	弦/舷	xián	xuán
殉/徇	xùn	xún	唁	yàn	yán	诤	zhèng	zhēng
铡	zhá	zé	绽	zhàn	dìng			

此外,还有一些不大常用的字,平常注意不够,也会出现误读。现将这些字的正确读音标注出来,供记读:蛆 qū;拽 zhuài;皱 zhòu;郓 yùn;嵌 qiàn;潲 shào;瘸 qué;芎 xiōng;梗 gěng;踹 chuài;瞥 piē;晌 shǎng;膻 shān;鹁 bó;藐 miǎo;榫 sǔn;蔫 niān;谒 yè;钏 chuàn;痈 yōng;啮 niè;抠 kōu;兑 duì;颊 jiá。

五、多音字读音选择策略

在普通话水平测试试卷第一题的 100 个单音节字词中总有一定数量的多音字。从理论上说,读多音字的哪个音都是允许的。但有两个因素可能会影响测试员正确评分,从而出现误判,使应试人蒙受本不该有的损失。一是供测试员使用的答案卷对多音字只有一个注音,当你的读音与答案不一致时就可能出现误判。二是测试员的业务水平欠缺也可能造成误判。那么,选择多音字的读音,就有个策略问题了。

答案卷上的注音一般是多音字几个读音中最为常用的读音,不会注较偏的读音。例如:

柏,一般注 bǎi,不注 bó。

堡,一般注 bǎo,不注 bǔ、pù。

伯,一般注 bó,不注 bǎi。

差,一般注 chā、chà,不注 chā、cī。

场,一般注 chǎng,不注 cháng。

车,一般注 chē,不注 jū。

打,一般注 dǎ,不注 dá。

大,一般注 dà,不注 dài。

佛,一般注 fó,不注 fú。

和,一般注 hé,不注 hè、huó、huò、hú。

横,一般注 héng,不注 hèng。

解,一般注 jiě,不注 jiè、xiè。

淋,一般注 lín,不注 lìn。

绿,一般注 lǜ,不注 lù。

喷,一般注 pēn,不注 pèn。

色,一般注 sè,不注 shǎi。

说,一般注 shuō,不注 shuì。

纤,一般注 xiān,不注 qiàn。

轴,一般注 zhóu,不注 zhòu。

作,一般注 zuò,不注 zuō。

如果多音字的几个读音均比较常用,那么选择任何一个都很妥当,若能说明一下该字也可读为某音,这就无可挑剔了。下面的字就可以这样对待:

挨 āi/ái;拗 ào/niù;把 bǎ/bà;称 chēng/chèn;藏 cáng/zàng;长 cháng/zhǎng;处 chǔ/chù;传 chuán/zhuàn;答 dá/dā;当 dāng/dàng;倒 dǎo/dào;都 dōu/dū;发 fā/fà;干 gān/gàn;供 gōng/gòng;喝 hē/hè;间 jiān/jiàn;将 jiāng/jiàng;结 jiē/jié;卡 kǎ/qiǎ;空 kōng/kòng;卷 juǎn/juàn;量 liáng/liàng;难 nàn/nán;宁 níng/nìng;切 qiē/qiè;曲 qū/qǔ;散 sǎn/sàn;舍 shě/shè;数 shǔ/shù;为 wéi/wèi;兴 xīng/xìng;血 xiě/xuè;相 xiāng/xiàng;应 yīng/yìng;晕 yūn/yùn;载 zǎi/zài;种 zhǒng/zhòng;钻 zuān/zuàn;转 zhuǎn/zhuàn;重 zhòng/chóng。

另外,还有些多音字,某个读音常可以单独成词,而另一个读音则不单用只作为词的构成成分出现,读音时以选择前者为佳。例如:

给 gěi/jǐ;会 huì/kuài;几 jǐ/jī;弄 nòng/lòng;片 piàn/piān;悄 qiāo/qiǎo;亲 qīn/qìng;省 shěng/xǐng;似 sì/shì;提 tí/dī;吓 xià/hè;巷 xiàng/hàng;中 zhōng/zhòng;劲 jìn/jìng;夹 jiā/jiá;泥 ní/nì;与 yǔ/yú。

最后还要注意,在读单音节字词的测试中是不会出现轻声词,有轻声读音的字词应选择有声调的读音,例如:啊,读 ā 不读 a;的,读 dí、dì 不读 de;着,读 zhuó、zháo 不读 zhe;卜,读 bǔ 不读 bo;了,读 liǎo 不读 le。

第三章 如何读好双音节词语

一、读双音节词语应掌握的基本技能

双音节词语，是音节连读的基本形式。读双音节词语，与读单音节字词有许多不同之处，这就是因为连读而产生的语音变异。就普通话而言，双音节连读带来的语音变异有声音的延连、声音的轻重、声音的高低、声音的长短、连读变调、儿化音变等。

首先，要注意把双音节词语的两个音节准确而自然地连接在一起，避免出现以下两种常见的错误读法：一是为了追求字音尤其是字调的准确而把双音词语读成两个不相干的字；二是过于追求随意的"自然"，致使字音含混，甚至将两个音节读得像一个音节，如，把"延安"读得像"烟"。

第二，要准确掌握双音词语的轻重格式。轻重格式是双音词语音节连接而产生的最普遍最基本的语音变化。实验结果表明，决定轻重的主要因素是音高和音长，音强的作用很小。一般认为，普通话的双音节词语主要有两种基本的轻重格式，即中重格和重轻格。

中重格的读音特点是：首音节读得比较低、短、弱，用五度值来计量阴、阳、上、去四调大致可变为：55→44，35→34，214→21(34)，51→53。而末音节则可以将四调原有的调值读满，同调组合尤其如此。试按以上描述读下列词语：安心、危机；人民、常常、美好、仅仅、状态、上当。在普通话里，应该说读中重格的双音词是占多数的，就水平测试卷的50个双音词语而言，百分之九十左右的词可以读成这种格式。

重轻格即轻声词，读音特点是：首音节读得比较重、长、高，除上声外，其他声调的调值均可以读满，而末音节则要读得低、短、弱。轻声音节的调形调值有两种格式，一是在阴、阳、去三调后读为降调型，调值为31，如"妈妈"、"爷爷"、"爸爸"。二是在上声(读21或211)后读为平调型，调值为44，如"婶婶"、"奶奶"。实验结果表明，轻声音节的时长为非轻声音节的一半至三分之二之间。

第三，要注意掌握变调的基本规律。双音节词语涉及的连读变调有上声变调、"一"的变调、"不"的变调等。在50个双音节词语中，50个首字按四调平均出现计算，处于首字位产生变调的上声应该是12个左右。按命题规则，上上组合应出现3次，其他则是上与非上的组合。"一"、"不"的变调只是偶有出现，不是规定一定要出现的，但也应予以重视。

儿化音变是规定测试项目，每份试卷计有4个儿化词，一般是开口、齐齿、合口、撮口四呼各一。读儿化词，是广东人学习普通话的一大难点，我们在后面将进行专项辅导。

二、如何记住轻声词

南方人学讲普通话往往难以准确判断轻声词。我们在这里将普通话的常用轻声词按词族分类排列，方便大家记忆。

（一）轻声词族——人类篇

1. 身体、器官

身子　脑袋　头发　辫子　眉毛　眼睛　鼻子　嘴巴　舌头　下巴　胡子　耳朵　脖子
嗓子　胳膊　拳头　指头　指甲　肚子　屁股　脊梁　骨头　吐沫　唾沫　鼻涕　尸首

2. 亲属、称呼

亲戚　公公　婆婆　爷爷　奶奶　爸爸　妈妈　伯伯　叔叔　婶婶　姥爷　姥姥　舅舅
舅母　姑丈　姑姑　姨夫　姨姨　哥哥　姐姐　弟弟　妹妹　嫂子　姐夫　妹夫　丈夫
男人　老婆　女人　妻子　内人　太太　爱人　丈人　丈母　儿子　闺女　孙子　外甥
孩子　娃娃　兄弟　弟兄　亲家　称呼　老爷　大爷　少爷　相公　先生　师傅　朋友
祖宗　丫头　姑娘　家伙　伙计　冤家　对头　妖精　娘家

3. 职业、身份

木匠　铁匠　石匠　皮匠　漆匠　瓦匠　鞋匠　和尚　道士　喇嘛　神甫　大夫　护士
会计　裁缝　财主　奴才　奸细　特务　阎王　王爷　上司　干事　状元　秀才　行家
师爷　师父　徒弟　客人　用人

4. 属性、状态

名字　岁数　寿数　记性　忘性　气性　悟性　身份　身量　个子　力量　力气　小气
秀气　义气　俗气　阔气　脾气　马虎　迷糊　黏糊　麻利　麻烦　困难　厉害　利落
利索　牢靠　老实　踏实　扎实　皮实　疲沓　漂亮　苗条　娇嫩　白净　讲究　考究
客气　雅致　疯子　瘸子　哑巴　结巴　结实　严实　壮实　硬朗　匀溜　匀实　规矩
跟头　哈欠　哆嗦　扭搭　扭捏　磨蹭　机灵　活泼　活泛　聪明　勤快　爽快　洒脱
大方　随和　斯文　舒服　舒坦　自在　精神　疙瘩　耷拉　寒碜　糊涂　含糊　恶心
快当　快活　苦处　好处　错处　短处　坏处　长处　将就　凑合　做作　熟识　生分
厚道　出落　出息　属相　记号　架势

5. 心理、感觉

憋闷　别扭　难为　委屈　窝囊　冤枉　累赘　腻烦　腻味　掂掇　估摸　盘算　算计
琢磨　思量　心思　主意　胆子　态度　意思　晃荡　晃悠　颤悠　玄乎　懂得　记得
觉得　落得　免得　认得　舍得　省得　显得　晓得　值得　福气　福分　富余　认识
明白　清楚　凉快　痛快　松快　暖和　热和　软和　温和　厚实　密实　干巴　冷清
牙碜　饥荒　想头　念头　响动　动静　热乎　热闹　花哨　稳当　妥当　便当　停当
顺当　喜欢　稀罕　交情　便宜　名堂　模糊

6. 动作、行为

巴结　奉承　勾搭　蹦达　倒腾　动弹　包涵　比方　比量　耽搁　耽误　打扮　打发
打量　打算　打听　扒拉　拨拉　拨弄　掺和　搅和　说合　抽搭　摔打　拍打　央告

告诉　叫唤　吆喝　笑话　吓唬　欺负　搭理　答应　叨唠　嘀咕　叽咕　嘟噜　嘟囔
念叨　休息　歇息　逛荡　抬举　收拾　使唤　提防　忌妒　卖弄　诈唬　数落　归置
应酬　忙乎　张罗　拾掇　点缀　挪动　拉扯　折腾　转悠　招呼　咳嗽　谈谈　看看
试试　谢谢

7. 生活、娱乐

衣服　衣裳　枕头　袜子　鞋子　裤子　兜肚　斗篷　帽子　被子　领子　针脚　补丁
胭脂　镜子　戒指　嫁妆　东西　粮食　点心　豆腐　黄瓜　核桃　菱角　葫芦　烧饼
煎饼　月饼　馒头　饺子　火烧　烧卖　芥末　罐头　油水　味道　村子　房子　窗子
窗户　窝棚　帐篷　栅栏　篱笆　牌楼　门面　宽敞　烟筒　笤帚　扫帚　箱子　盘缠
行李　步子　车子　柴火　故事　相声　秧歌　炮仗　风筝　胡琴　喇叭　价钱　找补
添补　疟疾　膏药

8. 工作、学习

公家　队伍　厂子　差事　本事　薪水　作坊　字号　门路　收成　月钱　报酬　告示
合同　行当　活计　买卖　官司　见识　衙门　关系　知识　任务　进项　学问　本子
消息　稿子　篇幅　句子　例子　功夫

9. 工具、器物

扳手　斧头　锄头　棒槌　扁担　笸箩　簸箕　抽屉　包袱　钥匙　铃铛　灯笼　招牌
木头　石头　棺材　刀子　钉子　凳子　梯子　斧子　管子　笼子　棍子　鞭子

（二）轻声词族——自然篇、其他篇

1. 天文、地理、时间、方位

星星　月亮　云彩　节气　风水　白天　早晨　晌午　晚上　早上　年月　日子　时辰
时候　工夫　已经　东边　西边　南边　前面　后面　上面　下面　前头　后头　上头
下头　里头　外头　底下　位置　地方

2. 动物、植物

八哥　燕子　鸭子　苍蝇　蚊子　虫子　蛤蟆　王八　虾米　腥气　刺猬　狐狸　骆驼
狮子　猩猩　畜生　牲口　牙口　尾巴　杂碎　下水　甘蔗　高粱　谷子　麦子　庄稼
萝卜　苤蓝　蘑菇　棉花　山药　芍药　石榴　葡萄　莲蓬　牡丹　玫瑰

3. 助词、语气词

我的　他的　大的　小的　吃的　喝的　　努力地学　慢慢地吃　一步一步地走
干得好　信得过　吃得开　巴不得　好得很　走了　来了　好了　坏了　二十三了
笑着　走着　盼望着　去过　来过　　去吧　来吧　好吧　行吧　算了吧
他呢？　小张呢？　走不走呢？　怎么办呢？　走吗？　好吗？　还不会吗？
是嘛　好嘛　我说嘛　普通话也不难学嘛

行啊　是啊　走哇　好哇　来呀　好帅呀　难哪　怎么办哪
走喽　放学喽　来啦　只有好好学呗

4. 后缀

子：包子　桃子　李子　杏子
们：我们　你们　他们　同学们
巴：哑巴　结巴　嘴巴　泥巴　尾巴
和(huo)：温和　软和　暖和　掺和　搅和
头：跟头　码头　想头　舌头
么：多么　什么　怎么　这么　那么
乎：在乎　热乎　玄乎

5. 动词重叠式

看看　瞅瞅　瞧瞧　尝尝　聊聊　商量商量　收拾收拾　合计合计　拾掇拾掇

6. 夹在词语中间的“一”、“不”、“里”

试一试　抚一抚　尝一尝；　去不去　来不及；　糊里糊涂　土里土气　慌里慌张
古里古怪

7. 名词后的“上”、“里”

船上　身上　头上　脸上　胳膊上；　房里　屋里　院子里　心里　骨子里

三、怎样读准儿化词语

在普通话和官话系的诸多方言里，儿化是一种很普遍的音变现象。普通话的39个韵母，除ê、er、ueng外，其余36个韵母都存在儿化音变。儿化音变的主体特征是卷舌，多数是在韵母的主要元音即韵腹上进行卷舌，只有极少数是在韵身(韵腹＋韵尾)上卷舌。为了使卷舌动作来得轻松些顺溜些，多数韵母在卷舌的进程中会产生一些变化。最明显的是作为韵尾的i、n、ng在卷舌进程中失落了，其次是一些元音的舌位发生了变化。

普通话的儿化韵，排除韵头因素，实际上只有ar、er、or、ur、aor、our六种基本形式，练读起来也不是太难。

1. ar韵的发音及常用词语

ar韵的发音有两点要注意分辨：一是a、ai、an、ia、ua、ian、uan、üan八韵母中的a儿化卷舌时舌位居中，比原读音舌位略高；二是ang、iang、uang三韵母中的韵腹a舌位比上八韵母中的a靠后、偏低，且产生鼻腔共鸣。儿化结果及常用词语如下：

a－ar：哪儿　那儿　刀把儿　板擦儿　找碴儿　裤衩儿　打杂儿　没法儿　价码儿
ai－ar：小孩儿　壶盖儿　鞋带儿　本色儿　小菜儿
an－ar：老伴儿　快板儿　上班儿　慢慢儿　脸蛋儿　包干儿　光杆儿　摆摊儿
门槛儿　杂拌儿
ia－iar：豆芽儿　纸匣儿　人家儿
ian－iar：相片儿　照面儿　差点儿　聊天儿　拔尖儿　三弦儿　心眼儿　抽签儿　小辫儿

ua－uar：大褂儿　牙刷儿　画画儿

uai－uar：一块儿　乖乖儿

uan－uar：好玩儿　门闩儿　饭馆儿　猪倌儿　当官儿　撒欢儿　大腕儿　拐弯儿

üan－üar：烟卷儿　杂院儿　绕远儿　人缘儿　圆圈儿

ang－ãr：药方儿　帮忙儿

iang－iãr：傻样儿　鼻梁儿　透亮儿　娘儿俩

uang－uãr：蛋黄儿　相框儿　天窗儿

2. or 的发音及常用词语

发圆唇音 o 时，舌头上卷，唇形不变。

o－or：锯末儿　土坡儿　围脖儿

uo－uor：心窝儿　做活儿　大伙儿　蝈蝈儿　饭桌儿

3. er 的发音及常用词语

发儿化韵 er 要区别三种情况：一是“歌儿”与“根儿”的区别，“歌儿”是在舌面后半高元音的基础上卷舌；“根儿”是在舌面中央元音的基础上卷舌。前者舌位较高、较后，后者舌位较低、较前。ei、en、eng、ie、üe、uei、uen 等韵母儿化时韵腹与“根儿”舌位相同。二是“鸡儿、今儿”与“街儿”、“菊儿”与“角儿”的区别，前项的 i、ü 是韵腹，发音较重较长，后面的 er 发音较短较弱；后项的 i、ü 是韵头，发音较短较弱，后面的 er 是韵腹，发音较重较长。三是“信儿”与“杏儿”、“神儿”与“绳儿”的区别，后项为鼻化元音，前项没有。另外，zhi、chi、shi、zi、ci、si 六音节儿化时，只要将声母与 er 韵母直接相拼就行了。常用词语如下：

e－er：这儿　挨个儿　高个儿　自个儿　打嗝儿　哥儿们　八哥儿　方格儿　下巴颏儿　模特儿

ei－er：晚辈儿　倍儿棒　椅子背儿

en－er：大婶儿　嗓门儿　没门儿　串门儿　邪门儿　窍门儿　调门儿　纳闷儿　爷们儿　压根儿　够本儿　泥人儿　开刃儿　桑葚儿　愣神儿　没份儿

ie－i－er：台阶儿　半截儿　锅贴儿　藕节儿　小街儿　一些儿　姐儿们　爷儿们

üe－ü－er：木橛儿　丑角儿　旦角儿

uei－uer：洋味儿　一会儿　这会儿　那会儿　多会儿　跑腿儿　烟嘴儿　汽水儿　零碎儿　麦穗儿

uen－uer：光棍儿　冰棍儿　打盹儿　没准儿　打滚儿　胖墩儿　一顺儿　三轮儿

i－i:er：玩意儿　小妮儿　针鼻儿　没好气儿　底儿　几儿　梨儿　皮儿　屉儿

in－i:er：较劲儿　巧劲儿　没劲儿　捎信儿　皮筋儿　今儿个　菜心儿　脚印儿

ü－ü:er：金鱼儿　毛驴儿　有趣儿　小曲儿　蛐蛐儿

ün－ü:er：合群儿　花裙儿

eng－ẽr：八成儿　麻绳儿　板凳儿

ing－ĩ:er：打鸣儿　人影儿　成形儿　起名儿　小命儿　明儿　零儿　瓶儿　杏儿

zhi、chi、shi－zher、cher、sher：侄儿　果汁儿　树枝儿　锯齿儿　找食儿　没事儿

zi、ci、si－zer、cer、ser：咬字儿　瓜子儿　没词儿　挑刺儿　刺儿头　铁丝儿

4. ur 的发音及常用词语

发元音 u 时，唇形不变，舌头后缩并向上卷起，卷舌幅度比开口呼韵母要小些。

u－ur：眼珠儿　面糊儿　煤核儿　爆肚儿　没谱儿　白醭儿　兔儿爷　纹路儿　雏儿　主儿　身子骨儿

ong－ũr：没空儿　小虫儿　萤火虫儿

iong－iũr：小熊儿

5. aor 的发音及常用词语

aor 是在复元音 ao 的基础上卷舌，受卷舌动作影响韵尾 u(o)的舌位有所降低。

ao－aor：好好儿　没着儿　早早儿　符号儿　口哨儿　掌勺儿　小道儿　一股脑儿　豆腐脑儿　桃儿　草儿

iao－iaor：面条儿　小鸟儿　豆角儿　家雀儿

6. our 的发音及常用词语

our 是在复元音 ou 的基础上卷舌，唇形由微展到拢圆。注意不要将"手儿"念成了"婶儿"，"油儿"念成了"爷儿"。

ou－our：纽扣儿　两口儿　个头儿　年头儿　头头儿　小偷儿　高手儿　奔头儿　兜儿　后儿

iou－iour：一溜儿　蜗牛儿　拈阄儿　挤油儿　球儿　小妞儿

四、注意多音字在双音词里的读音选择

多音字在汉语里是很普遍的现象，相当数量的汉字具有两种以上的读音。多音字在双音词里是单音的，选准读音就得下点功夫。一般情况下，命题人会选多音字的某个不大常用的读音组成词测试应试人的字音分辨能力。为了使大家能较快地具备这一能力，我们将较为常用词语分列如下。

挨 āi：挨近　挨个儿；ái：挨批　挨整

拗 ào：拗口；niù：执拗

把 bà：把子　刀把儿

背 bēi：背带　背负；bèi：背包　背心

奔 bèn：奔命　奔头儿　投奔

绷 bēng：绷带；běng：绷脸

辟 bì：辟邪　复辟；pì：辟谣　开辟　精辟

别 biè：别扭

槟 bīng：槟榔

泊 bó：停泊　漂泊 pō：湖泊　血泊

薄 bó：薄酒　薄情　薄弱；báo：薄饼　薄脆

参 cān：参加；cēn：参差；shēn：人参　党参

藏 cáng：珍藏　矿藏；zàng 宝藏

差 chā：差别　差错；chà：差劲　差点儿；chāi：出差　差遣　差事；cī：参差

禅 chán：禅杖　坐禅；shàn：禅让

场 cháng：场院　打场　一场大战；chǎng：场次　场面　上场　一场球赛

称 chèn：称心　对称　匀称　称职；chēng：称赞

匙 chí：汤匙；shi：钥匙

处 chǔ：处分　处女　处世；chù：处所　处长

传 chuán：传奇　传阅；zhuàn：传记　自传

攒 cuán：攒聚　攒动；zǎn：积攒

答 dā：答理　答应；dá：答案　答复　回答

弹 dàn：弹弓　弹丸　子弹；tán：弹力　弹性

当 dāng:当前　当心;
　dàng:当真　当做　当铺
倒 dǎo:倒卖　倒霉;dào:倒立　倒是　倒数
得 dé:得志　心得;děi 总得
调 diào:调查　调用;tiáo:调和　调养
斗 dǒu:斗胆　烟斗;dòu:斗争　斗气
肚 dǔ:羊肚儿　爆肚儿;dù:肚量　肚脐
度 dù:角度　度量;duó:揣度　测度
阿 ē:阿胶　阿谀
恶 ě:恶心
缝 féng:缝补　缝纫;fèng:缝隙　裂缝
脯 fǔ:果脯　兔脯;pú:胸脯
干 gān:干与　干系　干支;
　gàn:干将　干练　干流
蛤 gé:蛤蜊;há:蛤蟆
给 gěi:给以;jǐ:给养　给予
更 gēng:变更　更改　更深　更衣
供 gōng:供给　供求　供应;
　gòng:供词　供认　口供
勾 gōu:勾画　勾引;gòu:勾当
哈 hā:哈气　哈欠;hǎ:哈达
号 háo:号叫　号啕;hào:号召　号令
好 hào:爱好　好奇　好恶
喝 hē:喝水;hè:喝彩　喝令
荷 hé:荷花　荷包;hè:负荷　荷载
和 hè:应和　和诗;huó:和面;huò:和稀泥
横 héng:横幅　横竖;
　hèng:蛮横　横祸　横财
华 huá:华北　中华;huà:姓华　华山
划 huá:划拉　划算;huà:划分　策划
混 hún:混蛋;hùn:混合　混淆　混浊
豁 huō:豁口　豁出去;huò:豁达　豁然
几 jī:几乎　茶几;jǐ 几何　几时
夹 jiā:夹层　夹克　夹杂;jiá:夹袄
假 jiǎ:真假　假设;jià:假期　寒假　请假
间 jiān:田间　车间　间架;
　jiàn:间隔　间接　间或
监 jiān:监督　监考;jiàn:太监　国子监
将 jiāng:将来　将军;
　jiàng:将领　将帅　大将

降 jiàng:降落　降水;xiáng:投降　降伏
校 jiào:校对　校样
结 jiē:结巴　结实;
　jié:结构　结合　结婚　结交
解 jiě:解决　解约;jiè:解送　押解　解元
禁 jīn:禁不住　不禁;jìn:禁止　禁区
尽 jǐn:尽管　尽快　尽早;
　jìn:尽力　尽情　尽兴
劲 jìn:劲头　有劲儿;
　jìng:强劲　刚劲　劲敌　劲旅
角 jué:角色　主角;jiǎo:角落　角度
卡 kǎ:卡片　卡车;qiǎ:关卡　哨卡　卡具
看 kān:看管　看护　看守　看押;
　kàn:看顾　看透
壳 ké:贝壳　脑壳;qiào:甲壳　地壳
空 kōng:空气　上空;
　kòng:空白　空地　空缺
俩 liǎ:咱俩　娘儿俩;liǎng:伎俩
量 liáng:量度　估量　思量;
　liàng:量词　胆量
露 lòu:露脸　露面　露头;
　lù:露宿　露骨　披露
绿 lù:绿林　绿营;lǜ:绿化　绿洲
论 lún:论语;lùn:论调　论理
埋 mái:埋伏　埋没;mán:埋怨
闷 mēn:闷热　闷头儿;
　mèn:闷棍　愁闷　苦闷
蒙 mēng:蒙骗　蒙人;
　méng:蒙混　蒙昧;měng:内蒙古
模 mó:模范;mú:模样　模子
磨 mó:磨刀　磨损;mò:磨坊　磨盘
难 nán:难度　难为;nàn:难民　难友　灾难
泥 ní:泥泞　泥沼;nì:拘泥　泥古
弄 nòng:玩弄;lòng:弄堂　里弄
喷 pēn:喷薄　喷嚏;pèn:喷香
撇 piē:撇开　撇弃;piě:撇嘴
屏 píng:屏风　屏障;
　bǐng:屏除　屏弃　屏息
铺 pū:铺床　铺盖　铺展;pù:床铺　铺子
强 qiáng:强攻;qiǎng:强逼 强迫 强求 勉强;

jiàng:强嘴
悄 qiāo:悄悄;qiǎo:悄然　悄声
亲 qīn:亲切;qìng:亲家
曲 qū:曲解　曲线　曲折　弯曲;
qǔ:曲调　曲牌
撒 sā:撒谎　撒手　撒野;shǎ:撒播
塞 sāi:塞车　塞子;sài:边塞　塞北;
sè:塞责　搪塞
散 sǎn:散漫　散文;sàn:散发　散伙　分散
丧 sāng:丧事　丧钟　治丧;
sàng:丧气　丧生
扫 sǎo:扫除;sào:扫帚
色 sè:色彩　景色;shǎi:掉色儿　色子
刹 shā:刹车;chà:刹那　古刹
舍 shě:舍身　割舍;
shè:舍利　舍亲　宿舍
什 shén:什么;shí:什锦　什物　家什
葚 shèn:桑葚;ren:桑葚儿
省 shěng:省心;xǐng:反省　省亲　省悟
似 shì:似的;sì:似乎　相似
术 shù:术语　技术;zhú:白术　苍术
数 shǔ:数九　数落　数说;shù:数量
说 shuō:说辞　说客;shuì:游说
遂 suì:遂心　未遂　遂愿
提 tí:提供　提要;dī:提防
挑 tiāo:挑选　挑剔;tiǎo:挑拨　挑灯　挑头
帖 tiē:妥帖;tiě:请帖　帖子;tiè:碑帖　字帖
吐 tǔ:吐气　吐露;tù:吐沫　吐血　呕吐
拓 tuò:开拓　拓荒;tà:拓本　拓片
为 wéi:为人　为难　行为;
wèi:为何　为了　因为
吓 xià:吓唬　吓人;hè:恐吓　恫吓
纤 xiān:纤尘　纤维　纤细;qiàn:纤夫　纤绳
鲜 xiān:鲜卑　鲜美;xiǎn:鲜见　鲜有　朝鲜
相 xiāng:相反　互相;
xiàng:相貌　相面　相机
兴 xīng:兴奋　兴旺;xìng:兴趣　兴致
旋 xuán:旋即　旋涡　旋转;xuàn:旋风
血 xuè:血汗　血迹　血渍　血晕;
xiě:血淋淋　血晕
压 yā:压迫　压力;yà:压根儿
殷 yān:殷红
要 yāo:要求　要挟;yào:要诀　要务
应 yīng:应当　应许　应允;
yìng:应承　应和　应征
与 yǔ:与共　与夺;yù:与会　参与
晕 yūn:晕厥　头晕;
yùn:晕车　晕船　日晕　月晕
扎 zā:包扎;zhā:扎根　扎实;zhá:挣扎
载 zǎi:刊载　记载;zài:载体　载重
占 zhān:占卜　占课;zhàn:占领　侵占
正 zhēng:正月;zhèng:正确
挣 zhèng:挣命　挣钱;zhēng:挣扎
只 zhī:船只　只身;zhǐ:只是　只要　只有
中 zhōng:中看　中用;
zhòng:中肯　中意　看中
重 zhòng:重要　重量;chóng:重复
轴 zhóu:轴承;zhòu:压轴戏
属 zhǔ:属意　属望;shǔ:属于　属性
着 zhuó:穿着　着手　着重;
zháo:着火　着迷　着急;zhāo:没着儿
作 zuō:作坊

第四章　如何朗读好短文

一、怎样准备短文的朗读

要进行朗读，首先应该弄明白什么是朗读，什么不是朗读。现在，朗读已作为一门独立的课程在相关院校进行教学。当然，参加普通话水平测试的大多数应试人都不可能接受专门的朗读系列训练，在测试朗读项时出现一些朗读技巧方面的失误是再平常不过的事了。但有些问题，只要你稍加注意，稍加学习就可以很好地解决。一种情况是，没有朗读经验的人往往容易把朗诵理解为当然也处理为念书，测试时就用这种念书腔，念起来没有轻重缓急，没有抑扬顿挫，没有态度情感，干巴巴的，听起来没有美感，这算不了朗读。另一种情况是，一些受过朗诵之类语言艺术熏陶而不得其法的人可能会把朗读理解为朗诵，读起文章来拿腔拿调夸张造作甚至装腔作势，显得极不真实极不自然。这也算不了朗读，至少不是好的朗读。

词典上说，朗读就是清晰响亮地把文章念出来。当然，从朗读学科的角度讲，这一种解释尚不够全面周到，但说出了朗读的基本特点。朗，就是清晰响亮的意思；读，就是看着文字念出声音。这里最为关键的是要做到清晰、响亮。做到清晰，有两个要点：一是发音要准确到位，测试中有些人由于连读仓促致使字词发音不到位，甚至因为心里紧张语速过快造成吃字，都直接影响到朗读的清晰程度；二是表达层次清晰，首先应该做到语气连贯、停连适当。有些人完全没有句调分辨意识，读任何句子都是同一个调，前后没有语气连接。最起码应该学会区分完成句与未完成句（书面上的句号和逗号）、陈述句与疑问句这些基本的句调。其次是试图揣摩重音、停顿的处理。运用恰当，就能更清晰地表达意思。最后，能根据文意处理语速、把握节奏、表明态度，进而动用感情，就能做到有声有色了。所谓响亮，就是朗读的声音应该有一定的响度。测试时应该控制好响度，不要声音太小，让测试员听得太费力。当然，也不能太大，让人听得不舒服，因为应试人与测试员毕竟是面对面的。

一般来说，应试人在测试前对大纲公布的60篇朗读作品都有了一定的了解，知道了文章说的什么；但还不够深入细致，毕竟文章数量太多，不可能篇篇都烂熟于心。因此，还需要利用抽签后的一点准备时间加深印象。如何利用这点极为有限的时间突击准备一下呢？我们认为，可分这样三步进行准备。

第一步，应该马上准确地判断出该作品的节奏类型，选择恰当的口气、语速、感情等表达手段来进行朗读。比如你抽到作品《海上的日出》，这篇文章是写景的，文中多描写性语言，主要用描述口气来处理，感情主体是喜悦的，节奏是轻快的。

第二步，用较快的速度看一下文后的语音提示，弄清一些字词在文章中的特殊读音和难字词的读音，记住提示中的连读变调、轻声词等。

第三步，快速默读一遍全文，体味一下文中各句尤其是一些长句或难句应如何停连断句、语气连贯等。

此外，在朗读前还应该做好生理上心理上的准备，以最佳的状态进入作品的朗读。

二、准确把握词语句的轻重格式

广东诸方言区的人在使用普通话进行朗读或说话的时候，最容易出现也最难克服的方言语调就是轻重格式与北方人的普通话不一致，在词、语、句上均有明显的表露。我们就从词、语、句三方面来谈谈如何克服轻重格式的失误。

1. 双音词的轻重格式

双音词的轻重格式与词的构造方式有很密切的关系。据统计，读中重格的双音词各结构方式所占比例从大到小依次为：动宾式＞主谓式＞前缀＋词根＞偏正式＞并列式＞补充式＞单纯词＞词根＋后缀。读重轻格或重中格的排序则完全相反。

因此，最不能原谅的轻重格式失误就是把应读中重格的动宾式双音词误读为重轻格或重中格。在朗读短文时我们常能听到应试人把短文中的下列双音词读成重中格甚至重轻格：吃饭、吃惊、赛跑、认真、从前、安心、请客、放假、同学、对面、关心、开头、注意、毕业、唱歌、出差、进步、上当、上课、下雨、种地等等。可读为重轻格的动宾式双音词极少，常见的只有恶心、点心、埋怨、抱怨等少数几个。主谓式双音词的情况与动宾式基本相同，可读为重轻格的极少，轻声词表里只有事情、月亮两个。

前缀＋词根构造的双音词，如：可爱、可怕、可观、以前、以后、相反、相似、老师、老乡、阿姨等，大多数都读中重格，只有老实、老婆等少数几个读重轻格。

偏正结构的双音词70%以上读中重格，只有20%多的词读重中格或重轻格。可读为重中格的组合形式有(每条均可类推)：一月、二月；今年、明年；春季、秋季；白色、黑色；不是、但是、都是；工业、农业；动物、植物；东方、西方；缺点、优点；内科、外科；应用、利用；幻想、理想等。应读为重轻格的组合形式有(可类推，但有限制)：上边、下边；前面、后面；这里、那里；这个、那个；木匠、铁匠；底下、乡下；早上、晚上、船上等。

并列结构的双音词读中重格或重中格的居多，占80%以上，读为重轻格的只占百分之十几，且多是口语里常用的词，名词有东西、兄弟、衣裳、衣服、利害、是非、窗户、狐狸、动静、蘑菇、朋友、早晨、地方、媳妇、名字、时候、亲戚、部分、会计、师傅、困难、粮食、钥匙、徒弟、关系等；动词有忘记、报复、摇晃、咳嗽、佩服、合应、照顾、休息、认识、教训、比方、喜欢、报告、告诉、欺负、明白、稀罕、吓唬、收拾等；形容词有暖和、聪明、妥当、清楚、舒服、活泼等。

补充结构的双音词，读中重格的后一语素一般是表结果的动词或形容词性语素，如：组成、变成、感动、打倒、学会、发现、改进、扩大、约定、折断、推翻等；读重中格的后一语素表动作的趋向等，如：打开、张开、受到、等到、提出、指出等；读重轻格是来、去两语素构成的双音词，如：出来、过来、回来、进来、上来、下来、起来，出去、进去、回去、进去、上去、下去等。

单纯词多读重轻格，尤其是汉语传统的联绵词，它们所属的词类以名词为主。如：星星、爸爸、妈妈、荸荠、萝卜、喇叭、骆驼、玻璃、石榴、行李、马虎等。读中重格有刚刚、偏偏、常常、蜻蜓、服务、瓦斯、马达等。

词根＋后缀构成的双音词，多数读重轻格，少部分读中重格或重中格。读重轻格的，常见后缀有子、头、气、得、么、们、着、法、生、的、巴、处、夫、了、士等；读中重格的，常见后缀有员、观、家、师、化、而等。

2. 多音词语的轻重格式

（1）三音词语

三音词语的轻重格式有中中重、中轻重、中重中、中重轻、重中中、重轻轻等格式。其中，中中重格最为普遍，所占比重最大，朗读中常遇到的中外人物姓名就属于这种格式，如：华盛顿、翁香玉、罗伯格、凯希尔、孙悟空、毛泽东、郭沫若、周恩来等。广东人习惯把三字姓名的第二字重读，是不符合普通话轻重格式的，应予以格外注意。中轻重格的词语结构上很有特点，很好判断，举例如下：差不多、了不起、吃不下、用得着、走得快、怎么样、豆腐乳、阎王殿、二十二、三十一、四十八、九十九。中重中格的词语很少，但都很常用，要特别注意别读错了，如：不得不、不能不、第一次、第二名、第三周等。中重轻格三字词语的构成也很有特点，一般是后两字本身是个轻声词，如碰钉子、钻空子、咬耳朵、打埋伏、胡萝卜、小家伙、大孩子、手指头、老太太、不记得、为什么、打招呼、闹笑话、不在乎等。重中中格的三字词语是形容词的生动形式ABB式（BB变调为阴平调的），重音在词根上，后面产生变调的叠音后缀读音稍轻些，如：沉甸甸、绿油油、软绵绵。重轻轻格常见词语有舍不得、巴不得、看起来、豁出去、怎么着、什么的等。

（2）四字词

语四字词语绝大多数可读为中中中重格，对称性结构尤其如此。只有少量的读为中轻中重格和重轻中中格，主要是形容词的生动形式AABB式、A里BC式和A里AB式，如：老老实实、大大方方、规规矩矩；叽里咕噜、稀里哗啦；糊里糊涂、慌里慌张等。

3. 句子结构的重音

（1）主谓结构的重音

这里说的是简单的主谓结构形式，谓语部分由单个动词、形容词、名词等充当，后面没有宾语、补语，前面没有定语、状语，顶多后面有个动态助词。表示一般陈述时，重读的是谓语部分。例如（在字词的左上角画“ˈ”表重音）：

①我ˈ来了。②他ˈ走了。③她俩ˈ好了。④胆子ˈ大了。⑤今年ˈ三十岁。⑥上午ˈ英语课。

只有当主语成为主要回答内容或需要特别强调和分辨时，才重读主语。例如：

①ˈ谁走了？ˈ他走了。（问话内容）

②ˈ胆子大了，ˈ修养却差了。（分辨）

③ˈ红是红得很，却没有光亮。（强调、分辨）

（2）动宾结构的重音

动宾结构一般是重读宾语，而不是重读动词，这一点广东人往往搞错，应多加注意。如：①看日ˈ出。②起个ˈ大早。③打开ˈ窗子。④打两个ˈ滚儿，踢几脚ˈ球，赛几趟ˈ跑。

但是，当宾语是由人称代词充当时，应该重读动词，例如：①我不'管它。②伸出小脑袋'瞅瞅我。③他来'帮助你。④群众'需要我们。

(3) 偏正结构的重音

偏正结构又分定中结构和状中结构两种。定中结构一般是重读定语部分的中心词。如：'新学期、'旧书包、'男同学、'十个人小、'王的书、'吃的东西。状中结构也是重读状语的时候多，如：'很浅、'很浅的、悄'悄来、默'默地流泪、'轻放、'重扣、'抢着发言、'哭着说、'明天见、'屋里坐、'电话联系等。但否定副词"不"、"没"作状语时应重读后面的中心语，如：不'走、不'吃、不'行、不'好、没'说、没'好等。

(4) 补充结构的重音

结果补语一般重读，如：学'会、拿'走、吃'饱、长'大、吃不'下、听不'懂等。

程度补语一般也重读，如：好'极了、暖和'多了、好得'很等；但也有例外，如：难'看死了、'热死了、'脏死了、'闷得慌等重读的是中心语。

趋向补语一般不重读，前面动词或形容词重读。如：'爬上去、'跳起来、'拿出来、'滚出去、'扔进来、'送回去、'走过去。

(5) 疑问代词的重读问题

疑问代词表特指时不论作什么句子成分一般都重读，如：'哪儿也不如故乡好！你到'哪里去？'什么时候回家？'谁给他们医疗费？但表任指或虚指时不重读，如：像负了什么重'担似的，你总得'吃点儿什么吧。

句子重音的情况比较复杂，除了以上所说的这些语法格式重音外，还有所谓强调重音、语义重音等，需要朗读者认真琢磨要朗读的作品，才能准确把握。

三、准确把握停顿断句

1. 停延的把握

停顿，是指人们朗读或说话时语音上的间歇。从生理上说，人朗读或说话时需要呼吸换气，需要有间歇；从语言结构上说，为了层次分明，表达清楚，也需要停顿与连接互相作用来实现；从内容表达上说，要让听者有时间领会内容，突出重要信息，同样需要停顿。停顿的表现方式有两种，一是停，二是延。停，即停歇，停的时间长短主要与语言结构层次的大小有关；延，即延长，一般与语境、语气等有关。

从功用和意义上讲，停顿又有许多不同的类型，说起来比较复杂，我们在这里只简单说说一般性停顿即语法停顿。语法停顿是指语法成分或语法单位之间的停顿，其层级关系及停顿时间的长短大致如下所示：词语＜意群＜句子＜句群＜段落＜篇章。

书面形式的标点符号也代表语句层次的大小，其停顿时值的长短如下所示：

……、——、。、?、! ＞：、;＞，＞、

句子内外的停顿，是朗读中出错率最高的，我们就着重谈谈句际的停顿和句内的停顿。

句际停顿，有两种情况：一是完成句之间的停顿，书面上以句号、问号、叹号等为标志；二是未完成句之间的停顿，书面上以逗号或分号为标志。一般情况是，完成句用停的方式，且时值较长些；未完成句用延的方式，时值较短。试用此法体会一下下段文字的停顿处理：

“一堆堆的乌云像青色的火焰，在无底的大海上燃烧。大海抓住金箭似的闪电，把它熄灭在自己的深渊里。闪电的影子，像一条条的火舌，在大海里蜿蜒浮动，一晃就消失了。”

句内停顿，是指单句句子成分间的停顿。一般需要较明显停顿的有以下几种情况：

一是主谓结构的句子，主语通常是话题，话题与陈述说明部分之间一般需要有个停顿，时值长短决定于该句在篇章段落中的地位。另外，主语和谓语本身的长短差别越是悬殊，停顿就越是明显，主语、谓语都比较长时停顿也同样明显。提供以下各例，供体味：

① 雨∧是最寻常的，一下就是三两天。

② 小鸟∧给远航生活蒙上了一层浪漫色调。

③ 老朋友∧颇能以一种趣味性的眼光欣赏这个改变。

④ 这棵榕树∧好像在把它的全部生命力展示给我们看。

⑤ 跳动的小红爪∧在纸上发出嚓嚓响。

⑥ 英国女王伊丽莎白二世∧专程前往悉尼。

⑦ 在千门万户的世界里的我∧能做些什么呢？

二是主谓句的前面如果有连词或修饰语时，应该在连词或修饰语与后面的主谓句之间有所停顿，否则可能出现断句错误。例如：

① 那时∧天还没有亮。

② 转眼∧女儿也能自己吃饭了。

③ 然而∧太阳在黑云里放射出光芒。

④ 渐渐∧它胆子大了。

⑤ 终于∧两只脚都站到人行道上去了。

三是动宾或介宾结构，有时宾语往往较长，而动词、介词则很短，显得结构不对称，为了缩短距离，朗读时常把短的部分拉长，即在动词或介词后作适当的停或延处理。例如：

① 在∧苍茫的大海上。

② 在∧闽西南苍苍茫茫的崇山峻岭之中。

③ 我明白了∧她称自己为素食者的真正原因。

④ 落到∧被卷到洋里的木板上。

⑤ 就在于∧他决不做逼人尊重的人所做出的那种倒人胃口的蠢事。

2. 避免断句错误

断句错误主要是因为停顿不当引起的。原因有二：一是在不该停延的地方停延了；二是在该停延的地方却没有停延。下面是朗读材料中断句错误出现率较高的句子，我们在该停延的地方做上记号“∧”，在不该停延的地方做上“×”，供分辨。

① 红∧是×红得很，却没有光亮。

② 射得人∧眼睛×发痛。

③ 它毫不悭吝地把自己的艺术青春奉献给了哺育它的∧人。

④ 人∧和动物×都是一样啊，哪儿也不如故乡好。

⑤ 艺术家们的青春只会献给尊敬×他们的∧人。

⑥ 只是后背还没生出珍珠似的∧圆圆的×白点。

⑦ 天上∧风筝×渐渐多了，地上∧孩子×也多了。

⑧ 有的×是∧工夫，有的×是∧希望。
⑨ 朋友新烫了×个头。
⑩ 已×经过了∧大喜大悲的岁月，已×经过了∧伤感流泪的年华。
⑪ 也不能立刻分辨出来∧它×有没有果实。
⑫ 您老∧是×金胡子了。
⑬ 像是在等着∧有人×骑到它背上。
⑭ 就是×他∧领导美国人民为了自由为了独立浴血奋战，赶走了统治者。
⑮ 你会觉得∧他×普通得就和你一样……
⑯ 使我们一家人融洽相处的∧是×我妈。
⑰ 告诉卖糖的∧说×是我偷来的。
⑱ 说我愿意∧替他拆箱卸货×作为赔偿。
⑲ 但妈妈却明白∧我×只是个孩子。
⑳ 我记得∧妈×有一次叫他教我骑自行车。
㉑ 他们知道∧与其骗我×说∧外祖母睡着了。
㉒ 小姐，在你们国家∧有没有小孩儿×患小儿麻痹？
㉓ 使我这个∧有生以来×在众目睽睽之下让别人擦鞋的异乡人……
㉔ 正是这些老人们的流血牺牲∧换来了包括他们×信仰自由在内的∧许许多多。
㉕ 妈妈买了∧家乡×很金贵的鲑鱼。
㉖ 丽娜不厌其烦地描述∧她×八岁那年如何勇敢地从城西换一趟车走到城东。
㉗ 知道了∧男人×常常追求女人却又追求不到。
㉘ 决定∧把一棵直径×超过两英尺的松树锯倒。
㉙ 当时的澳大利亚总理凯希尔∧应×担任乐团总指挥的好友古申斯的请求……

这里举的只是很少一部分例子，相信仔细琢磨后，大家会悟出一些道理，起到举一反三的功效。另外，朗读时，要特别注意一些长句子，推敲如何停顿才能避免断句错误。

四、快慢合体，节奏鲜明

节奏包含的内容很多，如轻重缓急、抑扬顿挫、语流中的回环往复等。除语速的快慢外，其他内容在前面章节里多有涉及，本节就专门讨论和语速有关的一些问题。

1. 制约语速的各种因素

首先，语速的快慢与文章的节奏类型密切相关。一般将文章的节奏类型区分为二调六型，即阳刚调和阴柔调；阳刚调含轻快、高亢、紧张三型，阴柔调含凝重、低沉、舒缓三型。阳刚调三型语速较快，阴柔调三型语速较慢。阳刚调三型的例文如《春》、《海燕》、《难以想象的抉择》等；阴柔调三型的例文如《小河》、《我的母亲独一无二》、《济南的冬天》等。

其次，语速的快慢与人物说话时的心境有关，一般是激动时，如快乐、激怒、慌乱等就说得较快；而心情平静或沉重时则说得较慢。

第三，语速与人物性格也有关，性格活泼开朗的人说话较快，性格内向沉稳的人说话较慢。细究起来，还与年龄、性别等有关。

2. 节奏变化与语速转换

前述节奏类型是就一篇文章整体节奏而言。实际上，一篇文章里往往包含几种不同的节奏类型，语速有快有慢，只是主次有别。这里就有个节奏变化带来的语速转换问题，转换得恰到好处才叫合体。我们举几个实例来分析一下这种转换（“//”处为语速转换点）。

① 现在我要回家了，胸前佩戴着醒目的绿黑两色的解放十字绶带，上面挂着五六枚我终生难忘的勋章，肩上还佩戴着军官肩章。//到达旅馆时，没有一个人跟我打招呼。原来，我母亲在3年半以前就已经离开人间了。

② 小时候，我喜欢站在小河边看哥哥、姐姐在河里游泳，他们一会儿游入水底，在水中捉迷藏，一会儿浮出水面，泼水打仗。我好羡慕他们啊。//一次，我见他们向远处游去，幼小的我带着好奇走入水中，恍惚在梦境中一般，幸好母亲发觉我不在岸上，又见水中直泛水泡，不会游泳的母亲费了许多力气将我从死神手中拉了回来。

③ 我上小学的时候，日子过得很苦。学校是一座小土庙，破破烂烂的，冬天里四面进风，学生们就常常冻了手脚。寒冷的早晨我们读着书，窗外亮亮的阳光一照，我们就急切地盼着下课了//。铃声一响，学生们蜂拥而出，跑进干冷的阳光里，一齐往中间挤，咬牙，弓腿，喊号子，挤掉了帽子是顾不及捡的，绷断了线做的腰带，也只能硬撑着，一来二去，身体就暖和起来，甚至冒出汗来。//这种游戏，我们叫挤油，天天要做的。

例①②均属于欲抑先扬的写法，语速处理为先快后慢。二例前段均为兴奋或欢娱的内容，属阳刚调型；形式上多用并列句式，且语气衔接很紧。而后段则表现突然发现或出现不如意的令人难过的情况，语速自然要慢下来，而且越来越慢，音色也越来越暗。

例③的情况则不同，属欲扬先抑，语速应处理成先慢后快。前段叙述的是不如意的环境或状况，语速应慢些；中段写一系列连贯的急切的欢娱的动作和状态，短句甚多，节奏颇紧，当然语速就快；后段一句作总结说明，语速又慢了些。

我们这里举的是同一自然段落里的语速转换例子。在文章中，自然段落之间产生的这种语速转换尤为常见，稍加注意便随处可见。

五、朗读中的各种语流音变

轻声、儿化等语流音变前文已谈，这里专说变调和语气词“啊”的音变问题。

1. 关于上声变调

在双音节词语里，上声作为首字总是产生变调，变调结果有二：一是变为阳平调，二是变为半上声调。上声变为阳平调的条件主要是后字也为上声调，如：产品、导体、勉强、口语、永远等。其次，上声在下列格式的轻声音节前也变为阳平调：

动词重叠式：走走、想想、瞅瞅、洗洗

方位词“里”：桶里、水里、火里、嘴里

其他：把手、想法、给你、找我

上声在阴平、阳平、去声前出现时均变为半上声调，如：本家、本科；本名、本能；本性、本色。上声在下列格式的轻声音节前也变为半上声调：

后缀“子”:本子、斧子、椅子

后缀“头”:苦头、镐头、想头、里头

助词“的”、“们”、“了”:好的、小的;你们、我们;醒了、走了

方位词“上”、“下”:脸上、掌上;底下

叠音称谓:奶奶、婶婶、姐姐、宝宝

其他:哑巴、耳朵、伙计、脊梁、老婆等

在三个上声相连的三音词语里,上声变调也有两种格式。双单格的前两字变为阳平调,如:选举法、洗脸水、两米五等;单双格的首音节变为半上,次音节变为阳平,如:党小组、纸老虎、冷处理、孔乙己、要笔杆等。

2. 关于“一”的变调

“一”的变调有四种结果,现将变调条件及例词罗列如下:

(1) 读本调即阴平调:单念,位于句末,表示序数。例如:第一场雪、一楼、1991年。

(2) 变为阳平调:出现在去声音节之前。例如:一道红霞、一会儿、一步一步地、一刹那、一片绿叶、一粒泥土等。

(3) 变为去声调:出现在阴平、阳平、上声音节前。例如:一丝花香、生气地叫一声、一年之计在于春、一碟大头菜、一缕炊烟、一卷干草。

(4) 变为轻声:“一”夹在词语中间时念轻声。例如:抚一抚它细腻的绒毛、谈一谈考试问题。

3. 关于“不”的变调

“不”出现在去声音节前面时,要变读为阳平调,大多数人在这一点上不会出错;出错较多的是,夹在词语中间的“不”应该读轻声,而不是读去声或阳平,例如:说不说、行不行、好不好、去不去、来不及、巴不得、了不起、吃不下、睡不着、想不开等。

4. 关于去声变调

两个去声音节相连,首字要由全降调变读为半降调(调值为53)。很多人习惯把首字读为全降调,末字就自然变成了半降调或低降调,感觉上有些像轻声。测试时应注意改正这一习惯,下列词语供练读:寂静、扩大、重担、附近、绿叶、世界、渐渐、画框、细腻、信赖等。

5. 关于形容词重叠形式的变调

(1) AA式与AA儿式变调辨析

AA式单音形容词重叠形式,后字是不变调的,有些人习惯把后字变读为阴平或轻声是错误的,要注意改正,例词如:绿绿的、嫩嫩的、慢慢地、好好地、长长地、偷偷地等。AA儿式末音节为儿化音节,是口语里的重叠格式,儿化音节要变读为阴平调。如慢慢儿走、好好儿工作、早早儿起床等。

(2) ABB式的变调与不变调

ABB式里后两个重叠音节,有些要变读为阴平调,有些则不变仍读原调。变还是不变,分辨起来有些难度,我们提供以下一些分辨办法供大家参考。一是《现代汉语词典》里注为变调形式为阴平调的,最好还是读成阴平调,如:红彤彤、软绵绵、沉甸甸、绿油油、毛茸茸、慢腾腾、明晃晃、亮堂堂、热辣辣、血淋淋、文绉绉、直瞪瞪等。二是有些ABB式后面的BB

意义比较实，书面性较强，词典也注为原调，则不要读为变调形式。如：金灿灿、赤裸裸、亮闪闪、恶狠狠、阴沉沉、晴朗朗、直挺挺、喜洋洋、气昂昂、红艳艳、松垮垮等。三是BB本来变阴平，不存在变调，则照原调读就行了，如：亮晶晶、干巴巴、冷冰冰、水汪汪、香喷喷等。

(3) AABB式的变调与不变调

一部分口语色彩较浓的双音形容词重叠为AABB式时，产生这样两种音变：第二音节变读为轻声，三四音节即BB变读为阴平调。常见有：漂漂亮亮、老老实实、马马虎虎、支支吾吾、干干净净、热热闹闹等。这种变调形式一般用于日常口语，表示随和、亲切的感情色彩。一旦认真起来，用于庄严的、强调的、书面的语境，则可以不产生如上所述的变调。有些书面性较强的，就不能产生上述变调，第二音节反而重读。如：勤勤恳恳、鬼鬼祟祟、潦潦草草、从从容容等。还有一种情况，AB不是一个词，但是AA＋BB的形式，这时千万不能读为上述变调形式。如：老老小小、沟沟坎坎、家家户户、走走停停等。

6. 关于语气词"啊"的变调

语气词"啊"在普通话里可以用于陈述句、疑问句、祈使句、感叹句全部四类句式，可以用于句末，也可以用于句中，是最为常用的一个语气词。在朗读文章和说话时都会经常使用它，读对了说对了可以避免不少语音失误。"啊"受前字末尾音素的影响而产生音变，共有六种音变形式，注意都是读轻声。

(1) 读ya，也可以写成"呀"

出现在以a、o、e、ê为末尾音素的音节，产生异化增音。包含的韵母有：a、ia、ua、o、uo、e、ie、üe。例如：原来是他啊，你快说呀，真没辙啊，要认真地学啊。

出现在以i、ü为末尾音素的音节后面，产生同化增音。包含的韵母为：i、ai、ei 、uai、uei、ü。例如：别急啊，来啊，真黑啊，跑得好快啊，东西真贵啊，去不去啊。

(2) 读wa，也可以写成"哇"

出现在以u为末尾音素的音节后面，是一种同化增音。韵母为：u、ou、iou、ao、iao。例如：别哭啊，快走啊，吹什么牛啊，好啊，真好笑啊。

(3) 读na，也可以写成"哪"

出现在前鼻音韵母后面，产生同化增音。韵母有an、en、in、ün、ian、uan、üan、uen。例如：怎么办啊，真笨啊，别多心啊，好险啊，好玄啊，算得真准啊。

(4) 读nga，一般应写成"啊"

出现在后鼻音韵母后面，也是同化增音。韵母有ang、eng、ing、ong、iong、iang、uang、ueng。例如：唱啊唱，人和动物都是一样啊，懂不懂啊，行啊，有什么用啊，快讲啊，别慌啊，什么是请君入瓮啊。

(5) 读ra，一般应写成"啊"

出现在zhi、chi、shi、ri、er及儿化音节后面，也是同化增音。例如：同志啊，吃啊，是啊，今天是节日啊，儿啊，真好玩儿啊。

(6) 读[za]，一般只写成"啊"

出现在zi、ci、si三音节后面，也是同化增音。声母[z]是与s同部位的浊擦音，读s时振动声带即可。例如：谁认识这个字啊，人生会有多少个第一次啊，老四啊。

第五章　如何说好话

一、理解“说话”的含义

在普通话水平测试时，不少应试人并未真正理解说话的含义。在测试中经常碰到诸如背话、念话、挤话、演讲等非正常的“说话”现象，与平时在随意场合的说话大相径庭。

对“说话”的错误理解之一是把说话看成口头作文，相当数量的人是这么看的，测试时也是这么做的。说话与口头作文是不能画等号的，因为口头作文毕竟是作文，只是把写作文变成了说作文，说出来的还是“文”（文章），而不是“话”。“文”与“话”的要求显然是有区别的，“文”的语言应该是书面语言，一般是句子结构完整，用词讲究，长句复句占有一定的比例；而“话”的要求则不同，随口说出的话往往不是那么结构完整。在语境中，常常会有省略，甚至还有语序颠倒等，用词也不会刻意选择文雅的书面语言。

说话也不是即兴演讲，演讲应该有表演成分，需要观众。而普通话水平测试的说话则没有这么高的要求，也没什么观众，只有两三个测试员，与你只有一米之隔。你慷慨激昂手舞足蹈地演讲一通，是不是有点过分呢？

当然，在普通话水平测试时的说话与平时说话还是有些不同。第一是说话环境使你感到别扭：空空一间大屋子，只你一个人说话；第二是听话人也让你感到别扭，他们不仅不跟你搭腔，还不停地记录你说话中出现的这样那样的问题；第三是你要说的话题不一定是你想说的。这么多的别扭搁一块儿，你还能自然流畅地说话吗？

首先，要准确把握“说“的状态。说，用文雅点的话来讲就是言语行为。怎样使自己的言语行为适应普通话水平测试这个特殊的语言环境是每个应试人首先要解决的问题。可以用变换思维的方法在心理上改善这个别扭的说话场合，试作这样的想象：我对面坐的不是什么测试员，只是我要新交的朋友；我不是坐在考场里，而是校园一棵大树下的石凳上；我说的话题不是别人硬性规定的，而是我最想告诉新朋友的，让新朋友了解我的亲人、我的生活、我的爱好、我的观点。环境好了，说话也就自然了。

其次，要准备好该说的“话”。不管就什么话题来说话，你都应该先有个清晰的思路：说谁？说什么？怎么说？都是说话之前应该想好的。临说时边想边说，想一句说一句，你的话就是断断续续的，有时还会前言不搭后语，这样“说”下去，能顺利通过测试才怪。怎样就不同话题进行说话准备，我们在下面进行专项讨论。

二、话题准备策略

《普通话水平测试大纲》提供的说话题目共30个，大致可分为记叙和议论两大类。

记叙

记人物：尊敬的人、朋友、我的成长之路

记事件:旅行、童年的记忆、我的愿望

记生活:学习生活、业余生活、假日生活、我的家乡、知道的风俗、所在的集体

记所爱:动植物、向往的地方、明星、书刊、体育、艺术

议论

论人:个人修养、社会公德

论事:职业、节日、卫生与健康、科技发展与社会生活、购物的感受、学习普通话的体会

论物:服饰、美食、天气或季节、环境保护

无论哪一类话题,首先,得做到有话可说。做到有话说的唯一途径就是事例,没有事例没有细节就只能空对空。说人的话题得有具体事例说明所述人物兴趣爱好、性格特征等;说事的话题本身就是说事,更应该有具体的事例;说生活的话题也要有具体事例形象地描写生活的某个侧面;说所爱的话题,有些本身就有事例,只须你回顾一下,有些则需要你准备一些事例。论人论事论物都需要具体的事例来说明你的观点。有了话,还得考虑怎么说。当然,说话和写文章差不多,可以顺叙,可以倒叙,还可以插叙什么的,很灵活,不应该拘于一格。我们这里只就最容易最直截了当的说话顺序做个简要的提示。

说人的话题

① 明确所说对象(已明确对象的直接进入下一项)。

② 介绍所说对象的职业、年龄、外貌特征等。

③ 点明要说的某个方面,如:家庭的和睦、爸爸的严厉、妈妈的疼爱、好友的境遇、师长的可敬、集体的温暖等。

④ 用具体事例(事件的时间、地点、缘由、经过、结果)来说明所说对象的某个特征。(一例不够,再说一例也无妨)

⑤ 总体概括所说对象,抒发情感。

说事的话题

① 点明要说的事件是什么。

② 具体记叙事件发生的时间、地点、所涉及的人物、缘由、经过、结果等,越具体越好。

③ 抒发感受,阐释话题。

说生活的话题

① 概述话题所要求的基本情况或基本状态。如:童年如何、学习生活是怎样一种状态、职业或专业是什么、家乡话是什么话等。

② 具体记叙话题要求的内容。

③ 总括感受或认识,表明态度。

说所爱的话题

① 点明所爱为何,如:哪篇小说、哪部电影、哪个故事、哪句格言、哪种花卉、什么小动物等。

② 记叙所爱对象的基本情况。如:小说、电影、故事的基本情节,格言的寓意,花卉小动物的外部特征、生活习性等。

③ 叙述我与所说对象的关系(最好有具体事例),说明所爱的原因。

议论类话题

① 解题，表明自己的观点。

② 举出一两个具体事例来证明自己的观点。

③ 结论。

三、如何做到自然流畅地说话

对说话项的自然流畅这一要求，可能各人有不同的理解。笔者的理解是这样的：说话的自然流畅有两个方面的含义，一是说的自然流畅，二是话的自然流畅。

我们先来谈谈“说的自然流畅”。“说”，用文雅点儿词来表述就是言语行为。你的言语行为是否自然，你自己很清楚，别人也是一看便知一听便知：看，是看你说的状态，如表情是否自然，身体是否放松等等；听，是听你发音是否紧张异常，有没有因紧张而出现结巴、多口头禅、多语句重复等等。要说得自然，首先要调整好心态，主动适应这个特殊的说话环境。说话虽然是独白式的，但你心里要有一种交流的意识，是要把自己说的内容告诉听话人，取得听话人的理解或认同。这种交流意识可以表现为眼神、动作等，也可以直接用话语来交流。比如有些人说话时就经常用“老师”称呼测试员，一开口就是“老师，你们去过五华吗？你们觉得五华的风光美吗？五华就是我美丽的家乡……”、“老师，您最好的朋友是什么人呢？我最好的朋友可能你们想象不到，他既不是我的同学，也不是我儿时的玩伴，而是我那可敬可亲的爸爸……”我举这些个例子，并不是觉得大家都得这么直截了当地跟测试员交流，但最好要有个交流意识，它可以帮你说得自然些。要说得流畅或者流利，就得有些基本功了。有些人说方言特别流畅，而说普通话则很不流畅或不很流畅，根本原因就是平时很少使用普通话，测试前突击强化培训一下，读字词读文章还勉强可以应付，一说话就觉得太难了。要“说”一口流利的普通话，只有一个办法，就是经常用普通话“说”。

我们再来探讨一下“话的自然流畅”。话，即言语结果或者说言语作品。话的自然，第一要求是口语，而不是文雅的书面语言；第二是你自己说出来的话，而不是背出来的别人的话（当然，引用是应该排除在外的）。现在，在测试中背话的现象很多，一些小贩还专门印制了好几套说话材料，有些还颇具北京味儿，但那是别人的话，你说出来或者背出来就不那么自然流畅。我认为，可以借鉴别人说话的思路，甚至某些事例，但要用自己的话来说。话的流畅，主要来源于话语的有效组织。组织话语有这么几点应该注意：一是话语的顺序要有个通盘考虑，先说什么再说什么后说什么，事先要考虑清楚；二是注意话语结构层次，略说什么详说什么也要事先想好，议论说明类的话题尤其要注意结构层次的安排。话的流畅还表现在外在的形式上，如语句规范、语气连接、语调准确、语义关联、语境适当等。

能真正自然流畅地用普通话说上三分钟，真不是件容易的事，南方人尤其如此。

四、注意说话的词语规范

我们说的词语规范，主要包含这样两个方面的含义：一是说话时应该尽力避免使用方言词汇；二是尽力避免使用不规范的词语。

这里说的方言词汇指的是使用范围仅限于某种方言或某些方言的词汇，它们还不是现代汉民族共同语的成员，在规范的现代汉语词典里，我们查不到这些词。在测试中比较容易出现的方言词汇大致有这样一些类型。

名词。首先是称呼类的名词，其前缀、后缀、重叠形式、语序等，方言与普通话有许多不同之处。例如，广东诸方言常用的称呼类前缀“阿、老、细”、后缀“佬、婆、妹、仔、女”，或适应范围与普通话不同或为方言所独有。说话时应慎重选择使用或加以说明。其次是表示时间、方位的名词，方言与普通话也不尽相同，常见的如：早先、旧时（现在）；头先、同早（刚才）；旧年（去年）；朝早（早晨）；临暗（傍晚）；五月节（端午）；前背、后背、上背、下背（前面、后面、上面、下面）。

动词、形容词。容易出现差错的如：行（走）；洗面（洗脸）；冲凉（洗澡）；驶车（开车）；上堂（上课）；中意、欢喜（喜欢）；识得（懂）；细（小）等。

数词、量词。如客家话里数词“一”在位数词、量词前常省略，把“一块八角钱”说成“块八”，“一百二十”说成“百二”等。“二”和“两”的用法也有不同之处，如客家话里有“两两”（二两）、“两十”（二十）等说法。量词与名词的配合有许多与普通话不一致，常见的如：一条马、一只马（一匹马）；一条树（一棵树）；一张刀（一把刀）；一粒钟（一个小时）等。

我们目前采用的测试卷虽然没有单独考判断选择这一项，但说话中经常会面临词汇的选择。没把握的，最好还是仔细看看书上的《普通话与方言常用词语对照表》。

所谓不规范词语也包含两种类型，一是某些词语还只在一些特定场合使用尚未成为全民性词汇，也没有收入规范的词典。最常见的如某些网络词汇尤其是字母简缩形式，应尽量少用。一些外来词也还缺乏普遍性，如菲林（胶卷）、波鞋（球鞋）、巴士（公共汽车）、士多（商店）、贴士（小费、提示）、fans（歌迷）、party（聚会）等。另外，对于简称和数字缩略语的使用也应该谨慎，弄不好也会出错。第二类不规范词语就是生造词。生造词有些是个人的，说话时一时想不出合适的词汇便现造一个；有些则是某些媒体生造的一些让人半懂不懂的词汇。这些都是我们在说话测试应予特别注意的。

附录一

普通话常用词语

一、双音词

（一）

本部分选自《测试大纲》第二部分[表一]，为最常用的双音节词语（除前面已选用双声、叠韵、轻声、儿化、上声开头的词语外，以下（二）、（三）同）。

A
阿姨 āyí
哎呀 āiyā
爱好 àihào
爱护 àihù
爱情 àiqíng
安静 ānjìng
安排 ānpái
安全 ānquán
安慰 ānwèi
安心 ānxīn
按时 ànshí
按照 ànzhào
B
班长 bānzhǎng
办法 bànfǎ
办公 bàngōng
办事 bànshì
半拉 bànlǎ
半天 bàntiān
半夜 bànyè
帮助 bāngzhù
傍晚 bàngwǎn
包括 bāokuò
报名 bàomíng
报纸 bàozhǐ
抱歉 bàoqiàn
悲痛 bēitòng
背后 bèihòu
必然 bìrán
必须 bìxū
必要 bìyào
毕业 bìyè
避免 bìmiǎn
变成 biànchéng
变化 biànhuà
便条 biàntiáo
标点 biāodiǎn
标准 biāozhǔn
别人 biérén
宾馆 bīnguǎn
并且 bìngqiě
病房 bìngfáng
病菌 bìngjūn
病人 bìngrén
伯父 bófù
伯母 bómǔ
不管 bùguǎn
不仅 bùjǐn
不久 bùjiǔ
不平 bùpíng
不然 bùrán
不少 bùshǎo
不同 bùtóng
不行 bùxíng
不许 bùxǔ
布置 bùzhì
部长 bùzhǎng
部队 bùduì
部门 bùmén
C
材料 cáiliào
参观 cānguān
参加 cānjiā
餐厅 cāntīng
操场 cāochǎng
厕所 cèsuǒ
测验 cèyàn
曾经 céngjīng
长期 chángqī
长途 chángtú
抄写 chāoxiě
超过 chāoguò
车间 chējiān
车站 chēzhàn
彻底 chèdǐ
沉默 chénmò
衬衫 chènshān
衬衣 chènyī
称赞 chēngzàn
成长 chéngzhǎng
成功 chénggōng
成绩 chéngjì
成就 chéngjiù
成立 chénglì
成熟 chéngshú
成为 chéngwéi
诚恳 chéngkěn
诚实 chéngshí
承认 chéngrèn
城市 chéngshì
程度 chéngdù
吃惊 chījīng
迟到 chídào
翅膀 chìbǎng
充分 chōngfèn
充满 chōngmǎn
充足 chōngzú
崇高 chónggāo
重叠 chóngdié
重复 chóngfù
重新 chóngxīn
抽象 chōuxiàng
出版 chūbǎn
出发 chūfā
出口 chūkǒu
出来 chūlái
出去 chūqù
出生 chūshēng
出席 chūxí
出现 chūxiàn
出院 chūyuàn

初级 chūjí
厨房 chúfáng
传播 chuánbō
传统 chuántǒng
创造 chuàngzào
创作 chuàngzuò
春节 chūnjié
春天 chūntiān
词典 cídiǎn
磁带 cídài
从不 cóngbù
从而 cóng'ér
从来 cónglái
从前 cóngqián
从事 cóngshì
存在 cúnzài
措施 cuòshī
错误 cuòwù

D

答案 dá'àn
答卷 dájuàn
大概 dàgài
大会 dàhuì
大家 dàjiā
大街 dàjiē
大量 dàliàng
大陆 dàlù
大米 dàmǐ
大批 dàpī
大人 dàrén
大声 dàshēng
大小 dàxiǎo
大型 dàxíng
大学 dàxué
大衣 dàyī
大约 dàyuē
代表 dàibiǎo
代替 dàitì
担任 dānrèn
担心 dānxīn
单词 dāncí
单位 dānwèi
但是 dànshì
蛋糕 dàngāo
当年 dāngnián
当前 dāngqián
当然 dāngrán
当时 dāngshí
当做 dāngzuò
到处 dàochù
道理 dàolǐ
道路 dàolù
道歉 dàoqiàn
德语 déyǔ
登记 dēngjì
的确 díquè
敌人 dírén
地方 dìfāng
地面 dìmiàn
地球 dìqiú
地区 dìqū
地图 dìtú
地位 dìwèi
地下 dìxià
地址 dìzhǐ
电报 diànbào
电车 diànchē
电话 diànhuà
电视 diànshì
电台 diàntái
电梯 diàntī
电影 diànyǐng
调查 diàochá
东北 dōngběi
东部 dōngbù
东方 dōngfāng
东面 dōngmiàn
东南 dōngnán
冬天 dōngtiān
动人 dòngrén
动身 dòngshēn
动手 dòngshǒu
动物 dòngwù
动员 dòngyuán
动作 dòngzuò
斗争 dòuzhēng
独立 dúlì
读者 dúzhě
度过 dùguò
锻炼 duànliàn
队长 duìzhǎng
对比 duìbǐ
对方 duìfāng
对话 duìhuà
对面 duìmiàn
对象 duìxiàng
多数 duōshù

E

儿童 értóng
而且 érqiě

F

发表 fābiǎo
发出 fāchū
发动 fādòng
发抖 fādǒu
发挥 fāhuī
发明 fāmíng
发烧 fāshāo
发生 fāshēng
发现 fāxiàn
发言 fāyán
发扬 fāyáng
发展 fāzhǎn
翻译 fānyì
繁荣 fánróng
饭店 fàndiàn
方案 fāng'àn
方便 fāngbiàn
方面 fāngmiàn
方式 fāngshì
方向 fāngxiàng
方针 fāngzhēn
防止 fángzhǐ
房间 fángjiān
放假 fàngjià
放弃 fàngqì
放心 fàngxīn
飞机 fēijī
非常 fēicháng
费用 fèiyòng
分别 fēnbié
分配 fēnpèi
分析 fēnxī
分钟 fēnzhōng
奋斗 fèndòu
愤怒 fènnù
风景 fēngjǐng
风力 fēnglì
风俗 fēngsú
封建 fēngjiàn
夫人 fūrén
服从 fúcóng
符合 fúhé
父亲 fùqīn
负责 fùzé
妇女 fùnǚ
附近 fùjìn
复习 fùxí
复印 fùyìn
复杂 fùzá
副食 fùshí

G

概括 gàikuò
概念 gàiniàn
干杯 gānbēi
干脆 gāncuì

干净 gānjìng
干燥 gānzào
干部 gànbù
干吗 gànmá
刚才 gāngcái
钢笔 gāngbǐ
高大 gāodà
高兴 gāoxìng
高原 gāoyuán
告别 gàobié
革命 gémìng
隔壁 gébì
个别 gèbié
个人 gèrén
个体 gètǐ
各种 gèzhǒng
根据 gēnjù
跟前 gēnqián
更加 gèngjiā
工厂 gōngchǎng
工程 gōngchéng
工会 gōnghuì
工具 gōngjù
工人 gōngrén
工业 gōngyè
工资 gōngzī
工作 gōngzuò
公费 gōngfèi
公斤 gōngjīn
公开 gōngkāi
公里 gōnglǐ
公路 gōnglù
公司 gōngsī
公元 gōngyuán
公园 gōngyuán
供给 gōngjǐ
贡献 gòngxiàn
构成 gòuchéng
构造 gòuzào

估计 gūjì
故乡 gùxiāng
故意 gùyì
顾客 gùkè
挂号 guàhào
关键 guānjiàn
关心 guānxīn
关于 guānyú
关照 guānzhào
观察 guānchá
观点 guāndiǎn
观众 guānzhòng
冠军 guànjūn
贯彻 guànchè
光辉 guānghuī
光明 guāngmíng
光荣 guāngróng
光线 guāngxiàn
规定 guīdìng
规律 guīlǜ
规模 guīmó
贵姓 guìxìng
国际 guójì
国家 guójiā
国王 guówáng
过程 guòchéng
过来 guòlái
过年 guònián
过去 guòqù

H

害怕 hàipà
寒假 hánjià
寒冷 hánlěng
汉语 hànyǔ
汉字 hànzì
航空 hángkōng
毫不 háobù
号码 hàomǎ
号召 hàozhào

合理 hélǐ
合适 héshì
合作 hézuò
和平 hépíng
黑暗 hēi'àn
黑板 hēibǎn
红茶 hóngchá
红旗 hóngqí
后悔 hòuhuǐ
后来 hòulái
后年 hòunián
后天 hòutiān
呼吸 hūxī
忽然 hūrán
胡乱 húluàn
互相 hùxiāng
护照 hùzhào
花园 huāyuán
滑冰 huábīng
化学 huàxué
画报 huàbào
欢送 huānsòng
欢迎 huānyíng
环境 huánjìng
皇帝 huángdì
黄油 huángyóu
恢复 huīfù
回答 huídá
回来 huílái
回去 huíqù
回头 huítóu
回信 huíxìn
回忆 huíyì
会场 huìchǎng
会见 huìjiàn
会客 huìkè
会谈 huìtán
会议 huìyì
昏迷 hūnmí

婚姻 hūnyīn
活动 huódòng
活跃 huóyuè
伙食 huǒshí
获得 huòdé
或者 huòzhě

J

机场 jīchǎng
机床 jīchuáng
机关 jīguān
机会 jīhuì
机械 jīxiè
几乎 jīhū
鸡蛋 jīdàn
积累 jīlěi
基本 jīběn
基础 jīchǔ
激动 jīdòng
激烈 jīliè
及格 jígé
急忙 jímáng
集合 jíhé
集中 jízhōng
计划 jìhuà
计算 jìsuàn
记者 jìzhě
纪律 jìlǜ
纪念 jìniàn
继续 jìxù
技术 jìshù
既然 jìrán
加工 jiāgōng
加强 jiāqiáng
加以 jiāyǐ
家庭 jiātíng
家乡 jiāxiāng
价格 jiàgé
价值 jiàzhí
假条 jiàtiáo

尖锐 jiānruì
坚持 jiānchí
坚定 jiāndìng
坚强 jiānqiáng
艰苦 jiānkǔ
建立 jiànlì
建设 jiànshè
建议 jiànyì
建筑 jiànzhù
健康 jiànkāng
将来 jiānglái
将要 jiāngyào
降低 jiàngdī
酱油 jiàngyóu
交换 jiāohuàn
交流 jiāoliú
交涉 jiāoshè
交通 jiāotōng
郊区 jiāoqū
骄傲 jiāo'ào
叫作 jiàozuò
教材 jiàocái
教师 jiàoshī
教室 jiàoshì
教授 jiàoshòu
教学 jiàoxué
教训 jiàoxùn
教育 jiàoyù
教员 jiàoyuán
阶段 jiēduàn
接触 jiēchù
接待 jiēdài
接到 jiēdào
接受 jiēshòu
街道 jiēdào
节目 jiémù
节日 jiérì
节省 jiéshěng
节约 jiéyuē

结构 jiégòu
结合 jiéhé
结婚 jiéhūn
结论 jiélùn
结束 jiéshù
介绍 jièshào
戒严 jièyán
界限 jièxiàn
今后 jīnhòu
今年 jīnnián
今天 jīntiān
金属 jīnshǔ
进步 jìnbù
进程 jìnchéng
进攻 jìngōng
进化 jìnhuà
进口 jìnkǒu
进来 jìnlái
进去 jìnqù
进入 jìnrù
进行 jìnxíng
进修 jìnxiū
近来 jìnlái
禁止 jìnzhǐ
经常 jīngcháng
经过 jīngguò
经理 jīnglǐ
经历 jīnglì
经验 jīngyàn
精彩 jīngcǎi
精力 jīnglì
精神 jīngshén
竞赛 jìngsài
敬爱 jìng'ài
敬礼 jìnglǐ
纠正 jiūzhèng
就是 jiùshì
局长 júzhǎng
巨大 jùdà

具备 jùbèi
具体 jùtǐ
具有 jùyǒu
剧场 jùchǎng
据说 jùshuō
距离 jùlí
决定 juédìng
决心 juéxīn
觉悟 juéwù
绝对 juéduì
军队 jūnduì
军事 jūnshì

K

咖啡 kāfēi
卡车 kǎchē
开辟 kāipì
开放 kāifàng
开会 kāihuì
开明 kāimíng
开始 kāishǐ
开学 kāixué
开演 kāiyǎn
开展 kāizhǎn
看病 kànbìng
看法 kànfǎ
看见 kànjiàn
看来 kànlái
科长 kēzhǎng
科学 kēxué
科研 kēyán
克服 kèfú
课本 kèběn
课程 kèchéng
课文 kèwén
空间 kōngjiān
空气 kōngqì
空前 kōngqián
控制 kòngzhì
快乐 kuàilè

扩大 kuòdà

L

垃圾 lājī
来信 láixìn
来自 láizì
篮球 lánqiú
浪费 làngfèi
劳动 láodòng
劳驾 láojià
乐观 lèguān
离婚 líhūn
离开 líkāi
历代 lìdài
立场 lìchǎng
立方 lìfāng
立刻 lìkè
利用 lìyòng
例如 lìrú
荔枝 lìzhī
连忙 liánmáng
连续 liánxù
联合 liánhé
联欢 liánhuān
联系 liánxì
练习 liànxí
恋爱 liàn'ài
良好 liánghǎo
邻居 línjū
临时 línshí
灵活 línghuó
零钱 língqián
另外 lìngwài
留念 liúniàn
楼梯 lóutī
陆续 lùxù
录音 lùyīn
录用 lùyòng
路线 lùxiàn
轮船 lúnchuán

落后 luòhòu

M

毛病 máobìng
毛巾 máojīn
毛衣 máoyī
矛盾 máodùn
贸易 màoyì
没错 méicuò
没用 méiyòng
没有 méiyǒu
煤气 méiqì
门口 ménkǒu
密切 mìqiè
蜜蜂 mìfēng
棉衣 miányī
面包 miànbāo
描写 miáoxiě
民主 mínzhǔ
民族 mínzú
名胜 míngshèng
明亮 míngliàng
明年 míngnián
明确 míngquè
明天 míngtiān
明显 míngxiǎn
命运 mìngyùn
模仿 mófǎng
模样 móyàng
目标 mùbiāo
目的 mùdì
目前 mùqián

N

那里 nàlǐ
那些 nàxiē
那样 nàyàng
耐心 nàixīn
耐用 nàiyòng
男人 nánrén
南方 nánfāng
难道 nándào
难过 nánguò
难受 nánshòu
内部 nèibù
内容 nèiróng
能干 nénggàn
能够 nénggòu
能力 nénglì
能源 néngyuán
年代 niándài
年级 niánjí
年纪 niánjì
年龄 niánlíng
年青 niánqīng
年轻 niánqīng
农村 nóngcūn
农民 nóngmín
农业 nóngyè

P

排球 páiqiú
判断 pànduàn
盼望 pànwàng
旁边 pángbiān
配合 pèihé
碰见 pèngjiàn
批准 pīzhǔn
皮肤 pífū
疲劳 píláo
啤酒 píjiǔ
拼命 pīnmìng
平安 píng'ān
平常 píngcháng
平等 píngděng
平方 píngfāng
平均 píngjūn
平时 píngshí
平原 píngyuán
苹果 píngguǒ
迫切 pòqiè
破坏 pòhuài

Q

期间 qījiān
欺骗 qīpiàn
其他 qítā
其他 qítā
其余 qíyú
其中 qízhōng
奇怪 qíguài
气候 qìhòu
气温 qìwēn
气象 qìxiàng
汽车 qìchē
汽水 qìshuǐ
汽油 qìyóu
千万 qiānwàn
铅笔 qiānbǐ
签订 qiāndìng
前进 qiánjìn
前途 qiántú
强大 qiángdà
强盗 qiángdào
强调 qiángdiào
强度 qiángdù
强烈 qiángliè
桥梁 qiáoliáng
侵略 qīnlüè
亲爱 qīn'ài
亲自 qīnzì
轻松 qīngsōng
情况 qíngkuàng
情绪 qíngxù
庆祝 qìngzhù
秋天 qiūtiān
球场 qiúchǎng
区别 qūbié
去年 qùnián
趣味 qùwèi
全部 quánbù
全面 quánmiàn
全体 quántǐ
缺点 quēdiǎn
缺乏 quēfá
缺少 quēshǎo
确定 quèdìng
确实 quèshí
群众 qúnzhòng

R

然而 rán'ér
然后 ránhòu
燃烧 ránshāo
热爱 rè'ài
热烈 rèliè
热情 rèqíng
热心 rèxīn
人才 réncái
人工 réngōng
人家 rénjiā
人口 rénkǒu
人类 rénlèi
人民 rénmín
人物 rénwù
人员 rényuán
人造 rénzào
认为 rènwéi
任何 rènhé
日常 rìcháng
日程 rìchéng
日语 rìyǔ
日元 rìyuán
容易 róngyì
如果 rúguǒ
如何 rúhé
如今 rújīn

S

散步 sànbù
森林 sēnlín
沙漠 shāmò

山脉 shānmài
山区 shānqū
善于 shànyú
伤心 shāngxīn
商店 shāngdiàn
商品 shāngpǐn
商业 shāngyè
上班 shàngbān
上级 shàngjí
上课 shàngkè
上午 shàngwǔ
上学 shàngxué
上衣 shàngyī
稍微 shāowēi
少年 shàonián
设备 shèbèi
设计 shèjì
社会 shèhuì
身边 shēnbiān
身体 shēntǐ
深厚 shēnhòu
深刻 shēnkè
深入 shēnrù
神经 shénjīng
生产 shēngchǎn
生长 shēngzhǎng
生词 shēngcí
生动 shēngdòng
生活 shēnghuó
生命 shēngmìng
生气 shēngqì
生日 shēngrì
生物 shēngwù
声调 shēngdiào
声音 shēngyīn
胜利 shènglì
失败 shībài
失去 shīqù
失望 shīwàng

失业 shīyè
施工 shīgōng
十分 shífēn
石油 shíyóu
时代 shídài
时间 shíjiān
时刻 shíkè
时装 shízhuāng
实践 shíjiàn
实现 shíxiàn
实行 shíxíng
实验 shíyàn
实用 shíyòng
实在 shízài
食品 shípǐn
食堂 shítáng
食物 shíwù
世界 shìjiè
市场 shìchǎng
事件 shìjiàn
事物 shìwù
事先 shìxiān
事业 shìyè
试卷 shìjuàn
试验 shìyàn
适当 shìdāng
适合 shìhé
适应 shìyìng
适用 shìyòng
收获 shōuhuò
收入 shōurù
书包 shūbāo
书店 shūdiàn
书架 shūjià
蔬菜 shūcài
熟练 shóuliàn
熟悉 shúxī
树林 shùlín
数量 shùliàng

数学 shùxué
数字 shùzì
率领 shuàilǐng
双方 shuāngfāng
睡觉 shuìjiào
顺便 shùnbiàn
顺利 shùnlì
说明 shuōmíng
私人 sīrén
思想 sīxiǎng
似乎 sìhū
送行 sòngxíng
宿舍 sùshè
塑料 sùliào
虽然 suīrán
随便 suíbiàn
随时 suíshí

T

太阳 tàiyáng
谈话 tánhuà
特别 tèbié
特此 tècǐ
特点 tèdiǎn
特殊 tèshū
提倡 tíchàng
提高 tígāo
提供 tígōng
提前 tíqián
题目 tímù
天气 tiānqì
天真 tiānzhēn
田野 tiányě
条件 tiáojiàn
条约 tiáoyuē
调整 tiáozhěng
跳舞 tiàowǔ
听见 tīngjiàn
听讲 tīngjiǎng
听说 tīngshuō

听写 tīngxiě
停止 tíngzhǐ
通过 tōngguò
通讯 tōngxùn
通知 tōngzhī
同情 tóngqíng
同时 tóngshí
同屋 tóngwū
同学 tóngxué
同样 tóngyàng
同意 tóngyì
同志 tóngzhì
痛苦 tòngkǔ
投入 tóurù
突出 tūchū
突然 tūrán
团结 tuánjié
推动 tuīdòng
推广 tuīguǎng
脱离 tuōlí

W

外地 wàidì
外国 wàiguó
外交 wàijiāo
外面 wàimiàn
外语 wàiyǔ
完成 wánchéng
完全 wánquán
完整 wánzhěng
忘记 wàngjì
危害 wēihài
危机 wēijī
危险 wēixiǎn
微笑 wēixiào
违反 wéifǎn
围绕 wéirào
维护 wéihù
卫生 wèishēng
卫星 wèixīng

未来 wèilái
温度 wēndù
温暖 wēnnuǎn
文化 wénhuà
文件 wénjiàn
文明 wénmíng
文学 wénxué
文艺 wényì
文章 wénzhāng
文字 wénzì
问好 wènhǎo
问候 wènhòu
问题 wèntí
握手 wòshǒu
污染 wūrǎn
无论 wúlùn
无数 wúshù
无限 wúxiàn
物价 wùjià
物理 wùlǐ
物质 wùzhì
误会 wùhuì

X

西北 xīběi
西部 xībù
西餐 xīcān
西方 xīfāng
西瓜 xīguā
西南 xīnán
吸收 xīshōu
吸烟 xīyān
吸引 xīyǐn
希望 xīwàng
牺牲 xīshēng
习惯 xíguàn
系统 xìtǒng
细菌 xìjūn
下班 xiàbān
下课 xiàkè
下来 xiàlái
下午 xiàwǔ
夏天 xiàtiān
先后 xiānhòu
先进 xiānjìn
纤维 xiānwéi
鲜花 xiānhuā
现代 xiàndài
现实 xiànshí
限制 xiànzhì
羡慕 xiànmù
相当 xiāngdāng
相反 xiāngfǎn
相互 xiānghù
相似 xiāngsì
相同 xiāngtóng
香肠 xiāngcháng
香蕉 xiāngjiāo
香皂 xiāngzào
项目 xiàngmù
消费 xiāofèi
消化 xiāohuà
消灭 xiāomiè
校长 xiàozhǎng
效果 xiàoguǒ
效率 xiàolǜ
心得 xīndé
心情 xīnqíng
心脏 xīnzàng
辛苦 xīnkǔ
新年 xīnnián
新闻 xīnwén
信封 xìnfēng
兴奋 xīngfèn
兴趣 xìngqù
星期 xīngqī
行动 xíngdòng
形成 xíngchéng
形容 xíngróng
形式 xíngshì
形势 xíngshì
形状 xíngzhuàng
幸福 xìngfú
性格 xìnggé
性质 xìngzhì
雄伟 xióngwěi
熊猫 xióngmāo
修改 xiūgǎi
修理 xiūlǐ
需要 xūyào
宣布 xuānbù
学费 xuéfèi
学期 xuéqī
学术 xuéshù
学院 xuéyuàn
血液 xuèyè
寻找 xúnzhǎo
训练 xùnliàn
迅速 xùnsù

Y

压迫 yāpò
牙刷 yáshuā
延长 yáncháng
严格 yángé
严肃 yánsù
研究 yánjiū
颜色 yánsè
宴会 yànhuì
阳光 yángguāng
邀请 yāoqǐng
要求 yāoqiú
要紧 yàojǐn
业务 yèwù
业余 yèyú
医生 yīshēng
医学 yīxué
医院 yīyuàn
依靠 yīkào
移动 yídòng
疑问 yíwèn
艺术 yìshù
议论 yìlùn
异常 yìcháng
意外 yìwài
意志 yìzhì
因此 yīncǐ
因而 yīn'ér
因素 yīnsù
因为 yīnwèi
音乐 yīnyuè
银行 yínháng
印刷 yìnshuā
印象 yìnxiàng
应当 yīngdāng
应该 yīnggāi
英雄 yīngxióng
英勇 yīngyǒng
英语 yīngyǔ
迎接 yíngjiē
营养 yíngyǎng
营业 yíngyè
应用 yìngyòng
拥抱 yōngbào
拥护 yōnghù
用力 yònglì
优点 yōudiǎn
优良 yōuliáng
优美 yōuměi
尤其 yóuqí
由于 yóuyú
邮局 yóujú
邮票 yóupiào
游览 yóulǎn
游泳 yóuyǒng
于是 yúshì
愉快 yúkuài
玉米 yùmǐ

预备 yùbèi
预习 yùxí
遇到 yùdào
遇见 yùjiàn
原来 yuánlái
原谅 yuánliàng
原料 yuánliào
原因 yuányīn
原则 yuánzé
院长 yuànzhǎng
愿望 yuànwàng
愿意 yuànyì
约会 yuēhuì
月球 yuèqiú
阅读 yuèdú
运动 yùndòng
运输 yùnshū
运用 yùnyòng

Z

杂技 zájì
再见 zàijiàn
暂时 zànshí
赞成 zànchéng
遭受 zāoshòu
造句 zàojù
责任 zérèn
增加 zēngjiā
增长 zēngzhǎng
战斗 zhàndòu
战胜 zhànshèng
战士 zhànshì
招待 zhāodài
着急 zháojí
召开 zhàokāi
照常 zhàocháng
照顾 zhàogù
照片 zhàopiàn
照相 zhàoxiàng
哲学 zhéxué
这边 zhèbiān
这里 zhèlǐ
这些 zhèxiē
这样 zhèyàng
针对 zhēnduì
真理 zhēnlǐ
真实 zhēnshí
争论 zhēnglùn
争取 zhēngqǔ
征求 zhēngqiú
正常 zhèngcháng
正好 zhènghǎo
正确 zhèngquè
正式 zhèngshì
正在 zhèngzài
证明 zhèngmíng
政策 zhèngcè
政府 zhèngfǔ
支援 zhīyuán
执行 zhíxíng
直到 zhídào
直接 zhíjiē
职工 zhígōng
职业 zhíyè
植物 zhíwù
至今 zhìjīn
至少 zhìshǎo
制订 zhìdìng
制定 zhìdìng
制度 zhìdù
制造 zhìzào
质量 zhìliàng
秩序 zhìxù
中餐 zhōngcān
中间 zhōngjiān
中文 zhōngwén
中午 zhōngwǔ
中心 zhōngxīn
中学 zhōngxué
中央 zhōngyāng
中药 zhōngyào
终于 zhōngyú
钟头 zhōngtóu
重大 zhòngdà
重点 zhòngdiǎn
重量 zhòngliàng
重视 zhòngshì
重要 zhòngyào
周围 zhōuwéi
逐渐 zhújiàn
住院 zhùyuàn
注意 zhùyì
祝贺 zhùhè
著名 zhùmíng
著作 zhùzuò
抓紧 zhuājǐn
专家 zhuānjiā
专门 zhuānmén
专心 zhuānxīn
专业 zhuānyè
庄严 zhuāngyán
状态 zhuàngtài
资料 zhīliào
资源 zīyuán
自从 zìcóng
自动 zìdòng
自费 zìfèi
自己 zìjǐ
自觉 zìjué
自然 zìrán
自我 zìwǒ
自学 zìxué
自由 zìyóu
综合 zōnghé
足球 zúqiú
钻研 zuānyán
最初 zuìchū
最好 zuìhǎo
最后 zuìhòu
最近 zuìjìn
尊敬 zūnjìng
遵守 zūnshǒu
昨天 zuótiān
作家 zuòjiā
作品 zuòpǐn
作文 zuòwén
作业 zuòyè
作用 zuòyòng
作者 zuòzhě
坐班 zuòbān
座谈 zuòtán
座位 zuòwèi
做法 zuòfǎ
做客 zuòkè
做梦 zuòmèng

（二）

本部分选自《测试大纲》第二部分[表一]，为次常用双音节词语。

A

哎哟 āiyō
哀悼 āidào
哀求 āiqiú
爱惜 àixī
碍事 àishì
安定 āndìng
安宁 ānníng

安稳 ānwěn
安详 ānxiáng
安置 ānzhì
安装 ānzhuāng
按期 ànqī
案件 ànjiàn
案情 ànqíng
暗杀 ànshā
暗示 ànshì
暗中 ànzhōng
昂贵 ángguì
昂扬 ángyáng
奥秘 àomì

B

罢工 bàgōng
霸道 bàdào
霸权 bàquán
霸占 bàzhàn
白酒 báijiǔ
败坏 bàihuài
拜访 bàifǎng
拜会 bàihuì
拜年 bàinián
班机 bānjī
颁发 bānfā
搬运 bānyùn
办理 bànlǐ
办学 bànxué
半岛 bàndǎo
半截 bànjié
半径 bànjìng
半路 bànlù
半数 bànshù
伴侣 bànlǚ
伴随 bànsuí
伴奏 bànzòu
棒球 bàngqiú
包裹 bāoguǒ
包含 bāohán
包围 bāowéi
包装 bāozhuāng
报仇 bàochóu
报答 bàodá
报刊 bàokān
报社 bàoshè
报销 bàoxiāo
抱负 bàofù
抱怨 bàoyuàn
暴动 bàodòng
暴露 bàolù
暴雨 bàoyǔ
爆发 bàofā
爆破 bàopò
爆炸 bàozhà
爆竹 bàozhú
悲哀 bēi’āi
悲惨 bēicǎn
悲愤 bēifèn
悲观 bēiguān
悲剧 bēijù
悲伤 bēishāng
贝壳 bèiké
备用 bèiyòng
背景 bèijǐng
背面 bèimiàn
背叛 bèipàn
背诵 bèisòng
背心 bèixīn
倍数 bèishù
被动 bèidòng
被告 bèigào
被迫 bèipò
奔驰 bēnchí
奔跑 bēnpǎo
笨蛋 bèndàn
笨重 bènzhòng
笨拙 bènzhuō
崩溃 bēngkuì
绷带 bēngdài
逼近 bījìn
逼迫 bīpò
必定 bìdìng
必将 bìjiāng
必修 bìxiū
必需 bìxū
毕竟 bìjìng
闭幕 bìmù
闭塞 bìsè
碧绿 bìlǜ
弊端 bìduān
边防 biānfáng
边疆 biānjiāng
边界 biānjiè
边境 biānjìng
边缘 biānyuán
编号 biānhào
编辑 biānjí
编制 biānzhì
鞭策 biāncè
变动 biàndòng
变革 biàngé
变更 biàngēng
变换 biànhuàn
变形 biànxíng
变质 biànzhì
便道 biàndào
便利 biànlì
便于 biànyú
遍地 biàndì
辨别 biànbié
辨认 biànrèn
辩护 biànhù
辩解 biànjiě
辩论 biànlùn
辩证 biànzhèng
标题 biāotí
标语 biāoyǔ
标志 biāozhì
别处 biéchù
别人 biérén
别字 biézì
并存 bìngcún
并非 bìngfēi
并列 bìngliè
并排 bìngpái
病床 bìngchuáng
病毒 bìngdú
病号 bìnghào
拨款 bōkuǎn
波动 bōdòng
波浪 bōlàng
波涛 bōtāo
剥削 bōxuē
菠菜 bōcài
播放 bōfàng
播送 bōxsòng
播音 bōyīn
播种 bōzhǒng
驳斥 bóchì
博士 bóshì
搏斗 bódòu
薄弱 bóruò
不安 bù’ān
不得 bùdé
不等 bùděng
不法 bùfǎ
不妨 bùfáng
不公 bùgōng
不解 bùjiě
不禁 bùjīn
不觉 bùjué
不堪 bùkān
不可 bùkě
不良 bùliáng
不满 bùmǎn
不免 bùmiǎn

不容 bùróng
不时 bùshí
不停 bùtíng
不惜 bùxī
不朽 bùxiǔ
不宜 bùyí
不曾 bùcéng
不止 bùzhǐ
不只 bùzhǐ
布告 bùgào
布局 bùjú
步伐 bùfá
步行 bùxíng
步骤 bùzhòu
部件 bùjiàn
部位 bùwèi

C

猜想 cāixiǎng
才干 cáigàn
才能 cáinéng
才智 cáizhì
财产 cáichǎn
财富 cáifù
财会 cáikuài
财经 cáijīng
财力 cáilì
财务 cáiwù
财政 cáizhèng
裁决 cáijué
裁军 cáijūn
裁判 cáipàn
菜单 càidān
参军 cānjūn
参考 cānkǎo
参谋 cānmóu
参与 cānyù
参阅 cānyuè
参照 cānzhào
餐车 cānchē
残暴 cánbào
残酷 cánkù
残忍 cánrěn
残余 cányú
惭愧 cánkuì
仓库 cāngkù
苍白 cāngbái
操练 cāoliàn
操心 cāoxīn
操纵 cāozòng
操作 cāozuò
侧面 cèmiàn
测定 cèdìng
测量 cèliáng
测试 cèshì
测算 cèsuàn
策划 cèhuà
策略 cèlüè
层次 céngcì
插秧 chāyāng
插嘴 chāzuǐ
差别 chābié
差错 chācuò
差距 chājù
差异 chāyì
茶馆 cháguǎn
茶叶 cháyè
查获 cháhuò
查明 chámíng
查阅 cháyuè
诧异 chàyì
柴油 cháiyóu
颤动 chàndòng
颤抖 chàndǒu
昌盛 chāngshèng
猖狂 chāngkuáng
长度 chángdù
长短 chángduǎn
长久 chángjiǔ
长寿 chángshòu
长远 chángyuǎn
长征 chángzhēng
尝试 chángshì
常规 chángguī
常见 chángjiàn
常年 chángnián
常识 chángshí
常务 chángwù
常用 chángyòng
偿还 chánghuán
畅谈 chàngtán
畅通 chàngtōng
畅销 chàngxiāo
倡议 chàngyì
钞票 chāopiào
超额 chāo'é
超级 chāojí
超越 chāoyuè
朝代 cháodài
嘲笑 cháoxiào
潮流 cháoliú
潮湿 cháoshī
车辆 chēliàng
车厢 chēxiāng
撤退 chètuì
撤销 chèxiāo
尘土 chéntǔ
沉淀 chéndiàn
沉静 chénjìng
沉思 chénsī
沉痛 chéntòng
沉重 chénzhòng
陈旧 chénjiù
陈列 chénliè
陈述 chénshù
称心 chènxīn
称号 chēnghào
成本 chéngběn
成交 chéngjiāo
成品 chéngpǐn
成人 chéngrén
成套 chéngtào
成天 chéngtiān
成效 chéngxiào
成心 chéngxīn
成语 chéngyǔ
成员 chéngyuán
呈现 chéngxiàn
诚意 chéngyì
诚挚 chéngzhì
承办 chéngbàn
承包 chéngbāo
承担 chéngdān
承受 chéngshòu
城镇 chéngzhèn
乘机 chéngjī
程序 chéngxù
惩办 chéngbàn
惩罚 chéngfá
澄清 chéngqīng
吃苦 chīkǔ
吃亏 chīkuī
吃力 chīlì
池塘 chítáng
迟缓 chíhuǎn
持久 chíjiǔ
持续 chíxù
赤道 chìdào
充当 chōngdāng
充沛 chōngpèi
充实 chōngshí
冲锋 chōngfēng
冲击 chōngjī
冲破 chōngpò
冲突 chōngtū
重申 chóngshēn
崇敬 chóngjìng

抽空 chōukòng
仇恨 chóuhèn
稠密 chóumì
筹备 chóubèi
筹建 chóujiàn
出动 chūdòng
出访 chūfǎng
出境 chūjìng
出卖 chūmài
出门 chūmén
出面 chūmiàn
出名 chūmíng
出品 chūpǐn
出色 chūsè
出身 chūshēn
出神 chūshén
出世 chūshì
出事 chūshì
出售 chūshòu
初期 chūqī
初中 chūzhōng
除非 chúfēi
除外 chúwài
除夕 chúxī
厨师 chúshī
触犯 chùfàn
传达 chuándá
传单 chuándān
传递 chuándì
传染 chuánrǎn
传授 chuánshòu
传说 chuánshuō
传送 chuánsòng
传真 chuánzhēn
船舶 chuánbó
船只 chuánzhī
窗口 chuāngkǒu
窗帘 chānglián
窗台 chuāngtái

床单 chuángdān
床铺 chuángpù
床位 chuángwèi
创办 chuàngbàn
创建 chuàngjiàn
创立 chuànglì
创新 chuàngxīn
创业 chuàngyè
吹牛 chuīniú
吹捧 chuīpěng
垂直 chuízhí
春耕 chūngēng
春季 chūnjì
纯粹 chúncuì
纯洁 chúnjié
词汇 cíhuì
词句 cíjù
慈爱 cí'ài
慈祥 cíxiáng
磁铁 cítiě
次品 cìpǐn
次数 cìshù
次序 cìxù
次要 cìyào
刺激 cìjī
匆忙 cōngmáng
从头 cóngtóu
从未 cóngwèi
从小 cóngxiǎo
凑巧 còuqiǎo
粗暴 cūbào
粗细 cūxì
粗心 cūxīn
促进 cùjìn
促使 cùshǐ
脆弱 cuìruò
翠绿 cuìlù
村庄 cūnzhuāng
存放 cúnfàng

存款 cúnkuǎn
磋商 cuōshāng
挫折 cuòzhé
错字 cuòzì

D

搭配 dāpèi
达成 dáchéng
答辩 dábiàn
答复 dáfù
大半 dàbàn
大便 dàbiàn
大臣 dàchén
大哥 dàgē
大局 dàjú
大力 dàlì
大脑 dà'nǎo
大炮 dàpào
大嫂 dàsǎo
大使 dàshǐ
大肆 dàsì
大体 dàtǐ
大雁 dàyàn
大于 dàyú
大致 dàzhì
大众 dàzhòng
代办 dàibàn
代号 dàihào
代价 dàijià
代理 dàilǐ
代数 dàishù
带劲 dàijìn
带领 dàilǐng
带头 dàitóu
贷款 dàikuǎn
待业 dàiyè
待遇 dàiyù
怠工 dàigōng
怠慢 dàimàn
逮捕 dàibǔ

担保 dānbǎo
担负 dānfù
担忧 dānyōu
单纯 dānchún
单独 dāndú
单元 dānyuán
诞辰 dànchén
诞生 dànshēng
淡季 dànjì
淡水 dànshuǐ
弹药 dànyào
当初 dāngchū
当家 dāngjiā
当局 dāngjú
当面 dāngmiàn
当天 dāngtiān
当心 dāngxīn
当选 dāngxuǎn
当中 dāngzhōng
档案 dàng'àn
档次 dàngcì
刀刃 dāorèn
倒退 dàotuì
到来 dàolái
到期 dàoqī
悼念 dàoniàn
盗窃 dàoqiè
得病 débìng
得力 délì
得以 déyǐ
得意 déyì
灯火 dēnghuǒ
灯泡 dēngpào
登陆 dēnglù
低劣 dīliè
低温 dīwēn
低下 dīxià
地板 dìbǎn
地步 dìbù

地毯 dìtǎn
地铁 dìtiě
地形 dìxíng
地震 dìzhèn
地主 dìzhǔ
帝国 dìguó
递交 dìjiāo
递增 dìzēng
缔结 dìjié
颠簸 diānbǒ
电池 diànchí
电力 diànlì
电铃 diànlíng
电流 diànliú
电炉 diànlú
电路 diànlù
电脑 diànnǎo
电钮 diànniǔ
电气 diànqì
电器 diànqì
电压 diànyā
电源 diànyuán
电子 diànzǐ
店员 diànyuán
惦记 diànjì
淀粉 diànfěn
雕刻 diāokè
雕塑 diāosù
调换 diàohuàn
叮嘱 dīngzhǔ
订购 dìnggòu
订婚 dìnghūn
订货 dìnghuò
订阅 dìngyuè
定额 dìng'é
定价 dìngjià
定居 dìngjū
定理 dìnglǐ
定量 dìngliàng

定律 dìnglǜ
定期 dìngqī
定向 dìngxiàng
定义 dìngyì
丢人 diūrén
丢失 diūshī
冬瓜 dōngguā
冬季 dōngjì
动机 dòngjī
动乱 dòngluàn
动脉 dòngmài
动态 dòngtài
动摇 dòngyáo
冻结 dòngjié
斗志 dòuzhì
豆浆 dòujiāng
都市 dūshì
毒害 dúhài
毒品 dúpǐn
毒性 dúxìng
独裁 dúcái
独特 dútè
独自 dúzì
杜绝 dùjué
渡船 dùchuán
渡口 dùkǒu
端正 duānzhèng
断绝 duànjué
堆积 duījī
队员 duìyuán
对岸 duì'àn
对策 duìcè
对称 duìchèng
对抗 duìkàng
对立 duìlì
对联 duìlián
对门 duìmén
对手 duìshǒu
对头 duìtóu

对应 duìyìng
对于 duìyú
对照 duìzhào
兑换 duìhuàn
兑现 duìxiàn
顿时 dùnshí
多半 duōbàn
多亏 duōkuī
多余 duōyú
夺取 duóqǔ

E

俄语 éyǔ
额外 éwài
恶毒 èdú
恶化 èhuà
恶劣 èliè
恶性 èxìng
恩爱 ēn'ài
恩情 ēnqíng
儿女 érnǚ
而后 érhòu
而已 éryǐ

F

发病 fābìng
发财 fācái
发愁 fāchóu
发电 fādiàn
发火 fāhuǒ
发觉 fājué
发票 fāpiào
发起 fāqǐ
发热 fārè
发射 fāshè
发誓 fāshì
发行 fāxíng
发炎 fāyán
发育 fāyù
罚款 fákuǎn
帆船 fānchuán

番茄 fānqié
翻身 fānshēn
凡是 fánshì
烦闷 fánmèn
烦恼 fánnǎo
烦躁 fánzào
繁多 fánduō
繁华 fánhuá
繁忙 fánmáng
繁殖 fánzhí
繁重 fánzhòng
犯浑 fànhún
犯人 fànrén
犯罪 fànzuì
饭馆 fànguǎn
范畴 fànchóu
贩卖 fànmài
方程 fāngchéng
防护 fánghù
防守 fángshǒu
防线 fángxiàn
防汛 fángxùn
防疫 fángyì
防御 fángyù
妨碍 fáng'ài
房东 fángdōng
房屋 fángwū
房租 fángzū
放射 fàngshè
放手 fàngshǒu
放松 fàngsōng
放学 fàngxué
放映 fàngyìng
飞船 fēichuán
飞快 fēikuài
飞舞 fēiwǔ
飞翔 fēixiáng
飞跃 fēiyuè
肥料 féiliào

肥沃 féiwò
肥皂 féizào
废除 fèichú
废话 fèihuà
废品 fèipǐn
废气 fèiqì
废物 fèiwù
废墟 fèixū
沸腾 fèiténg
费力 fèilì
分辩 fēnbiàn
分布 fēnbù
分寸 fēncùn
分队 fēnduì
分割 fēngē
分工 fēngōng
分红 fēnhóng
分化 fēnhuà
分解 fēnjiě
分类 fēnlèi
分离 fēnlí
分裂 fēnliè
分泌 fēnmì
分明 fēnmíng
分母 fēnmǔ
分批 fēnpī
分期 fēnqī
分歧 fēnqí
分清 fēnqīng
分散 fēnsàn
分数 fēnshù
分子 fēnzǐ
坟墓 fénmù
奋勇 fènyǒng
奋战 fènzhàn
分量 fènliàng
分外 fènwài
丰产 fēngchǎn
丰满 fēngmǎn

丰收 fēngshōu
风暴 fēngbào
风度 fēngdù
风格 fēnggé
风光 fēngguāng
风浪 fēnglàng
风气 fēngqì
风趣 fēngqù
风沙 fēngshā
风尚 fēngshàng
风味 fēngwèi
风险 fēngxiǎn
封闭 fēngbì
封锁 fēngsuǒ
疯狂 fēngkuáng
锋利 fēnglì
蜂蜜 fēngmì
凤凰 fènghuáng
奉献 fèngxiàn
奉行 fèngxíng
佛教 fójiào
夫妻 fūqī
敷衍 fūyǎn
服气 fúqì
服装 fúzhuāng
浮雕 fúdiāo
浮动 fúdòng
符号 fúhào
辐射 fúshè
福利 fúlì
付款 fùkuǎn
负担 fùdān
负伤 fùshāng
妇人 fùrén
附带 fùdài
附和 fùhè
附加 fùjiā
复辟 fùbì
复合 fùhé

复活 fùhuó
复兴 fùxīng
复制 fùzhì
副业 fùyè
富强 fùqiáng
富有 fùyǒu
富裕 fùyù
覆盖 fùgài

G

概况 gàikuàng
干扰 gānrǎo
干涉 gānshè
干线 gànxiàn
干预 gānyù
甘心 gānxīn
干劲 gànjìn
纲领 gānglǐng
纲要 gāngyào
钢材 gāngcái
钢琴 gāngqín
岗位 gǎngwèi
高产 gāochǎn
高档 gāodàng
高等 gāoděng
高低 gāodī
高度 gāodù
高峰 gāofēng
高级 gāojí
高空 gāokōng
高明 gāomíng
高尚 gāoshàng
高速 gāosù
高温 gāowēn
高压 gāoyā
高涨 gāozhǎng
高中 gāozhōng
告辞 gàocí
告诫 gàojiè
告状 gàozhuàng

歌唱 gēchàng
歌剧 gējù
歌曲 gēqǔ
歌手 gēshǒu
歌颂 gēsòng
歌星 gēxīng
歌咏 gēyǒng
革新 géxīn
格局 géjú
格式 géshì
格外 géwài
隔绝 géjué
个性 gèxìng
各别 gèbié
各界 gèjiè
各自 gèzì
根源 gēnyuán
跟随 gēnsuí
跟踪 gēnzōng
更换 gēnghuàn
更新 gēngxīn
耕地 gēngdì
耕种 gēngzhòng
工地 gōngdì
工龄 gōnglíng
工事 gōngshì
工序 gōngxù
公安 gōng'ān
公报 gōngbào
公布 gōngbù
公尺 gōngchǐ
公道 gōngdào
公分 gōngfēn
公民 gōngmín
公平 gōngpíng
公顷 gōngqǐng
公然 gōngrán
公认 gōngrèn
公社 gōngshè

公式 gōngshì
公务 gōngwù
公有 gōngyǒu
公约 gōngyuē
公债 gōngzhài
公证 gōngzhèng
功绩 gōngjì
功课 gōngkè
功劳 gōngláo
功能 gōngnéng
功效 gōngxiào
攻读 gōngdú
攻克 gōngkè
供销 gōngxiāo
供应 gōngyìng
宫殿 gōngdiàn
恭敬 gōngjìng
共计 gòngjì
共鸣 gòngmíng
共性 gòngxìng
勾结 gōujié
构思 gòusī
构想 gòuxiǎng
购买 gòumǎi
姑且 gūqiě
孤单 gūdān
孤立 gūlì
固定 gùdìng
固然 gùrán
固体 gùtǐ
固有 gùyǒu
固执 gùzhí
故障 gùzhàng
顾虑 gùlǜ
顾问 gùwèn
雇佣 gùyōng
雇员 gùyuán
瓜分 guāfēn
瓜子 guāzǐ

挂念 guàniàn
关闭 guānbì
关怀 guānhuái
关切 guānqiè
关头 guāntóu
观测 guāncè
观看 guānkàn
观念 guānniàn
观赏 guānshǎng
官方 guānfāng
官僚 guānliáo
惯例 guànlì
灌木 guànmù
光彩 guāngcǎi
光滑 guānghuá
光亮 guāngliàng
光临 guānglín
光芒 guāngmáng
归还 guīhuán
归结 guījié
归纳 guīnà
规范 guīfàn
规划 guīhuà
规则 guīzé
规章 guīzhāng
柜台 guìtái
贵宾 guìbīn
贵重 guìzhòng
贵族 guìzú
锅炉 guōlú
国产 guóchǎn
国法 guófǎ
国防 guófáng
国会 guóhuì
国籍 guójí
国力 guólì
国民 guómín
国旗 guóqí
国情 guóqíng

国土 guótǔ
国营 guóyíng
国有 guóyǒu
过度 guòdù
过渡 guòdù
过分 guòfèn
过后 guòhòu
过滤 guòlǜ
过失 guòshī
过问 guòwèn
过于 guòyú

H

害虫 hàichóng
害羞 hàixiū
含量 hánliàng
含义 hányì
含有 hányǒu
函授 hánshòu
寒暄 hánxuān
汉奸 hànjiān
汉学 hànxué
旱灾 hànzāi
捍卫 hànwèi
航班 hángbān
航道 hángdào
航天 hángtiān
航线 hángxiàn
航行 hángxíng
航运 hángyùn
毫米 háomǐ
毫无 háowú
好客 hàokè
好奇 hàoqí
号称 hàochēng
耗费 hàofèi
禾苗 hémiáo
合并 hébìng
合唱 héchàng
合成 héchéng

合法 héfǎ
合金 héjīn
合算 hésuàn
合营 héyíng
合资 hézī
何必 hébì
何等 héděng
何况 hékuàng
和蔼 hé'ǎi
和解 héjiě
和睦 hémù
和谐 héxié
和约 héyuē
河道 hédào
河流 héliú
核心 héxīn
贺词 hècí
黑白 hēibái
黑夜 hēiyè
痕迹 hénjì
恒星 héngxīng
横行 héngxíng
轰炸 hōngzhà
宏大 hóngdà
宏伟 hóngwěi
洪水 hóngshuǐ
喉咙 hóulóng
后代 hòudài
后方 hòufāng
后果 hòuguǒ
后期 hòuqī
后勤 hòuqín
后台 hòutái
后退 hòutuì
厚度 hòudù
候补 hòubǔ
呼声 hūshēng
呼啸 hūxiào
呼吁 hūyù

忽略 hūlüè
忽视 hūshì
胡来 húlái
胡说 húshuō
胡同 hútòng
蝴蝶 húdié
互利 hùlì
户口 hùkǒu
花朵 huāduǒ
花费 huāfèi
花色 huāsè
花生 huāshēng
花纹 huāwén
花样 huāyàng
华丽 huálì
华侨 huáqiáo
华人 huárén
滑雪 huáxuě
化肥 huàféi
化工 huàgōng
化石 huàshí
化纤 huàxiān
化验 huàyàn
化妆 huàzhuāng
划分 huàfēn
画家 huàjiā
画面 huàmiàn
话剧 huàjù
话题 huàtí
怀念 huáiniàn
怀疑 huáiyí
怀孕 huáiyùn
槐树 huáishù
坏蛋 huàidàn
欢乐 huānlè
欢喜 huānxǐ
欢笑 huānxiào
环节 huánjié
幻灯 huàndēng

幻想 huànxiǎng
换取 huànqǔ
患者 huànzhě
荒地 huāngdì
荒凉 huāngliáng
荒谬 huāngmiù
荒唐 huāngtáng
慌乱 huāngluàn
慌忙 huāngmáng
慌张 huāngzhāng
黄金 huángjīn
黄色 huángsè
蝗虫 huángchóng
灰尘 huīchén
灰心 huīxīn
回避 huíbì
回顾 huígù
回击 huíjī
回收 huíshōu
回想 huíxiǎng
汇报 huìbào
汇集 huìjí
汇款 huìkuǎn
汇率 huìlǜ
会同 huìtóng
会晤 huìwù
会员 huìyuán
贿赂 huìlù
浑身 húnshēn
混纺 hùnfǎng
混乱 hùnluàn
混淆 hùnxiáo
混浊 hùnzhuó
活该 huógāi
活力 huólì
或是 huòshì
或许 huòxǔ
货币 huòbì
货物 huòwù

获取 huòqǔ
行列 hángliè
行业 hángyè

J

讥笑 jīxiào
饥饿 jī'è
机车 jīchē
机动 jīdòng
机构 jīgòu
机枪 jīqiāng
机遇 jīyù
肌肉 jīròu
积压 jīyā
基层 jīcéng
基地 jīdì
激发 jīfā
激光 jīguāng
激情 jīqíng
激素 jīsù
及早 jízǎo
吉祥 jíxiáng
级别 jíbié
极度 jídù
极端 jíduān
极限 jíxiàn
即便 jíbiàn
即使 jíshǐ
急切 jíqiè
急需 jíxū
急于 jíyú
急躁 jízào
疾病 jíbìng
集会 jíhuì
集市 jíshì
集团 jítuán
集邮 jíyóu
嫉妒 jídù
籍贯 jíguàn
迹象 jìxiàng

记载 jìzǎi
纪要 jìyào
技能 jìnéng
技巧 jìqiǎo
季度 jìdù
继承 jìchéng
寄托 jìtuō
寂寞 jìmò
加班 jiābān
加热 jiārè
加入 jiārù
加深 jiāshēn
加速 jiāsù
加油 jiāyóu
加重 jiāzhòng
夹杂 jiāzá
家长 jiāzhǎng
家常 jiācháng
家务 jiāwù
家畜 jiāchù
家属 jiāshǔ
假期 jiàqī
尖端 jiānduān
歼灭 jiānmiè
坚固 jiāngù
坚韧 jiānrèn
坚实 jiānshí
坚信 jiānxìn
坚硬 jiānyìng
肩膀 jiānbǎng
艰难 jiānnán
监察 jiānchá
监督 jiāndū
监视 jiānshì
监狱 jiānyù
兼任 jiānrèn
见效 jiànxiào
间隔 jiàngé
建造 jiànzào

健美 jiànměi
健全 jiànquán
健壮 jiànzhuàng
践踏 jiàntà
鉴别 jiànbié
鉴定 jiàndìng
鉴于 jiànyú
键盘 jiànpán
降临 jiànglín
降落 jiàngluò
交叉 jiāochā
交错 jiāocuò
交代 jiāodài
交点 jiāodiǎn
交付 jiāofù
交手 jiāoshǒu
交谈 jiāotán
交替 jiāotì
交往 jiāowǎng
交易 jiāoyì
浇灌 jiāoguàn
娇气 jiāoqì
胶片 jiāopiàn
焦点 jiāodiǎn
焦炭 jiāotàn
叫喊 jiàohǎn
轿车 jiàochē
较量 jiàoliàng
教导 jiàodǎo
教会 jiàohuì
教练 jiàoliàn
教唆 jiàosuō
教堂 jiàotáng
教养 jiàoyǎng
阶层 jiēcéng
接班 jiēbān
接连 jiēlián
接洽 jiēqià
接收 jiēshōu

揭发 jiēfā
揭露 jiēlù
揭示 jiēshì
街头 jiētóu
节能 jiénéng
节育 jiéyù
节奏 jiézòu
劫持 jiéchí
杰出 jiéchū
杰作 jiézuò
洁白 jiébái
结果 jiéguǒ
结果 jiéguǒ
结算 jiésuàn
结业 jiéyè
截止 jiézhǐ
竭力 jiélì
戒严 jièyán
界限 jièxiàn
界线 jièxiàn
借口 jièkǒu
借助 jièzhù
今日 jīnrì
金额 jīn'é
金黄 jīnhuáng
金牌 jīnpái
金钱 jīnqián
金融 jīnróng
金鱼 jīnyú
津贴 jīntiē
尽力 jìnlì
进程 jìnchéng
进而 jìn'ér
进取 jìnqǔ
进展 jìnzhǎn
近代 jìndài
近年 jìnnián
近期 jìnqī
近似 jìnsì

劲头 jìntóu
晋升 jìnshēng
禁区 jìnqū
经典 jīngdiǎn
经费 jīngfèi
经商 jīngshāng
经受 jīngshòu
经销 jīngxiāo
惊动 jīngdòng
惊慌 jīnghuāng
惊奇 jīngqí
惊人 jīngrén
惊讶 jīngyà
惊异 jīngyì
精华 jīnghuá
精美 jīngměi
精密 jīngmì
精确 jīngquè
精通 jīngtōng
精细 jīngxì
精心 jīngxīn
精致 jīngzhì
鲸鱼 jīngyú
净化 jìnghuà
竞选 jìngxuǎn
竞争 jìngzhēng
竟然 jìngrán
境地 jìngdì
镜头 jìngtóu
纠纷 jiūfēn
救灾 jiùzāi
就餐 jiùcān
就地 jiùdì
就算 jiùsuàn
就业 jiùyè
就职 jiùzhí
拘留 jūliú
拘束 jūshù
居民 jūmín

居然 jūrán
居室 jūshì
居住 jūzhù
鞠躬 jūgōng
局部 júbù
局面 júmiàn
局势 júshì
局限 júxiàn
菊花 júhuā
剧本 jùběn
剧烈 jùliè
剧团 jùtuán
剧院 jùyuàn
据点 jùdiǎn
据悉 jùxī
聚会 jùhuì
捐献 juānxiàn
捐赠 juānzèng
决不 juébù
决策 juécè
决口 juékǒu
决赛 juésài
决算 juésuàn
决望 juéwàng
决议 juéyì
决战 juézhàn
觉察 juéchá
觉醒 juéxǐng
绝缘 juéyuán
军备 jūnbèi
军阀 jūnfá
军官 jūnguān
军人 jūnrén
军医 jūnyī
军用 jūnyòng
军装 jūnzhuāng

K

开办 kāibàn
开除 kāichú

开刀 kāidāo
开动 kāidòng
开发 kāifā
开饭 kāifàn
开工 kāigōng
开关 kāiguān
开化 kāihuà
开朗 kāilǎng
开幕 kāimù
开设 kāishè
开水 kāishuǐ
开头 kāitóu
开拓 kāituò
开支 kāizhī
刊登 kāndēng
刊物 kānwù
看待 kàndài
看望 kànwàng
看作 kànzuò
抗议 kàngyì
抗战 kàngzhàn
靠近 kàojìn
科技 kējì
科目 kēmù
科普 kēpǔ
颗粒 kēlì
客观 kèguān
客厅 kètīng
课时 kèshí
课堂 kètáng
课题 kètí
空调 kōngtiáo
空话 kōnghuà
空军 kōngjūn
空想 kōngxiǎng
空心 kōngxīn
空虚 kōngxū
控诉 kòngsù
空白 kòngbái
空隙 kòngxì
枯燥 kūzào
库房 kùfáng
夸奖 kuājiǎng
快餐 kuàicān
快速 kuàisù
宽大 kuāndà
狂风 kuángfēng
狂妄 kuángwàng
旷工 kuànggōng
况且 kuàngqiě
矿藏 kuàngcáng
矿产 kuàngchǎn
矿井 kuàngjǐng
矿区 kuàngqū
矿山 kuàngshān
矿石 kuàngshí
矿物 kuàngwù
亏待 kuīdài
亏损 kuīsǔn
葵花 kuíhuā
昆虫 kūnchóng
扩充 kuòchōng
扩建 kuòjiàn
扩散 kuòsàn
扩展 kuòzhǎn
扩张 kuòzhāng

L

腊月 làyuè
蜡烛 làzhú
辣椒 làjiāo
来宾 láibīn
来访 láifǎng
来回 láihuí
来客 láikè
来年 láinián
来往 láiwǎng
来源 láiyuán
兰花 lánhuā
狼狈 lángbèi
浪潮 làngcháo
浪漫 làngmàn
牢房 láofáng
牢固 láogù
牢记 láojì
乐趣 lèqù
乐意 lèyì
雷达 léidá
雷雨 léiyǔ
类似 lèisì
类型 lèixíng
离别 líbié
离休 líxiū
黎明 límíng
力求 lìqiú
力图 lìtú
力争 lìzhēng
历代 lìdài
历年 lìnián
利害 lìhài
利润 lìrùn
沥青 lìqīng
例外 lìwài
荔枝 lìzhī
连队 liánduì
连接 liánjiē
连同 liántóng
连夜 liányè
莲子 liánzǐ
联邦 liánbāng
联盟 liánméng
联想 liánxiǎng
廉价 liánjià
廉洁 liánjié
廉政 liánzhèng
镰刀 liándāo
练兵 liànbīng
良种 liángzhǒng
凉水 liángshuǐ
粮票 liángpiào
亮光 liàngguāng
谅解 liàngjiě
辽阔 liáokuò
疗养 liáoyǎng
列车 lièchē
列举 lièjǔ
列入 lièrù
列席 lièxí
烈火 lièhuǒ
烈士 lièshì
猎人 lièrén
邻国 línguó
林场 línchǎng
林区 línqū
林业 línyè
临床 línchuáng
灵魂 línghún
灵敏 língmǐn
灵巧 língqiǎo
凌晨 língchén
零件 língjiàn
零售 língshòu
零碎 língsuì
留神 liúshén
留心 liúxīn
留学 liúxué
留意 liúyì
流传 liúchuán
流动 liúdòng
流寇 liúkòu
流氓 liúmáng
流水 liúshuǐ
流通 liútōng
流行 liúxíng
流域 liúyù
硫酸 liúsuān
龙头 lóngtóu

楼道 lóudào
楼房 lóufáng
露面 lòumiàn
漏税 lòushuì
陆地 lùdì
陆军 lùjūn
录取 lùqǔ
录用 lùyòng
路程 lùchéng
路过 lùguò
路口 lùkǒu
路面 lùmiàn
律师 lǜshī
绿化 lǜhuà
掠夺 lüèduó
略微 lüèwēi
轮廓 lúnkuò
论点 lùndiǎn
论述 lùnshù
论证 lùnzhèng
箩筐 luókuāng
落成 luòchéng
落地 luòdì
落实 luòshí
落选 luòxuǎn

M

抹布 mābù
麻痹 mábì
麻袋 mádài
麻雀 máquè
麻醉 mázuì
埋头 máitóu
卖国 màiguó
脉搏 màibó
埋怨 mányuàn
慢性 mànxìng
漫长 màncháng
忙碌 mánglù
盲从 mángcóng
盲人 mángrén
茫然 mángrán
毛笔 máobǐ
毛线 máoxiàn
茂盛 màoshèng
冒进 màojìn
冒牌 màopái
冒险 màoxiǎn
没辙 méizhé
眉头 méitóu
梅花 méihuā
媒介 méijiè
萌芽 méngyá
梦想 mèngxiǎng
弥补 míbǔ
迷惑 míhuò
迷信 míxìn
谜语 míyǔ
秘书 mìshū
密度 mìdù
密封 mìfēng
面对 miànduì
面粉 miànfěn
面孔 miànkǒng
面临 miànlín
面容 miànróng
描绘 miáohuì
描述 miáoshù
灭亡 mièwáng
蔑视 mièshì
民兵 mínbīng
民航 mínháng
民间 mínjiān
民事 mínshì
民意 mínyì
民用 mínyòng
民众 mínzhòng
名称 míngchēng
名次 míngcì
名单 míngdān
名额 míng’é
名贵 míngguì
名牌 míngpái
名人 míngrén
名声 míngshēng
名义 míngyì
名誉 míngyù
命题 mìngtí
谬论 miùlùn
模范 mófàn
模式 móshì
模型 móxíng
摩擦 mócā
魔鬼 móguǐ
魔术 móshù
陌生 mòshēng
谋求 móuqiú
木材 mùcái
目光 mùguāng
牧场 mùchǎng
牧业 mùyè

N

那时 nàshí
纳税 nàshuì
耐烦 nàifán
耐力 nàilì
男性 nánxìng
男子 nánzǐ
南部 nánbù
南面 nánmiàn
难得 nándé
难度 nándù
难怪 nánguài
难关 nánguān
难免 nánmiǎn
难题 nántí
难以 nányǐ
难民 nànmín
闹事 nàoshì
内地 nèidì
内阁 nèigé
内科 nèikē
内幕 nèimù
内心 nèixīn
内行 nèiháng
内在 nèizài
内脏 nèizàng
内战 nèizhàn
内政 nèizhèng
能量 néngliàng
能手 néngshǒu
尼龙 nílóng
泥土 nítǔ
逆流 nìliú
年度 niándù
念书 niànshū
捏造 niēzào
柠檬 níngméng
凝固 nínggù
凝结 níngjié
凝视 níngshì
宁可 nìngkě
宁肯 nìngkěn
宁愿 nìngyuàn
农场 nóngchǎng
农户 nónghù
农具 nóngjù
农田 nóngtián
农药 nóngyào
浓度 nóngdù
浓厚 nónghòu
奴隶 núlì
奴役 núyì
怒吼 nùhǒu
怒火 nùhuǒ

O

殴打 ōudǎ

P

拍摄 pāishè
拍照 pāizhào
排长 páizhǎng
排斥 páichì
排除 páichú
排队 páiduì
排挤 páijǐ
排列 páiliè
徘徊 páihuái
派别 pàibié
派遣 pàiqiǎn
攀登 pāndēng
盘旋 pánxuán
判处 pànchǔ
判定 pàndìng
判决 pànjué
叛变 pànbiàn
叛徒 pàntú
庞大 pángdà
抛弃 pāoqì
炮弹 pàodàn
炮火 pàohuǒ
泡沫 pàomò
培训 péixùn
培养 péiyǎng
培育 péiyù
赔偿 péicháng
赔款 péikuǎn
赔同 péitóng
佩服 pèifú
配方 pèifāng
配偶 pèi'ǒu
配套 pèitào
喷射 pēnshè
盆地 péndì
烹调 pēngtiáo
烹饪 pēngrèn
蓬勃 péngbó
膨胀 péngzhàng
批发 pīfā
批复 pīfù
批改 pīgǎi
皮带 pídài
皮革 pígé
疲惫 píbèi
疲乏 pífá
疲倦 píjuàn
譬如 pìrú
片刻 piànkè
偏差 piānchā
偏向 piānxiàng
飘扬 piāoyáng
拼搏 pīnbó
贫乏 pínfá
贫苦 pínkǔ
贫困 pínkùn
贫穷 pínqióng
频繁 pínfán
频率 pínlǜ
聘请 pìnqǐng
聘任 pìnrèn
聘用 pìnyòng
平凡 píngfán
平衡 pínghéng
平面 píngmiàn
平民 píngmín
平日 píngrì
平坦 píngtǎn
平稳 píngwěn
平整 píngzhěng
评比 píngbǐ
评估 pínggū
评价 píngjià
评论 pínglùn
评审 píngshěn
评选 píngxuǎn
屏障 píngzhàng
迫害 pòhài
迫使 pòshǐ
破产 pòchǎn
破除 pòchú
破获 pòhuò
破旧 pòjiù
破烂 pòlàn
破裂 pòliè
破碎 pòsuì
扑克 pūkè
扑灭 pūmiè
仆人 púrén

Q

凄惨 qīcǎn
凄凉 qīliáng
期待 qīdài
期刊 qīkān
期望 qīwàng
期限 qīxiàn
漆黑 qīhēi
其间 qíjiān
其实 qíshí
奇妙 qímiào
奇特 qítè
旗号 qíhào
旗袍 qípáo
气喘 qìchuǎn
气氛 qìfēn
气愤 qìfèn
气概 qìgài
气功 qìgōng
气流 qìliú
气魄 qìpò
气味 qìwèi
气压 qìyā
汽船 qìchuán
器材 qìcái
器官 qìguān
器具 qìjù
器械 qìxiè
恰当 qiàdàng
恰好 qiàhǎo
洽谈 qiàtán
千克 qiānkè
千瓦 qiānwǎ
迁就 qiānjiù
牵扯 qiānchě
牵引 qiānyǐn
牵制 qiānzhì
谦虚 qiānxū
谦逊 qiānxùn
签发 qiānfā
签名 qiānmíng
签署 qiānshǔ
签证 qiānzhèng
前辈 qiánbèi
前程 qiánchéng
前方 qiánfāng
前后 qiánhòu
前景 qiánjǐng
前列 qiánliè
前人 qiánrén
前提 qiántí
前往 qiánwǎng
潜伏 qiánfú
潜力 qiánlì
歉意 qiànyì
枪毙 qiāngbì
强化 qiánghuà
强盛 qiángshèng
强制 qiángzhì
墙壁 qiángbì
乔装 qiáozhuāng
侨胞 qiáobāo
切实 qièshí
窃听 qiètīng
钦佩 qīnpèi
侵犯 qīnfàn

侵害 qīnhài
侵入 qīnrù
侵蚀 qīnshí
侵占 qīnzhàn
亲笔 qīnbǐ
亲密 qīnmì
亲热 qīnrè
亲人 qīnrén
亲身 qīnshēn
亲生 qīnshēng
亲手 qīnshǒu
亲眼 qīnyǎn
亲友 qīnyǒu
芹菜 qíncài
勤奋 qínfèn
勤俭 qínjiǎn
勤恳 qínkěn
勤劳 qínláo
青菜 qīngcài
青春 qīngchūn
青蛙 qīngwā
轻便 qīngbiàn
轻快 qīngkuài
轻视 qīngshì
轻微 qīngwēi
轻易 qīngyì
倾向 qīngxiàng
倾斜 qīngxié
清查 qīngchá
清晨 qīngchén
清除 qīngchú
清洁 qīngjié
清理 qīnglǐ
清晰 qīngxī
清新 qīngxīn
清早 qīngzǎo
情报 qíngbào
情感 qínggǎn
情节 qíngjié

情理 qínglǐ
晴朗 qínglǎng
晴天 qíngtiān
庆贺 qìnghè
穷苦 qióngkǔ
穷人 qióngrén
丘陵 qiūlíng
秋季 qiūjì
秋收 qiūshōu
求得 qiúdé
球队 qiúduì
球迷 qiúmí
区分 qūfēn
曲线 qūxiàn
曲折 qūzhé
趋势 qūshì
趋向 qūxiàng
渠道 qúdào
去世 qùshì
趣味 qùwèi
圈套 quāntào
权利 quánlì
权威 quánwēi
权限 quánxiàn
权益 quányì
全都 quándōu
全会 quánhuì
全集 quánjí
全局 quánjú
全力 quánlì
全民 quánmín
劝告 quàngào
劝说 quànshuō
劝阻 quànzǔ
缺口 quēkǒu
缺席 quēxí
缺陷 quēxiàn
确保 quèbǎo
确立 quèlì

确认 quèrèn
确信 quèxìn
确凿 quèzáo
群岛 qúndǎo
群体 qúntǐ

R

燃料 ránliào
让步 ràngbù
热潮 rècháo
热带 rèdài
热量 rèliàng
人格 réngé
人间 rénjiān
人均 rénjūn
人力 rénlì
人情 rénqíng
人权 rénquán
人群 rénqún
人生 rénshēng
人士 rénshì
人事 rénshì
人体 réntǐ
人为 rénwéi
人心 rénxīn
人性 rénxìng
人质 rénzhì
仁慈 réncí
认定 rèndìng
认可 rènkě
任命 rènmìng
任性 rènxìng
任意 rènyì
仍旧 réngjiù
日报 rìbào
日光 rìguāng
日夜 rìyè
日用 rìyòng
荣幸 róngxìng
荣誉 róngyù

容积 róngjī
容量 róngliàng
容纳 róngnà
容器 róngqì
容许 róngxǔ
溶化 rónghuà
溶解 róngjiě
溶液 róngyè
融化 rónghuà
融洽 róngqià
柔和 róuhé
如此 rúcǐ
如同 rútóng
如下 rúxià
如意 rúyì
入境 rùjìng
入口 rùkǒu
入侵 rùqīn
入手 rùshǒu
入学 rùxué
锐利 ruìlì
瑞雪 ruìxuě
若干 ruògān
弱点 ruòdiǎn

S

撒谎 sāhuǎng
三角 sānjiǎo
散布 sànbù
散发 sànfā
桑树 sāngshù
丧失 sàngshī
色彩 sècǎi
杀害 shāhài
沙滩 shātān
沙土 shātǔ
刹车 shāchē
山地 shāndì
山峰 shānfēng
山冈 shāngāng

山沟 shāngōu
山谷 shāngǔ
山河 shānhé
山脚 shānjiǎo
山岭 shānlǐng
山头 shāntóu
山腰 shānyāo
珊瑚 shānhú
善良 shànliáng
擅长 shàncháng
擅自 shànzì
伤害 shānghài
伤痕 shānghén
伤口 shāngkǒu
伤员 shāngyuán
商标 shāngbiāo
商榷 shāngquè
商人 shāngrén
商讨 shāngtǎo
商议 shāngyì
上报 shàngbào
上层 shàngcéng
上等 shàngděng
上帝 shàngdì
上交 shàngjiāo
上进 shàngjìn
上空 shàngkōng
上任 shàngrèn
上诉 shàngsù
上台 shàngtái
上下 shàngxià
上旬 shàngxún
上游 shàngyóu
烧毁 shāohuǐ
少女 shàonǚ
哨兵 shàobīng
奢侈 shēchǐ
设法 shèfǎ
设立 shèlì
设想 shèxiǎng
设置 shèzhì
社论 shèlùn
社员 shèyuán
射击 shèjī
涉及 shèjí
涉外 shèwài
摄影 shèyǐng
申报 shēnbào
申请 shēnqǐng
伸展 shēnzhǎn
身材 shēncái
呻吟 shēnyín
深奥 shēn’ào
深处 shēnchù
深度 shēndù
深化 shēnhuà
深浅 shēnqiǎn
深切 shēnqiè
深情 shēnqíng
深信 shēnxìn
深夜 shēnyè
深远 shēnyuǎn
深重 shēnzhòng
神话 shénhuà
神秘 shénmì
神奇 shénqí
神情 shénqíng
神色 shénsè
神态 shéntài
肾炎 shènyán
甚至 shènzhì
渗透 shèntòu
慎重 shènzhòng
升学 shēngxué
生病 shēngbìng
生存 shēngcún
生机 shēngjī
生理 shēnglǐ
生怕 shēngpà
生前 shēngqián
生人 shēngrén
生态 shēngtài
生效 shēngxiào
生育 shēngyù
生殖 shēngzhí
声明 shēngmíng
声誉 shēngyù
牲畜 shēngchù
盛产 shèngchǎn
盛大 shèngdà
盛开 shèngkāi
盛情 shèngqíng
盛行 shèngxíng
剩余 shèngyú
尸体 shītǐ
失掉 shīdiào
失眠 shīmián
失误 shīwù
失效 shīxiào
失学 shīxué
失约 shīyuē
失踪 shīzōng
师长 shīzhǎng
师范 shīfàn
诗歌 shīgē
诗人 shīrén
施肥 shīféi
施加 shījiā
施行 shīxíng
施展 shīzhǎn
湿度 shīdù
湿润 shīrùn
十足 shízú
石灰 shíhuī
时常 shícháng
时而 shí’ér
时光 shíguāng
时机 shíjī
时节 shíjié
时髦 shímáo
时装 shízhuāng
识别 shíbié
实话 shíhuà
实惠 shíhuì
实况 shíkuàng
实力 shílì
实体 shítǐ
实物 shíwù
实习 shíxí
食用 shíyòng
食欲 shíyù
士兵 shìbīng
示范 shìfàn
示威 shìwēi
世代 shìdài
市长 shìzhǎng
市民 shìmín
式样 shìyàng
事变 shìbiàn
事故 shìgù
事迹 shìjì
事例 shìlì
事态 shìtài
事务 shìwù
事项 shìxiàng
势必 shìbì
侍候 shìhòu
试行 shìxíng
试用 shìyòng
视察 shìchá
视觉 shìjué
视力 shìlì
视线 shìxiàn
视野 shìyě
是非 shìfēi
是否 shìfǒu

适宜 shìyí
释放 shìfàng
誓言 shìyán
收藏 shōucáng
收复 shōufù
收割 shōugē
收回 shōuhuí
收集 shōují
收买 shōumǎi
收缩 shōusuō
收益 shōuyì
收支 shōuzhī
寿命 shòumìng
授予 shòuyǔ
售货 shòuhuò
书本 shūběn
书法 shūfǎ
书籍 shūjí
书刊 shūkān
书面 shūmiàn
书写 shūxiě
书信 shūxìn
舒畅 shūchàng
舒展 shūzhǎn
输送 shūsòng
树干 shùgàn
树立 shùlì
数额 shù'é
数据 shùjù
衰老 shuāilǎo
衰弱 shuāiruò
衰退 shuāituì
睡眠 shuìmián
顺序 shùnxù
说服 shuōfú
说谎 shuōhuǎng
说情 shuōqíng
司法 sīfǎ
司令 sīlìng
丝毫 sīháo
私营 sīyíng
私有 sīyǒu
思潮 sīcháo
思考 sīkǎo
思念 sīniàn
思维 sīwéi
思绪 sīxù
四处 sìchù
四方 sìfāng
四季 sìjì
四肢 sìzhī
四周 sìzhōu
饲料 sìliào
饲养 sìyǎng
松树 sōngshù
送礼 sònglǐ
搜查 sōuchá
搜集 sōují
苏醒 sūxǐng
俗话 súhuà
肃清 sùqīng
素质 sùzhì
速成 sùchéng
塑造 sùzào
算是 suànshì
算术 suànshù
算数 suànshù
虽说 suīshuō
随后 suíhòu
随即 suíjí
随手 suíshǒu
随意 suíyì
岁月 suìyuè
隧道 suìdào
孙女 sūnnǚ
缩短 suōduǎn
缩小 suōxiǎo

T

调和 tiáohé
调剂 tiáojì
调节 tiáojié
调解 tiáojiě
调皮 tiáopí
他人 tārén
台风 táifēng
台阶 táijiē
太空 tàikōng
太平 tàipíng
泰然 tàirán
贪污 tānwū
瘫痪 tānhuàn
谈论 tánlùn
叹气 tànqì
探测 tàncè
探亲 tànqīn
探索 tànsuǒ
探望 tànwàng
糖果 tángguǒ
逃避 táobì
逃荒 táohuāng
逃走 táozǒu
桃花 táohuā
陶瓷 táocí
淘气 táoqì
特产 tèchǎn
特地 tèdì
特定 tèdìng
特区 tèqū
特权 tèquán
特性 tèxìng
特意 tèyì
特征 tèzhēng
提案 tí'àn
提拔 tíbá
提包 tíbāo
提纲 tígāng
提交 tíjiāo
提炼 tíliàn
提名 tímíng
提取 tíqǔ
提升 tíshēng
提示 tíshì
提问 tíwèn
提醒 tíxǐng
提要 tíyào
提早 tízǎo
题材 tícái
替代 tìdài
替换 tìhuàn
天才 tiāncái
天地 tiāndì
天空 tiānkōng
天然 tiānrán
天色 tiānsè
天上 tiānshàng
天生 tiānshēng
天文 tiānwén
天下 tiānxià
田地 tiándì
田径 tiánjìng
填补 tiánbǔ
填写 tiánxiě
挑选 tiāoxuǎn
条款 tiáokuǎn
条理 tiáolǐ
条例 tiáolì
条文 tiáowén
跳动 tiàodòng
跳高 tiàogāo
跳远 tiàoyuǎn
跳跃 tiàoyuè
听话 tīnghuà
听取 tīngqǔ
听众 tīngzhòng
停泊 tíngbó

停顿 tíngdùn
停留 tíngliú
停滞 tíngzhì
通报 tōngbào
通常 tōngcháng
通道 tōngdào
通风 tōngfēng
通告 tōnggào
通航 tōngháng
通商 tōngshāng
通顺 tōngshùn
通俗 tōngsú
通信 tōngxìn
通行 tōngxíng
通用 tōngyòng
同伴 tóngbàn
同胞 tóngbāo
同步 tóngbù
同等 tóngděng
同类 tónglèi
同盟 tóngméng
同年 tóngnián
同期 tóngqī
同事 tóngshì
同行 tóngháng
同一 tóngyī
童年 tóngnián
痛恨 tònghèn
偷窃 tōuqiè
偷税 tōushuì
头脑 tóunǎo
投标 tóubiāo
投产 tóuchǎn
投放 tóufàng
投机 tóujī
投降 tóuxiáng
投票 tóupiào
投掷 tóuzhì
投资 tóuzī

透彻 tòuchè
透明 tòumíng
突破 tūpò
图案 tú'àn
图表 túbiǎo
图画 túhuà
图片 túpiàn
图像 túxiàng
图形 túxíng
图纸 túzhǐ
途径 tújìng
屠杀 túshā
团长 tuánzhǎng
团聚 tuánjù
团体 tuántǐ
团员 tuányuán
团圆 tuányuán
推测 tuīcè
推迟 tuīchí
推辞 tuīcí
推翻 tuīfān
推荐 tuījiàn
推进 tuījìn
推理 tuīlǐ
推论 tuīlùn
推算 tuīsuàn
推销 tuīxiāo
推行 tuīxíng
推选 tuīxuǎn
退步 tuìbù
退出 tuìchū
退还 tuìhuán
退休 tuìxiū
拖延 tuōyán

W

挖掘 wājué
歪曲 wāiqū
外表 wàibiǎo
外宾 wàibīn
外部 wàibù
外出 wàichū
外电 wàidiàn
外观 wàiguān
外汇 wàihuì
外界 wàijiè
外科 wàikē
外力 wàilì
外流 wàiliú
外婆 wàipó
外事 wàishì
外行 wàiháng
外形 wàixíng
外衣 wàiyī
外资 wàizī
弯曲 wānqū
豌豆 wāndòu
完备 wánbèi
完毕 wánbì
完蛋 wándàn
完善 wánshàn
玩具 wánjù
玩弄 wánnòng
玩笑 wánxiào
顽固 wángù
顽强 wánqiáng
万分 wànfēn
万岁 wànsuì
万一 wànyī
汪洋 wāngyáng
王国 wángguó
妄图 wàngtú
妄想 wàngxiǎng
忘却 wàngquè
危急 wēijí
威风 wēifēng
威力 wēilì
威望 wēiwàng
威胁 wēixié

威信 wēixìn
微观 wēiguān
微小 wēixiǎo
为难 wéinán
为期 wéiqī
为首 wéishǒu
为止 wéizhǐ
违法 wéifǎ
违犯 wéifàn
围攻 wéigōng
围棋 wéiqí
桅杆 wéigān
唯一 wéiyī
惟独 wéidú
维持 wéichí
维修 wéixiū
为何 wèihé
未必 wèibì
未免 wèimiǎn
位于 wèiyú
畏惧 wèijù
慰问 wèiwèn
温带 wēndài
温和 wēnhé
温柔 wēnróu
瘟疫 wēnyì
文盲 wénmáng
文凭 wénpíng
文人 wénrén
文献 wénxiàn
文言 wényán
闻名 wénmíng
问答 wèndá
问世 wènshì
卧室 wòshì
乌鸦 wūyā
乌云 wūyún
污蔑 wūmiè
呜咽 wūyè

诬陷 wūxiàn
无比 wúbǐ
无偿 wúcháng
无耻 wúchǐ
无从 wúcóng
无法 wúfǎ
无非 wúfēi
无理 wúlǐ
无聊 wúliáo
无情 wúqíng
无穷 wúqióng
无效 wúxiào
无疑 wúyí
无意 wúyì
无知 wúzhī
梧桐 wútóng
务必 wùbì
物力 wùlì
物品 wùpǐn
物体 wùtǐ
物资 wùzī
误差 wùchā
误解 wùjiě

X

西服 xīfú
吸毒 xīdú
熄灭 xīmiè
膝盖 xīgài
习俗 xísú
席位 xíwèi
媳妇 xífù
戏剧 xìjù
系列 xìliè
细胞 xìbāo
细节 xìjié
细致 xìzhì
峡谷 xiágǔ
狭隘 xiá'ài
狭窄 xiázhǎi
下达 xiàdá
下放 xiàfàng
下级 xiàjí
下降 xiàjiàng
下列 xiàliè
下令 xiàlìng
下落 xiàluò
下台 xiàtái
下游 xiàyóu
夏季 xiàjì
仙女 xiānnǚ
先锋 xiānfēng
掀起 xiānqǐ
鲜红 xiānhóng
鲜明 xiānmíng
鲜艳 xiānyàn
闲话 xiánhuà
贤惠 xiánhuì
衔接 xiánjiē
嫌疑 xiányí
县长 xiànzhǎng
县城 xiànchéng
现场 xiànchǎng
现成 xiànchéng
现金 xiànjīn
现钱 xiànqián
现状 xiànzhuàng
限度 xiàndù
限期 xiànqī
限于 xiànyú
线路 xiànlù
线索 xiànsuǒ
宪法 xiànfǎ
陷害 xiànhài
陷入 xiànrù
献身 xiànshēn
乡村 xiāngcūn
乡亲 xiāngqīn
相比 xiāngbǐ
相等 xiāngděng
相对 xiāngduì
相符 xiāngfú
相关 xiāngguān
相继 xiāngjì
相交 xiāngjiāo
相识 xiāngshí
相通 xiāngtōng
相应 xiāngyìng
香味 xiāngwèi
香烟 xiāngyān
向导 xiàngdǎo
向来 xiànglái
向往 xiàngwǎng
项链 xiàngliàn
象棋 xiàngqí
象征 xiàngzhēng
橡胶 xiàngjiāo
橡皮 xiàngpí
削减 xuējiǎn
削弱 xuēruò
消除 xiāochú
消毒 xiāodú
消耗 xiāohào
消极 xiāojí
销毁 xiāohuǐ
销路 xiāolù
销售 xiāoshòu
孝顺 xiàoshùn
校徽 xiàohuī
校园 xiàoyuán
笑容 xiàoróng
效力 xiàolì
效益 xiàoyì
协调 xiétiáo
协定 xiédìng
协会 xiéhuì
协商 xiéshāng
协议 xiéyì
协助 xiézhù
协作 xiézuò
携带 xiédài
泄露 xièlòu
泄气 xièqì
谢绝 xièjué
心爱 xīn'ài
心理 xīnlǐ
心灵 xīnlíng
心目 xīnmù
心事 xīnshì
心疼 xīnténg
心头 xīntóu
心意 xīnyì
心愿 xīnyuàn
心中 xīnzhōng
欣赏 xīnshǎng
新房 xīnfáng
新郎 xīnláng
新娘 xīnniáng
新人 xīnrén
新生 xīnshēng
新式 xīnshì
新颖 xīnyǐng
信贷 xìndài
信号 xìnhào
信件 xìnjiàn
信赖 xìnlài
信念 xìnniàn
信任 xìnrèn
信仰 xìnyǎng
信用 xìnyòng
信誉 xìnyù
兴办 xīngbàn
兴建 xīngjiàn
兴起 xīngqǐ
兴旺 xīngwàng
刑场 xíngchǎng
行程 xíngchéng

行贿 xínghuì
行军 xíngjūn
行人 xíngrén
行使 xíngshǐ
行驶 xíngshǐ
行为 xíngwéi
行政 xíngzhèng
形态 xíngtài
型号 xínghào
幸好 xìnghǎo
幸亏 xìngkuī
幸运 xìngyùn
性别 xìngbié
性能 xìngnéng
凶恶 xiōng'è
凶狠 xiōnghěn
凶猛 xiōngměng
胸怀 xiōnghuái
胸膛 xiōngtáng
雄厚 xiónghòu
雄壮 xióngzhuàng
休养 xiūyǎng
修订 xiūdìng
修复 xiūfù
修建 xiūjiàn
修养 xiūyǎng
修正 xiūzhèng
修筑 xiūzhù
羞耻 xiūchǐ
秀丽 xiùlì
须知 xūzhī
虚假 xūjiǎ
虚弱 xūruò
虚伪 xūwěi
需求 xūqiú
序言 xùyán
叙述 xùshù
叙谈 xùtán
畜牧 xùmù

酗酒 xùjiǔ
宣称 xuānchēng
宣读 xuāndú
宣告 xuāngào
宣誓 xuānshì
宣言 xuānyán
宣扬 xuānyáng
悬挂 xuánguà
悬念 xuánniàn
悬崖 xuányá
旋律 xuánlǜ
学会 xuéhuì
学科 xuékē
学历 xuélì
学年 xuénián
学派 xuépài
学时 xuéshí
学说 xuéshuō
学位 xuéwèi
学员 xuéyuán
学者 xuézhě
学制 xuézhì
血管 xuèguǎn
血汗 xuèhàn
血压 xuèyā
寻求 xúnqiú
巡逻 xúnluó
询问 xúnwèn
循环 xúnhuán

Y

压力 yālì
压缩 yāsuō
压抑 yāyì
压韵 yāyùn
压制 yāzhì
鸦片 yāpiàn
牙齿 yáchǐ
牙膏 yágāo
亚军 yàjūn

烟草 yāncǎo
烟囱 yāncōng
烟雾 yānwù
淹没 yānmò
延缓 yánhuǎn
延期 yánqī
延伸 yánshēn
延续 yánxù
严寒 yánhán
严禁 yánjìn
严峻 yánjùn
严厉 yánlì
严密 yánmì
言论 yánlùn
言语 yányǔ
岩石 yánshí
炎热 yánrè
沿岸 yán'àn
沿海 yánhǎi
沿途 yántú
研制 yánzhì
厌恶 yànwù
宴请 yànqǐng
宴席 yànxí
验收 yànshōu
验证 yànzhèng
杨树 yángshù
样品 yàngpǐn
妖怪 yāoguài
谣言 yáoyán
摇摆 yáobǎi
摇晃 yáohuàng
遥控 yáokòng
遥远 yáoyuǎn
药材 yàocái
药方 yàofāng
药品 yàopǐn
药水 yàoshuǐ
药物 yàowù

要不 yàobù
要点 yàodiǎn
要好 yàohǎo
要领 yàolǐng
要命 yàomìng
要素 yàosù
耀眼 yàoyǎn
夜班 yèbān
夜间 yèjiān
液体 yètǐ
医疗 yīliáo
医务 yīwù
医药 yīyào
医治 yīzhì
依次 yīcì
依旧 yījiù
依据 yījù
依赖 yīlài
依然 yīrán
依照 yīzhào
仪表 yíbiǎo
仪式 yíshì
移民 yímín
遗产 yíchǎn
遗传 yíchuán
遗憾 yíhàn
遗失 yíshī
遗址 yízhǐ
疑难 yínán
疑心 yíxīn
亿万 yìwàn
义务 yìwù
议案 yì'àn
议程 yìchéng
议会 yìhuì
议员 yìyuán
抑制 yìzhì
译员 yìyuán
意料 yìliào

意识 yìshí
意图 yìtú
意向 yìxiàng
毅然 yìrán
阴暗 yīn'àn
阴谋 yīnmóu
阴天 yīntiān
音响 yīnxiǎng
银幕 yínmù
淫秽 yínhuì
印染 yìnrǎn
英镑 yīngbàng
英俊 yīngjùn
婴儿 yīng'ér
樱花 yīnghuā
迎面 yíngmiàn
盈利 yínglì
赢得 yíngdé
应邀 yìngyāo
硬件 yìngjiàn
拥挤 yōngjǐ
拥有 yōngyǒu
庸俗 yōngsú
用法 yòngfǎ
用户 yònghù
用具 yòngjù
用品 yòngpǐn
用途 yòngtú
用心 yòngxīn
用意 yòngyì
优惠 yōuhuì
优胜 yōushèng
优势 yōushì
优先 yōuxiān
优异 yōuyì
优越 yōuyuè
优质 yōuzhì
忧虑 yōulǜ
忧郁 yōuyù
幽静 yōujìng
幽默 yōumò
邮包 yóubāo
邮电 yóudiàn
邮购 yóugòu
邮寄 yóujì
邮政 yóuzhèng
犹如 yóurú
犹豫 yóuyù
油菜 yóucài
油画 yóuhuà
油料 yóuliào
油漆 yóuqī
油田 yóutián
游击 yóujī
游客 yóukè
游人 yóurén
游戏 yóuxì
游行 yóuxíng
幼稚 yòuzhì
诱惑 yòuhuò
娱乐 yúlè
渔民 yúmín
渔业 yúyè
榆树 yúshù
愚蠢 yúchǔn
舆论 yúlùn
浴室 yùshì
预报 yùbào
预测 yùcè
预订 yùdìng
预定 yùdìng
预见 yùjiàn
预料 yùliào
预期 yùqī
预赛 yùsài
预算 yùsuàn
预先 yùxiān
预言 yùyán
预约 yùyuē
预祝 yùzhù
寓言 yùyán
元旦 yuándàn
元件 yuánjiàn
元首 yuánshǒu
元素 yuánsù
元宵 yuánxiāo
园林 yuánlín
原告 yuángào
原理 yuánlǐ
原始 yuánshǐ
原先 yuánxiān
原油 yuányóu
原子 yuánzǐ
圆满 yuánmǎn
援助 yuánzhù
缘故 yuángù
猿人 yuánrén
约束 yuēshù
月份 yuèfèn
月光 yuèguāng
跃进 yuèjìn
乐队 yuèduì
乐器 yuèqì
乐曲 yuèqǔ
越冬 yuèdōng
越过 yuèguò
孕育 yùnyù
运送 yùnsòng
运算 yùnsuàn
运行 yùnxíng
运转 yùnzhuǎn
酝酿 yùnniàng
蕴藏 yùncáng

Z

杂交 zájiāo
杂乱 záluàn
杂文 záwén
杂志 zázhì
杂质 zázhì
灾荒 zāihuāng
灾难 zāinàn
栽培 zāipéi
载重 zàizhòng
再三 zàisān
再说 zàishuō
在意 zàiyì
在于 zàiyú
暂且 zànqiě
赞美 zànměi
赞赏 zànshǎng
赞同 zàntóng
赞扬 zànyáng
赞助 zànzhù
葬礼 zànglǐ
遭殃 zāoyāng
遭遇 zāoyù
糟蹋 zāotà
造反 zàofǎn
造价 zàojià
造型 zàoxíng
噪音 zàoyīn
责备 zébèi
责怪 zéguài
增产 zēngchǎn
增进 zēngjìn
增强 zēngqiáng
增设 zēngshè
增添 zēngtiān
增援 zēngyuán
赠送 zèngsòng
诈骗 zhàpiàn
炸弹 zhàdàn
炸药 zhàyào
摘要 zhāiyào
债务 zhàiwù
沾光 zhānguāng

瞻仰 zhānyǎng
占据 zhànjù
占领 zhànlǐng
占有 zhànyǒu
战场 zhànchǎng
战略 zhànlüè
战术 zhànshù
战线 zhànxiàn
战役 zhànyì
战友 zhànyǒu
站岗 zhàngǎng
张望 zhāngwàng
章程 zhāngchéng
障碍 zhàng'ài
招聘 zhāopìn
招生 zhāoshēng
招收 zhāoshōu
招手 zhāoshǒu
朝气 zhāoqì
着凉 zháoliáng
召集 zhàojí
照会 zhàohuì
照旧 zhàojiù
照例 zhàolì
照料 zhàoliào
照射 zhàoshè
照样 zhàoyàng
照耀 zhàoyào
针灸 zhēnjiǔ
侦察 zhēnchá
侦探 zhēntàn
珍贵 zhēnguì
珍惜 zhēnxī
真诚 zhēnchéng
真相 zhēnxiàng
真心 zhēnxīn
阵地 zhèndì
阵容 zhènróng
阵线 zhènxiàn

阵营 zhènyíng
振动 zhèndòng
振兴 zhènxīng
震荡 zhèndàng
震动 zhèndòng
震惊 zhènjīng
镇定 zhèndìng
镇静 zhènjìng
镇压 zhènyā
正月 zhēngyuè
争吵 zhēngchǎo
争端 zhēngduān
争夺 zhēngduó
争气 zhēngqì
争议 zhēngyì
征服 zhēngfú
征收 zhēngshōu
蒸发 zhēngfā
蒸气 zhēngqì
正比 zhèngbǐ
正当 zhèngdāng
正规 zhèngguī
正面 zhèngmiàn
正气 zhèngqì
正巧 zhèngqiǎo
正义 zhèngyì
证件 zhèngjiàn
证据 zhèngjù
证实 zhèngshí
证书 zhèngshū
政变 zhèngbiàn
政党 zhèngdǎng
政权 zhèngquán
政协 zhèngxié
支部 zhībù
支撑 zhīchēng
支出 zhīchū
支付 zhīfù
支配 zhīpèi

支票 zhīpiào
知觉 zhījué
脂肪 zhīfáng
执法 zhífǎ
执勤 zhíqín
直播 zhíbō
直达 zhídá
直径 zhíjìng
直线 zhíxiàn
值班 zhíbān
职称 zhíchēng
职能 zhínéng
职权 zhíquán
职务 zhíwù
职员 zhíyuán
至多 zhìduō
至于 zhìyú
志愿 zhìyuàn
制裁 zhìcái
制服 zhìfú
制品 zhìpǐn
制约 zhìyuē
制作 zhìzuò
质变 zhìbiàn
质朴 zhìpǔ
治安 zhì'ān
治理 zhìlǐ
治疗 zhìliáo
致词 zhìcí
致电 zhìdiàn
致富 zhìfù
致敬 zhìjìng
智慧 zhìhuì
智力 zhìlì
智能 zhìnéng
中部 zhōngbù
中等 zhōngděng
中断 zhōngduàn
中立 zhōnglì

中年 zhōngnián
中秋 zhōngqiū
中途 zhōngtú
中型 zhōngxíng
中旬 zhōngxún
中医 zhōngyī
中游 zhōngyóu
中原 zhōngyuán
忠诚 zhōngchéng
忠实 zhōngshí
忠于 zhōngyú
终点 zhōngdiǎn
终端 zhōngduān
终究 zhōngjiū
终年 zhōngnián
终身 zhōngshēn
钟表 zhōngbiǎo
钟点 zhōngdiǎn
衷心 zhōngxīn
种地 zhòngdì
众多 zhòngduō
众人 zhòngrén
重心 zhòngxīn
重型 zhòngxíng
周密 zhōumì
周末 zhōumò
周年 zhōunián
周期 zhōuqī
昼夜 zhòuyè
皱纹 zhòuwén
诸位 zhūwèi
逐年 zhúnián
助理 zhùlǐ
助手 zhùshǒu
住房 zhùfáng
住所 zhùsuǒ
注册 zhùcè
注解 zhùjiě
注射 zhùshè

注视 zhùshì
注释 zhùshì
祝愿 zhùyuàn
铸造 zhùzào
专长 zhuāncháng
专程 zhuānchéng
专科 zhuānkē
专利 zhuānlì
专人 zhuānrén
专题 zhuāntí
专用 zhuānyòng
转动 zhuàndòng
传记 zhuànjì
装备 zhuāngbèi
装配 zhuāngpèi
装饰 zhuāngshì
装卸 zhuāngxiè
壮大 zhuàngdà
壮观 zhuàngguān
壮丽 zhuànglì
壮烈 zhuàngliè
追查 zhuīchá
追悼 zhuīdào
追赶 zhuīgǎn
追究 zhuījiū
追求 zhuīqiú
追问 zhuīwèn
卓越 zhuóyuè
酌情 zhuóqíng
着手 zhuóshǒu
着想 zhuóxiǎng
咨询 zīxún
姿势 zīshì
姿态 zītài
资本 zīběn
资产 zīchǎn
资格 zīgé
资金 zījīn
资助 zīzhù
滋长 zīzhǎng
滋味 zīwèi
自卑 zìbēi
自发 zìfā
自古 zìgǔ
自豪 zìháo
自满 zìmǎn
自杀 zìshā
自身 zìshēn
自卫 zìwèi
自信 zìxìn
自行 zìxíng
自愿 zìyuàn
自治 zìzhì
自主 zìzhǔ
字典 zìdiǎn
字母 zìmǔ
宗教 zōngjiào
宗派 zōngpài
宗旨 zōngzhǐ
棕色 zōngsè
踪迹 zōngjì
纵横 zònghéng
租金 zūjīn
足以 zúyǐ
钻石 zuànshí
罪恶 zuì'è
罪犯 zuìfàn
罪名 zuìmíng
罪状 zuìzhuàng
尊严 zūnyán
尊重 zūnzhòng
遵循 zūnxún
遵照 zūnzhào
作案 zuò'àn
作法 zuòfǎ
作废 zuòfèi
作风 zuòfēng
作物 zuòwù
作战 zuòzhàn
作主 zuòzhǔ
做工 zuògōng

（三）

本部分选自《普通话水平测试大纲》第三部分[表二]，是一些容易读错的双音词，供大家作注音练习。

A

阿訇　挨次　嗳气　艾绒　爱抚　隘口　安分　安培　安逸　谙练　按捺　黯然　昂首　盎司　凹陷　熬煎　翱翔　拗口　懊丧

B

笆斗　拔除　跋扈　罢了　白炽　白垩　白桦　白芍　白术　白癣　白芷　柏油　败兴　拜谒　稗子　扳道　颁行　斑鸠　斑蝥　板锉　扮相　瓣膜　磅秤　包庇　包扎　褒贬　报偿　刨床　抱愧　暴虐　暴躁　卑劣　卑怯　碑帖　背负　背约　奔丧　奔袭　贲门　本性　崩塌　绷脸　迸裂　逼供　荸荠　鼻衄　匕首　秕糠　笔芯　鄙薄　鄙视　哔叽　婢女　辟邪　避难　边卡　边塞　编撰　编纂　蝙蝠　膘情　鳔胶　瘪三　别称　别墅　槟榔　濒临　摈斥　髌骨　鬓角　冰雹　冰窖　兵权　屏弃　丙纶　秉公　禀性

病假 拨付 波澜 剥离 帛书 鹁鸽 薄饼 簸箕 卜辞 补血 捕获 哺育 不迭 不拘 不遂 不肖 不逊 簿籍

C

擦拭 猜度 裁处 采掘 采摘 菜肴 参差 参谒 残喘 蚕茧 蚕蛹 仓储 苍劲 苍穹 苍术 藏掖 藏拙 糙米 草莽 侧柏 差额 茶匙 茶几 岔气 差劲 差遣 拆卸 觇标 搀兑 缠绕 蝉蜕 谄媚 谄谀 阐释 忏悔 颤音 菖蒲 猖獗 场合 场院 怅惘 超越 潮汐 吵嚷 车辙 尘埃 沉浮 沉溺 衬映 称谓 称职 趁便 蛏子 惩戒 逞强 秤杆 嗤笑 痴呆 池沼 驰骋 迟钝 尺蠖 侈谈 褫夺 叱咤 炽热 充塞 冲床 憧憬 抽搐 抽穗 抽噎 惆怅 绸缎 酬劳 愁闷 筹措 丑陋 刍议 雏形 处治 揣测 穿凿 船埠 船坞 船舷 船闸 椽子 喘息 串供 疮疤 创伤 创设 吹拂 垂钓 垂涎 戳穿 辍学 词缀 雌蕊 赐予 聪颖 凑数 粗略 簇拥 窜逃 篡位 淬火 存档 搓板 撮弄 痤疮 挫败 攒聚

D

耷拉 搭腔 答谢 打颤 打更 打夯 大氅 大赦 大篆 呆滞 歹毒 傣族 当即 当做 党参 荡涤 倒换 倒影 祷告 得逞 登载 瞪眼 堤岸 提防 涤纶 嫡传 诋毁 抵押 地壳 缔约 颠沛 电烫 电钻 玷污 垫肩 惦念 刁钻 凋零 雕琢 吊唁 钓饵 钓竿 掉色 跌宕 叮咛 鼎沸 订正 侗族 洞穴 兜底 斗室 斗嘴 陡峭 渎职 笃信 赌咒 杜撰 妒忌 对襟 对峙 兑付 吨位 敦促 钝角 驮子

E

阿胶 阿谀 讹传 讹诈 鹅毛 婀娜 厄运 扼守 遏制 愕然 恩赐 而今 耳背 耳塞 耳穴

F

发酵 发愣 发难 发指 珐琅 砝码 帆布 烦扰 反诘 泛滥 房檐 仿造 放纵 非难 扉页 蜚声 斐然 分蘖 纷纭 坟茔 愤慨 风靡 蜂巢 缝纫 缝隙 佛手 孵化 伏贴 茯苓 浮肿 抚恤 府邸 负隅 妇孺 附庸 复核 富饶

G

咖喱 概率 干瘪 干练 干系 肝脏 泔水 尴尬 感召 刚劲 高亢 高耸 搁浅 蛤蜊 隔膜 根茎 更衣 供奉

供求
贡品
枸杞
沽名
蛊惑
瓜葛
怪癖
观瞻
官衔
归拢
鬼祟
果脯

H

海参
海啸
害臊
憨直
汗腺
号啕
耗损
浩瀚
呵斥
喝彩
横财
横贯
轰鸣
呼哧
囫囵
湖泊
琥珀
花蕾
哗变
划算
踝骨
豢养
黄芪
诙谐
讳言
荟萃
昏聩
浑浊
豁口
货栈
祸殃

J

积攒
犄角
跻身
激昂
吸取
即兴
棘手
嫉恨
瘠薄
给养
伎俩
忌讳
既而
祭祀
夹克
袈裟
戛然
甲壳
歼击
饯别
荐口
腱鞘
豇豆
浆洗
强嘴
皎洁
脚镣
搅浑
剿灭
校勘
接踵
拮据
解聘
矜持
襟怀
尽兴
劲旅
浸泡
粳米
胫骨
痉挛
镜框
窘迫
臼齿
拘泥
抉择
角色
俊杰

K

卡钳
开绽
揩油
看押
看中
拷问
犒赏
磕碰
瞌睡
叩拜
枯槁
枯竭
裤裆
垮台
挎包
跨栏
括号
咯血

L

邋遢
谰言
烙饼
勒索
肋条
擂台
沥青
连累
两栖
吝啬
羚羊
芦笙
掠取

M

脉络
蛮横
冒昧
霉菌
闷热
蒙混
蒙骗
藐视
冥想
瞑目
谬误
抹黑
默契
牟取

N

纳贿
难侨
囊虫
挠头
铙钹
内讧
泥泞
匿迹
腻烦
拈香
碾坊
涅槃
啮齿
凝滞
奴婢
疟蚊
懦夫

O

讴歌
藕荷
怄气
沤肥

P

蹒跚
滂沱
炮制
泡桐
喷香
抨击
澎湃
捧哏
纰漏
坯布
毗连
剽窃
漂白
撇开
瞥见
苤蓝
平仄
剖析
铺板

Q

栖身
欺侮
气泵
气馁
迄今
掐算
荨麻
虔诚
掮客
芡粉
歉疚
羌族
镪水
强劲
悄然
翘首
切磋
怯懦
惬意
亲昵
琼脂
蜷缩
劝降

R

饶舌
绕嘴
蹂躏
蠕动
偌大

S

撒手
丧钟
疝气
禅让
上溯
上弦
稍息
猞猁
神龛
狩猎
疏浚
栓塞
说客
思忖
苏打
宿敌
遂心
蓑衣

T

弹丸
太监
炭疽
誊清
头癣
湍急
颓废
拓片

W

瓦刀
偎依
斡旋

X

奚落
瑕疵
籼米
闲散
涎水
星宿
雄劲
羞涩
虚拟
旋风
炫耀
眩晕
渲染
穴位
血栓
血渍
巡捕
徇情
殉难

Y

押当
押解
严惩
赝品
佯攻

臆测　　Z　　笊篱　　诤言　　赘述　　着落　　字帖
殷红　　糟粕　　甄别　　中意　　卓绝　　辎重　　诅咒
约略　　蚱蜢　　箴言　　妯娌　　灼热　　自刎　　柞蚕
陨灭

（四）

1. 常用词语(选自表一)

（1）上＋阴

把关 bǎguān
摆脱 bǎituō
保温 bǎowēn
北方 běifāng
比分 bǐfēn
贬低 biǎndī
表彰 biǎozhāng
饼干 bǐnggān
补充 bǔchōng
补贴 bǔtiē
捕捞 bǔlāo
产区 chǎnqū
产生 chǎnshēng
厂家 chǎngjiā
处方 chǔfāng
打击 dǎjī
导师 dǎoshī
点钟 diǎnzhōng
短期 duǎnqī
法官 fǎguān
法规 fǎguī
反攻 fǎngōng
反击 fǎnjī
反思 fǎnsī
反之 fǎnzhī
纺织 fǎngzhī
改编 gǎibiān
感激 gǎnjī
股东 gǔdōng
鼓吹 gǔchuī
拐弯 guǎiwān
广播 guǎngbō
海滨 hǎibīn
海关 hǎiguān
海军 hǎijūn
好吃 hǎochī
好多 hǎoduō
好说 hǎoshuō
好听 hǎotīng
好些 hǎoxiē
狠心 hěnxīn
火车 huǒchē
火山 huǒshān
火灾 huǒzāi
假装 jiǎzhuāng
检修 jiǎnxiū
剪刀 jiǎndāo
减低 jiǎndī
减轻 jiǎnqīng
简称 jiǎnchēng
简单 jiǎndān
解剖 jiěpōu
紧缩 jǐnsuō
紧张 jǐnzhāng
卡车 kǎchē
可观 kěguān
可惜 kěxī
口腔 kǒuqiāng
老家 lǎojiā
老师 lǎoshī
老乡 lǎoxiāng
领先 lǐngxiān
马车 mǎchē
满腔 mǎnqiāng
抹杀 mǒshā
某些 mǒuxiē
母亲 mǔqīn
哪些 nǎxiē
脑筋 nǎojīn
普通 pǔtōng
启发 qǐfā
起初 qǐchū
起飞 qǐfēi
起身 qǐshēn
取消 qǔxiāo
审批 shěnpī
始终 shǐzhōng
手工 shǒugōng
手巾 shǒujīn
首都 shǒudū
首先 shǒuxiān
水灾 shuǐzāi
损伤 sǔnshāng
损失 sǔnshī
体操 tǐcāo
体温 tǐwēn
挑拨 tiǎobō
统一 tǒngyī
晚餐 wǎncān
惋惜 wǎnxī
委托 wěituō
武装 wǔzhuāng
舞厅 wǔtīng
响声 xiǎngshēng
小说 xiǎoshuō
许多 xǔduō
雪花 xuěhuā
眼光 yǎnguāng
演出 yǎnchū
演说 yǎnshuō
冶金 yějīn
野生 yěshēng
野心 yěxīn
有关 yǒuguān
早期 zǎoqī
展出 zhǎnchū
展开 zhǎnkāi
展销 zhǎnxiāo
崭新 zhǎnxīn
掌声 zhǎngshēng
整天 zhěngtiān
指标 zhǐbiāo
指出 zhǐchū
指挥 zhǐhuī
主编 zhǔbiān
主观 zhǔguān
嘱托 zhǔtuō
转播 zhuǎnbō
转交 zhuǎnjiāo
子孙 zǐsūn
总督 zǒngdū
总之 zǒngzhī
走私 zǒusī
组织 zǔzhī
祖先 zǔxiān
左边 zuǒbian

（2）上＋阳

饱和 bǎohé
宝石 bǎoshí
保持 bǎochí
保存 bǎocún
保留 bǎoliú
本来 běnlái
本能 běnnéng
比如 bǐrú
笔直 bǐzhí
贬值 biǎnzhí
表达 biǎodá
表明 biǎomíng
表情 biǎoqíng
表扬 biǎoyáng
补偿 bǔcháng
补习 bǔxí
采集 cǎijí
草原 cǎoyuán
产值 chǎnzhí
阐明 chǎnmíng
场合 chǎnghé
齿轮 chǐlún
储藏 chǔcáng
储存 chǔcún
处罚 chǔfá
处决 chǔjué
处于 chǔyú
此时 cǐshí
歹徒 dǎitú
党员 dǎngyuán
导航 dǎoháng
导游 dǎoyóu
倒霉 dǎoméi
等级 děngjí
等于 děngyú
典型 diǎnxíng
点名 diǎnmíng
点燃 diǎnrán

赌博 dǔbó
躲藏 duǒcáng
法郎 fǎláng
法人 fǎrén
法庭 fǎtíng
法则 fǎzé
反驳 fǎnbó
反常 fǎncháng
反而 fǎn’ér
返回 fǎnhuí
匪徒 fěitú
否决 fǒujué
否则 fǒuzé
腐蚀 fǔshí
改良 gǎiliáng
赶忙 gǎnmáng
敢于 gǎnyú
感觉 gǎnjué
感情 gǎnqíng
搞活 gǎohuó
古人 gǔrén
古文 gǔwén
管辖 guǎnxiá
果然 guǒrán
果实 guǒshí
海拔 hǎibá
海峡 hǎixiá
海洋 hǎiyáng
狠毒 hěndú
缓和 huǎnhé
火柴 huǒchái
伙食 huǒshí
几何 jǐhé
假如 jiǎrú
检查 jiǎnchá
检察 jiǎnchá
简明 jiǎnmíng
简直 jiǎnzhí

狡猾 jiǎohuá
解除 jiěchú
解答 jiědá
警察 jǐngchá
举行 jǔxíng
凯旋 kǎixuán
考察 kǎochá
考核 kǎohé
可怜 kělián
可能 kěnéng
可行 kěxíng
恳求 kěnqiú
朗读 lǎngdú
老成 lǎochéng
老年 lǎonián
老人 lǎorén
礼节 lǐjié
礼堂 lǐtáng
理由 lǐyóu
脸盆 liǎnpén
两极 liǎngjí
两旁 liǎngpáng
旅途 lǚtú
旅行 lǚxíng
旅游 lǚyóu
履行 lǚxíng
满怀 mǎnhuái
满足 mǎnzú
美德 měidé
美元 měiyuán
猛然 měngrán
免除 miǎnchú
敏捷 mǐnjié
女儿 nǚ’ér
偶然 ǒurán
品尝 pǐncháng
品德 pǐndé
品行 pǐnxíng

朴实 pǔshí
普查 pǔchá
普及 pǔjí
企图 qǐtú
启程 qǐchéng
起床 qǐchuáng
起伏 qǐfú
起来 qǐlái
起源 qǐyuán
谴责 qiǎnzé
抢劫 qiǎngjié
取得 qǔdé
散文 sǎnwén
扫除 sǎochú
审查 shěnchá
使节 shǐjié
属于 shǔyú
首席 shǒuxí
水泥 shuǐní
水平 shuǐpíng
水源 shuǐyuán
死亡 sǐwáng
死刑 sǐxíng
所得 suǒdé
坦白 tǎnbái
挺拔 tǐngbá
统筹 tǒngchóu
妥协 tuǒxié
椭圆 tuǒyuán
晚年 wǎnnián
网球 wǎngqiú
往常 wǎngcháng
往来 wǎnglái
往年 wǎngnián
委员 wěiyuán
舞台 wǔtái
显然 xiǎnrán
享福 xiǎngfú

小时 xiǎoshí
小学 xiǎoxué
选拔 xuǎnbá
选集 xuǎnjí
选民 xuǎnmín
选择 xuǎnzé
雪白 xuěbái
眼前 yǎnqián
眼神 yǎnshén
演习 yǎnxí
养成 yǎngchéng
养殖 yǎngzhí
野蛮 yěmán
以来 yǐlái
以前 yǐqián
以为 yǐwéi
饮食 yǐnshí
隐藏 yǐncáng
隐瞒 yǐnmán
勇于 yǒngyú
友情 yǒuqíng
友人 yǒurén
有名 yǒumíng
有时 yǒushí
与其 yǔqí
羽毛 yǔmáo
语文 yǔwén
整洁 zhěngjié
整齐 zhěngqí
只得 zhǐdé
只能 zhǐnéng
指明 zhǐmíng
主持 zhǔchí
主流 zhǔliú
主权 zhǔquán
主人 zhǔrén
主食 zhǔshí
主题 zhǔtí
主席 zhǔxí
转达 zhuǎndá
转移 zhuǎnyí
准时 zhǔnshí
准则 zhǔnzé
总额 zǒng’é
总和 zǒnghé
总结 zǒngjié
走廊 zǒuláng
阻拦 zǔlán
阻挠 zǔnáo
组成 zǔchéng
组合 zǔhé
祖国 zǔguó
嘴唇 zuǐchún

（3）上＋去

把握 bǎwò
把戏 bǎxì
百货 bǎihuò
柏树 bǎishù
摆动 bǎidòng
绑架 bǎngjià
宝贵 bǎoguì
宝剑 bǎojiàn
宝库 bǎokù
保护 bǎohù
保健 bǎojiàn
保密 bǎomì
保卫 bǎowèi
保障 bǎozhàng
保证 bǎozhèng
保重 bǎozhòng
北面 běimiàn
本性 běnxìng
本质 běnzhì
比价 bǐjià
比较 bǐjiào
比赛 bǐsài
比喻 bǐyù
比重 bǐzhòng
笔试 bǐshì
贬义 biǎnyì
表面 biǎomiàn
表示 biǎoshì
表现 biǎoxiàn
补救 bǔjiù
补课 bǔkè
采购 cǎigòu
采纳 cǎinà
采用 cǎiyòng
彩色 cǎisè
草案 cǎo’àn
草地 cǎodì
草率 cǎoshuài
产地 chǎndì
产量 chǎnliàng
产物 chǎnwù
产业 chǎnyè
阐述 chǎnshù
场地 chǎngdì
场面 chǎngmiàn
吵架 chǎojià
丑恶 chǒu’è
储备 chǔbèi
储蓄 chǔxù
处分 chǔfèn
处境 chǔjìng
处置 chǔzhì
此后 cǐhòu
此刻 cǐkè
此外 cǐwài
打败 dǎbài
打架 dǎjià
打猎 dǎliè
打破 dǎpò
打仗 dǎzhàng
胆量 dǎnliàng
胆怯 dǎnqiè
党派 dǎngpài
党性 dǎngxìng
导致 dǎozhì
捣乱 dǎoluàn
倒闭 dǎobì
等候 děnghòu
抵抗 dǐkàng
抵制 dǐzhì
底片 dǐpiàn
董事 dǒngshì
懂事 dǒngshì
堵塞 dǔsè
短处 duǎnchù
短促 duǎncù
短暂 duǎnzàn
躲避 duǒbì
法定 fǎdìng
法令 fǎlìng
法律 fǎlǜ
法律 fǎlǜ
法院 fǎyuàn
法制 fǎzhì
反倒 fǎndào
反动 fǎndòng
反对 fǎnduì
反抗 fǎnkàng
反馈 fǎnkuì
反面 fǎnmiàn
反射 fǎnshè
反问 fǎnwèn
反应 fǎnyìng
反映 fǎnyìng
访问 fǎngwèn
诽谤 fěibàng

粉末 fěnmò
粉碎 fěnsuì
讽刺 fěngcì
否定 fǒudìng
否认 fǒurèn
抚育 fǔyù
腐败 fǔbài
腐化 fǔhuà
腐烂 fǔlàn
改变 gǎibiàn
改建 gǎijiàn
改进 gǎijìn
改善 gǎishàn
改造 gǎizào
改正 gǎizhèng
赶快 gǎnkuài
赶上 gǎnshàng
感到 gǎndào
感动 gǎndòng
感化 gǎnhuà
感冒 gǎnmào
感受 gǎnshòu
感谢 gǎnxiè
岗位 gǎngwèi
港币 gǎngbì
稿件 gǎojiàn
古代 gǔdài
古迹 gǔjì
股份 gǔfèn
股票 gǔpiào
骨肉 gǔròu
鼓动 gǔdòng
鼓励 gǔlì
管道 guǎndào
广大 guǎngdà
广泛 guǎngfàn
广阔 guǎngkuò
轨道 guǐdào
滚动 gǔndòng

果断 guǒduàn
果树 guǒshù
海岸 hǎi'àn
海面 hǎimiàn
海外 hǎiwài
罕见 hǎnjiàn
喊叫 hǎnjiào
好看 hǎokàn
好像 hǎoxiàng
好在 hǎozài
缓慢 huǎnmàn
悔恨 huǐhèn
毁坏 huǐhuài
毁灭 huǐmiè
火箭 huǒjiàn
火力 huǒlì
火焰 huǒyàn
火药 huǒyào
伙伴 huǒbàn
假定 jiǎdìng
假冒 jiǎmào
假若 jiǎruò
假设 jiǎshè
检测 jiǎncè
减弱 jiǎnruò
简化 jiǎnhuà
简陋 jiǎnlòu
简要 jiǎnyào
简易 jiǎnyì
讲话 jiǎnghuà
讲课 jiǎngkè
讲述 jiǎngshù
讲义 jiǎngyì
讲座 jiǎngzuò
奖励 jiǎnglì
奖状 jiǎngzhuàng
角度 jiǎodù
角落 jiǎoluò
脚步 jiǎobù

搅拌 jiǎobàn
缴纳 jiǎonà
解放 jiěfàng
解雇 jiěgù
解散 jiěsàn
解释 jiěshì
紧密 jǐnmì
紧迫 jǐnpò
紧俏 jǐnqiào
锦绣 jǐnxiù
谨慎 jǐnshèn
尽快 jǐnkuài
尽量 jǐnliàng
景色 jǐngsè
景物 jǐngwù
景象 jǐngxiàng
警告 jǐnggào
警惕 jǐngtì
警卫 jǐngwèi
酒店 jiǔdiàn
酒会 jiǔhuì
举办 jǔbàn
举动 jǔdòng
卡片 kǎpiàn
考虑 kǎolǜ
考试 kǎoshì
考验 kǎoyàn
可爱 kě'ài
可贵 kěguì
可恶 kěwù
可见 kějiàn
可怕 kěpà
可是 kěshì
可笑 kěxiào
渴望 kěwàng
肯定 kěndìng
恳切 kěnqiè
孔雀 kǒngquè
恐怖 kǒngbù

恐惧 kǒngjù
恐怕 kǒngpà
口岸 kǒu'àn
口袋 kǒudài
口号 kǒuhào
口气 kǒuqì
口试 kǒushì
苦难 kǔ'nàn
款待 kuǎndài
懒惰 lǎnduò
朗诵 lǎngsòng
老汉 lǎohàn
老化 lǎohuà
冷淡 lěngdàn
冷静 lěngjìng
冷却 lěngquè
礼拜 lǐbài
礼貌 lǐmào
礼物 lǐwù
理发 lǐfà
理会 lǐhuì
理论 lǐlùn
理事 lǐshì
脸色 liǎnsè
领会 lǐnghuì
领事 lǐngshì
领袖 lǐngxiù
领域 lǐngyù
笼罩 lǒngzhào
垄断 lǒngduàn
旅店 lǚdiàn
旅客 lǚkè
屡次 lǚcì
马克 mǎkè
马力 mǎlì
马路 mǎlù
马上 mǎshàng
马戏 mǎxì
满意 mǎnyì

满月 mǎnyuè
美丽 měilì
美术 měishù
猛烈 měngliè
免费 miǎnfèi
勉励 miǎnlì
敏锐 mǐnruì
脑力 nǎolì
拟定 nǐdìng
纽扣 niǔkòu
女士 nǚshì
女性 nǚxìng
暖气 nuǎnqì
呕吐 ǒutù
跑步 pǎobù
品质 pǐnzhì
普遍 pǔbiàn
岂不 qǐbù
企业 qǐyè
启事 qǐshì
起哄 qǐhòng
起劲 qǐjìn
起诉 qǐsù
强迫 qiǎngpò
抢救 qiǎngjiù
请假 qǐngjià
请教 qǐngjiào
请客 qǐngkè
请示 qǐngshì
请问 qǐngwèn
请愿 qǐngyuàn
取代 qǔdài
染料 rǎnliào
扰乱 rǎoluàn
忍耐 rěnnài
忍受 rěnshòu
软件 ruǎnjiàn
闪电 shǎndiàn
闪耀 shǎnyào

少量 shǎoliàng
审定 shěndìng
审判 shěnpàn
审讯 shěnxùn
审议 shěnyì
省会 shěnghuì
省略 shěnglüè
史料 shǐliào
使劲 shǐjìn
使命 shǐmìng
使用 shǐyòng
手电 shǒudiàn
手段 shǒuduàn
手套 shǒutào
手续 shǒuxù
手艺 shǒuyì
守卫 shǒuwèi
首创 shǒuchuàng
首相 shǒuxiàng
首要 shǒuyào
暑假 shǔjià
水稻 shuǐdào
水电 shuǐdiàn
水分 shuǐfèn
水库 shuǐkù
水力 shuǐlì
水利 shuǐlì
损害 sǔnhài
损耗 sǔnhào
损坏 sǔnhuài
所在 suǒzài
索性 suǒxìng
坦克 tǎnkè
倘若 tǎngruò
讨论 tǎolùn
讨厌 tǎoyàn
体会 tǐhuì
体谅 tǐliàng
体现 tǐxiàn

体验 tǐyàn
体育 tǐyù
体制 tǐzhì
体质 tǐzhì
体重 tǐzhòng
挑衅 tiǎoxìn
挑战 tiǎozhàn
铁道 tiědào
铁路 tiělù
挺立 tǐnglì
统计 tǒngjì
统战 tǒngzhàn
统治 tǒngzhì
土地 tǔdì
土豆 tǔdòu
妥善 tuǒshàn
挽救 wǎnjiù
晚报 wǎnbào
晚饭 wǎnfàn
晚会 wǎnhuì
往后 wǎnghòu
往日 wǎngrì
往事 wǎngshì
伟大 wěidà
伪造 wěizào
稳定 wěndìng
午饭 wǔfàn
武力 wǔlì
武器 wǔqì
舞会 wǔhuì
喜爱 xǐ'ài
喜鹊 xǐquè
喜事 xǐshì
喜讯 xǐxùn
喜悦 xǐyuè
显示 xiǎnshì
显著 xiǎnzhù
享乐 xiǎnglè
享受 xiǎngshòu

响应 xiǎngyìng
想念 xiǎngniàn
小便 xiǎobiàn
小麦 xiǎomài
小数 xiǎoshù
写作 xiězuò
选定 xuǎndìng
选用 xuǎnyòng
眼镜 yǎnjìng
眼泪 yǎnlèi
养分 yǎngfèn
养料 yǎngliào
养育 yǎngyù
氧化 yǎnghuà
氧气 yǎngqì
冶炼 yěliàn
野兽 yěshòu
野外 yěwài
以便 yǐbiàn
以后 yǐhòu
以内 yǐnèi
以上 yǐshàng
以外 yǐwài
以下 yǐxià
以至 yǐzhì
以致 yǐzhì
引入 yǐnrù
引用 yǐnyòng
引诱 yǐnyòu
饮料 yǐnliào
隐蔽 yǐnbì
勇气 yǒngqì
勇士 yǒngshì
涌现 yǒngxiàn
踊跃 yǒngyuè
友爱 yǒu'ài
友谊 yǒuyì
有待 yǒudài
有害 yǒuhài

有力 yǒulì
有利 yǒulì
有趣 yǒuqù
有限 yǒuxiàn
有效 yǒuxiào
有益 yǒuyì
有意 yǒuyì
有用 yǒuyòng
宇宙 yǔzhòu
语调 yǔdiào
语气 yǔqì
远大 yuǎndà
早饭 zǎofàn
早日 zǎorì
怎样 zěnyàng
展示 zhǎnshì
展望 zhǎnwàng
展现 zhǎnxiàn
涨价 zhǎngjià
掌握 zhǎngwò
诊断 zhěnduàn
整顿 zhěngdùn
整个 zhěnggè
整数 zhěngshù
只顾 zhǐgù
只要 zhǐyào
指定 zhǐdìng
指令 zhǐlìng
指望 zhǐwàng
种类 zhǒnglèi
主办 zhǔbàn
主动 zhǔdòng
主力 zhǔlì
主任 zhǔrèn
主要 zhǔyào
主义 zhǔyì
转变 zhuǎnbiàn
转动 zhuàndòng
转告 zhuǎngào
转化 zhuǎnhuà
转让 zhuǎnràng
转入 zhuǎnrù
转向 zhuǎnxiàng
准备 zhǔnbèi
准确 zhǔnquè
仔细 zǐxì
子弹 zǐdàn
子弟 zǐdì
总计 zǒngjì
总数 zǒngshù
总算 zǒngsuàn
总务 zǒngwù
走道 zǒudào
阻碍 zǔ'ài
阻力 zǔlì
左右 zuǒyòu

（4）上＋上

饱满 bǎomǎn
保管 bǎoguǎn
保姆 bǎomǔ
保守 bǎoshǒu
保险 bǎoxiǎn
保养 bǎoyǎng
堡垒 bǎolěi
本领 běnlǐng
表演 biǎoyǎn
采访 cǎifǎng
采取 cǎiqǔ
产品 chǎnpǐn
场所 chǎngsuǒ
吵嘴 chǎozuǐ
处理 chǔlǐ
打扰 dǎrǎo
打扫 dǎsǎo
党委 dǎngwěi
导体 dǎotǐ
导演 dǎoyǎn
岛屿 dǎoyǔ
典礼 diǎnlǐ
点火 diǎnhuǒ
法语 fǎyǔ
粉笔 fěnbǐ
辅导 fǔdǎo
腐朽 fǔxiǔ
改组 gǎizǔ
赶紧 gǎnjǐn
感慨 gǎnkǎi
感想 gǎnxiǎng
港口 gǎngkǒu
稿纸 gǎozhǐ
给以 gěiyǐ
古典 gǔdiǎn
古老 gǔlǎo
鼓掌 gǔzhǎng
管理 guǎnlǐ
海港 hǎigǎng
好比 hǎobǐ
好感 hǎogǎn
好久 hǎojiǔ
好转 hǎozhuǎn
悔改 huǐgǎi
给予 jǐyǔ
甲板 jiǎbǎn
假使 jiǎshǐ
剪彩 jiǎncǎi
减少 jiǎnshǎo
简短 jiǎnduǎn
讲理 jiǎnglǐ
讲演 jiǎngyǎn
奖品 jiǎngpǐn
尽管 jǐnguǎn
考古 kǎogǔ
考取 kǎoqǔ
可巧 kěqiǎo
可喜 kěxǐ
可以 kěyǐ
口语 kǒuyǔ
苦恼 kǔnǎo
老板 lǎobǎn
老虎 lǎohǔ
老鼠 lǎoshǔ
冷饮 lěngyǐn
礼品 lǐpǐn
理睬 lǐcǎi
理解 lǐjiě
理想 lǐxiǎng
两手 liǎngshǒu
了解 liǎojiě
领导 lǐngdǎo
领土 lǐngtǔ
旅馆 lǚguǎn
蚂蚁 mǎyǐ
美好 měihǎo
勉强 miǎnqiǎng
敏感 mǐngǎn
奶粉 nǎifěn
恼火 nǎohuǒ
扭转 niǔzhuǎn
女子 nǚzǐ
偶尔 ǒu'ěr
品种 pǐnzhǒng
起草 qǐcǎo
起点 qǐdiǎn
起码 qǐmǎ
请柬 qǐngjiǎn
请帖 qǐngtiě
审理 shěnlǐ
审美 shěnměi
省长 shěngzhǎng
手表 shǒubiǎo
手法 shǒufǎ
手指 shǒuzhǐ
守法 shǒufǎ

首长 shǒuzhǎng 首领 shǒulǐng 首脑 shǒunǎo 水产 shuǐchǎn 水果 shuǐguǒ 水土 shuǐtǔ 所以 suǒyǐ 所有 suǒyǒu 所属 suǒshǔ 土壤 tǔrǎng 瓦解 wǎjiě 往返 wǎngfǎn 稳妥 wěntuǒ 舞蹈 wǔdǎo 享有 xiǎngyǒu 想法 xiǎngfǎ

小鬼 xiǎoguǐ 小组 xiǎozǔ 许可 xǔkě 选举 xuǎnjǔ 选取 xuǎnqǔ 选手 xuǎnshǒu 演讲 yǎnjiǎng 也许 yěxǔ 以免 yǐmiǎn 以往 yǐwǎng 引导 yǐndǎo 引起 yǐnqǐ 饮水 yǐnshuǐ 影响 yǐngxiǎng 永久 yǒngjiǔ

勇敢 yǒnggǎn 友好 yǒuhǎo 予以 yǔyǐ 雨水 yǔshuǐ 语法 yǔfǎ 远景 yuǎnjǐng 允许 yǔnxǔ 早点 zǎodiǎn 早晚 zǎowǎn 早已 zǎoyǐ 展览 zhǎnlǎn 掌管 zhǎngguǎn 整理 zhěnglǐ 整体 zhěngtǐ 只管 zhǐguǎn

只好 zhǐhǎo 只有 zhǐyǒu 指导 zhǐdǎo 指点 zhǐdiǎn 指引 zhǐyǐn 主导 zhǔdǎo 主管 zhǔguǎn 主体 zhǔtǐ 准许 zhǔnxǔ 总得 zǒngděi 总理 zǒnglǐ 走访 zǒufǎng 阻挡 zǔdǎng 阻止 zǔzhǐ 组长 zǔzhǎng

2. 常用词语(选自表 2)

上声+阴平

板书 bǎnshū 保安 bǎo’ān 本家 běnjiā 本科 běnkē 秕糠 bǐkāng 笔端 bǐduān 笔芯 bǐxīn 表亲 biǎoqīn 秉公 bǐnggōng 补缺 bǔquē 采光 cǎiguāng 草酸 cǎosuān 阐发 chǎnfā 逞凶 chěngxiōng 喘息 chuǎnxī 打更 dǎgēng 打夯 dǎhāng

胆汁 dǎnzhī 党参 dǎngshēn 倒塌 dǎotā 抵押 dǐyā 点播 diǎnbō 顶峰 dǐngfēng 陡坡 dǒupō 短缺 duǎnquē 法医 fǎyī 返青 fǎnqīng 匪帮 fěibāng 辅音 fǔyīn 改锥 gǎizhuī 感恩 gǎn’ēn 港湾 gǎngwān 稿约 gǎoyuē 苟安 gǒu’ān

古筝 gǔzhēng 滚珠 gǔnzhū 果汁 guǒzhī 海参 hǎishēn 恍惚 huǎnghū 尽先 jǐnxiān 颈椎 jǐngzhuī 警钟 jǐngzhōng 酒盅 jiǔzhōng 咔叽 kǎjī 凯歌 kǎigē 坎肩 kǎnjiān 累积 lěijī 冷敷 lěngfū 理应 lǐyīng 垄沟 lǒnggōu 抹黑 mǒhēi

弩弓 nǔgōng 女声 nǚshēng 呕心 ǒuxīn 匹夫 pǐfū 起居 qǐjū 省心 shěngxīn 水晶 shuǐjīng 耸肩 sǒngjiān 挑灯 tiǎodēng 挑唆 tiǎosuō 铁锨 tiěxiān 土坯 tǔpī 萎缩 wěisuō 雪橇 xuěqiāo 羽冠 yǔguān 准星 zhǔnxīng 紫荆 zǐjīng

上声+阴平

靶台 bǎtái 百灵 bǎilíng

柏油 bǎiyóu 本行 běnháng

鄙人 bǐrén 鄙俗 bǐsú

匾额 biǎn’é 摒除 bǐngchú

丙纶 bǐnglún
捕食 bǔshí
卜辞 bǔcí
采伐 cǎifá
采掘 cǎijué
草鞋 cǎoxié
谄谀 chǎnyú
逞强 chěngqiáng
褫夺 chǐduó
齿龈 chǐyín
侈谈 chǐtán
宠儿 chǒng'ér
丑角 chǒujué
处刑 chǔxíng
揣摩 chuǎimó
打场 dǎcháng
傣族 dǎizú
胆囊 dǎnnáng
等闲 děngxián
抵偿 dǐcháng
耳熟 ěrshú
耳穴 ěrxué
反刍 fǎnchú
反诘 fǎnjié
斐然 fěirán
菲薄 fěibó
粉红 fěnhóng
府绸 fǔchóu
梗直 gěngzhí
苟同 gǒutóng
裹挟 guǒxié
海蜇 hǎizhé
奖惩 jiǎngchéng
搅浑 jiǎohún
锦旗 jǐnqí
迥然 jiǒngrán
韭黄 jiǔhuáng
矩形 jǔxíng
卡钳 kǎqián
缆绳 lǎnshéng
了结 liǎojié
凛然 lǐnrán
卵石 luǎnshí
莽原 mǎngyuán
缅怀 miǎnhuái
碾坊 niǎnfáng
忸怩 niǔní
扭结 niǔjié
女墙 nǚqiáng
暖阁 nuǎngé
藕荷 ǒuhé
漂白 piǎobái
企鹅 qǐ'é
爽直 shuǎngzhí
讨嫌 tǎoxián
统辖 tǒngxiá
宛如 wǎnrú
枉然 wǎngrán
引擎 yǐnqíng
陨石 yǔnshí
涨潮 zhǎngcháo
爪牙 zhǎoyá
主角 zhǔjué
组阁 zǔgé

上声＋去声

嗳气 ǎiqì
板锉 bǎncuò
宝藏 bǎozàng
本性 běnxìng
鄙视 bǐshì
屏气 bǐngqì
捕获 bǔhuò
哺育 bǔyù
惨败 cǎnbài
谄媚 chǎnmèi
阐释 chǎnshì
尺蠖 chǐhuò
丑陋 chǒulòu
处治 chǔzhì
揣测 chuǎicè
喘气 chuǎnqì
打颤 dǎzhàn
倒换 dǎohuàn
等份 děngfèn
抵御 dǐyù
砥柱 dǐzhù
鼎沸 dǐngfèi
斗室 dǒushì
陡峭 dǒuqiào
笃信 dǔxìn
赌咒 dǔzhòu
耳背 ěrbèi
反串 fǎnchuàn
翡翠 fěicuì
粉饰 fěnshì
讽喻 fěngyù
抚恤 fǔxù
俯瞰 fǔkàn
杆秤 gǎnchèng
感应 gǎnyìng
感召 gǎnzhào
哽咽 gěngyè
梗塞 gěngsè
蛊惑 gǔhuò
轨迹 guǐjì
诡辩 guǐbiàn
鬼混 guǐhùn
海啸 hǎixiào
好似 hǎosì
哄骗 hǒngpiàn
琥珀 hǔpò
悔悟 huǐwù
毁誉 huǐyù
脊背 jǐbèi
甲壳 jiǎqiào
检阅 jiǎnyuè
奖券 jiǎngquàn
侥幸 jiǎoxìng
狡诈 jiǎozhà
矫正 jiǎozhèng
剿灭 jiǎomiè
缴械 jiǎoxiè
解聘 jiěpìn
景致 jǐngzhì
窘况 jiǒngkuàng
韭菜 jiǔcài
沮丧 jǔsàng
慨叹 kǎitàn
拷贝 kǎobèi
恐吓 kǒnghè
口供 kǒugòng
口径 kǒujìng
卤味 lǔwèi
旅伴 lǚbàn
履带 lǚdài
藐视 miǎoshì
拟订 nǐdìng
鸟瞰 niǎokàn
呕血 ǒuxuè
偶像 ǒuxiàng
劈叉 pǐchà
癖好 pǐhào
叵测 pǒcè
乞丐 qǐgài
顷刻 qǐngkè
取缔 qǔdì
染色 rǎnsè
惹祸 rěhuò
矢量 shǐliàng

手铐 shǒukào
手腕 shǒuwàn
手谕 shǒuyù
首恶 shǒu'è
鼠窜 shǔcuàn
属性 shǔxìng
耍弄 shuǎnòng
甩卖 shuǎimài
水泵 shuǐbèng
耸立 sǒnglì
袒护 tǎnhù
体魄 tǐpò
体恤 tǐxù
挑逗 tiǎodòu
吐穗 tǔsuì
瓦砾 wǎlì
枉费 wǎngfèi
猥亵 wěixiè
紊乱 wěnluàn
妩媚 wǔmèi
侮蔑 wǔmiè
舞弊 wǔbì
显赫 xiǎnhè
险峻 xiǎnjùn
省悟 xǐngwù
许诺 xǔnuò
血晕 xiěyùn
掩蔽 yǎnbì
演绎 yǎnyì
倚仗 yǐzhàng
引咎 yǐnjiù
饮泣 yǐnqì
隐晦 yǐnhuì
隐痛 yǐntòng
甬道 yǒngdào
咏叹 yǒngtàn
远虑 yuǎnlǜ
允诺 yǔnnuò
陨灭 yǔnmiè
展翅 zhǎnchì
长相 zhǎngxiàng
沼气 zhǎoqì
拯救 zhěngjiù
整饬 zhěngchì
整训 zhěngxùn
种畜 zhǒngchù
肘腋 zhǒuyè
主见 zhǔjiàn
瞩望 zhǔwàng
转瞬 zhuǎnshùn
转赠 zhuǎnzèng
总括 zǒngkuò
走运 zǒuyùn
诅咒 zǔzhòu
阻塞 zǔsè
祖辈 zǔbèi
佐证 zuǒzhèng

上声＋上声

矮小 ǎixiǎo
把守 bǎshǒu
绑腿 bǎngtuǐ
保举 bǎojǔ
绷脸 běngliǎn
匕首 bǐshǒu
补考 bǔkǎo
草拟 cǎonǐ
场景 chǎngjǐng
吵嚷 chǎorǎng
耻辱 chǐrǔ
处女 chǔnǚ
打搅 dǎjiǎo
党羽 dǎngyǔ
捣鬼 dǎoguǐ
诋毁 dǐhuǐ
典雅 diǎnyǎ
反悔 fǎnhuǐ
反省 fǎnxǐng
仿古 fǎnggǔ
府邸 fǔdǐ
辅佐 fǔzuǒ
拱手 gǒngshǒu
梗死 gěngsǐ
苟且 gǒuqiě
枸杞 gǒuqǐ
骨髓 gǔsuǐ
滚筒 gǔntǒng
果脯 guǒfǔ
海藻 hǎizǎo
给养 jǐyǎng
俭朴 jiǎnpǔ
搅扰 jiǎorǎo
久仰 jiǔyǎng
举止 jǔzhǐ
咯血 kǎxiě
楷体 kǎitǐ
拷打 kǎodǎ
可鄙 kěbǐ
口角 kǒujiǎo
老茧 lǎojiǎn
冷场 lěngchǎng
鲁莽 lǔmǎng
玛瑙 mǎnǎo
拟稿 nǐgǎo
藕粉 ǒufěn
漂染 piǎorǎn
乞讨 qǐtǎo
遣返 qiǎnfǎn
襁褓 qiǎngbǎo
龋齿 qǔchǐ
取舍 qǔshě
染指 rǎnzhǐ
审处 shěnchǔ
矢口 shǐkǒu
手癣 shǒuxuǎn
爽朗 shuǎnglǎng
水笔 shuǐbǐ
索引 suǒyǐn
讨巧 tǎoqiǎo
铁甲 tiějiǎ
挺举 tǐngjǔ
吐口 tǔkǒu
枉法 wǎngfǎ
猥琐 wěisuǒ
显影 xiǎnyǐng
险阻 xiǎnzǔ
雪耻 xuěchǐ
眼睑 yǎnjiǎn
窈窕 yǎotiǎo
勇猛 yǒngměng
眨眼 zhǎyǎn
斩首 zhǎnshǒu
趾甲 zhǐjiǎ
纸捻 zhǐniǎn
主宰 zhǔzǎi
转载 zhuǎnzǎi
准予 zhǔnyǔ
总揽 zǒnglǎn
走火 zǒuhuǒ

二、三音节词语

1. 重轻轻格

- 巴不得 bābude
- 顾不得 gùbude
- 怪不得 guàibude
- 恨不得 hènbude
- 豁出去 huōchuqu
- 看起来 kànqilai
- 了不得 liǎobude
- 那么着 nàmezhe
- 舍不得 shěbude
- 什么的 shénmede
- 由不得 yóubude
- 怨不得 yuànbude
- 怎么着 zěnmezhe
- 这么着 zhèmezhe

2. 中重轻格

- 爱面子 àimiànzi
- 碍面子 àimiànzi
- 暗地里 àndìli
- 摆架子 bǎijiàzi
- 半辈子 bànbèizi
- 抱委屈 bàowěiqu
- 背地里 bèidìli
- 笔杆子 bǐgǎnzi
- 不见得 bùjiànde
- 不是吗 bùshìma
- 不由得 bùyóude
- 不在乎 bùzàihu
- 撑门面 chēngménmian
- 成气候 chéngqìhou
- 抽工夫 chōugōngfu
- 臭豆腐 chòudòufu
- 出岔子 chūchàzi
- 出风头 chūfēngtou
- 出乱子 chūluànzi
- 出毛病 chūmáobing
- 串亲戚 chuànqīnqi
- 凑热闹 còurènao
- 搭架子 dājiàzi
- 打哈哈 dǎhāha
- 打屁股 dǎpìgu
- 打算盘 dǎsuànpan
- 打招呼 dǎzhāohu
- 打主意 dǎzhǔyi
- 大师傅 dàshīfu
- 大猩猩 dàxīngxing
- 发脾气 fāpíqi
- 翻跟头 fāngēntou
- 够朋友 gòupéngyou
- 好家伙 hǎojiāhuo
- 好样的 hǎoyàngde
- 胡萝卜 húluóbo
- 坏东西 huàidōngxi
- 卡脖子 kǎbózi
- 看样子 kànyàngzi
- 拉关系 lāguānxi
- 老大爷 lǎodàye
- 老人家 lǎorénjia
- 老太太 lǎotàitai
- 两口子 liǎngkǒuzi
- 没关系 méiguānxi
- 没什么 méishénme
- 没说的 méishuōde
- 没意思 méiyìsi
- 闹笑话 nàoxiàohua
- 牛脾气 niúpíqi
- 拍巴掌 pāibāzhang
- 赔不是 péibùshi
- 碰钉子 pèngdīngzi
- 嫂夫人 sǎofūren
- 使性子 shǐxìngzi
- 手指头 shǒuzhǐtou
- 书呆子 shūdāizi
- 死对头 sǐduìtou
- 台柱子 táizhùzi
- 套近乎 tàojìnhu
- 腿肚子 tuǐdùzi
- 为什么 wèishénme
- 西葫芦 xīhúlu
- 小伙子 xiǎohuǒzi
- 小日子 xiǎorìzi
- 小时候 xiǎoshíhou
- 小叔子 xiǎoshūzi
- 小算盘 xiǎosuànpan
- 小姨子 xiǎoyízi
- 小意思 xiǎoyìsi
- 行方便 xíngfāngbian
- 压轴子 yāzhóuzi
- 洋鬼子 yángguǐzi
- 洋娃娃 yángwáwa
- 腰杆子 yāogǎnzi
- 药捻子 yàoniǎnzi
- 药引子 yàoyǐnzi
- 一辈子 yībèizi
- 一下子 yīxiàzi
- 意味着 yìwèizhe
- 印把子 yìnbǎzi
- 有时候 yǒushíhou
- 有意思 yǒuyìsi
- 占便宜 zhànpiányi
- 找麻烦 zhǎomáfan
- 真是的 zhēnshìde

3. 中轻重格

- 背着手 bèizheshǒu
- 玻璃钢 bōligāng
- 差不多 chàbuduō
- 吃不开 chībukāi
- 吃不消 chībuxiāo
- 吃得开 chīdekāi
- 吃得消 chīdexiāo
- 大不了 dàbuliǎo
- 大拇指 dàmuzhǐ
- 动不动 dòngbudòng
- 对不起 duìbuqǐ
- 对得起 duìdeqǐ
- 犯不上 fànbushàng
- 犯不着 fànbuzháo
- 赶不上 gǎnbushàng
- 过不去 guòbuqù
- 过得去 guòdeqù
- 合得来 hédelái
- 见不得 jiànbudé
- 禁不住 jīnbuzhù

九十八 jiǔshibā

看不起 kànbuqǐ

靠不住 kàobuzhù

靠得住 kàodezhù

来不及 láibují

来得及 láidejí

了不起 liǎobuqǐ

免不了 miǎnbuliǎo

排子车 páizichē

漂亮话 piàolianghuà

俏皮话 qiàopihuà

亲家公 qīngjiagōng

亲家母 qìngjiamǔ

忍不住 rěnbuzhù

扫帚星 sàozhouxīng

山里红 shānlihóng

少不了 shǎobuliǎo

势利眼 shìliyǎn

说不定 shuōbudìng

说不来 shuōbulái

说不上 shuōbushàng

要不然 yàoburán

要不是 yàobushì

用不着 yòngbuzháo

这么些 zhèmexiē

这么样 zhèmeyàng

4. 重中中格

矮墩墩 ǎidūndūn

白蒙蒙 báimēngmēng

颤巍巍 chànwēiwēi

沉甸甸 chéndiāndiān

臭烘烘 chòuhōnghōng

臭乎乎 chòuhūhū

喘吁吁 chuǎnxūxū

顶呱呱 dǐngguāguā

黑压压 hēiyāyā

黑油油 hēiyōuyōu

红彤彤 hóngtōngtōng

火辣辣 huǒlālā

假惺惺 jiǎxīngxīng

娇滴滴 jiāodīdī

紧巴巴 jǐnbābā

静悄悄 jìngqiāoqiāo

乐呵呵 lèhēhē

泪汪汪 lèiwāngwāng

冷冰冰 lěngbīngbīng

冷飕飕 lěngsōusōu

亮晶晶 liàngjīngjīng

亮堂堂 liàngtāngtāng

绿油油 lǜyōuyōu

乱纷纷 luànfēnfēn

乱哄哄 luànhōnghōng

乱糟糟 luànzāozāo

慢腾腾 màntēngtēng

明晃晃 mínghuānghuāng

蔫呼呼 niānhūhū

怒冲冲 nùchōngchōng

暖烘烘 nuǎnhōnghōng

软绵绵 ruǎnmiānmiān

酸溜溜 suānliūliū

香喷喷 xiāngpēnpēn

笑嘻嘻 xiàoxīxī

羞答答 xiūdādā

血淋淋 xuělīnlīn

眼巴巴 yǎnbābā

5. 中中重格

阿昌族 āchāngzú

艾滋病 àizībìng

氨基酸 ānjīsuān

凹透镜 āotòujìng

芭蕾舞 bāléiwǔ

白内障 báinèizhàng

白鳍豚 báiqítún

白刃战 báirènzhàn

白血病 báixuèbìng

百分比 bǎifēnbǐ

百分率 bǎifēnlǜ

班主任 bānzhǔrèn

办公室 bàngōngshì

半边天 bànbiāntiān

半导体 bàndǎotǐ

绊脚石 bànjiǎoshí

保险丝 bǎoxiǎnsī

抱佛脚 bàofójiǎo

暴风雪 bàofēngxuě

北斗星 běidǒuxīng

北极熊 běijíxióng

备忘录 bèiwànglù

崩龙族 bēnglóngzú

闭门羹 bìméngēng

闭幕式 bìmùshì

避雷针 bìléizhēn

编者按 biānzhě'àn

扁平足 biǎnpíngzú

变戏法 biànxìfǎ

辩证法 biànzhèngfǎ

殡仪馆 bìnyíguǎn

冰淇淋 bīngqílín

并蒂莲 bìngdìlián

病虫害 bìngchónghài

驳壳枪 bókéqiāng

舶来品 bóláipǐn

博览会 bólǎnhuì

博物馆 bówùguǎn

不倒翁 bùdǎowēng

不得了 bùdéliǎo

不得已 bùdéyǐ

不敢当 bùgǎndāng

不景气 bùjǐngqì

不相干 bùxiānggān

不像话 bùxiànghuà

不锈钢 bùxiùgāng

不要紧 bùyàojǐn

不一定 bùyídìng

不至于 bùzhìyú

菜子油 càizǐyóu

参议院 cānyìyuàn

策源地 cèyuándì

茶褐色 cháhèsè

茶话会 cháhuàhuì

长颈鹿 chángjǐnglù

长明灯 chángmíngdēng

肠梗阻 chánggěngzǔ

超导体 chāodǎotǐ

沉积岩 chénjīyán

乘务员 chéngwùyuán

赤裸裸 chìluǒluǒ

重孙女 chóngsūnnǚ

出发点 chūfādiǎn

出难题 chūnántí

出洋相 chūyángxiàng

除草剂 chúcǎojì

处女地 chǔnǚdì

炊事员 chuīshìyuán

打交道 dǎjiāodào

打瞌睡 dǎkēshuì

大出血 dàchūxuè

大多数 dàduōshù

大锅饭 dàguōfàn

大理石 dàlǐshí

大气压 dàqìyā

大使馆 dàshǐguǎn

大手笔 dàshǒubǐ
大团圆 dàtuányuán
大无畏 dàwúwèi
大学生 dàxuéshēng
大循环 dàxúnhuán
大跃进 dàyuèjìn
大杂烩 dàzáhuì
大自然 dàzìrán
单行本 dānxíngběn
胆固醇 dǎngùchún
蛋白质 dànbáizhì
当事人 dāngshìrén
党中央 dǎngzhōngyāng
的确良 díquèliáng
地方戏 dìfāngxì
电冰箱 diànbīngxiāng
电动机 diàndòngjī
电视台 diànshìtái
电影院 diànyǐngyuàn
顶梁柱 dǐngliángzhù
定心丸 dìngxīnwán
东道主 dōngdàozhǔ
动物园 dòngwùyuán
独生子 dúshēngzǐ
度量衡 dùliànghéng
鹅卵石 éluǎnshí
恶狠狠 èhěnhěn
恶作剧 èzuòjù
耳边风 ěrbiānfēng
二锅头 èrguōtóu
二人转 èrrénzhuàn
法西斯 fǎxīsī
凡尔丁 fán'ěrdīng
繁体字 fántǐzì
反革命 fǎngémìng
防空洞 fángkōngdòng
仿生学 fǎngshēngxué
肺活量 fèihuóliàng
分水岭 fēnshuǐlǐng
否决权 fǒujuéquán
服务员 fúwùyuán
复活节 fùhuójié
副作用 fùzuòyòng
干瞪眼 gāndèngyǎn
高血压 gāoxuèyā
个体户 gètǐhù
根据地 gēnjùdì
工程师 gōngchéngshī
工具书 gōngjùshū
工艺品 gōngyìpǐn
公积金 gōngjījīn
公有制 gōngyǒuzhì
共产党 gòngchǎndǎng
共和国 gònghéguó
共青团 gòngqīngtuán
佝偻病 gōulóubìng
购买力 gòumǎilì
孤零零 gūlínglíng
呱呱叫 guāguājiào
关节炎 guānjiéyán
惯用语 guànyòngyǔ
国际法 guójìfǎ
国库券 guókùquàn
国民党 guómíndǎng
国庆节 guóqìngjié
国务院 guówùyuàn
哈尼族 hānízú
海洛因 hǎiluòyīn
好容易 hǎoróngyì
和平鸽 hépínggē
荷包蛋 hébāodàn
核潜艇 héqiántǐng
核武器 héwǔqì
红领巾 hónglǐngjīn
红绿灯 hónglǜdēng
后遗症 hòuyízhèng
候选人 hòuxuǎnrén
护身符 hùshēnfú
花岗岩 huāgāngyán
花名册 huāmíngcè
黄鼠狼 huángshǔláng
混合物 hùnhéwù
混凝土 hùnníngtǔ
混血儿 hùnxuè'ér
积极性 jījíxìng
基督教 jīdūjiào
激将法 jījiàngfǎ
吉普车 jípǔchē
急行军 jíxíngjūn
计算机 jìsuànjī
记忆力 jìyìlì
技术员 jìshùyuán
寄生虫 jìshēngchóng
甲骨文 jiǎgǔwén
尖团音 jiāntuányīn
简化字 jiǎnhuàzì
奖学金 jiǎngxuéjīn
教科书 jiàokēshū
教研室 jiàoyánshì
接班人 jiēbānrén
解放军 jiěfàngjūn
金灿灿 jīncàncàn
经纪人 jīngjìrén
俱乐部 jùlèbù
聚宝盆 jùbǎopén
卡介苗 kǎjièmiáo
开玩笑 kāiwánxiào
看守所 kānshǒusuǒ
科学家 kēxuéjiā
科学院 kēxuéyuàn
可怜虫 kěliánchóng
可塑性 kěsùxìng
空城计 kōngchéngjì
口头禅 kǒutóuchán
阑尾炎 lánwěiyán
劳动力 láodònglì
老百姓 lǎobǎixìng
老大妈 lǎodàmā
老大娘 lǎodàniáng
老太婆 lǎotàipó
老天爷 lǎotiānyé
离合器 líhéqì
礼拜天 lǐbàitiān
立方米 lìfāngmǐ
立交桥 lìjiāoqiáo
连续剧 liánxùjù
留学生 liúxuéshēng
录音机 lùyīnjī
露马脚 lòumǎjiǎo
旅游业 lǚyóuyè
氯霉素 lǜméisù
螺丝钉 luósīdīng
马铃薯 mǎlíngshǔ
猫头鹰 māotóuyīng
茅台酒 máotáijiǔ
门市部 ménshìbù
面包车 miànbāochē
明信片 míngxìnpiàn
摩托车 mótuōchē
穆斯林 mùsīlín
男子汉 nánzǐhàn
脑膜炎 nǎomóyán
内聚力 nèijùlì
匿名信 nìmíngxìn
黏着力 niánzhuólì
凝固点 nínggùdiǎn
牛皮癣 niúpíxuǎn
农产品 nóngchǎnpǐn
农作物 nóngzuòwù
女主人 nǚzhǔrén
排他性 páitāxìng
派出所 pàichūsuǒ
膨体纱 péngtǐshā
漂白粉 piǎobáifěn
贫民窟 pínmínkū
乒乓球 pīngpāngqiú

平衡木 pínghéngmù
平均数 píngjūnshù
平行线 píngxíngxiàn
迫击炮 pǎijīpào
菩提树 pútíshù
葡萄糖 pútáotáng
蒲公英 púgōngyīng
普通话 pǔtōnghuà
祈使句 qíshǐjù
跷跷板 qiāoqiāobǎn
轻工业 qīnggōngyè
轻音乐 qīngyīnyuè
清凉油 qīngliángyóu
清真寺 qīngzhēnsì
穷光蛋 qióngguāngdàn
群英会 qúnyīnghuì
绕口令 ràokǒulìng
热心肠 rèxīncháng
人民币 rénmínbì
人生观 rénshēngguān
日用品 rìyòngpǐn
霎时间 shàshíjiān
伤脑筋 shāngnǎojīn
上议院 shàngyìyuàn
少先队 shàoxiānduì
摄像机 shèxiàngjī
甚至于 shènzhìyú
生产力 shēngchǎnlì
生产率 shēngchǎnlǜ
生命力 shēngmìnglì
生命力 shēngmìnglì
省略号 shěnglüèhào
圣诞节 shèngdànjié
十字架 shízìjià
示意图 shìyìtú
世界观 shìjièguān
试金石 shìjīnshí
收音机 shōuyīnjī
手风琴 shǒufēngqín
手榴弹 shǒuliúdàn
双胞胎 shuāngbāotāi
水磨石 shuǐmóshí
水蒸气 shuǐzhēngqì
司令部 sīlìngbù
私有制 sīyǒuzhì
思想性 sīxiǎngxìng
死胡同 sǐhútòng
宋体字 sòngtǐzì
所得税 suǒdéshuì
所有权 suǒyǒuquán
所有制 suǒyǒuzhì
太极拳 tàijíquán
太阳能 tàiyángnéng
太阳穴 tàiyángxué
体育馆 tǐyùguǎn
替死鬼 tìsǐguǐ
天然气 tiānránqì
天主教 tiānzhǔjiào
铁饭碗 tiěfànwǎn
通讯社 tōngxùnshè
透明度 tòumíngdù
凸透镜 tūtòujìng
图书馆 túshūguǎn
托儿所 tuōérsuǒ
拖拉机 tuōlājī
外甥女 wàishēngnǚ
外向型 wàixiàngxíng
外祖父 wàizǔfù
外祖母 wàizǔmǔ
万元户 wànyuánhù
望远镜 wàngyuǎnjìng
唯物论 wéiwùlùn
唯心论 wéixīnlùn
维生素 wéishēngsù
伪君子 wěijūnzǐ
胃溃疡 wèikuìyáng
温度计 wēndùjì
文学家 wénxuéjiā
无名指 wúmíngzhǐ
无所谓 wúsuǒwèi
无线电 wúxiàndiàn
西红柿 xīhóngshì
西洋参 xīyángshēn
洗衣机 xǐyījī
显微镜 xiǎnwēijìng
现代化 xiàndàihuà
小动作 xiǎodòngzuò
小朋友 xiǎopéngyǒu
小数点 xiǎoshùdiǎn
小提琴 xiǎotíqín
小学生 xiǎoxuéshēng
歇后语 xiēhòuyǔ
星期日 xīngqīrì
畜产品 xùchǎnpǐn
轧道机 yàdàojī
研究生 yánjiūshēng
研究所 yánjiūsuǒ
眼中钉 yǎnzhōngdīng
叶绿素 yèlǜsù
夜明珠 yèmíngzhū
一把手 yībǎshǒu
一口气 yīkǒuqì
一系列 yīxìliè
伊甸园 yīdiànyuán
医务室 yīwùshì
以至于 yǐzhìyú
一把抓 yībǎzhuā
议定书 yìdìngshū
游泳池 yóuyǒngchí
幼儿园 yòu’éryuán
羽毛球 yǔmáoqiú
郁金香 yùjīnxiāng
原材料 yuáncáiliào
原子弹 yuánzǐdàn
原子价 yuánzǐjià
原子能 yuánzǐnéng
圆珠笔 yuánzhūbǐ
阅览室 yuèlǎnshì
运动会 yùndònghuì
再生产 zàishēngchǎn
灶王爷 zàowángyé
责任制 zérènzhì
展览会 zhǎnlǎnhuì
招待会 zhāodàihuì
照相机 zhàoxiàngjī
直辖市 zhíxiáshì
殖民地 zhímíndì
指南针 zhǐnánzhēn
制高点 zhìgāodiǎn
众议院 zhòngyìyuàn
重工业 zhònggōngyè
逐客令 zhúkèlìng
主人翁 zhǔrénwēng
主旋律 zhǔxuánlǜ
专业户 zhuānyèhù
啄木鸟 zhuómùniǎo
资本家 zīběnjiā
紫外线 zǐwàixiàn
自来水 zìláishuǐ
自行车 zìxíngchē
自治区 zìzhìqū
总司令 zǒngsīlìng
座上客 zuòshàngkè
座右铭 zuòyòumíng

三、四音节词语

爱国主义	不好意思	国际主义	农民协会	社会主义
安全系数	不怎么样	哈萨克族	农民战争	生活资料
巴黎公社	出租汽车	或多或少	农田水利	十月革命
白色恐怖	从容不迫	卷舌元音	奴隶社会	耍嘴皮子
百科全书	帝国主义	拉丁字母	盘尼西林	唯物主义
报告文学	电化教育	乱七八糟	旁系亲属	唯心主义
北伐战争	独生子女	美中不足	泡沫塑料	维吾尔族
北回归线	二氧化碳	耐火材料	贫下中农	无产阶级
北京时间	各行各业	耐热合金	平均主义	伊斯兰教
北洋军阀	公用电话	南回归线	平面几何	知识分子
本本主义	共产主义	脑力劳动	勤杂人员	殖民主义
本位主义	顾全大局	脑下垂体	全权代表	资本主义
玻璃纤维	官僚主义	蹑手蹑脚	人道主义	资产阶级
剥削阶级	国际音标	农贸市场	少数民族	自由市场
哺乳动物				

附录二

朗读短文60篇

作品1号

那是力争上游的一种树，笔直的干，笔直的枝。它的干呢，通常是丈把高，像是加以人工似的，一丈以内，绝无旁枝；它所有的桠枝呢，一律向上，而且紧紧靠拢，也像是加以人工似的，成为一束，绝无横斜逸出；它的宽大的叶子也是片片向上，几乎没有斜生的，更不用说倒垂了；它的皮，光滑而有银色的晕圈，微微泛出淡青色。这是虽在北方的风雪的压迫下却保持着倔强挺立的一种树！哪怕只有碗来粗细罢，它却努力向上发展，高到丈许，两丈，参天耸立，不折不挠，对抗着西北风。

这就是白杨树，西北极普通的一种树，然而绝不是平凡的树！

它没有婆娑的姿态，没有屈曲盘旋的虬枝，也许你要说它不美丽，——如果美是专指"婆娑"或"横斜逸出"之类而言，那么，白杨树算不得树中的好女子；但是它却是伟岸，正直，朴质，严肃，也不缺乏温和，更不用提它的坚强不屈与挺拔，它是树中的伟丈夫！当你在积雪初融的高原上走过，看见平坦的大地上傲然挺立这么一株或一排白杨树，难道你就只觉得树只是树，难道你就不想到它的朴质，严肃，坚强不屈，至少也象征了北方的农民；难道你竟一点儿也不联想到，在敌后的广大土//地上，到处有坚强不屈，就像这白杨树一样傲然挺立的守卫他们家乡的哨兵！难道你又不更远一点想到这样枝枝叶叶靠紧团结，力求上进的白杨树，宛然象征了今天在华北平原纵横决荡用血写出新中国历史的那种精神和意志。

节选自茅盾《白杨礼赞》

作品2号

两个同龄的年轻人同时受雇于一家店铺，并且拿同样的薪水。

可是一段时间后，叫阿诺德的那个小伙子青云直上，而那个叫布鲁诺的小伙子却仍在原地踏步。布鲁诺很不满意老板的不公正待遇。终于有一天他到老板那儿发牢骚了。老板一边耐心地听着他的抱怨，一边在心里盘算着怎样向他解释清楚他和阿诺德之间的差别。

“布鲁诺先生，”老板开口说话了，“您现在到集市上去一下，看看今天早上有什么卖的。”

布鲁诺从集市上回来向老板汇报说，今早集市上只有一个农民拉了一车土豆在卖。

“有多少?”老板问。

布鲁诺赶快戴上帽子又跑到集上，然后回来告诉老板一共四十袋土豆。

“价格是多少?”

布鲁诺又第三次跑到集上问来了价格。

“好吧，”老板对他说，“现在请您坐在这把椅子上一句话也不要说，看看阿诺德怎么说。”

阿诺德很快就从集市上回来了。向老板汇报说到现在为止只有一个农民在卖土豆，一共四十口袋，价格是多少多少；土豆质量很不错，他带回来一个让老板看看。这个农民一个钟头以后还会弄来几箱西红柿，据他看价格非常公道。昨天他们铺子的西红柿卖得很快，库存已经不//多了。他想这么便宜的西红柿，老板肯定会要进一些的，所以他不仅带回了一个西红柿做样品，而且把那个农民也带来了，他现在正在外面等回话呢。

此时老板转向了布鲁诺，说：“现在您肯定知道为什么阿诺德的薪水比您高了吧!”

节选自张健鹏、胡足青主编《故事时代》中《差别》

作品 3 号

我常常遗憾我家门前那块丑石：它黑黝黝地卧在那里，牛似的模样；谁也不知道是什么时候留在这里的，谁也不去理会它。只是麦收时节，门前摊了麦子，奶奶总是说：这块丑石，多占地面呀，抽空把它搬走吧。

它不像汉白玉那样的细腻，可以刻字雕花，也不像大青石那样的光滑，可以供来浣纱捶布。它静静地卧在那里，院边的槐荫没有庇覆它，花儿也不再在它身边生长。荒草便繁衍出来，枝蔓上下，慢慢地，它竟锈上了绿苔、黑斑。我们这些做孩子的，也讨厌起它来，曾合伙要搬走它，但力气又不足，虽时时咒骂它，嫌弃它，也无可奈何，只好任它留在那里了。

终有一日，村子里来了一个天文学家。他在我家门前路过，突然发现了这块石头，眼光立即就拉直了。他再没有离开，就住了下来；以后又来了好些人，都说这是一块陨石，从天上落下来已经有二三百年了，是一件了不起的东西。不久便来了车，小心翼翼地将它运走了。

这使我们都很惊奇，这又怪又丑的石头，原来是天上的啊！它补过天，在天上发过热、闪过光，我们的先祖或许仰望过它，它给了他们光明、向往、憧憬；而它落下来了，在污土里，荒草里，一躺就//是几百年了！

我感到自己的无知，也感到了丑石的伟大，我甚至怨恨它这么多年竟会默默地忍受着这一切！而我又立即深深地感到它那种不屈于误解、寂寞的生存的伟大。

节选自贾平凹《丑石》

作品 4 号

在达瑞八岁的时候，有一天他想去看电影。因为没有钱，他想是向爸妈要钱，还是自己挣钱。最后他选择了后者。他自己调制了一种汽水，向过路的行人出售。可那时正是寒冷的冬天，没有人买，只有两个人例外——他的爸爸和妈妈。

他偶然有一个和非常成功的商人谈话的机会。当他对商人讲述了自己的"破产史"后，商人给了他两个重要的建议：一是尝试为别人解决一个难题；二是把精力集中在你知道的、你会的和你拥有的东西上。

这两个建议很关键。因为对于一个八岁的孩子而言，他不会做的事情很多。于是他穿过大街小巷，不停地思考：人们会有什么难题，他又如何利用这个机会？

一天，吃早饭时父亲让达瑞去取报纸。美国的送报员总是把报纸从花园篱笆的一个特制的管子里塞进来。假如你想穿着睡衣舒舒服服地吃早饭和看报纸，就必须离开温暖的房间，冒着寒风，到花园去取。虽然路短，但十分麻烦。

当达瑞为父亲取报纸的时候，一个主意诞生了。当天他就按响邻居的门铃，对他们说，每个月只需付给他一美元，他就每天早上把报纸塞到他们的房门底下。大多数人都同意了，很快他有//了七十多个顾客。一个月后，当他拿到自己赚的钱时，觉得自己简直是飞上了天。

很快他又有了新的机会，他让他的顾客每天把垃圾袋放在门前，然后由他早上运到垃圾桶里，每个月加一美元。之后他还想出了许多孩子赚钱的办法，并把它集结成书，书名为《儿童挣钱的二百五十个主意》。为此，达瑞十二岁时就成了畅销书作家，十五岁有了自己的谈话节目，十七岁就拥有了几百万美元。

节选自[德]博多・舍费尔《达瑞的故事》，刘志明译

作品 5 号

这是入冬以来，胶东半岛上第一场雪。

雪纷纷扬扬，下得很大。开始还伴着一阵儿小雨，不久就只见大片大片的雪花，从彤云密布的天空中飘落下来。地面上一会儿就白了。冬天的山村，到了夜里就万籁俱寂，只听得雪花簌簌地不断往下落，树木的枯枝被雪压断了，偶尔咯吱一声响。

大雪整整下了一夜。今天早晨，天放晴了，太阳出来了。推开门一看，嗬！好大的雪啊！山川、河流、树木、房屋，全都罩上了一层厚厚的雪，万里江山，变成了粉妆玉砌的世界。落光了叶子的柳树上挂满了毛茸茸亮晶晶的银条儿；而那些冬夏常青的松树和柏树上，则挂满了蓬松松沉甸甸的雪球儿。一阵风吹来，树枝轻轻地摇晃，美丽的银条儿和雪球儿簌簌地落下来，玉屑似的雪末儿随风飘扬，映着清晨的阳光，显出一道道五光十色的彩虹。

大街上的积雪足有一尺多深，人踩上去，脚底下发出咯吱咯吱的响声。一群群孩子在雪地里堆雪人，掷雪球儿。那欢乐的叫喊声，把树枝上的雪都震落下来了。

俗话说，“瑞雪兆丰年”。这个话有充分的科学根据，并不是一句迷信的成语。寒冬大雪，可以冻死一部分越冬的害虫；融化了的水渗进土层深处，又能供应//庄稼生长的需要。我相信这一场十分及时的大雪，一定会促进明年春季作物，尤其是小麦的丰收。有经验的老农把雪比做是“麦子的棉被”。冬天“棉被”盖得越厚，明春麦子就长得越好，所以又有这样一句谚语：“冬天麦盖三层被，来年枕着馒头睡。”

我想，这就是人们为什么把及时的大雪称为“瑞雪”的道理吧。

节选自峻青《第一场雪》

作品 6 号

我常想读书人是世间幸福人，因为他除了拥有现实的世界之外，还拥有另一个更为浩瀚也更为丰富的世界。现实的世界是人人都有的，而后一个世界却为读书人所独有。由此我想，那些失去或不能阅读的人是多么的不幸，他们的丧失是不可补偿的。世间有诸多的不平等，财富的不平等，权力的不平等，而阅读能力的拥有或丧失却体现为精神的不平等。

一个人的一生，只能经历自己拥有的那一份欣悦，那一份苦难，也许再加上他亲自闻知的那一些关于自身以外的经历和经验。然而，人们通过阅读，却能进入不同时空的诸多他人的世界。这样，具有阅读能力的人，无形间获得了超越有限生命的无限可能性。阅读不仅使他多识了草木虫鱼之名，而且可以上溯远古下及未来，饱览存在的与非存在的奇风异俗。

更为重要的是，读书加惠于人们的不仅是知识的增广，而且还在于精神的感化与陶冶。人们从读书学做人，从那些往哲先贤以及当代才俊的著述中学得他们的人格。人们从《论语》中学得智慧的思考，从《史记》中学得严肃的历史精神，从《正气歌》中学得人格的刚烈，从马克思学得人世//的激情，从鲁迅学得批判精神，从托尔斯泰学得道德的执着。歌德的诗句刻写着睿智的人生，拜伦的诗句呼唤着奋斗的热情。一个读书人，一个有机会拥有超乎个人生命体验的幸运人。

节选自谢冕《读书人是幸福人》

作品 7 号

一天，爸爸下班回到家已经很晚了，他很累也有点儿烦，他发现五岁的儿子靠在门旁正等着他。

“爸，我可以问您一个问题吗？”

“什么问题？”“爸，您一个小时可以赚多少钱？”“这与你无关，你为什么问这个问题？”父亲生气地说。

“我只是想知道，请告诉我，您一小时赚多少钱？”小孩儿哀求道。“假如你一定要知道的话，我一小时赚二十美金。”

“哦，”小孩儿低下了头，接着又说，“爸，可以借我十美金吗？”父亲发怒了：“如果你只是要借钱去买毫无意义的玩具的话，给我回到你的房间睡觉去。好好想想为什么你会那么自私。我每天辛苦工作，没时间和你玩儿小孩子的游戏。”

小孩儿默默地回到自己的房间关上门。

父亲坐下来还在生气。后来，他平静下来了。心想他可能对孩子太凶了——或许孩子真的很想买什么东西，再说他平时很少要过钱。

父亲走进孩子的房间：“你睡了吗？”“爸，还没有，我还醒着。”孩子回答。

“我刚才可能对你太凶了，”父亲说，“我不应该发那么大的火儿——这是你要的十美金。”“爸，谢谢您。”孩子高兴地从枕头下拿出一些被弄皱的钞票，慢慢地数着。

“为什么你已经有钱了还要？”父亲不解地问。

“因为原来不够，但现在凑够了。”孩子回答：“爸，我现在有//二十美金了，我可以向您买一个小时的时间吗？明天请早一点儿回家——我想和您一起吃晚餐。”

节选自唐继柳编译《二十美金的价值》

作品 8 号

我爱月夜，但我也爱星天。从前在家乡七八月的夜晚在庭院里纳凉的时候，我最爱看天上密密麻麻的繁星。望着星天，我就会忘记一切，仿佛回到了母亲的怀里似的。

三年前在南京我住的地方有一道后门，每晚我打开后门，便看见一个静寂的夜。下面是一片菜园，上面是星群密布的蓝天。星光在我们的肉眼里虽然微小，然而它使我们觉得光明无处不在。那时候我正在读一些天文学的书，也认得一些星星，好像它们就是我的朋友，它们常常在和我谈话一样。

如今在海上，每晚和繁星相对，我把它们认得很熟了。我躺在舱面上，仰望天空。深蓝色的天空里悬着无数半明半昧的星。船在动，星也在动，它们是这样低，真是摇摇欲坠呢！渐渐地我的眼睛模糊了，我好像看见无数萤火虫在我的周围飞舞。海上的夜是柔和的，是静寂的，是梦幻的。我望着许多认识的星，我仿佛看见它们在对我眨眼，我仿佛听见它们在小声说话。这时我忘记了一切。在星的怀抱中我微笑着，我沉睡着。我觉得自己是一个小孩子，现在睡在母亲的怀里了。

有一夜，那个在哥伦波上船的英国人指给我看天上的巨人。他用手指着：//那四颗明亮的星是头，下面的几颗是身子，这几颗是手，那几颗是腿和脚，还有三颗星算是腰带。经他这一番指点，我果然看清楚了那个天上的巨人。看，那个巨人还在跑呢！

节选自巴金《繁星》

作品 9 号

假日到河滩上转转，看见许多孩子在放风筝。一根根长长的引线，一头系在天上，一头系在地上，孩子同风筝都在天与地之间悠荡，连心也被悠荡得恍恍惚惚了，好像又回到了童年。

儿时放的风筝，大多是自己的长辈或家人编扎的，几根削得很薄的蔑，用细纱线扎成各种鸟兽的造型，糊上雪白的纸片，再用彩笔勾勒出面孔与翅膀的图案。通常扎得最多的是“老雕”“美人儿”“花蝴蝶”等。

我们家前院就有位叔叔，擅扎风筝，远近闻名。他扎得风筝不只体型好看，色彩艳丽，放飞得高远，还在风筝上绷一叶用蒲苇削成的膜片，经风一吹，发出“嗡嗡”的声响，仿佛是风筝的歌唱，在蓝天下播扬，给开阔的天地增添了无尽的韵味，给驰荡的童心带来几分疯狂。

我们那条胡同的左邻右舍的孩子们放的风筝几乎都是叔叔编扎的。他的风筝不卖钱，谁上门去要，就给谁，他乐意自己贴钱买材料。

后来，这位叔叔去了海外，放风筝也渐与孩子们远离了。不过年年叔叔给家乡写信，总不忘提起儿时的放风筝。香港回归之后，他在家信中说到，他这只被故乡放飞到海外的风筝，尽管飘荡游弋，经沐风雨，可那线头儿一直在故乡和//亲人手中牵着，如今飘得太累了，也该要回归到家乡和亲人身边来了。

是的。我想，不光是叔叔，我们每个人都是风筝，在妈妈手中牵着，从小放到大，再从家乡放到祖国最需要的地方去啊！

节选自李恒瑞《风筝畅想曲》

作品 10 号

爸不懂得怎样表达爱,使我们一家人融洽相处的是我妈。他只是每天上班下班,而妈则把我们做过的错事开列清单,然后由他来责骂我们。

有一次我偷了一块糖果,他要我把它送回去,告诉卖糖的说是我偷来的,说我愿意替他拆箱卸货作为赔偿。但妈妈却明白我只是个孩子。

我在运动场打秋千跌断了腿,在前往医院途中一直抱着我的,是我妈。爸把汽车停在急诊室门口,他们叫他驶开,说那空位是留给紧急车辆停放的。爸听了便叫嚷道:“你以为这是什么车?旅游车?”

在我生日会上,爸总是显得有些不大相称。他只是忙于吹气球,布置餐桌,做杂务。把插着蜡烛的蛋糕推过来让我吹的,是我妈。

我翻阅照相册时,人们总是问:“你爸爸是什么样子的?”天晓得!他老是忙着替别人拍照。妈和我笑容可掬地一起拍的照片,多得不可胜数。

我记得妈有一次叫他教我骑自行车。我叫他别放手,但他却说是应该放手的时候了。我摔倒之后,妈跑过来扶我,爸却挥手要她走开。我当时生气极了,决心要给他点儿颜色看。于是我马上爬上自行车,而且自己骑给他看。他只是微笑。

我念大学时,所有的家信都是妈写的。他//除了寄支票外,还寄过一封短柬给我,说因为我不在草坪上踢足球了,所以他的草坪长得很美……

节选自[美]艾尔玛·邦贝克《父亲的爱》

作品 11 号

一个大问题一直盘踞在我脑袋里：

世界杯怎么会有如此巨大的吸引力？除去足球本身的魅力之外，还有什么超乎其上而更伟大的东西？

近来观看世界杯，忽然从中得到了答案：是由于一种无上崇高的精神情感——国家荣誉感！

地球上的人都会有国家的概念，但未必时时都有国家的感情。往往人到异国，思念家乡，心怀故国，这国家概念就变得有血有肉，爱国之情来得非常具体。而现代社会，科技昌达，信息快捷，事事上网，世界真是太小太小，国家的界限似乎也不那么清晰了。再说足球正在快速世界化，平日里各国球员频繁转会，往来随意，致使越来越多的国家联赛都具有国际的因素。球员们不论国籍，只效力于自己的俱乐部，他们比赛时的激情中完全没有爱国主义的因子。

然而，到了世界杯的大赛，天下大变。各国球员都回国效力，穿上与光荣的国旗同样色彩的服装。在每一场比赛前，还高唱国歌以宣誓对自己祖国的挚爱与忠诚。一种血缘情感开始在全身的血管里燃烧起来，而且立刻热血沸腾。

在历史时代，国家间经常发生对抗，好男儿戎装卫国。国家的荣誉往往需要以自己的生命去//换取。但在和平时代，唯有这种国家之间大规模对抗性的大赛，才可以唤起那种遥远而神圣的情感，那就是：为祖国而战！

节选自冯骥才《国家荣誉感》

作品 12 号

夕阳落山不久，西方的天空，还燃烧着一片橘红色的晚霞。大海，也被这霞光染成了红色，而且比天空的景色更要壮观。因为它是活动的，每当一排排波浪涌起的时候，那映照在浪峰上的霞光，又红又亮，简直就像一片片霍霍燃烧着的火焰，闪烁着，消失了。而后面的一排，又闪烁着，滚动着，涌了过来。

天空的霞光渐渐地淡下去了，深红的颜色变成了绯红，绯红又变为浅红。最后，当这一切红光都消失了的时候，那突然显得高而远了的天空，则呈现出一片肃穆的神色。最早出现的启明星，在这蓝色的天幕上闪烁起来了。它是那么大，那么亮，整个广漠的天幕上只有它在那里放射着令人注目的光辉，活像一盏悬挂在高空的明灯。

夜色加浓，苍空中的“明灯”越来越多了。而城市各处的真的灯火也次第亮了起来，尤其是围绕在海港周围山坡上的那一片灯光，从半空倒映在乌蓝的海面上，随着波浪，晃动着，闪烁着，像一串流动着的珍珠，和那一片片密布在苍穹里的星斗互相辉映，煞是好看。

在这幽美的夜色中，我踏着软绵绵的沙滩，沿着海边，慢慢地向前走去。海水，轻轻地抚摸着细软的沙滩，发出温柔的//刷刷声。晚来的海风，清新而又凉爽。我的心里，有着说不出的兴奋和愉快。

夜风轻飘飘地吹拂着，空气中飘荡着一种大海和田禾相混合的香味儿，柔软的沙滩上还残留着白天太阳炙晒的余温。那些在各个工作岗位上劳动了一天的人们，三三两两地来到这软绵绵的沙滩上，他们浴着凉爽的海风，望着那缀满了星星的夜空，尽情地说笑，尽情地休憩。

节选自峻青《海滨仲夏夜》

作品 13 号

生命在海洋里诞生绝不是偶然的,海洋的物理和化学性质,使它成为孕育原始生命的摇篮。

我们知道,水是生物的重要组成部分,许多动物组织的含水量在百分之八十以上,而一些海洋生物的含水量高达百分之九十五。水是新陈代谢的重要媒介,没有它,体内的一系列生理和生物化学反应就无法进行,生命也就停止。因此,在短时期内动物缺水要比缺少食物更加危险。水对今天的生命是如此重要,它对脆弱的原始生命,更是举足轻重了。生命在海洋里诞生,就不会有缺水之忧。

水是一种良好的溶剂。海洋中含有许多生命所必需的无机盐,如氯化钠、氯化钾、碳酸盐、磷酸盐,还有溶解氧,原始生命可以毫不费力地从中吸取它所需要的元素。

水具有很高的热容量,加之海洋浩大,任凭夏季烈日曝晒,冬季寒风扫荡,它的温度变化却比较小。因此,巨大的海洋就像是天然的"温箱",是孕育原始生命的温床。

阳光虽然为生命所必需,但是阳光中的紫外线却有扼杀原始生命的危险。水能有效地吸收紫外线,因而又为原始生命提供了天然的"屏障"

这一切都是原始生命得以产生和发展的必要条件。//

节选自童裳亮《海洋与生命》

作品 14 号

读小学的时候,我的外祖母去世了。外祖母生前最疼爱我,我无法排除自己的忧伤,每天在学校的操场上一圈儿又一圈儿地跑着,跑得累倒在地上,扑在草坪上痛哭。

那哀痛的日子,断断续续地持续了很久,爸爸妈妈也不知道如何安慰我。他们知道与其骗我说外祖母睡着了,还不如对我说实话:外祖母永远不会回来了。

“什么是永远不会回来呢?”我问着。

“所有时间里的事物,都永远不会回来。你的昨天过去,它就永远变成昨天,你不能再回到昨天。爸爸以前也和你一样小,现在也不能回到你这么小的童年了;有一天你会长大,你会像外祖母一样老;有一天你度过了你的时间,就永远不会回来了。”爸爸说。

爸爸等于给我一个谜语,这谜语比课本上的“日历挂在墙壁,一天撕去一页,使我心里着急”和“一寸光阴一寸金,寸金难买寸光阴”还让我感到可怕;也比作文本上的“光阴似箭,日月如梭”更让我觉得有一种说不出的滋味。

时间过得那么飞快,使我的小心眼儿里不只是着急,还有悲伤。有一天我放学回家,看到太阳快落山了,就下决心说:“我要比太阳更快地回家。”我狂奔回去,站在庭院前喘气的时候,看到太阳//还露着半边脸,我高兴地跳跃起来,那一天我跑赢了太阳。以后我就时常做那样的游戏,有时和太阳赛跑,有时和西北风比快,有时一个暑假才能做完的作业,我十天就做完了;那时我三年级,常常把哥哥五年级的作业拿来做。每一次比赛胜过时间,我就快乐得不知道怎么形容。

如果将来我有什么要教给我的孩子,我会告诉他:假若你一直和时间比赛,你就可以成功!

节选自(台湾)林清玄《和时间赛跑》

作品 15 号

三十年代初，胡适在北京大学任教授。讲课时他常常对白话文大加称赞，引起一些只喜欢文言文而不喜欢白话文的学生的不满。

一次，胡适正讲得得意的时候，一位姓魏的学生突然站了起来，生气地问："胡先生，难道说白话文就毫无缺点吗？"胡适微笑着回答说："没有。"那位学生更加激动了："肯定有！白话文废话太多，打电报用字多，花钱多。"胡适的目光顿时变亮了，轻声地解释说："不一定吧！前几天有位朋友给我打来电报，请我去政府部门工作，我决定不去，就回电拒绝了。复电是用白话写的，看来也很省字。请同学们根据我这个意思，用文言文写一个回电，看看究竟是白话文省字，还是文言文省字？"胡教授刚说完，同学们立刻认真地写了起来。

十五分钟过去，胡适让同学举手，报告用字的数目，然后挑了一份用字最少的文言电报稿，电文是这样写的：

"才疏学浅，恐难胜任，不堪从命。"白话文的意思是：学问不深，恐怕很难担任这个工作，不能服从安排。

胡适说，这份写得确实不错，仅用了十二个字。但我的白话电报却只用了五个字：

"干不了，谢谢！"

胡适又解释说："干不了"就有才疏学浅、恐难胜任的意思；"谢谢"既//对朋友的介绍表示感谢，又有拒绝的意思。所以，废话多不多，并不看它是文言文还是白话文，只要注意选用字词，白话文是可以比文言文更省字的。

节选自陈灼主编《实用汉语中级教程》(上)中《胡适的白话电报》

作品 16 号

很久以前，在一个漆黑的秋天的夜晚，我泛舟在西伯利亚一条阴森森的河上。船到一个转弯处，只见前面黑黢黢的山峰下面一星火光蓦地一闪。

火光又明又亮，好像就在眼前……

“好啦，谢天谢地！”我高兴地说，“马上就到过夜的地方啦！”

船夫扭头朝身后的火光望了一眼，又不以为然地划起桨来。

“远着呢！”

我不相信他的话，因为火光冲破朦胧的夜色，明明在那儿闪烁。不过船夫是对的，事实上，火光的确还远着呢。

这些黑夜的火光的特点是：驱散黑暗，闪闪发亮，近在眼前，令人神往。乍一看，再划几下就到了……其实却还远着呢！……

我们在漆黑如墨的河上又划了很久。一个个峡谷和悬崖，迎面驶来，又向后移去，仿佛消失在茫茫的远方，而火光却依然停在前头，闪闪发亮，令人神往——依然是这么近，又依然是那么远……

现在，无论是这条被悬崖峭壁的阴影笼罩的漆黑的河流，还是那一星明亮的火光，都经常浮现在我的脑际，在这以前和在这以后，曾有许多火光，似乎近在咫尺，不止使我一人心驰神往。可是生活之河却仍然在那阴森森的两岸之间流着，而火光也依旧非常遥远。因此，必须加劲划桨……

然而，火光啊……毕竟……毕竟就//在前头！……

节选自[俄]柯罗连科《火光》，张铁夫译

作品 17 号

对于一个在北平住惯的人，像我，冬天要是不刮风，便觉得是奇迹；济南的冬天是没有风声的。对于一个刚由伦敦回来的人，像我，冬天要能看得见日光，便觉得是怪事；济南的冬天是响晴的。自然，在热带的地方，日光永远是那么毒，响亮的天气，反有点儿叫人害怕。可是，在北方的冬天，而能有温晴的天气，济南真得算个宝地。

设若单单是有阳光，那也算不了出奇。请闭上眼睛想：一个老城，有山有水，全在天底下晒着阳光，暖和安适地睡着，只等春风来把它们唤醒，这是不是理想的境界？小山整把济南围了个圈儿，只有北边缺着点口儿，这一圈小山在冬天特别可爱，好像是把济南放在一个小摇篮里，它们安静不动地低声地说："你们放心吧，这儿准保暖和。"真的，济南的人们在冬天是面上含笑的。他们一看那些小山，心中便觉得有了着落，有了依靠。他们由天上看到山上，便不知不觉地想起：明天也许就是春天了吧？这样的温暖，今天夜里山草也许就绿起来了吧？就是这点儿幻想不能一时实现，他们也并不着急，因为这样慈善的冬天，干什么还希望别的呢！

最妙的是下点儿小雪呀。看吧，山上的矮松越发的青黑，树尖儿上顶//着一髻儿白花，好像日本看护妇。山尖儿全白了，给蓝天镶上一道银边。山坡上，有的地方雪厚点儿，有的地方草色还露着；这样，一道儿白，一道儿暗黄，给山们穿上一件带水纹儿的花衣；看着看着，这件花衣好像被风儿吹动，叫你希望看见一点儿更美的山的肌肤。等到快日落的时候，微黄的阳光斜射在山腰上，那点儿薄雪好像忽然害羞，微微露出点儿粉色。就是下小雪吧，济南是受不住大雪的，那些小山太秀气。

节选自老舍《济南的冬天》

作品 18 号

纯朴的家乡村边有一条河，曲曲弯弯，河中架一弯石桥，弓样的小桥横跨两岸。

每天，不管是鸡鸣晓月，日丽中天，还是月华泻地，小桥都印下串串足迹，洒落串串汗珠。那是乡亲为了追求多棱的希望，兑现美好的遐想。弯弯小桥，不时荡过轻吟低唱，不时露出舒心的笑容。

因而，我稚小的心灵，曾将心声献给小桥：你是一弯银色的新月，给人间普照光辉；你是一把闪亮的镰刀，割刈着欢笑的花果；你是一根晃悠悠的扁担，挑起了彩色的明天！哦，小桥走进我的梦中。

我在漂泊他乡的岁月，心中总涌动着故乡的河水，梦中总看到弓样的小桥。当我访南疆探北国，眼帘闯进座座雄伟的长桥时，我的梦变得丰满了，增添了赤橙黄绿青蓝紫。

三十多年过去，我带着满头霜花回到故乡，第一紧要的便是去看望小桥。

啊！小桥呢？它躲起来了？河中一道长虹，浴着朝霞熠熠闪光。哦，雄浑的大桥敞开胸怀，汽车的呼啸、摩托的笛音、自行车的叮铃，合奏着进行交响乐；南来的钢筋、花布，北往的柑橙、家禽，绘出交流欢悦图……

啊！蜕变的桥，传递了家乡进步的消息，透露了家乡富裕的声音。时代的春风，美好的追求，我蓦地记起儿时唱//给小桥的歌，哦，明艳艳的太阳照耀了，芳香甜蜜的花果捧来了，五彩斑斓的岁月拉开了！

我心中涌动的河水，激荡起甜美的浪花。我仰望一碧蓝天，心底轻声呼喊：家乡的桥啊，我梦中的桥！

节选自郑莹《家乡的桥》

作品 19 号

三百多年前，建筑设计师莱伊恩受命设计了英国温泽市政府大厅。他运用工程力学的知识，依据自己多年的实践，巧妙地设计了只用一根柱子支撑的大厅天花板。一年以后，市政府权威人士进行工程验收时，却说只用一根柱子支撑天花板太危险，要求莱伊恩再多加几根柱子。

莱伊恩自信只要一根坚固的柱子足以保证大厅安全，他的“固执”惹恼了市政官员，险些被送上法庭。他非常苦恼，坚持自己原先的主张吧，市政官员肯定会另找人修改设计；不坚持吧，又有悖自己为人的准则。矛盾了很长一段时间，莱伊恩终于想出了一条妙计，他在大厅里增加了四根柱子，不过这些柱子并未与天花板接触，只不过是装装样子。

三百多年过去了，这个秘密始终没有被人发现。直到前两年，市政府准备修缮大厅的天花板，才发现莱伊恩当年的“弄虚作假”。消息传出后，世界各国的建筑专家和游客云集，当地政府对此也不加掩饰，在新世纪到来之际，特意将大厅作为一个旅游景点对外开放，旨在引导人们崇尚和相信科学。

作为一名建筑师，莱伊恩并不是最出色的。但作为一个人，他无疑非常伟大，这种//伟大表现在他始终恪守着自己的原则，给高贵的心灵一个美丽的住所，哪怕是遭遇到最大的阻力，也要想办法抵达胜利。

节选自游宇明《坚守你的高贵》

作品 20 号

自从传言有人在萨文河畔散步时无意发现了金子后，这里便常有来自四面八方的淘金者。他们都想成为富翁，于是寻遍了整个河床，还在河床上挖出很多大坑，希望借助它们找到更多的金子。的确，有一些人找到了，但另外一些人因为一无所得而只好扫兴归去。

也有不甘心落空的，便驻扎在这里，继续寻找。彼得・弗雷特就是其中一员。他在河床附近买了一块没人要的土地，一个人默默地工作。他为了找金子，已把所有的钱都押在这块土地上。他埋头苦干了几个月，直到土地全变成了坑坑洼洼，他失望了——他翻遍了整块土地，但连一丁点儿金子都没看见。

六个月后，他连买面包的钱都没有了。于是他准备离开这儿到别处去谋生。

就在他即将离去的前一个晚上，天下起了倾盆大雨，并且一下就是三天三夜。雨终于停了，彼得走出小木屋，发现眼前的土地看上去好像和以前不一样：坑坑洼洼已被大水冲刷平整，松软的土地上长出一层绿茸茸的小草。

“这里没找到金子，”彼得忽有所悟地说，“但这土地很肥沃，我可以用来种花，并且拿到镇上去卖给那些富人，他们一定会买些花装扮他们华丽的客厅。//如果真是这样的话，那么我一定赚许多钱，有朝一日我也会成为富人……”

于是他留了下来。彼得花了不少精力培育花苗，不久田地里长满了美丽娇艳的各色鲜花。

五年以后，彼得终于实现了他的梦想——成了一个富翁。“我是唯一的一个找到真金的人！”他时常不无骄傲地告诉别人，“别人在这儿找不到金子后便远远地离开，而我的‘金子’是在这块土地里，只有诚实的人用勤劳才能采集到。”

节选自陶猛译《金子》

作品 21 号

我在加拿大学习期间遇到过两次募捐,那情景至今使我难以忘怀。

一天,我在渥太华的街上被两个男孩子拦住去路。他们十来岁,穿得整整齐齐,每人头上戴着个做工精巧、色彩鲜艳的纸帽,上面写着“为帮助患小儿麻痹的伙伴募捐”。其中的一个,不由分说就坐在小凳上给我擦起皮鞋来,另一个则彬彬有礼地发问:“小姐,您是哪国人?喜欢渥太华吗?”“小姐,在你们国家有没有小孩儿患小儿麻痹?谁给他们医疗费?”一连串的问题,使我这个有生以来头一次在众目睽睽之下让别人擦鞋的异乡人,从近乎狼狈的窘态中解脱出来。我们像朋友一样聊起天儿来……

几个月之后,也是在街上。一些十字路口处或车站坐着几位老人。他们满头银发,身穿各种老式军装,上面布满了大大小小形形色色的徽章、奖章,每人手捧一大束鲜花,有水仙、石竹、玫瑰及叫不出名字的,一色雪白。匆匆过往的行人纷纷止步,把钱投进这些老人身旁的白色木箱内,然后向他们微微鞠躬,从他们手中接过一朵花。我看了一会儿,有人投一两元,有人投几百元,还有人掏出支票填好后投进木箱。那些老军人毫不注意人们捐多少钱,一直不//停地向人们低声道谢。同行的朋友告诉我,这是为纪念二次大战中参战的勇士,募捐救济残废军人和烈士遗孀,每年一次;认捐的人可谓踊跃,而且秩序井然,气氛庄严。有些地方,人们还耐心地排着队。我想,这是因为他们都知道:正是这些老人们的流血牺牲换来了包括他们信仰自由在内的许许多多。

我两次把那微不足道的一点钱捧给他们,只想对他们说声“谢谢”。

节选自青白《捐诚》

作品 22 号

没有一片绿叶，没有一缕炊烟，没有一粒泥土，没有一丝花香，只有水的世界，云的海洋。

一阵台风袭过，一只孤单的小鸟无家可归，落到被卷到洋里的木板上，乘流而下，姗姗而来，近了，近了！……

忽然，小鸟张开翅膀，在人们头顶盘旋了几圈儿，"噗啦"一声落到了船上。许是累了？还是发现了"新大陆"？水手撵它它不走，抓它，它乖乖地落在掌心。可爱的小鸟和善良的水手结成了朋友。

瞧，它多美丽，娇巧的小嘴，啄理着绿色的羽毛，鸭子样的扁脚，呈现出春草的鹅黄。水手们把它带到舱里，给它"搭铺"，让它在船上安家落户，每天，把分到的一塑料筒淡水匀给它喝，把从祖国带来的鲜美的鱼肉分给它吃，天长日久，小鸟和水手的感情日趋笃厚。清晨，当第一束阳光射进舷窗时，它便敞开美丽的歌喉，唱啊唱，嘤嘤有韵，宛如春水淙淙。人类给它以生命，它毫不悭吝地把自己的艺术青春奉献给了哺育它的人。可能都是这样？艺术家们的青春只会献给尊敬他们的人。

小鸟给远航生活蒙上了一层浪漫色调。返航时，人们爱不释手，恋恋不舍地想把它带到异乡。可小鸟憔悴了，给水，不喝！喂肉，不吃！油亮的羽毛失去了光泽。是啊，我//们有自己的祖国，小鸟也有它的归宿，人和动物都是一样啊，哪儿也不如故乡好！

慈爱的水手们决定放开它，让它回到大海的摇篮去，回到蓝色的故乡去。离别前，这个大自然的朋友与水手们留影纪念。它站在许多人的头上，肩上，掌上，胳膊上，与喂养过它的人们，一起融进那蓝色的画面……

节选自王文杰《可爱的小鸟》

作品 23 号

纽约的冬天常有大风雪，扑面的雪花不但令人难以睁开眼睛，甚至呼吸都会吸入冰冷的雪花。有时前一天晚上还是一片晴朗，第二天拉开窗帘，却已经积雪盈尺，连门都推不开了。

遇到这样的情况，公司、商店常会停止上班，学校也通过广播，宣布停课。但令人不解的是，惟有公立小学，仍然开放。只见黄色的校车，艰难地在路边接孩子，老师则一大早就口中喷着热气，铲去车子前后的积雪，小心翼翼地开车去学校。

据统计，十年来纽约的公立小学只因为超级暴风雪停过七次课。这是多么令人惊讶的事。犯得着在大人都无须上班的时候让孩子去学校吗？小学的老师也太倒霉了吧？

于是，每逢大雪而小学不停课时，都有家长打电话去骂。妙的是，每个打电话的人，反应全一样——先是怒气冲冲地责问，然后满口道歉，最后笑容满面地挂上电话。原因是，学校告诉家长：

在纽约有许多百万富翁，但也有不少贫困的家庭。后者白天开不起暖气，供不起午餐，孩子的营养全靠学校里免费的中饭，甚至可以多拿些回家当晚餐。学校停课一天，穷孩子就受一天冻，挨一天饿，所以老师们宁愿自己苦一点儿，也不能停课。//

或许有家长会说：何不让富裕的孩子在家里，让贫穷的孩子去学校享受暖气和营养午餐呢？

学校的答复是：我们不愿让那些穷苦的孩子感到他们是在接受救济，因为施舍的最高原则是保持受施者的尊严。

节选自（台湾）刘墉《课不能停》

作品 24 号

十年，在历史上不过是一瞬间。只要稍加注意，人们就会发现：在这一瞬间里，各种事物都悄悄经历了自己的千变万化。

这次重新访日，我处处感到亲切和熟悉，也在许多方面发觉了日本的变化。就拿奈良的一个角落来说吧，我重游了为之感受很深的唐招提寺，在寺内各处匆匆走了一遍，庭院依旧，但意想不到还看到了一些新的东西，其中之一，就是近几年从中国移植来的"友谊之莲"。

在存放鉴真遗像的那个院子里，几株中国莲昂然挺立，翠绿的宽大荷叶正迎风而舞，显得十分愉快。开花的季节已过，荷花朵朵已变为莲蓬累累。莲子的颜色正在由青转紫，看来已经成熟了。

我禁不住想："因"已转化为"果"。

中国的莲花开在日本，日本的樱花开在中国，这不是偶然。我希望这样一种盛况延续不衰。可能有人不欣赏花，但决不会有人欣赏落在自己面前的炮弹。

在这些日子里，我看到了不少多年不见的老朋友，又结识了一些新朋友。大家喜欢涉及的话题之一，就是古长安和古奈良。那还用得着问吗，朋友们缅怀过去，正是瞩望未来。瞩目于未来的人们必将获得未来。

我不例外，也希望一个美好的未来。

为//了中日人民之间的友谊，我将不浪费今后生命的每一瞬间。

节选自严文井《莲花和樱花》

作品 25 号

梅雨潭闪闪的绿色招引着我们，我们开始追捉她那离合的神光了。揪着草，攀着乱石，小心探身下去，又鞠躬过了一个石穹门，便到了汪汪一碧的潭边了。

瀑布在襟袖之间，但是我的心中已没有瀑布了。我的心随潭水的绿而摇荡。那醉人的绿呀！仿佛一张极大极大的荷叶铺着，满是奇异的绿呀。我想张开两臂抱住她，但这是怎样一个妄想啊。

站在水边，望到那面，居然觉着有些远呢！这平铺着、厚积着的绿，着实可爱。她松松地皱缬着，像少妇拖着的裙幅；她滑滑的明亮着，像涂了“明油”一般，有鸡蛋清那样软，那样嫩；她又不杂些尘滓，宛然一块温润的碧玉，只清清的一色——但你却看不透她！

我曾见过北京什刹海拂地的绿杨，脱不了鹅黄的底子，似乎太淡了。我又曾见过杭州虎跑寺近旁高峻而深密的“绿壁”，丛叠着无穷的碧草与绿叶的，那又似乎太浓了。其余呢，西湖的波太明了，秦淮河的也太暗了。可爱的，我将什么来比拟你呢？我怎么比拟得出呢？大约潭是很深的，故能蕴蓄着这样奇异的绿；仿佛蔚蓝的天融了一块在里面似的，这才这般的鲜润啊。

那醉人的绿呀！我若能裁你以为带，我将赠给那轻盈的//舞女，她必能临风飘举了。我若能挹你以为眼，我将赠给那善歌的盲妹，她必明眸善睐了。我舍不得你，我怎舍得你呢？我用手拍着你，抚摩着你，如同一个十二三岁的小姑娘。我又掬你入口，便是吻着她了。我送你一个名字，我从此叫你“女儿绿”，好吗？

第二次到仙岩的时候，我不禁惊诧于梅雨潭的绿了。

节选自朱自清《绿》

作品 26 号

我们家的后园有半亩空地。母亲说："让它荒着怪可惜的，你们那么爱吃花生，就开辟出来种花生吧。"我们姐弟几个都很高兴，买种，翻地，播种，浇水，没过几个月，居然收获了。

母亲说："今晚我们过一个收获节，请你们父亲也来尝尝我们的新花生，好不好？"我们都说好。母亲把花生做成了好几样食品，还吩咐就在后园的茅亭里过这个节。

晚上天色不太好，可是父亲也来了，实在很难得。

父亲说："你们爱吃花生吗？"

我们争着答应："爱！"

"谁能把花生的好处说出来？"

姐姐说："花生的味美。"

哥哥说："花生可以榨油。"

我说："花生的价钱便宜，谁都可以买来吃，都喜欢吃。这就是它的好处。"

父亲说："花生的好处很多，有一样最可贵：它的果实埋在地里，不像桃子、石榴、苹果那样，把鲜红嫩绿的果实高高地挂在枝头上，使人一见就生爱慕之心。你们看它矮矮地长在地上，等到成熟了，也不能立刻分辨出来它有没有果实，必须挖出来才知道。"

我们都说是，母亲也点点头。

父亲接下去说："所以你们要像花生，它虽然不好看，可是很有用，不是外表好看而没有实用的东西。"

我说："那么，人要做有用的人，不要做只讲体面，而对别人没有好处的人了。"//

父亲说："对，这是我对你们的希望。"

我们谈到夜深才散。花生做的食品都吃完了，父亲的话却深深地印在我的心上。

节选自许地山《落花生》

作品 27 号

我打猎归来，沿着花园的林荫路走着。狗跑在我前边。

突然，狗放慢脚步，蹑足潜行，好像嗅到了前边有什么野物。

我顺着林荫路望去，看见了一只嘴边还带黄色、头上生着柔毛的小麻雀。风猛烈地吹打着林荫路上的白桦树，麻雀从巢里跌落下来，呆呆地伏在地上，孤立无援地张开两只羽毛还未丰满的小翅膀。

我的狗慢慢向它靠近。忽然，从附近一棵树上飞下一只黑胸脯的老麻雀，像一颗石子似的落到狗的跟前。老麻雀全身倒竖着羽毛，惊恐万状，发出绝望、凄惨的叫声，接着向露出牙齿、大张着的狗嘴扑去。

老麻雀是猛扑下来救护幼雀的。它用身体掩护着自己的幼儿……但它整个小小的身体因恐怖而战栗着，它小小的声音也变得粗暴嘶哑，它在牺牲自己！

在它看来，狗该是多么庞大的怪物啊！然而，它还是不能站在自己高高的、安全的树枝上……一种比它的理智更强烈的力量，使它从那儿扑下身来。

我的狗站住了，向后退了退……看来，它也感到了这种力量。

我赶紧唤住惊慌失措的狗，然后我怀着崇敬的心情，走开了。

是啊，请不要见笑。我崇敬那只小小的、英勇的鸟儿，我崇敬它那种爱的冲动和力量。

爱，我想，比//死和死的恐惧更强大。只有依靠它，依靠这种爱，生命才能维持下去，发展下去。

节选自［俄］屠格涅夫《麻雀》，巴金译

作品 28 号

那年我六岁。离我家仅一箭之遥的小山坡旁，有一个早已被废弃的采石场，双亲从来不准我去那儿，其实那儿风景十分迷人。

一个夏季的下午，我随着一群小伙伴偷偷上那儿去了。就在我们穿越了一条孤寂的小路后，他们却把我一个人留在原地，然后奔向“更危险的地带”了。

等他们走后，我惊慌失措地发现，再也找不到要回家的那条孤寂的小道了。像只无头的苍蝇，我到处乱钻，衣裤上挂满了芒刺。太阳已经落山，而此时此刻，家里一定开始吃晚餐了，双亲正盼着我回家……想着想着，我不由得背靠着一棵树，伤心地呜呜大哭起来……

突然，不远处传来了声声柳笛。我像找到了救星，急忙循声走去。一条小道边的树桩上坐着一位吹笛人，手里还正削着什么。走近细看，他不就是被大家称为“乡巴佬儿”的卡廷吗？

“你好，小家伙儿，”卡廷说，“看天气多美，你是出来散步的吧？”

我怯生生地点点头，答道：“我要回家了。”

“请耐心等上几分钟，”卡廷说，“瞧，我正在削一支柳笛，差不多就要做好了，完工后就送给你吧！”

卡廷边削边不时把尚未成形的柳笛放在嘴里试吹一下。没过多久，一支柳笛便递到我手中。我俩在一阵阵清脆悦耳的笛音//中，踏上了归途……

当时，我心中只充满感激，而今天，当我自己也成了祖父时，却突然领悟到他用心之良苦！那天当他听到我的哭声时，便判定我一定迷了路，但他并不想在孩子面前扮演“救星”的角色，于是吹响柳笛以便让我能发现他，并跟着他走出困境！就这样，卡廷先生以乡下人的纯朴，保护了一个小男孩儿强烈的自尊。

节选自唐若水译《迷途笛音》

作品 29 号

在浩瀚无垠的沙漠里，有一片美丽的绿洲，绿洲里藏着一颗闪光的珍珠。这颗珍珠就是敦煌莫高窟。它坐落在我国甘肃省敦煌市三危山和鸣沙山的怀抱中。

鸣沙山东麓是平均高度为十七米的崖壁。在一千六百多米长的崖壁上，凿有大小洞窟七百余个，形成了规模宏伟的石窟群。其中四百九十二个洞窟中，共有彩色塑像两千一百余尊，各种壁画共四万五千多平方米。莫高窟是我国古代无数艺术匠师留给人类的珍贵文化遗产。

莫高窟的彩塑，每一尊都是一件精美的艺术品。最大的有九层楼那么高，最小的还不如一个手掌大。这些彩塑个性鲜明，神态各异。有慈眉善目的菩萨，有威风凛凛的天王，还有强壮勇猛的力士……

莫高窟壁画的内容丰富多彩，有的是描绘古代劳动人民打猎、捕鱼、耕田、收割的情景，有的是描绘人们奏乐、舞蹈、演杂技的场面，还有的是描绘大自然的美丽风光。其中最引人注目的是飞天。壁画上的飞天，有的臂挎花篮，采摘鲜花；有的反弹琵琶，轻拨银弦；有的倒悬身子，自天而降；有的彩带飘拂，漫天遨游；有的舒展着双臂，翩翩起舞。看着这些精美动人的壁画，就像走进了//灿烂辉煌的艺术殿堂。

莫高窟里还有一个面积不大的洞窟——藏经洞。洞里曾藏有我国古代的各种经卷、文书、帛画、刺绣、铜像等共六万多件。由于清朝政府腐败无能，大量珍贵的文物被外国强盗掠走。仅存的部分经卷，现在陈列于北京故宫等处。

莫高窟是举世闻名的艺术宝库。这里的每一尊彩塑、每一幅壁画、每一件文物，都是中国古代人民智慧的结晶。

节选自小学《语文》第六册中《莫高窟》

作品 30 号

其实你在很久以前并不喜欢牡丹，因为它总被人作为富贵膜拜。后来你目睹了一次牡丹的落花，你相信所有的人都会为之感动：一阵清风徐来，娇艳鲜嫩的盛期牡丹忽然整朵整朵地坠落，铺撒一地绚丽的花瓣。那花瓣落地时依然鲜艳夺目，如同一只奉上祭坛的大鸟脱落的羽毛，低吟着壮烈的悲歌离去。牡丹没有花谢花败之时，要么烁于枝头，要么归于泥土，它跨越萎顿和衰老，由青春而死亡，由美丽而消遁。它虽美却不吝惜生命，即使告别也要展示给人最后一次的惊心动魄。

所以在这阴冷的四月里，奇迹不会发生。任凭游人扫兴和诅咒，牡丹依然安之若素。它不苟且、不俯就、不妥协、不媚俗，甘愿自己冷落自己。它遵循自己的花期自己的规律，它有权利为自己选择每年一度的盛大节日。它为什么不拒绝寒冷？

天南海北的看花人，依然络绎不绝地涌入洛阳城。人们不会因牡丹的拒绝而拒绝它的美。如果它再被贬谪十次，也许它就会繁衍出十个洛阳牡丹城。

于是你在无言的遗憾中感悟到，富贵与高贵只是一字之差。同人一样，花儿也是有灵性的，更有品位之高低。品位这东西为气为魂为//筋骨为神韵，只可意会。你叹服牡丹卓尔不群之姿，方知品位是多么容易被世人忽略或是漠视的美。

节选自张抗抗《牡丹的拒绝》

作品 31 号

森林涵养水源，保持水土，防止水旱灾害的作用非常大。据专家测算，一片十万亩面积的森林，相当于一个两百万立方米的水库，这正如农谚所说的："山上多栽树，等于修水库。雨多它能吞，雨少它能吐。"

说起森林的功劳，那还多得很。它除了为人类提供木材及许多种生产、生活的原料之外，在维护生态环境方面也是功劳卓著，它用另一种"能吞能吐"的特殊功能孕育了人类。因为地球在形成之初，大气中的二氧化碳含量很高，氧气很少，气温也高，生物是难以生存的。大约在四亿年之前，陆地才产生了森林。森林慢慢将大气中的二氧化碳吸收，同时吐出新鲜氧气，调节气温：这才具备了人类生存的条件，地球上才最终有了人类。

森林，是地球生态系统的主体，是大自然的总调度室，是地球的绿色之肺。森林维护地球生态环境的这种"能吞能吐"的特殊功能是其他任何物体都不能取代的。然而，由于地球上的燃烧物增多，二氧化碳的排放量急剧增加，使得地球生态环境急剧恶化，主要表现为全球气候变暖，水分蒸发加快，改变了气流的循环，使气候变化加剧，从而引发热浪、飓风、暴雨、洪涝及干旱。

为了//使地球的这个"能吞能吐"的绿色之肺恢复健壮，以改善生态环境，抑制全球变暖，减少水旱等自然灾害，我们应该大力造林、护林，使每一座荒山都绿起来。

节选自《中考语文课外阅读试题精选》中《"能吞能吐的"森林》

作品 32 号

朋友即将远行。

暮春时节，又邀了几位朋友在家小聚。虽然都是极熟的朋友，却是终年难得一见，偶尔电话里相遇，也无非是几句寻常话。一锅小米稀饭，一碟大头菜，一盘自家酿制的泡菜，一只巷口买回的烤鸭，简简单单，不像请客，倒像家人团聚。

其实，友情也好，爱情也好，久而久之都会转化为亲情。

说也奇怪，和新朋友会谈文学、谈哲学、谈人生道理等等，和老朋友却只话家常，柴米油盐，细细碎碎，种种琐事。很多时候，心灵的契合已经不需要太多的言语来表达。

朋友新烫了个头，不敢回家见母亲，恐怕惊骇了老人家，却欢天喜地来见我们，老朋友颇能以一种趣味性的眼光欣赏这个改变。

年少的时候，我们差不多都在为别人而活，为苦口婆心的父母活，为循循善诱的师长活，为许多观念、许多传统的约束力而活。年岁逐增，渐渐挣脱外在的限制与束缚，开始懂得为自己活，照自己的方式做一些自己喜欢的事，不在乎别人的批评意见，不在乎别人的诋毁流言，只在乎那一份随心所欲的舒坦自然。偶尔，也能够纵容自己放浪一下，并且有一种恶作剧的窃喜。

就让生命顺其自然，水到渠成吧，犹如窗前的//乌桕，自生自落之间，自有一份圆融丰满的喜悦。春雨轻轻落着，没有诗，没有酒，有的只是一份相知相属的自在自得。

夜色在笑语中渐渐沉落，朋友起身告辞，没有挽留，没有送别，甚至也没有问归期。

已经过了大喜大悲的岁月，已经过了伤感流泪的年华，知道了聚散原来是这样的自然和顺理成章，懂得这点，便懂得珍惜每一次相聚的温馨，离别便也欢喜。

节选自(台湾)杏林子《朋友和其他》

作品 33 号

我们在田野散步：我，我的母亲，我的妻子和儿子。

母亲本不愿出来的。她老了，身体不好，走远一点儿就觉得很累。我说，正因为如此，才应该多走走。母亲信服地点点头，便去拿外套。她现在很听我的话，就像我小时候很听她的话一样。

这南方初春的田野，大块小块的新绿随意地铺着，有的浓，有的淡，树上的嫩芽也密了，田里的冬水也咕咕地起着水泡。这一切都使人想着一样东西——生命。

我和母亲走在前面，我的妻子和儿子走在后面。小家伙突然叫起来："前面是妈妈和儿子，后面也是妈妈和儿子。"我们都笑了。

后来发生了分歧：母亲要走大路，大路平顺；我的儿子要走小路，小路有意思。不过，一切都取决于我。我的母亲老了，她早已习惯听从她强壮的儿子；我的儿子还小，他还习惯听从他高大的父亲；妻子呢，在外面，她总是听我的。一霎时我感到了责任的重大。我想找一个两全的办法，找不出；我想拆散一家人，分成两路，各得其所，终不愿意。我决定委屈儿子，因为我伴同他的时日还长。我说："走大路。"

但是母亲摸摸孙儿的小脑瓜，变了主意："还是走小路吧。"她的眼随小路望去：那里有金色的菜花，两行整齐的桑树，//尽头一口水波粼粼的鱼塘。"我走不过去的地方，你就背着我。"母亲对我说。

这样，我们在阳光下，向着那菜花、桑树和鱼塘走去。到了一处，我蹲下来，背起了母亲；妻子也蹲下来，背起了儿子。我和妻子都是慢慢地，稳稳地，走得很仔细，好像我背上的同她背上的加起来，就是整个世界。

节选自莫怀戚《散步》

作品 34 号

地球上是否真的存在“无底洞”？按说地球是圆的，由地壳、地幔和地核三层组成，真正的“无底洞”是不应存在的，我们所看到的各种山洞、裂口、裂缝，甚至火山口也都只是地壳浅部的一种现象。然而中国一些古籍却多次提到海外有个深奥莫测的无底洞。事实上地球上确实有这样一个“无底洞”。

它位于希腊亚各斯古城的海滨。由于濒临大海，大涨潮时，汹涌的海水便会排山倒海般地涌入洞中，形成一股湍湍的急流。据测，每天流入洞内的海水量达三万多吨。奇怪的是，如此大量的海水灌入洞中，却从来没有把洞灌满。曾有人怀疑，这个“无底洞”，会不会就像石灰岩地区的漏斗、竖井、落水洞一类的地形。然而从二十世纪三十年代以来，人们就做了多种努力企图寻找它的出口，却都是枉费心机。

为了揭开这个秘密，一九五八年美国地理学会派出一支考察队，他们把一种经久不变的带色染料溶解在海水中，观察染料是如何随着海水一起沉下去。接着又察看了附近海面以及岛上的各条河、湖，满怀希望地寻找这种带颜色的水，结果令人失望。难道是海水量太大把有色水稀释得太淡，以致无法发现？//

至今谁也不知道为什么这里的海水会没完没了地“漏”下去，这个“无底洞”的出口又在哪里，每天大量的海水究竟都流到哪里去了？

节选自罗伯特·罗威尔《神秘的“无底洞”》

作品 35 号

我在俄国见到的景物再没有比托尔斯泰墓更宏伟、更感人的。

完全按照托尔斯泰的愿望，他的坟墓成了世间最美的，给人印象最深刻的坟墓。它只是树林中的一个小小的长方形土丘，上面开满鲜花——没有十字架，没有墓碑，没有墓志铭，连托尔斯泰这个名字也没有。

这位比谁都感到受自己的声名所累的伟人，却像偶尔被发现的流浪汉，不为人知的士兵，不留名姓地被人埋葬了。谁都可以踏进他最后的安息地，围在四周稀疏的木栅栏是不关闭的——保护列夫·托尔斯泰得以安息的没有任何别的东西，惟有人们的敬意；而通常，人们却总是怀着好奇，去破坏伟人墓地的宁静。

这里，逼人的朴素禁锢住任何一种观赏的闲情，并且不容许你大声说话。风儿俯临，在这座无名者之墓的树木之间飒飒响着，和暖的阳光在坟头嬉戏；冬天，白雪温柔地覆盖这片幽暗的圭土地。无论你在夏天或冬天经过这儿，你都想象不到，这个小小的、隆起的长方体里安放着一位当代最伟大的人物。

然而，恰恰是这座不留姓名的坟墓，比所有挖空心思用大理石和奢华装饰建造的坟墓更扣人心弦。在今天这个特殊的日子//里，到他的安息地来的成百上千人中间，没有一个有勇气，哪怕仅仅从幽暗的土丘上摘下一朵花留作纪念。人们重新感到，世界上再没有比托尔斯泰最后留下的、这座纪念碑式的朴素坟墓，更打动人心的了。

节选自[奥]茨威格《世间最美的坟墓》，张厚仁译

作品 36 号

我国的建筑，从古代的宫殿到近代的一般住房，绝大部分是对称的，左边怎么样，右边怎么样。苏州园林可绝不讲究对称，好像故意避免似的。东边有了一个亭子或者一道回廊，西边决不会来一个同样的亭子或者一道同样的回廊。这是为什么？我想，用图画来比方，对称的建筑是图案画，不是美术画，而园林是美术画，美术画要求自然之趣，是不讲究对称的。

苏州园林里都有假山和池沼。

假山的堆叠，可以说是一项艺术而不仅是技术。或者是重峦叠嶂，或者是几座小山配合着竹子花木，全在乎设计者和匠师们生平多阅历，胸中有丘壑，才能使游览者攀登的时候忘却苏州城市，只觉得身在山间。

至于池沼，大多引用活水。有些园林池沼宽敞，就把池沼作为全园的中心，其他景物配合着布置。水面假如成河道模样，往往安排桥梁。假如安排两座以上的桥梁，那就一座一个样，决不雷同。

池沼或河道的边沿很少砌齐整的石岸，总是高低屈曲任其自然。还在那儿布置几块玲珑的石头，或者种些花草。这也是为了取得从各个角度看都成一幅画的效果。池沼里养着金鱼或各色鲤鱼，夏秋季节荷花或睡莲开//放，游览者看“鱼戏莲叶间”，又是入画的一景。

节选自叶圣陶《苏州园林》

作品 37 号

一位访美中国女作家，在纽约遇到一位卖花的老太太。老太太穿着破旧，身体虚弱，但脸上的神情却是那样祥和兴奋。女作家挑了一朵花说："看起来，你很高兴。"老太太面带微笑地说："是的，一切都这么美好，我为什么不高兴呢？""对烦恼，你倒真看得开。"女作家又说了一句。没料到，老太太的回答更令女作家大吃一惊："耶稣在星期五被钉上十字架时，是全世界最糟糕的一天，可三天后就是复活节。所以，当我遇到不幸时，就会等待三天，这样一切就恢复正常了。"

"等待三天"，多么富于哲理的话语，多么乐观的生活方式。它把烦恼和痛苦抛下，全力去收获快乐。

沈从文在"文革"期间，陷入了非人的境地。可他毫不在意，他在咸宁时给他的表侄、画家黄永玉写信说："这里的荷花真好，你若来……"身陷苦难却仍为荷花的盛开欣喜赞叹不已，这是一种趋于澄明的境界，一种旷达洒脱的胸襟，一种面临磨难坦荡从容的气度，一种对生活童子般的热爱和对美好事物无限向往的生命情感。

由此可见，影响一个人快乐的，有时并不是困境及磨难，而是一个人的心态。如果把自己浸泡在积极、乐观、向上的心态中，快乐必然会//占据你的每一天。

节选自《态度创造快乐》

作品 38 号

泰山极顶看日出，历来被描绘成十分壮观的奇景。有人说：登泰山而看不到日出，就像一出大戏没有戏眼，味儿终究有点寡淡。

我去爬山那天，正赶上了难得的好天，万里长空，云彩丝儿都不见。素常，烟雾腾腾的山头，显得眉目分明。同伴们都欣喜地说："明天早晨准可以看见日出了。"我也是抱着这种想头，爬上山去。

一路从山脚往上爬，细看山景，我觉得挂在眼前的不是五岳独尊的泰山，却像一幅规模惊人的青绿山水画，从下面倒展开来。在画卷中最先露出的是山根底那座明朝建筑岱宗坊，慢慢地便现出王母池、斗母宫、经石峪。山是一层比一层深，一叠比一叠奇，层层叠叠，不知还会有多深多奇。万山丛中，时而点染着极其工细的人物。王母池旁的吕祖殿里有不少尊明塑，塑着吕洞宾等一些人，姿态神情是那样有生气，你看了，不禁会脱口赞叹说："活啦。"

画卷继续展开，绿阴森森的柏洞露面不太久，便来到对松山。两面奇峰对峙着，满山峰都是奇形怪状的老松，年纪怕都有上千岁了，颜色竟那么浓，浓得好像要流下来似的。来到这儿，你不妨权当一次画里的写意人物，坐在路旁的对松亭里，看看山色，听听流//水和松涛。

一时间，我又觉得自己不仅是在看画卷，却又像是在零零乱乱翻着一卷历史稿本。

节选自杨朔《泰山极顶》

作品 39 号

育才小学校长陶行知在校园看到学生王友用泥块砸自己班上的同学，陶行知当即喝止了他，并令他放学后到校长室去。无疑，陶行知是要好好教育这个“顽皮”的学生。那么他是如何教育的呢？

放学后，陶行知来到校长室，王友已经等在门口准备挨训了。可一见面，陶行知却掏出一块糖果送给王友，并说：“这是奖给你的，因为你按时来到这里，而我却迟到了。”王友惊疑地接过糖果。

随后，陶行知又掏一块糖果放到他手里，说：“这第二块糖果也是奖给你的，因为当我不让你再打人时，你立即就住手了，这说明你很尊重我，我应该奖你。”王友更惊疑了，他眼睛睁得大大的。

陶行知又掏出第三块糖果塞到王友手里，说：“我调查过了，你用泥块砸那些男生，是因为他们不守游戏规则，欺负女生；你砸他们，说明你很正直善良，且有批评不良行为的勇气，应该奖励你啊！”王友感动极了，他流着眼泪后悔地喊道：“陶……陶校长你打我两下吧！我砸的不是坏人，而是自己的同学啊……”

陶行知满意地笑了，他随即掏出第四块糖果递给王友，说：“为你正确地认识错误，我再奖给你一块糖果，只可惜我只有这一块糖果了。我的糖果//没有了，我看我们的谈话也该结束了吧！”说完，就走出了校长室。

节选自《教师博览·百期精华》中《陶行知的“四块糖果”》

作品 40 号

享受幸福是需要学习的，当它即将来临的时刻需要提醒。人可以自然而然地学会感官的享乐，却无法天生地掌握幸福的韵律。灵魂的快意同器官的舒适像一对孪生兄弟，时而相傍相依，时而南辕北辙。

幸福是一种心灵的震颤。它像会倾听音乐的耳朵一样，需要不断地训练。

简而言之，幸福就是没有痛苦的时刻。它出现的频率并不像我们想象的那样少。人们常常只是在幸福的金马车已经驶过去很远时，才拣起地上的金鬃毛说，原来我见过它。

人们喜欢回味幸福的标本，却忽略它披着露水散发清香的时刻。那时候我们往往步履匆匆，瞻前顾后不知在忙着什么。

世上有预报台风的，有预报蝗灾的，有预报瘟疫的，有预报地震的。没有人预报幸福。

其实幸福和世界万物一样，有它的征兆。

幸福常常是朦胧的，很有节制地向我们喷洒甘霖。你不要总希望轰轰烈烈的幸福，它多半只是悄悄地扑面而来。你也不要企图把水龙头拧得更大，那样它会很快地流失。你需要静静地以平和之心，体验它的真谛。

幸福绝大多数是朴素的。它不会像信号弹似的，在很高的天际闪烁红色的光芒。它披着本色的外衣，亲//切温暖地包裹起我们。

幸福不喜欢喧嚣浮华，它常常在暗淡中降临。贫困中相濡以沫的一块糕饼，患难中心心相印的一个眼神，父亲一次粗糙的抚摸，女友一张温馨的字条……这都是千金难买的幸福啊。像一粒粒缀在旧绸子上的红宝石，在凄凉中愈发熠熠夺目。

节选自毕淑敏《提醒幸福》

作品 41 号

在里约热内卢的一个贫民窟里，有一个男孩子，他非常喜欢足球，可是又买不起，于是就踢塑料盒，踢汽水瓶，踢从垃圾箱里拣来的椰子壳。他在胡同里踢，在能找到的任何一片空地上踢。

有一天，当他在一处干涸的水塘里猛踢一个猪膀胱时，被一位足球教练看见了。他发现这个男孩儿踢得很像是那么回事，就主动提出要送他一个足球。小男孩儿得到足球后踢得更卖劲了。不久，他就能准确地把球踢进远处随意摆放的一个水桶里。

圣诞节到了，孩子的妈妈说："我们没有钱买圣诞礼物送给我们的恩人，就让我们为他祈祷吧。"

小男孩儿跟随妈妈祈祷完毕，向妈妈要了一把铲子便跑了出去。他来到一座别墅前的花园里，开始挖坑。

就在他快要挖好坑的时候，从别墅里走出一个人来，问小孩儿在干什么，孩子抬起满是汗珠的脸蛋儿，说："教练，圣诞节到了，我没有礼物送给您，我愿给您的圣诞树挖一个树坑。"

教练把小男孩儿从树坑里拉上来，说，我今天得到了世界上最好的礼物。明天你就到我的训练场去吧。

三年后，这位十七岁的男孩儿在第六届足球锦标赛上独进二十一球，为巴西第一次捧回了金杯，一个原来不∥为世人所知的名字——贝利，随之传遍世界。

节选自刘燕敏《天才的造就》

作品 42 号

记得我十三岁时，和母亲住在法国东南部的耐斯城。母亲没有丈夫，也没有亲戚，够清苦的，但她经常能拿出令人吃惊的东西，摆在我面前。她从来不吃肉，一再说自己是素食者。然而有一天，我发现母亲正仔细地用一小块碎面包擦那给我煎牛排用的油锅。我明白了她称自己为素食者的真正原因。

我十六岁时，母亲成了耐斯市美蒙旅馆的女经理。这时，她更忙碌了。一天，她瘫在椅子上，脸色苍白，嘴唇发灰。马上找来医生，做出诊断：她摄取了过多的胰岛素。直到这时我才知道母亲多年一直对我隐瞒的疾痛——糖尿病。

她的头歪向枕头一边，痛苦地用手抓挠胸口。床架上方，则挂着一枚我一九三二年赢得耐斯市少年乒乓球冠军的银质奖章。

啊，是对我的美好前途的憧憬支撑着她活下去，为了给她那荒唐的梦至少加一点真实的色彩，我只能继续努力，与时间竞争，直至一九三八年我被征入空军。巴黎很快失陷，我辗转调到英国皇家空军。刚到英国就接到母亲的来信。这些信是由在瑞士的一个朋友秘密地转到伦敦，送到我手中的。

现在我要回家了，胸前佩戴着醒目的绿黑两色的解放十字绶//带，上面挂着五六枚我终身难忘的勋章，肩上还佩带着军官肩章。到达旅馆时，没有一个人跟我打招呼。原来，我母亲在三年半以前就已经离开人间了。

在她死前的几天中，她写了近二百五十封信，把这些信交给她在瑞士的朋友，请这个朋友定时寄给我。就这样，在母亲死后的三年半的时间里，我一直从她身上吸取着力量和勇气——这使我能够继续战斗到胜利那一天。

节选自[法]罗曼·加里《我的母亲独一无二》

作品 43 号

生活对于任何人都非易事，我们必须有坚韧不拔的精神。最要紧的，还是我们自己要有信心。我们必须相信，我们对每一件事情都具有天赋的才能，并且，无论付出任何代价，都要把这件事完成。当事情结束的时候，你要能问心无愧地说："我已经尽我所能了。"

有一年的春天，我因病被迫在家里休息数周。我注视着我的女儿们所养的蚕正在结茧，这使我很感兴趣。望着这些蚕执著地、勤奋地工作，我感到我和它们非常相似。像它们一样，我总是耐心地把自己的努力集中在一个目标上。我之所以如此，或许是因为有某种力量在鞭策着我——正如蚕被鞭策着去结茧一般。

近五十年来，我致力于科学研究，而研究，就是对真理的探讨。我有许多美好快乐的记忆。少女时期我在巴黎大学，孤独地过着求学的岁月；在后来献身科学的整个时期，我丈夫和我专心致志，像在梦幻中一般，坐在简陋的书房里艰辛地研究，后来我们就在那里发现了镭。

我永远追求安静的工作和简单的家庭生活。为了实现这个理想，我竭力保持宁静的环境，以免受人事的干扰和盛名的拖累。

我深信，在科学方面我们有对事业而不是//对财富的兴趣。我的惟一奢望是在一个自由国家中，以一个自由学者的身份从事研究工作。

我一直沉醉于世界的优美之中，我所热爱的科学也不断增加它崭新的远景。我认定科学本身就具有伟大的美。

节选自[波兰]玛丽·居里《我的信念》，剑捷译

作品 44 号

我为什么非要教书不可？是因为我喜欢当教师的时间安排表和生活节奏。七、八、九三个月给我提供了进行回顾、研究、写作的良机，并将三者有机融合，而善于回顾、研究和总结正是优秀教师素质中不可缺少的成分。

干这行给了我多种多样的“甘泉”去品尝，找优秀的书籍去研读，到“象牙塔”和实际世界里去发现。教学工作给我提供了继续学习的时间保证，以及多种途径、机遇和挑战。

然而，我爱这一行的真正原因，是爱我的学生。学生们在我的眼前成长、变化。当教师意味着亲历“创造”过程的发生——恰似亲手赋予一团泥土以生命，没有什么比目睹它开始呼吸更激动人心的了。

权利我也有了：我有权利去启发诱导，去激发智慧的火花，去问费心思考的问题，去赞扬回答的尝试，去推荐书籍，去指点迷津。还有什么别的权利能与之相比呢？

而且，教书还给我金钱和权利之外的东西，那就是爱心。不仅有对学生的爱，对书籍的爱，对知识的爱，还有教师才能感受到的对“特别”学生的爱。这些学生，有如冥顽不灵的泥块，由于接受了老师的炽爱才勃发了生机。

所以，我爱教书，还因为，在那些勃发生机的“特//别”学生身上，我有时发现自己和他们呼吸相通，忧乐与共。

节选自[美]彼得・基・贝得勒《我为什么当教师》

作品 45 号

中国西部我们通常是指黄河与秦岭相连一线以西，包括西北和西南的十二个省、市、自治区。这块广袤的土地面积为五百四十六万平方公里，占国土总面积的百分之五十七；人口二点八亿，占全国总人口的百分之二十三。

西部是华夏文明的源头。华夏祖先的脚步是顺着水边走的：长江上游出土过元谋人牙齿化石，距今约一百七十万年；黄河中游出土过蓝田人头盖骨，距今约七十万年。这两处古人类都比距今约五十万年的北京猿人资格更老。

西部地区是华夏文明的重要发源地。秦皇汉武以后，东西方文化在这里交汇融合，从而有了丝绸之路的驼铃声声，佛院深寺的暮鼓晨钟。敦煌莫高窟是世界文化史上的一个奇迹，它在继承汉晋艺术传统的基础上，形成了自己兼收并蓄的恢宏气度，展现出精美绝伦的艺术形式和博大精深的文化内涵。秦始皇兵马俑、西夏王陵、楼兰古国、布达拉宫、三星堆、大足石刻等历史文化遗产，同样为世界所瞩目，成为中华文化重要的象征。

西部地区又是少数民族及其文化的集萃地，几乎包括了我国所有的少数民族。在一些偏远的少数民族地区，仍保留//了一些久远时代的艺术品种，成为珍贵的“活化石”，如纳西古乐、戏曲、剪纸、刺绣、岩画等民间艺术和宗教艺术。特色鲜明、丰富多彩，犹如一个巨大的民族民间文化艺术宝库。

我们要充分重视和利用这些得天独厚的资源优势，建立良好的民族民间文化生态环境，为西部大开发作出贡献。

节选自《中考语文课外阅读试题精选》中《西部文化和西部开发》

作品 46 号

高兴,这是一种具体的被看得到摸得着的事物所唤起的情绪。它是心理的,更是生理的。它容易来也容易去,谁也不应该对它视而不见失之交臂,谁也不应该总是做那些使自己不高兴也使旁人不高兴的事。让我们说一件最容易做也最令人高兴的事吧,尊重你自己,也尊重别人,这是每一个人的权利,我还要说这是每一个人的义务。

快乐,它是一种富有概括性的生存状态、工作状态。它几乎是先验的,它来自生命本身的活力,来自宇宙、地球和人间的吸引,它是世界的丰富、绚丽、阔大、悠久的体现。快乐还是一种力量,是埋在地下的根脉。消灭一个人的快乐比挖掘掉一棵大树的根要难得多。

欢欣,这是一种青春、诗意的情感。它来自面向着未来伸开双臂奔跑的冲力,它来自一种轻松而又神秘、朦胧而又隐秘的激动,它是激情即将到来的预兆,它又是大雨过后的比下雨还要美妙得多也久远得多的回味……

喜悦,它是一种带有形而上色彩的修养和境界。与其说它是一种情绪,不如说它是一种智慧,一种超拔,一种悲天悯人的宽容和理解,一种饱经沧桑的充实和自信,一种光明的理性,一种坚定//的成熟,一种战胜了烦恼和庸俗的清明澄澈。它是一潭清水,它是一抹朝霞,它是无边的平原,它是沉默的地平线。多一点儿、再多一点儿喜悦吧,它是翅膀,也是归巢。它是一杯美酒,也是一朵永远开不败的莲花。

节选自王蒙《喜悦》

作品 47 号

在湾仔，香港最热闹的地方，有一棵榕树，它是最贵的一棵树，不光在香港，在全世界，都是最贵的。

树，活的树，又不卖何言其贵？只因它老，它粗，是香港百年沧桑的活见证，香港人不忍看着它被砍伐，或者被移走，便跟要占用这片山坡的建筑者谈条件：可以在这儿建大楼盖商厦，但一不准砍树，二不准挪树，必须把它原地精心养起来，成为香港闹市中的一景。太古大厦的建设者最后签了合同，占用这个大山坡建豪华商厦的先决条件是同意保护这棵老树。

树长在半山坡上，计划将树下面的成千上万吨山石全部掏空取走，腾出地方来盖楼，把树架在大楼上面，仿佛它原本是长在楼顶上似的。建设者就地造了一个直径十八米、深十米的大花盆，先固定好这棵老树，再在大花盆底下盖楼。光这一项就花了两千三百八十九万港币，堪称是最昂贵的保护措施了。

太古大厦落成之后，人们可乘滚动扶梯一次到位，来到太古大厦的顶层，出后门，那儿是一片自然景色。一棵大树出现在人们面前，树干有一米半粗，树冠直径足有二十多米，独木成林，非常壮观，形成一座以它为中心的小公园，取名叫“榕圃”。树前面//插着铜牌，说明缘由。此情此景，如不看铜牌的说明，绝对想不到巨树根底下还有一座宏伟的现代大楼。

节选自舒乙《香港：最贵的一棵树》

作品 48 号

我们的船渐渐地逼近榕树了。我有机会看清它的真面目:是一棵大树,有数不清的丫枝,枝上又生根,有许多根一直垂到地上,伸进泥土里。一部分树枝垂到水面,从远处看,就像一棵大树斜躺在水面上一样。

现在正是枝繁叶茂的时节。这棵榕树好像在把它的全部生命力展示给我们看。那么多的绿叶,一簇堆在另一簇的上面,不留一点儿缝隙。翠绿的颜色明亮地在我们的眼前闪耀,似乎每一片树叶上都有一个新的生命在颤动,这美丽的南国的树!

船在树下泊了片刻,岸上很湿,我们没有上去。朋友说这里是“鸟的天堂”,有许多鸟在这棵树上做窝,农民不许人去捉它们。我仿佛听见几只鸟扑翅的声音,但是等到我的眼睛注意地看那里时,我却看不见一只鸟的影子。只有无数的树根立在地上,像许多根木桩。地是湿的,大概涨潮时河水常常冲上岸去。“鸟的天堂”里没有一只鸟,我这样想到。船开了,一个朋友拨着船,缓缓地流到河中间去。

第二天,我们划着船到一个朋友的家乡去,就是那个有山有塔的地方。从学校出发,我们又经过那“鸟的天堂”。

这一次是在早晨,阳光照在水面上,也照在树梢上。一切都//显得非常光明。我们的船也在树下泊了片刻。

起初四周围非常清静。后来忽然起了一声鸟叫。我们把手一拍,便看见一只大鸟飞了起来,接着又看见第二只,第三只。我们继续拍掌,很快地这个树林就变得很热闹了。到处都是鸟声,到处都是鸟影。大的,小的,花的,黑的,有的站在枝上叫,有的飞起来,在扑翅膀。

节自选巴金《鸟的天堂》

作品 49 号

有这样一个故事。

有人问:世界上什么东西的气力最大?回答纷纭得很,有的说“象”,有的说“狮”,有人开玩笑似地说:是“金刚”,金刚有多少气力,当然大家全不知道。

结果,这一切答案完全不对,世界上气力最大的,是植物的种子。一粒种子所可以显现出来的力,简直是超越一切。

人的头盖骨,结合得非常致密与坚固,生理学家和解剖学者用尽了一切的方法,要把它完整地分出来,都没有这种力气。后来忽然有人发明了一个方法,就是把一些植物的种子放在要剖析的头盖骨里,给它以温度与湿度,使它发芽。一发芽,这些种子便以可怕的力量,将一切机械力所不能分开的骨骼,完整地分开了。植物种子的力量之大,如此如此。

这,也许特殊了一点儿,常人不容易理解。那么,你看见过笋的成长吗?你看见过被压在瓦砾和石块下面的一棵小草生长吗?它为着向往阳光,为着达成它的生之意志,不管上面的石块如何重,石与石之间如何狭,它必定要曲曲折折地,但是顽强不屈地透到地面上来。它的根往土壤钻,它的芽往地面挺,这是一种不可抗拒的力,阻止它的石块,结果也被它掀翻,一粒种子的力量之大,//如此如此。

没有一个人将小草叫做“大力士”,但是它的力量之大,的确是世界无比。这种力是一般人看不见的生命力。只要生命存在,这种力就要显现。上面的石块,丝毫不足以阻挡。因为它是一种“长期抗战”的力;有弹性,能屈能伸的力;有韧性,不达目的不止的力。

节选自夏衍《野草》

作品 50 号

燕子去了，有再来的时候；杨柳枯了，有再青的时候；桃花谢了，有再开的时候。但是，聪明的，你告诉我，我们的日子为什么一去不复返呢？——是有人偷了他们罢：那是谁？又藏在何处呢？是他们自己逃走了：现在又到了哪里呢？

我不知道他们给了我多少日子；但我的手确乎是渐渐空虚了。在默默里算着，八千多日子已经从我手中溜去；象针尖上一滴水滴在大海里，我的日子滴在时间的流里，没有声音也没有影子。我不禁头涔涔而泪潸潸了。

去的尽管去了，来的尽管来着，去来的中间，又怎样的匆匆呢？早上我起来的时候，小屋里射进两三方斜斜的太阳。太阳他有脚啊，轻轻悄悄地挪移了；我也茫茫然跟着旋转。于是——洗手的时候，日子从水盆里过去；吃饭的时候，日子从饭碗里过去；默默时，便从凝然的双眼前过去。我觉察他去的匆匆了，伸出手遮挽时，他又从遮挽着的手边过去，天黑时，我躺在床上，他便伶伶俐俐地从我身边跨过，从我脚边飞去了。等我睁开眼和太阳再见，这算又溜走了一日。我掩着面叹息。但是新来的日子的影儿又开始在叹息里闪过了。

在逃去如飞的日子里，在千门万户的世界里的我能做些什么呢？只有 徘徊罢了，只有匆匆罢了；在八千多日的匆匆里，除徘徊外，又剩些什么呢？过去的日子如轻烟却被微风吹散了，如薄雾，被初阳蒸融了；我留着些什么痕迹呢？我何曾留着象游丝样的痕迹呢？我赤裸裸//来到这世界，转眼间也将赤裸裸地回去罢？但不能平的，为什么偏要白白走这一遭啊？

你聪明的，告诉我，我们的日子为什么一去不复返呢？

节选自朱自清《匆匆》

作品 51 号

有个塌鼻子的小男孩儿，因为两岁时得过脑炎，智力受损，学习起来很吃力。打个比方，别人写作文能写二三百字，他却只能写三五行。但即便这样的作文，他同样能写得很动人。

那是一次作文课，题目是《愿望》。他极其认真地想了半天，然后极认真地写，那作文极短。只有三句话：我有两个愿望，第一个是，妈妈天天笑眯眯地看着我说："你真聪明，"第二个是，老师天天笑眯眯地看着我说："你一点儿也不笨。"

于是，就是这篇作文，深深地打动了他的老师，那位妈妈式的老师不仅给了他最高分，在班上带感情地朗读了这篇作文，还一笔一画的批道：你很聪明，你的作文写得非常感人，请放心，妈妈肯定会格外喜欢你的，老师肯定会格外喜欢你的，大家肯定会格外喜欢你的。

捧着作文本，他笑了，蹦蹦跳跳地回家了，像只喜鹊。但他并没有把作文本拿给妈妈看，他是在等待，等待着一个美好的时刻。

那个时刻终于到了，是妈妈的生日——一个阳光灿烂的星期天：那天，他起得特别早，把作文本装在一个亲手做的美丽的大信封里，等着妈妈醒来。妈妈刚刚睁眼醒来，他就笑眯眯地走到妈妈跟前说："妈妈，今天是您的生日，我要//送给您一件礼物。"

果然，看着这篇作文，妈妈甜甜地涌出了两行热泪，一把搂住小男孩儿，搂得很紧很紧。

是的，智力可以受损，但爱永远不会。

节选自张玉庭《一个美丽的故事》

作品 52 号

小学的时候，有一次我们去海边远足，妈妈没有做便饭，给了我十块钱买午餐。好像走了很久，很久，终于到海边了，大家坐下来便吃饭，荒凉的海边没有商店，我一个人跑到防风林外面去，级任老师要大家把吃剩的饭菜分给我一点儿。有两三个男生留下一点儿给我，还有一个女生，她的米饭拌了酱油，很香。我吃完的时候，她笑眯眯地看着我，短头发，脸圆圆的。

她的名字叫翁香玉。

每天放学的时候，她走的是经过我们家的一条小路，带着一位比她小的男孩儿，可能是弟弟。小路边是一条清澈见底的小溪，两旁竹阴覆盖，我总是远远地跟在她后面，夏日的午后特别炎热，走到半路她会停下来，拿手帕在溪水里浸湿，为小男孩儿擦脸。我也在后面停下来，把肮脏的手帕弄湿了擦脸，再一路远远跟着她回家。

后来我们家搬到镇上去了，过几年我也上了中学。有一天放学回家，在火车上，看见斜对面一位短头发、圆圆脸的女孩儿，一身素净的白衣黑裙。我想她一定不认识我了。火车很快到站了，我随着人群挤向门口，她也走近了，叫我的名字。这是她第一次和我说话。

她笑眯眯的，和我一起走过月台。以后就没有再见过//她了。

这篇文章收在我出版的《少年心事》这本书里。

书出版后半年，有一天我忽然收到出版社转来的一封信，信封上是陌生的字迹，但清楚地写着我的本名。

信里面说她看到了这篇文章心里非常激动，没想到在离开家乡，漂泊异地这么久之后，会看见自己仍然在一个人的记忆里，她自己也深深记得这其中的每一幕，只是没想到越过遥远的时空，竟然另一个人也深深记得。

节选自苦伶《永远的记忆》

作品 53 号

在繁华的巴黎大街的路旁，站着一个衣衫褴褛、头发斑白、双目失明的老人。他不像其他乞丐那样伸手向过路行人乞讨，而是在身旁立一块木牌，上面写着："我什么也看不见！"街上过往的行人很多，看了木牌的字都无动于衷，有的还淡淡一笑，便姗姗而去了。

这天中午，法国著名诗人让·彼浩勒也经过这里。他看看木牌上的字，问盲老人："老人家，今天上午有人给你钱吗？"

盲老人叹息着回答："我，我什么也没有得到。"说着，脸上的神情非常悲伤。

让·彼浩勒听了，拿起笔悄悄地在那行字的前面添上了"春天到了，可是"几个字，就匆匆地离开了。

晚上，让·彼浩勒又经过这里，问那个盲老人下午的情况。盲老人笑着回答说："先生，不知为什么，下午给我钱的人多极了！"让·彼浩勒听了，摸着胡子满意地笑了。

"春天到了，可是我什么也看不见！"这富有诗意的语言，产生这么大的作用，就在于它有非常浓厚的感情色彩。是的，春天是美好的，那蓝天白云，那绿树红花，那莺歌燕舞，那流水人家，怎么不叫人陶醉呢？但这良辰美景，对于一个双目失明的人来说，只是一片漆黑。当人们想到这个盲老人，一生中竟连万紫千红的春天//都不曾看到，怎能不对他产生同情之心呢？

节选自小学《语文》第六册中《语言的魅力》

作品 54 号

有一次，苏东坡的朋友张鹗拿着一张宣纸来求他写一幅字，而且希望他写一点儿关于养生方面的内容。苏东坡思索了一会儿，点点头说：“我得到了一个养生长寿古方，药只有四味，今天就赠给你吧。”于是，东坡的狼毫在纸上挥洒起来，上面写着：“一曰无事以当贵，二曰早寝以当富，三曰安步以当车，四曰晚食以当肉。”

这哪里有药？张鹗一脸茫然地问。苏东坡笑着解释说，养生长寿的要诀，全在这四句里面。

所谓“无事以当贵”，是指人不要把功名利禄、荣辱过失考虑得太多，如能在情志上潇洒大度，随遇而安，无事以求，这比富贵更能使人终其天年。

“早寝以当富”，指吃好穿好、财货充足，并非就能使你长寿。对老年人来说，养成良好的起居习惯，尤其是早睡早起，比获得任何财富更加宝贵。

“安步以当车”，指人不要过于讲求安逸、肢体不劳，而应多以步行来替代骑马乘车，多运动才可以强健体魄，通畅气血。

“晚食以当肉”，意思是人应该用已饥方食，未饱先止代替对美味佳肴的贪吃无厌。他进一步解释，饿了以后才进食，虽然是粗茶淡饭，但其香甜可口会胜过山珍；如果饱了还要勉强吃，即使美味佳肴摆在眼前也难以//下咽。

苏东坡的四味“长寿药”，实际上强调了情志、睡眠、运动、饮食四个方面对养生长寿的重要性，这种养生观点即使在今天仍然值得借鉴。

节选自蒲昭和《赠你四味长寿药》

作品 55 号

人活着，最要紧的是寻觅到那片代表着生命绿色和人类希望的丛林，然后选一高高的枝头站在那里观览人生，消化痛苦，孕育歌声，愉悦世界！

这可真是一种潇洒的人生态度，这可真是一种心境爽朗的情感风貌。

站在历史的枝头微笑，可以减免许多烦恼。在那里，你可以从众生相所包含的甜酸苦辣、百味人生中寻找你自己；你境遇中的那点儿苦痛，也许相比之下，再也难以占据一席之地；你会较容易地获得从不悦中解脱灵魂的力量，使之不致变得灰色。

人站得高些，不但能有幸早些领略到希望的曙光，还能有幸发现生命的立体的诗篇。每一个人的人生，都是这诗篇中的一个词、一个句子或者一个标点。你可能没有成为一个美丽的词，一个引人注目的句子，一个惊叹号，但你依然是这生命的立体诗篇中的一个音节、一个停顿、一个必不可少的组成部分。这足以使你放弃前嫌，萌生为人类孕育新的歌声的兴致，为世界带来更多的诗意。

最可怕的人生见解，是把多维的生存图景看成平面。因为那平面上刻下的大多是凝固了的历史——过去的遗迹；但活着的人们，活得却是充满着新生智慧的，由//不断逝去的“现在”组成的未来。人生不能像某些鱼类躺着游，人生也不能像某些兽类爬着走，而应该站着向前行，这才是人类应有的生存姿态。

节选自[美]本杰明·拉什《站在历史的枝头微笑》

作品 56 号

中国的第一大岛、台湾省的主岛台湾，位于中国大陆架的东南方，地处东海和南海之间，隔着台湾海峡和大陆相望。天气晴朗的时候，站在福建沿海较高的地方，就可以隐隐约约地望见岛上的高山和云朵。

台湾岛形状狭长，从东到西，最宽处只有一百四十多公里；由南至北，最长的地方约有三百九十多公里。地形像一个纺织用的梭子。

台湾岛上的山脉纵贯南北，中间的中央山脉犹如全岛的脊梁。西部为海拔近四千米的玉山山脉，是中国东部的最高峰。全岛约有三分之一的地方是平地，其余为山地。岛内有缎带般的瀑布，蓝宝石似的湖泊，四季常青的森林和果园，自然景色十分优美。西南部的阿里山和日月潭，台北市郊的大屯山风景区，都是闻名世界的游览胜地。

台湾岛地处热带和温带之间，四面环海，雨水充足，气温受到海洋的调剂，冬暖夏凉，四季如春，这给水稻和果木生长提供了优越的条件。水稻、甘蔗、樟脑是台湾的“三宝”。岛上还盛产鲜果和鱼虾。

台湾岛还是一个闻名世界的“蝴蝶王国”。岛上的蝴蝶共有四百多个品种，其中有不少是世界稀有的珍贵品种。岛上还有不少鸟语花香的蝴//蝶谷，岛上居民利用蝴蝶制作的标本和艺术品，远销许多国家。

节选自《中国的宝岛——台湾》

作品 57 号

对于中国的牛，我有着一种特别尊敬的感情。

留给我印象最深的，要算在田垄上的一次“相遇”。

一群朋友郊游，我领头在狭窄的阡陌上走，怎料迎面来了几头耕牛，狭道容不下人和牛，终有一方要让路。它们还没有走近，我们已经预计斗不过牲畜，恐怕难免踩到田地泥水里，弄得鞋袜又泥又湿了。正踟蹰的时候，带头的一头牛，在离我们不远的地方停下来，抬起头看看，稍迟疑一下，就自动走下田去。一队耕牛，全跟着它离开阡陌，从我们身边经过。

我们都呆了，回过头来，看着深褐色的牛队，在路的尽头消失，忽然觉得自己受了很大的恩惠。

中国的牛，永远沉默地为人做着沉重的工作。在大地上，在晨光或烈日下，它拖着沉重的犁，低头一步又一步，拖出了身后一列又一列松土，好让人们下种。等到满地金黄或农闲时候，它可能还得担当搬运负重的工作；或终日绕着石磨，朝同一方向，走不计程的路。

在它沉默的劳动中，人便得到应得的收成。

那时候，也许，它可以松一肩重担，站在树下，吃几口嫩草。偶尔摇摇尾巴，摆摆耳朵，赶走飞附身上的苍蝇，已经算是它最闲适的生活了。

中国的牛，没有成群奔跑的习//惯，永远沉沉实实的，默默地工作，平心静气。这就是中国的牛！

节选自小思《中国的牛》

作品 58 号

不管我的梦想能否成为事实，说出来总是好玩儿的：

春天，我将要住在杭州。二十年前，旧历的二月初，在西湖我看见了嫩柳与菜花，碧浪与翠竹。由我看到的那点儿春光，已经可以断定，杭州的春天必定会教人整天生活在诗与图画之中。所以，春天我的家应当是在杭州。

夏天，我想青城山应当算作最理想的地方。在那里，我虽然只住过十天，可是它的幽静已拴住了我的心灵。在我所看见过的山水中，只有这里没有使我失望。到处都是绿，目之所及，那片淡而光润的绿色都在轻轻地颤动，仿佛要流入空中与心中似的。这个绿色会像音乐，涤清了心中的万虑。

秋天一定要住北平。天堂是什么样子，我不知道，但是从我的生活经验去判断，北平之秋便是天堂。论天气，不冷不热。论吃的，苹果、梨、柿子、枣儿、葡萄，每样都有若干种。论花草，菊花种类之多，花式之奇，可以甲天下。西山有红叶可见，北海可以划船——虽然荷花已残，荷叶可还有一片清香。衣食住行，在北平的秋天，是没有一项不使人满意的。

冬天，我还没有打好主意，成都或者相当的合适，虽然并不怎样和暖，可是为了水仙，素心腊梅，各色的茶花，仿佛就受一点儿寒//冷，也颇值得去了。昆明的花也多，而且天气比成都好，可是旧书铺与精美而便宜的小吃远不及成都那么多。好吧，就暂这么规定：冬天不住成都便住昆明吧。

在抗战中，我没能发国难财。我想，抗战胜利以后，我必能阔起来。那时候，假若飞机减价，一二百元就能买一架的话，我就自备一架，择黄道吉日慢慢地飞行。

节选自老舍《住的梦》

作品59号

我不由得停住了脚步。

从未见过开得这样盛的藤萝，只见一片辉煌的淡紫色，像一条瀑布，从空中垂下，不见其发端，也不见其终极，只是深深浅浅的紫，仿佛在流动，在欢笑，在不停地生长。紫色的大条幅上，泛着点点银光，就像迸溅的水花。仔细看时，才知那是每一朵紫花中的最浅淡的部分，在和阳光互相挑逗。

这里除了光彩，还有淡淡的芳香。香气似乎也是浅紫色的，梦幻一般轻轻地笼罩着我。忽然记起十多年前，家门外也曾有过一大株紫藤萝，它依傍一株枯槐爬得很高，但花朵从来都稀落，东一穗西一串伶仃地挂在树梢，好像在察言观色，试探什么。后来索性连那稀零的花串也没有了。园中别的紫藤花架也都拆掉，改种了果树。那时的说法是，花和生活腐化有什么必然关系。我曾遗憾地想：这里再看不见藤萝花了。

过了这么多年，藤萝又开花了。而且开得这样盛，这样密，紫色的瀑布遮住了粗壮的盘虬卧龙般的枝干，不断地流着，流着，流向人的心底。

花和人都会遇到各种各样的不幸，但是生命的长河是无止境的。我抚摸了一下那小小的紫色的花舱，那里满装了生命的酒酿，它张满了帆，在这//闪光的花的河流上航行。它是万花中的一朵，也正是由每一个一朵，组成了万花灿烂的流动的瀑布。

在这浅紫色的光辉和浅紫色的芳香中，我不觉加快了脚步。

节选自宗璞《紫藤萝瀑布》

作品 60 号

在一次名人访问中，被问及上个世纪最重要的发明是什么时，有人说是电脑，有人说是汽车，等等。但新加坡的一位知名人士却说是冷气机。他解释，如果没有冷气，热带地区如东南亚国家，就不可能有很高的生产力，就不可能达到今天的生活水准。他的回答实事求是，有理有据。

看了上述报道，我突发奇想：为什么没有记者问："二十世纪最糟糕的发明是什么？"其实二〇〇二年十月中旬，英国的一家报纸就评出了"人类最糟糕的发明"。获此"殊荣"的，就是人们每天大量使用的塑料袋。

诞生于上个世纪三十年代的塑料袋，其家族包括用塑料制成的快餐饭盒、包装纸、餐用杯盘、饮料瓶、酸奶杯、雪糕杯等等。这些废弃物形成的垃圾，数量多、体积大、重量轻、不降解，给治理工作带来很多技术难题和社会问题。

比如，散落在田间、路边及草丛中的塑料餐盒，一旦被牲畜吞食，就会危及健康甚至导致死亡。填埋废弃塑料袋、塑料餐盒的土地，不能生长庄稼和树木，造成土地板结，而焚烧处理这些塑料垃圾，则会释放出多种化学有毒气体，其中一种称为二噁英的化合物，毒性极大。

此外，在生产塑料袋、塑料餐盒的//过程中使用的氟利昂，对人体免疫系统和生态环境造成的破坏也极为严重。

节选自林光如《最糟糕的发明》

附录三

说话题目 30 则

说明

1. 30 则话题供普通话水平测试第五项——命题说话测试使用。

2. 30 则话题仅是对话题范围的规定，并不规定话题的具体内容。

1. 我的愿望（或理想）
2. 我的学习生活
3. 我尊敬的人
4. 我喜爱的动物（或植物）
5. 童年的记忆
6. 我喜爱的职业
7. 难忘的旅行
8. 我的朋友
9. 我喜爱的文学（或其他）艺术形式
10. 谈谈卫生与健康
11. 我的业余生活
12. 我喜欢的季节（或天气）
13. 学习普通话的体会
14. 谈谈服饰
15. 我的假日生活
16. 我的成长之路
17. 谈谈科技发展与社会生活
18. 我知道的风俗
19. 我和体育
20. 我的家乡（或熟悉的地方）
21. 谈谈美食
22. 我喜欢的节日
23. 我所在的集体（学校、机关、公司等）
24. 谈谈社会公德（或职业道德）
25. 谈谈个人修养
26. 我喜欢的明星（或其他知名人士）
27. 我喜爱的书刊
28. 谈谈对环境保护的认识
29. 我向往的地方
30. 购物（消费）的感受

附录四

普通话水平测试模拟试卷 16 份

普通话水平测试模拟试卷(一)

一　读单音节词 100 个

层　破　伸　撞　城　加　惹　够　书　染　进　女　瓶　忍　做　碑　字　赢　话　伞
肺　渴　恨　所　吃　卖　纸　杀　怪　脸　丢　辆　官　二　船　碰　梨　肉　缺　骂
娘　邻　赏　叠　蚕　荡　丸　耕　坟　标　网　捐　社　翁　财　州　料　熊　阅　夸
肠　欲　蜂　啄　冤　音　刑　尊　特　邀　挠　孵　迥　舶　附　铭　愧　诳　酥　焕
皂　舔　秦　陨　虐　咏　赐　妞　淮　骏　袍　宋　淳　妾　荀　梯　绚　辖　蛆　戎

二　读双音节词语 50 个

散会　温床　运筹　省亲　涨潮　殉国　甩卖　逆风　放肆　辖区　搪塞　滞销　赈灾
结盟　绒布　上午　日子　发表　一块儿　网球　周围　处理　顺便　打听　血液
聊天儿　可爱　热闹　压迫　完全　啤酒　没事儿　耳朵　萝卜　勉强　金鱼儿　操纵
简称　雄壮　脆弱　信仰　浓度　穷人　军官　捐款　废话　挖掘　函授　次品　老板

普通话水平测试模拟试卷(二)

一　读单音节词 100 个

黄　紫　霞　丢　加　忍　缩　破　撕　完　装　日　最　醒　银　二　雪　披　跟　做
拍　女　份　次　讲　遇　鸟　推　许　弱　某　抓　略　纸　在　却　名　甩　图　磷
池　丁　莫　窑　氧　惩　贼　搓　呵　窜　非　霜　史　捏　笋　悬　寨　翁　液　聘
匀　稍　憋　迎　瓜　捣　怎　掐　熏　暂　铐　迸　缄　孵　泯　窥　妞　笙　琼　踹
邹　嗑　晌　瘫　犁　捺　鸿　裆　窘　宋　蔫　阁　藕　乏　舜　痊　膨　扼　楚　镖

二　读双音节词语 50 个

伯母　军队　口角　能够　下面　内容　送行　开放　盼望　大街　特征　根本　快活
幻想　冷眼　遵守　措施　庄稼　所谓　早晨　外流　迫害　发起　掌声　思念　分清
扫除　沸腾　责备　磁铁　扰乱　引入　夸奖　寡妇　用品　裙带　迥然　瘸子　炫耀
血衣　疟疾　捐躯　唱片儿　飘洒　有门儿　穷困　绿茶　小曲儿　陨星　板擦儿

普通话水平测试模拟试卷(三)

一　读单音节词 100 个

而　昏　劝　新　各　渊　柏　翁　琼　敦　谒　碑　茶　窝　女　框　青　煞　让　央
扼　期　嫩　仍　军　广　牵　劣　张　闹　见　诺　子　非　揉　刮　散　椰　拽　良
居　团　讴　畔　微　略　拆　下　龟　赐　鞍　杯　许　虱　儒　涤　临　抓　丛　肋
迟　楔　屉　逢　丢　钏　缩　淳　催　颊　脏　荫　修　钓　卷　腔　磅　酸　蛮　软

吮 猫 您 鼻 念 底 接 学 礁 聘 飘 脖 停 磨 肤 名 挛 薄 拢 邹

二 **读双音节词语 50 个**

病房 遵守 小孩儿 马虎 配合 困难 粉笔 传播 大衣 秋天 剧场 采购 那样
旅馆 粮食 群众 学院 米饭 森林 爆眼儿 跨越 酸楚 鬼混 走眼 喧嚷 窘况
水井 锅贴儿 辞呈 耳塞 耍弄 热能 刁钻 旦角儿 狭窄 灭亡 劝说 品质 外婆
思潮 怀孕 折腾 轻微 流氓 年头儿 穷人 苍蝇 飞翔 假装

普通话水平测试模拟试卷(四)

一 **读单音节词 100 个**

改 面 岛 忍 流 哼 家 软 笨 私 而 门 美 逢 涂 名 刮 坏 墙 塔
存 捉 诗 递 秒 自 捕 来 逛 红 粒 嘴 许 冲 圈 坡 色 碑 闪 穷
瞥 趟 畏 蹬 框 苍 桩 捻 秋 损 瘸 葬 捏 若 磕 俊 翁 熏 贫 园
雌 要 否 跪 疮 嫌 掷 聚 聘 蚌 瑕 篝 锄 苔 座 鸫 揣 凛 鼎 挠
铐 攒 臊 御 俯 农 酵 裆 涮 蜇 辙 梯 剪 判 肋 鹤 撄 邹 鸥 铀

二 **读双音节词语 50 个**

快乐 爱护 聪明 恐怕 耳朵 隔壁 标准 旅行 费用 平均 水果 安全 假条
了解 民族 创造 夏天 儿童 热情 邻居 猥琐 拐弯 别扭 凯旋 村庄 抽屉
法庭 夸奖 产业 魔术 人群 搜查 色彩 强壮 凶猛 贬低 跑腿儿 治学
婆家 内疚 反悔 疟疾 党羽 有点儿 使唤 拱桥 磁场 绕远儿 疹子 愣神儿

普通话水平测试模拟试卷(五)

一 **读单音节词 100 个**

把 埋 肺 掏 扭 烂 搁 棵 解 将 敲 下 指 抄 伤 认 攒 册 所 为
约 存 才 日 软 拽 选 株 形 洋 考 根 皮 破 名 票 犯 东 点 奔
瞥 佛 叠 拧 嫩 礼 勾 耐 妞 铝 抗 框 陆 晴 化 计 皇 茧 掀 迟
梢 走 闪 砸 足 虽 塞 葬 亲 扫 容 涌 闰 运 槐 甜 翁 挑 党 玩
膛 娃 窘 幼 鹅 而 学 取 矾 外 沤 某 敖 增 杯 心 相 喘 群 泉

二 **读双音节词语 50 个**

帮助 毛病 风俗 得到 来自 便宜 女士 投入 欢送 禁止 空前 区别 消灭
庄稼 产品 沙漠 人物 遭受 餐厅 因而 挂念 损害 判决 罚款 锅炉 卫生
逆流 夸奖 培训 短处 帆船 光彩 追究 峡谷 凑合 犬马 穷忙 跃然 锐角
邪门儿 垒球 雄浑 口哨儿 缺额 快当 白干儿 参差 墙报 杂院儿 娘胎

普通话水平测试模拟试卷(六)

一 **读单音节词 100 个**

搁 帮 拐 随 刷 捕 春 奖 缺 紫 趁 私 挖 岸 词 绕 也 粗 撞 水

住　军　雄　坡　窄　握　云　最　所　二　集　日　院　秋　存　拆　穷　往　而　作
广　盼　尊　虹　法　末　荒　福　拼　空　频　幕　舵　非　任　溅　悔　盯　湾　灵
瓜　丛　率　淋　涌　门　搓　砸　翁　崖　絮　纽　苔　石　宣　褪　晌　社　添　闩
痣　碑　揣　逮　镖　邹　槛　郑　瞟　轴　铐　虐　相　啮　梨　明　润　嘣　浙　涛

二　读双音节词语 50 个

森林　名胜　嗓子　耐心　任务　暖和　麻烦　没错　夏天　丢掉　创造　病菌　应用
外边　一会儿　仍然　邮票　爸爸　解决　面条儿　谱曲　优质　着重　晚餐　思情
黑夜　宗旨　同期　尺寸　嘴唇　规矩　放松　矿藏　使劲儿　假如　相逢　坎坷
窘迫　芸豆　绚丽　纳闷儿　圈阅　垮台　阿谀　官话　腹腔　儿歌　快慰　老头儿

普通话水平测试模拟试卷(七)

一　读单音节词 100 个

砸　酿　淋　掰　贰　伺　晾　岭　饶　盏　埠　茧　瞥　拔　爹　拽　抢　野　翁　锯
锹　涌　熏　描　匀　师　瘸　凶　揪　绝　睁　惹　刷　盖　阵　吹　紫　称　球　抓
匹　钻　躲　花　累　擦　破　江　俩　跪　扛　会　风　撞　拆　肺　酸　球　根　厚
冲　迸　蹲　鸟　准　群　嚷　即　更　军　苏　癣　熟　蟹　蜇　踹　蘑　舔　笙　御
童　涮　邹　洽　脓　蠕　森　蜷　秦　润　庭　脑　沤　邢　纫　瞑　测　涂　沈　棚

二　读双音节词语 50 个

选举　真正　暖和　运动　尊敬　品种　批评　聊天儿　算了　寻找　起床　拥护　卡车
参观　紧张　跑步　合作　后悔　偶尔　好看　大方　生日　草率　裁决　昆虫　年头儿
偏向　麻雀　佛教　宏伟　雷雨　毫光　穷苦　敏捷　冤枉　美感　差事　阐述　瓦工
宝藏　利索　小曲儿　揣摩　斜面　返修　假山　乳牛　审订　老伴儿　迥然

普通话水平测试模拟试卷(八)

一　读单音节词 100 个

啪　挠　鹤　痣　宋　癌　紫　源　罪　摸　壮　略　向　同　发　春　白　铝　某　弱
付　表　讲　多　穷　亏　乳　屑　捌　苏　苦　秦　晡　判　裆　翁　蛆　沈　偶　村
淋　冲　抠　瘸　死　飞　巧　变　往　儿　成　由　黑　赢　木　名　类　日　乖　格
雌　贱　才　哑　响　习　涛　蛙　梯　犁　蛰　纫　蹬　君　甲　广　夸　诗　灭　拍
方　鱼　很　从　云　坡　跑　丢　吃　熊　观　怀　捐　尊　剜　涩　枕　克　褪　腻

二　读双音节词语 50 个

灵敏　满载　背面　把握　口哨儿　后代　耳目　电视　中断　池塘　梳子　宁可
告终　食品　下本儿　畏惧　寿命　疯狂　话剧　祝贺　算盘　眼角　经济　相反
破烂儿　热潮　书籍　整数　议院　蟋蟀　摆摊儿　汇报　所属　修改　磁头
运输　抗击　分界　城郊　春播　胳膊　打杂儿　窑洞　表里　愿望　少量　知道
自称　回去　作品

普通话水平测试模拟试卷(九)

一 读单音节词 100 个

摆 飞 呐 请 事 格 财 剜 儿 缠 鹊 纽 鹤 抱 想 水 股 分 圆 女
惨 办 闹 晒 乖 叉 佛 蜷 蹭 观 撤 踝 聂 捧 疮 淡 让 冷 吸 沉
糠 自 坯 哨 乳 偶 憔 矩 冬 零 孙 篇 新 夸 哑 脓 弱 飘 审 读
流 歇 翁 嫁 抠 吞 诱 旬 真 湿 母 她 画 潦 金 弦 肋 琼 砖 姚
窘 宋 邪 局 座 坏 堆 美 瘟 思 裙 波 撞 掘 盒 总 摸 襁 洒 涩

二 读双音节词语 50 个

雨伞 背包 感动 个体 舌头 考古 商品 幼年 开刃儿 瞄准 冷水 弱者
印刷 日子 扇面儿 谅解 尽快 搞好 刀光 权力 小辫儿 早晚 酸楚 清汤
狂风 杀害 内乱 护送 沉默 围剿 相仿 利润 敏感 表层 保管 家庭 症候
金鱼儿 享有 仁爱 针眼儿 二月 运气 大修 中选 潜艇 反对 本着 挥手 减产

普通话水平测试模拟试卷(十)

一 读单音节词 100 个

矮 而 壮 孔 罪 页 拔 锁 归 贩 搓 旁 翁 秒 助 面 寸 皮 同 抓
多 忙 命 呆 树 堆 骗 鸟 拈 奥 顿 您 闸 练 奴 卷 嫂 修 铁 聘
短 近 给 瘫 鞋 韵 光 拗 集 庸 黄 吝 棵 明 肯 俊 略 怨 叫 女
旅 法 自 映 软 肩 色 外 绕 信 吹 加 半 抓 团 生 遇 三 香 绝
奏 拨 氧 志 丑 非 善 娃 谈 他 乳 撑 狠 潮 情 岩 梢 权 优 快

二 读双音节词语 50 个

金属 枪眼儿 宁愿 准则 产量 可否 嫂子 宽大 腹部 老头儿 活泼 降临
纯粹 儿戏 阻挡 整修 叫唤 野人 怀孕 拟定 边防 交纳 忽视 切开 铜钱
效率 残余 刨根儿 疫苗 列国 寻找 打鸣儿 如意 文学 位置 小米 钢材
领土 折磨 通俗 脸蛋儿 手枪 配偶 感动 赛跑 假使 农家 火警 梅花 半岛

普通话水平测试模拟试卷(十一)

一 读单音节词 100 个

扭 颇 翁 铁 酱 荫 瞟 素 若 甩 专 委 虐 仅 兵 府 铆 拱 春 胸
舔 法 鹤 指 砸 偶 餐 让 笙 掐 蟹 流 聘 停 弩 刮 崩 迷 屯 绿
俏 恨 榄 钙 夹 纳 代 肺 胞 梦 潘 膜 客 而 雌 枕 豪 抠 名 线
运 挎 葱 劝 荒 女 宋 灯 催 抢 梨 尝 日 邹 鹅 堤 妾 室 用 嫂
迟 裆 寺 御 撞 决 踹 粉 自 浊 疮 锅 捐 碑 润 嘴 说 旬 初 惹

二 读双音节词语 50 个

吊桥 裁军 委屈 过半 解散 小孩儿 洗澡 采用 讲究 村子 农民 政策

甚至　轮换　文字　饱和　胸怀　芦苇　枪炮　出圈儿　趣味　玩意儿　黄色　耐热
介于　询问　年岁　应变　评判　变法儿　团长　广州　记录　土产　全国　藏匿　取暖
贫困　兄妹　化学　黑板　百万　随便　相接　着陆　前头　款待　气愤　体重　驾驶

普通话水平测试模拟试卷(十二)

一　**读单音节词 100 个**

存　吱　收　洼　寞　二　松　巡　土　快　需　彻　泼　四　沸　若　砸　测　醇　热
艘　踪　郁　坏　窘　感　斥　秽　诫　听　梗　壁　糙　且　标　烁　踢　梁　儒　奋
环　亮　用　铭　甲　摒　枪　垮　嫩　全　星　脏　况　软　肯　虐　楞　驯　段　固
陋　女　丢　歪　廖　税　涵　察　穷　而　辩　靠　戳　免　妆　破　灭　韵　材　玩
风　微　牛　贫　释　俩　规　贼　瓢　滨　房　岛　约　倦　花　却　乖　状　值　雕

二　**读双音节词语 50 个**

圆圈　工夫　回溯　面条儿　贫农　美好　卡片　旅行　背诵　排球　法定　饭桌儿　抓瞎
免得　滑动　打量　能人　减少　抗击　否则　促进　春天　玩意儿　庸碌　绳子　宣教
影响　快慰　祖国　恳切　采访　传播　村庄　年头儿　勋爵　和蔼　日晕　首先
流畅　耳朵　魔鬼　本质　格局　从前　日出　糯米　损失　从容　财产　奔驰

普通话水平测试模拟试卷(十三)

一　**读单音节词 100 个**

俩　冲　流　甲　科　洼　挑　阳　二　颖　裙　氛　蔑　哲　乳　丢　朋　舶　皇　怪
厢　君　尊　披　鬼　搔　欢　奇　琼　篷　祠　女　适　疮　庄　敏　潺　脖　聚　惨
火　梁　源　勺　而　性　选　只　若　猴　别　卖　田　岳　讨　刃　努　追　吻　乓
船　情　略　宝　姿　怪　牛　窘　法　反　错　啡　容　啼　枯　鸥　贼　吮　抓　仰
嘶　缉　羹　苗　灾　兑　尔　饼　拴　齿　玷　送　莲　虐　要　垢　斜　歪　凸　松

二　**读双音节词语 50 个**

斜线　同盟　青草　胖墩儿　私人　打败　铲除　爽快　瓜分　赞美　旦角儿　壮年
薄荷　掌管　取消　磋商　对头　巧合　委员　皇族　人们　军用　罪证　其它　阁下
略微　作客　温暖　出圈儿　山沟　恒星　老汉　莫非　太阳　成效　假使　贫穷
反映　桌子　包袱　不慎　个头儿　落魄　宣布　钟点儿　遣散　辅佐　炮击　寒流　琵琶

普通话水平测试模拟试卷(十四)

一　**读单音节词 100 个**

王　掀　卷　折　杂　给　嫩　掂　没　白　喷　浮　桶　狼　开　寸　箕　日　穷　央
冰　丢　女　话　错　创　旧　笑　尧　按　区　说　死　紫　怪　踢　比　标　破　都
俩　快　攒　词　随　张　上　忍　雄　昂　研　月　品　农　宽　宪　袄　命　疑　钉
捏　特　抢　惯　卡　广　怀　怎　翠　搜　赵　锄　视　检　揉　绝　近　箱　移　穴

掐 翁 新 群 橘 说 谁 吹 苏 贼 河 括 烈 你 跳 早 揣 顺 绒 玄

二　读双音节词语 50 个

翡翠　否定　宣战　快活　了解　脑袋　罢工　阳伞　气象　墨水儿　锐角　夹层
类推　容忍　百货　陨灭　磷酸　玩意儿　采访　产品　争论　确实　奖券　几何
制造　衰竭　耳朵　同学　夸张　朋友　儿女　匪徒　凶犯　窗户　留念　狠心　破产
可怜　华夏　排球　刁钻　苏醒　导语　徇私　稿子　永远　老头儿　南方　冰棍儿
麻雀

普通话水平测试模拟试卷(十五)

一　读单音节词 100 个

妨 唇 破 尺 仍 洒 彬 童 褥 侄 犬 谢 汾 冶 迁 捧 撕 扑 绵 次
晾 公 鹊 时 环 累 窗 啼 奏 吮 约 铐 沼 站 翩 佩 菌 驼 顿 麦
饵 猪 坐 餐 森 洲 卷 你 玻 女 花 常 俩 匈 拿 由 冕 税 备 日
窘 子 所 求 凯 悯 咱 租 巡 槽 兑 违 鳖 姐 怪 测 墙 呆 港 潦
嗡 换 抓 俄 戳 型 鼎 我 狂 铝 剽 婴 痛 丢 罚 牛 口 卫 磺 扑

二　读双音节词语 50 个

勉强　而且　品行　吞并　朋友　一块儿　表扬　颠簸　没错　污秽　恶心　越发
劝说　墨水儿　雄伟　儿孙　上司　咳嗽　眨眼　悲惨　差点儿　晕车　滑雪　扩大
排球　三角　采用　冠军　暖气　推广　嫉妒　织女　日夜　非常　老头儿　凤凰
柠檬　同志　挂帅　牢房　远虑　恰好　告诫　侍候　肘子　人才　忠臣　棕榈
加工　载荷

普通话水平测试模拟试卷(十六)

一　读单音节词 100 个

沸 窘 来 权 瓜 悦 宗 疮 导 捶 炼 甜 二 民 宾 嗤 蕊 留 吁 儿
映 丢 破 扑 办 棉 税 完 换 寻 宋 飘 删 女 床 攘 娘 湿 沫 谍
菇 拐 肖 若 戈 谆 梁 金 元 贷 铸 虐 寞 侄 窜 问 体 鸥 架 发
盆 啬 变 俩 列 仔 穷 形 北 酸 奋 州 次 昆 尔 恍 崩 操 用 责
请 司 剃 歪 铁 黑 抓 块 懦 化 捐 唱 逊 颊 足 缺 症 娃 瞄 筷

二　读双音节词语 50 个

日程　快乐　作家　表扬　暖和　沿边儿　准确　再见　愿望　学费　胜利　山脉
裙子　人们　皮肤　难怪　安静　家庭　墨水儿　耐用　乐队　专长　一心　胸怀
忘却　退休　损坏　说法　求得　谱曲　捏造　偶尔　色彩　人质　钟点　挨个儿
八卦　草丛　颤音　当票　非分　关节　河口　茴香　锦缎　恐慌　垒球　论说
木耳　神权

卷　三

诗文诵读训练

第一章　普通话节律训练

第一节　节 律 概 说

一、什么是节律

节律，是指语言中除音素之外，附着于音素之上的声音的高低、轻重、长短、快慢、间歇等因素。语言的节律是人们为了准确地传达词句的内容，表现说话人的思想感情，以求达到互相了解的必要手段。同样内容的词句，采用不同的语气、间歇、长短、快慢，效果可能会完全不同。

普通话节律的主要表现形式有停延、节奏、重音、声调、句调、基调等。其中，停延是基础，语调（包括句调和基调）是大局，节奏是灵魂。

二、学习节律的重要意义

在使用普通话进行交际时，我们经常能感到不同地域、不同民族、不同方言区的人所说的普通话有些明显不同的特征，这就是所谓的风味普通话，也称地方普通话。比如，外国人说的普通话，我们总感到有些洋腔洋调；上海人、广州人、长沙人、四川人、陕西人、客家人等所讲的普通话都似各有各的味道。构成诸如此类不同风味普通话的原因，除字词发音上的一些特色之外，起主要作用的还是节律。因此，不掌握普通话的节律特点，就不可能学到一口纯正的普通话。

三、节律分析常用符号

′：正常重音。区别于非重音。如：东风′来了。

″：强调重音。区别于正常重音。如：春天像小″姑娘，花枝招展的，笑着，走着。

～：延长。如：小草～偷偷地从土里钻出来。

∧：停顿。如：天上∧风筝渐渐多了。

↑：升调。即句尾的音高向上挑。如：谁能把花生的好处说出来？↑

↓：降调。即句尾的音高低落。如：哪儿也不如故乡好！↓

→：平调。

↘↗、↗↘：曲调。

第二节　轻　　重

一、双音词的轻重格式

普通话双音词的轻重格式，大致有三种，即中重式、重轻式和重中式。

专家们通过计量分析，发现双音词的轻重格式与词的结构方式及表义功能有密切关系。统计结果大致如下：

轻重 结构	中重格	重中格	重轻格
单纯词	18%	18%	64%
主谓式	83%	5%	12%
动宾式	94%	3%	3%
偏正式	73%	15%	12%
补充式	38%	38%	24%
联合式	45%	32%	23%
前缀+词根	83%	6%	11%
词根+后缀	10%	15%	75%

三种格式合计所占百分比为：中重 55.5%；重中 17.6%；重轻 26.9%。

从结构看，主谓、动宾、偏正、联合、前缀+词根等式读中重格的居多；而单纯词、词根+后缀等式读中重格的较少。单纯词、词根+后缀等式读重轻格居多；动宾式、前缀+词根、主谓式、偏正式等读重轻格的较少。重中格不是很稳定，有些读中重格也行。

二、三音词的轻重格式

1. 中中重格

音译词：白兰地　法西斯　华盛顿　俱乐部　　动宾式：捉迷藏

偏正式：红领巾　老太婆　大扫除　大革命　　简　称：社科院　少先队　奥运会

2. 中轻重格

补充式：差不多　了不起　用得着　　偏正式：怎么样　豆腐乳　阎王殿

数　词：二十一　四十五　九十八

3. 重轻轻格

补充式：舍不得　看起来　豁出去　　其　他：怎么着　什么的

4. 中重轻格

动宾式：爱面子　打招呼　闹笑话　偏正式：老大爷　不在乎　小伙子

5. 重中中格

ABB：沉甸甸　绿油油　软绵绵

三、一般重音

这里说的一般重音，是指因句法结构或语义表达上的需要而产生的重读现象。

（一）句法重音

1. 动词重读

去的尽管'去了，来的尽管'来着。（无宾语，动词＋语气助词）

山'朗'润起来了，水'涨起来了，太阳的脸'红起来了。　谁能把花生的好处'说出来？（无宾语，动词＋趋向动词）

那女士伸头'望了一下。（无宾语，动词＋数量补语）

太阳出来了，人却不能够'看见它。它们便渐渐敢伸出小脑袋'瞅瞅我。（人称代词作宾语）

2. 宾语重读

何处是'水，何处是'天。　给'水，不喝！喂'肉，不吃！

一切都像刚睡醒的样子，欣欣然张开了'眼。　朋友新烫了个'头，不敢回家见'母亲。

3. 修饰语重读

我'特地起个大早。　'终于冲破了云霞，'完全跳出了海面。（状＋动）

'真好！（状＋形）　与喂养过它的人们，一起融进那'蓝色的画面。（定＋名）

4. 疑问代词重读

'哪儿也不如故乡好！（作主语）　你到'哪里去？'什么时候回家？（作宾语、定语）

'什么是永远不会回来呢？（作主语）　'谁给他们医疗费？（作主语）

5. 程度补语一般重读

程度补语和可能补语的区别在语法重音不同，程度补语的补语部分重读，可能补语前的谓语中心动词重读。如：

程度补语	可能补语
他写得'好。（程度）	他'写得好。（可能）
他写得'不好。（否定）	他'写得不好。（否定）

6. 其他结构重读

方位短语：窗′前；′船上；′洋里；书′架上。

数量短语：′三个；′两次；一斤′半；′三点钟；三点′半钟；三点一′刻；半′天；两个′月；两个钟′头；第′一场雪。

指量短语：′这几个；′那一团；′哪个。

动宾短语：踢′球；捉迷′藏；披着′蓑，戴着′笠；谈文′学。

动补短语：打扫′干净；落′光了叶子；′干起来；′走出去；′穿上；′放下。买′进；拿′出；取′回。

状动短语：不′吃；不′喝；整′整下了一夜。

状形短语：′真好；′很多′很多；′极其重要；不′清楚。

（二）语义重音

1. 疑问代词表特指重读，表任指不重读；问方式重读，问原因不重读。

你说′什么？　　你得′说点儿什么。　　你′怎么来北京？　　′你怎么来北京？

2. 词性不同，重音有别。

我游′过长江了。（通过）　　我′游过长江了。（经历）

他给气′死了。（死了）　　他给′气死了。（很气）

3. “又、再”重读强调同一行为的反复，不重读则只起连接作用。

他′又下岗了。（至少第二次下岗）　　爱人工资低，他又下了′岗。（第一次下岗）

你′再去一次广州。（第二次去广州）　　你先去深圳，再去′广州。

4. “都”重读表范围，不重读表强调。

大家′都走了，我还不走。（表范围）　′你都走了，我还不走？（表强调）

5. “就”重读表强调，不重读表关联。

我′就去了一次广州。（强调）　因为顺路，我就去了一次广州。（关联）

6. 结构层次不同，重音位置不同。

咬死了/′猎人的狗。　　咬死了猎人的/′狗。

哥哥和/′弟弟的朋友。　　哥哥和弟弟的/′朋友。

′新学生/宿舍。　　新/学生宿舍。

四、强调重音

1. 对比重音

“你为什么光喊加把劲而让自己的手放在衣袋里呢？”华盛顿问那下士。“你问′我？难道你看不出我是这里的下士吗？”

他只是每天上班下班，而′妈则把我们做过的错事开列清单。

你只看到两个之间的′异，却没有看到他们之间的′同：他们同样有反省和进取的精神。

表′面的相似，倒可能掩蔽着内′在的不可调和的对立。

2. 并列重音

世界上的任何东西，不管是'大是'小，是'多是'少，是'贵是'贱，都各有各的用处，不要随便就浪费了。

这时候，光亮的不仅是'太阳、'云和海'水，连我自己也成了光亮的了。

'坐着，'躺着，打两个'滚儿，踢几脚'球，赛几趟'跑，捉几回迷'藏。

看，像牛'毛，像花'针，像细'丝，密密地斜织着。

3. 转折重音

春雨轻轻落着，没有诗，没有酒，'有的只是一分相知相属的自在自得。

不像请客，倒像'家人团聚。

虽然都是极熟的朋友，'却是终年难得一见。

4. 比喻重音

春天像'刚落地的'娃娃，从头到脚都是新的，它生长着。

春天像小'姑娘，花枝招展的，笑着，走着。

春天像'健壮的青'年，有'铁一般的胳膊'和腰脚，领着我们上前去。

"吹面不寒杨柳风"，不错的，像母亲的'手抚摸着你。

5. 拟声重音

忽然，小鸟张开翅膀，在人们头顶盘旋了几圈儿，'"噗'啦"一声落到了船上。

索性用那涂了蜡似的、角质的小红嘴，"'嗒'嗒"啄着我颤动的笔尖。

冬天的山村，到了夜里就万籁俱寂，只听得雪花'簌'簌地不断往下落，树木的枯枝被雪压断了，偶尔'咯'吱一声响。

五、重音的表现方式

构成重音的主要因素包括音量、音高、音强、音长等。综合运用这四个要素准确读出不同类型的重音，是提高朗读水平的一个重要环节。重音是相对非重音而言的，非重音是为突出重音而铺垫的，没有非重音就谈不上重音。汉语重音的表现方式大致有以下几种。

1. 弱中加强法

到纽约，不去看看'闻'名'世'界的自然历史博物馆，将会是件憾事。

大家就像你们刚才一样，都'叫了起来，因为这并不是一块普'通的石头。而是一块'紫'水'晶。

花生做的食品都吃完了，父亲的话却'深'深地'印在我的心上。

2. 低中见高法

我赞美燕窝，赞美采燕窝人的勇敢和高超技巧，然而，我'更'加赞美建窝筑巢的那些不辞辛苦又具有奉献精神的′燕子。

暴风雨！暴风雨′就要来啦！

让暴风雨来得′更′猛′烈些吧！

3. 实中转虚法(重音轻读,拉长音节)

小草′偷~′偷~地从土里钻出来,嫩嫩的,绿绿的。

春雨′轻~′轻落着,没有诗,没有酒……

太阳他有脚啊′轻~′轻~′悄~′悄~地挪移了,我也茫茫然跟着旋转。

4. 快中见慢法

如今我离去了,小河被我′远~′远~地抛在故乡,可我′永~′远~地思念着你,′小~′河~。

她自己也深深地记得这其中的每一幕,只是没想到越过′遥~′远~的时空,竟然另一个人也′深~′深~′记′得。

可是天空偏偏不等待那些爱好它的孩子。一会儿工夫,火烧′云~′下去~了。

它站在许多人的头上,肩上,掌上,胳膊上,与喂养过它的人们,一起融进那′蓝~色的′画~′面~。

六、重音判断练习

(从下列各句中判断应该重读的词和短语,体味表现的方式)

① 这不是很伟大的奇观么?

② 没有一片绿叶,没有一缕炊烟,没有一粒泥土,没有一丝花香,只有水的世界,云的海洋。

③ 我笔尖一动,流泻下一时感受:信赖,往往创造出美好的境界。

④ 山朗润起来了,水涨起来了,太阳的脸红起来了。

⑤ 其实,友情也好,爱情也好,久而久之都会转化为亲情。

⑥ 我说:“花生的价钱便宜,谁都可以买来吃,都喜欢吃。这就是它的好处。”

⑦ 您老人家必要高寿,您老是金胡子了。

⑧ 大街上的积雪足有一尺多深,人踩上去,脚底下发出咯吱咯吱的响声。

⑨ 有一天你会长大,你会像外祖母一样老;有一天你度过了你的时间,就永远不会回来了。

⑩ 怎么妈妈的妈妈也喜欢吃鱼头?

⑪ 空气清新得很,吸入肺腑的全是温馨。

⑫ 巴尼觉得自己真的什么都完了。

⑬ 一路上巴尼忍着剧痛,一寸一寸地爬着;他一次次地昏迷过去,又一次次地苏醒过来,心中只有一个念头:一定要活着回去!

⑭ 马路旁的行人道比马路要整整高出一个台阶,而他简直还没满一周岁。

⑮ 在这叫喊声里,乌云感到了愤怒的力量、热情的火焰和胜利的信心。

第三节　停　　延

一、停顿的性质

停顿，是指说话或朗读时语音上的间歇。从生理上讲，人需要呼吸，呼吸需要时间，说话或朗读就必须有间歇；从语言结构本身来说，为了使层次分明、表达清楚，也需要停顿与连接互相作用来实现；从表达思想感情上说，要让听者有时间领会说话或朗读的内容，同样需要停顿。

二、停顿的表现方式

停顿的表现方式有二：一是停，二是延。停，就是停歇，停的时间有长短之别，主要与语言结构层次的大小有关。延，是延长，即延长该停顿的音节，与语境、语气等有关。

三、语法停顿

语法停顿，是指语法成分之间或之后的停顿。其层级关系及停顿时间长短大致如下：

词语＜意群＜句子＜句群＜段落＜篇章

书面形式的标点符号也代表语句层次的大小，其停顿时值的长短如下：

……、——、。、?、! ＞：、；＞，＞、

1. 句际停顿

句际停顿，有两种情况，一是完全句之间的停顿，二是分句间的停顿。一般情况下是前者停顿时值较长，后者较短。例：

一堆堆的乌云像青色的火焰，// 在无底的大海上燃烧。/ 大海抓住金箭似的闪电，// 把它熄灭在自己的深渊里。/ 闪电的影子，// 像一条条的火舌，// 在大海里蜿蜒浮动，// 一晃就消失了。

大街上的积雪足有一尺多深，// 人踩上去，// 脚底下发出咯吱咯吱的响声。/ 一群群孩子在雪地里堆雪人，// 掷雪球。/ 那欢乐的叫喊声，// 把树枝上的雪都震落下来了。

2. 句内停顿

句内停顿是指单句句子成分之间的停顿。一般需要较明显停顿的是以下几种情况。

一是主谓结构，主语通常是话题，话题与说明部分之间一般需要有个停顿，长短与该句子在篇章段落中的地位有关。主谓的长短差别越大，停顿就越明显。例如：

雨ˆ是最寻常的，一下就是三两天。

小鸟ˆ给远航生活蒙上一层浪漫色调。

老朋友ˆ颇能以一种趣味性的眼光欣赏这个改变。

它ˆ原来是弃置在一位美国人住所的院子里。

这棵榕树ˆ好像在把它的全部生命力展示给我们看。

爹ˆ不懂得怎样表达爱,使我们一家人融洽相处的ˆ是我妈。

二是其他不对称结构,长短差别大,同样需要停顿来缩小差距。例如:

那时ˆ天还没有亮。

转眼间ˆ天边出现了一道红霞。

然而ˆ太阳在黑云里放射出光芒。

渐渐ˆ它胆子大了。

——以上为主谓句前有修饰语或连词

就在于ˆ他决不做被人尊重的人所做出的那种倒人胃口的蠢事。

在ˆ闽西南苍苍茫茫的崇山峻岭之中……

在ˆ苍茫的大海上……

——介宾结构、长宾语

我明白了ˆ她称自己为素食者的真正原因。

落到ˆ被卷到洋里的木板上……

人要分辨出ˆ何处是水,何处是天……

——动宾结构、长宾语

三是为了突出某一句子成分,也往往需要停顿与重音共同作用。例如:

父亲的话都深深地ˆ印在我的心上。

慢慢儿ˆ扩大了它的范围,加强了它的光亮。

一会儿箭一般地ˆ直冲云霄。

这些海鸭呀,享受不了生活的ˆ战斗的ˆ欢乐。

四、其他意义类型的停顿

1. 区分性停顿,停顿位置不同,意义不同。

最贵的ˆ一张值八百元。(不止一张) 最贵的一张ˆ值八百元。(仅此一张)

2. 判断性停顿。

我ˆ是个ˆ有头脑的人,可不是ˆ虫子。 巴尼·罗伯格ˆ是ˆ美国缅因州的一个伐木工人。但他知道,自己首先要做的事ˆ是ˆ保持清醒。

3. 转换性停顿。

可小鸟憔悴了,给水,不喝!喂肉,不吃!油亮的羽毛失去了光泽。ˆ是啊,ˆ我们有自己的祖国,小鸟也有它的归宿……(话体转换,也可叫语气转换,通常是由叙述体转为议论体、感叹体等,一般需要较长停顿来表现)

对于一个在北平住惯的人,像我,冬天要是不刮风,便觉得是奇迹;济南的冬天ˆ是没有风声的。

我赤裸裸来到这世界,转眼间也将赤裸裸的回去罢?ˆ但ˆ不能平的,为什么偏白白走这一遭啊?

乔治·华盛顿是个伟人,但ˆ并非后来人所想象的,他专做伟大的事,把不伟大的事都留给不伟大的人去做。

所以你们要像花生，它虽然不好看，^可是^很有用，不是外表好而^没有实用的东西。

上四例为语义的转换或转折，停顿时值要比语气转换短些。

此外，朗读中常见到的还有并列性停顿、呼应性停顿、强调性停顿、回味性停顿、灵活性停顿等类型。

第四节　句　　调

一、什么是句调

句调，也称语调或语气，是指整个句子的高、低、抑、扬变化。汉语的句调，特别显示在语句末的音节（末尾有语气助词即轻声音节时，那就落在倒数第二或倒数第三个音节上）。例如：

行？↑	行↑吗？	行↑了吗？
行！↓	行↓吧！	行↓了吧！

二、句调对字调的影响

1. 升调带来的字调调值调形变化

阴平＋升调	55→556	你搬？↑	阳平＋升调	35→36	你行？↗
上声＋升调	214→216	你走\↗	去声＋升调	51→513	你去？\↗

2. 降调带来的字调调值调形变化

阴平＋降调	55→551	你搬！↓	阳平＋降调	35→351	你行！/↘
上声＋降调	214→2141	你走！\/↘	去声＋降调	51→5121	你去！\/↘

三、句调类型及分布

1. 平调

平调的基本特征是从调头到调尾显得平稳，没有太明显的升降变化，句末音节拖平延长。

平调常常表示不明确的意义，或是沉浸在深思中；也用来表示严肃、冷淡、叙述等语气。最常见的如天气预报，宣读评分标准，介绍人物生平等。例如：

今天下午到明天多云，→西北风3到4级。→明天最高温度摄氏25度，→最低温度摄氏18度。

该项测试占总分的10％，→读对10个音节得1分；→读错10个音节扣1分。

2. 升调

升调的基本特征是调尾处呈上扬调型。升调常用于疑问、反问、惊异、命令、呼唤、句中暂停等语境。分别举例如下。

疑问:那是谁?↗又藏在何处呢?↗

反问:你以为这是什么车?↗旅游车?↗

难道你看不出我是这里的下士吗?↗

刚刚能走路,就能跨台阶?↗

惊异:韩国队,↗进四强啦?↗

啊?↗江主席?↗来梅州了?↗

命令:快下雨啦,↗大家快跑!↗

快走!↗

呼唤:同志!↗回来!↗

孩子!↗小心啊!↗别把手指割掉!↗

句中暂停:雨是最寻常的,↗一下就是三两天。↘

在船上,为了看日出,↗我特地起个大早。↘

雪纷纷扬扬,↗下得很大。↘

假若你一直和时间比赛,↗你就可以成功!↘

3. 降调

降调的基本特征是从高扬走向低抑,表现在句末音节的调值下降明显且音长变短。如果是阴平,就不再是高平,可能变为中平;如果是上声,就会变短,像“半上”;如果是阳平,也会变得短些;去声变得更降低些。

降调常用于陈述、肯定、允许、祈使、感叹等语气;疑问代词在句首的特殊疑问句也常用降调。另外,在偶句中往往先扬后抑,以降调收尾。分别举例如下。

陈述:巴尼·罗伯格是美国缅因州的一个伐木工人。↘

那年我6岁。↘

我们的船渐渐地逼近榕树了。↘

肯定:应该学学普通话!↘

违法的事就是要管!↘

肯定而反诘:这不就行了!↘

这点儿道理,谁还不明白!↘

允许:好吧!↘就这么办吧!↘

行,你可以提前走了!↘

祈使:我需要你帮帮忙。↘

你还得给我借点儿东西。↘

感叹:好一个登山者!↘

人生会有多少个第一次啊!↘

嗬!好大的雪啊!↘

哪儿也不如故乡好！↓
这美丽的南国的树！↓

偶句：读小学的时候，↑我的外祖母过世了。↓
女人作了母亲，↑便喜欢吃鱼头了。↓
我像找到了救星，↑急忙循声走去。↓
巴尼拿起手边的斧子，↑狠命朝树身砍去。↓
很早很早以前，↑猫并不吃老鼠。↓
我上小学的时候，↑日子过得很苦。↓

4. 曲调

曲调通常是先升高再降低或先降后升。用曲调，往往情绪激动，表示复杂的情感。把某一音节加强，拖长声音，中有升降，不一定是句末的音节。曲调常表示夸张、含蓄、嘲讽、反语等。例如：

夸张：这条路可“长”啦！/↘

嘲讽：他说你啊，又聪“明”，/↘又能“干”\↗又有文“化”\↗……

爬出来吧，给你自由！/↘

第五节 快慢、节奏、基调

一、快 慢

快慢，即语速。体现为朗读时每个音节的长短和音节与音节间连续的紧密程度不同。

语速快慢与人说话时的心境有关，一般是激动时，如快乐、急怒、慌乱等就说得快，每个音节都短；在心情平静或沉重时，表示从容、沉着，或悲哀、失望，就说得慢，每个音节也就较长。

语速与人物性格也有关系，性格活泼开朗的人，说话往往较快；性格内向沉稳的人，则说话较慢。

语速与作品的节奏类型更是息息相关，如轻快型、高亢型、紧张型语速较快，而低沉型、凝重型，舒缓型则语速较慢。

细读下列各例，体会语速与诸因素的关系。

① 起先，这小家伙只在笼子四周活动，随后就在屋里飞来飞去，一会儿落在柜顶上，一会儿神气十足地站在书架上，啄着书背上那些大文豪的名字；一会儿把灯绳撞得来回摇动，跟着逃到画框上去了。只要大鸟儿生气地叫一声，它立即飞回笼里去。

② 读小学的时候，我的外祖母过世了。外祖母生前最疼爱我，我无法排除自己的忧伤，每天在学校的操场上一圈又一圈地跑着，跑得累倒在地上，扑在草坪上痛哭。

③ 长夜难明赤县天，百年魔怪舞翩跹，人民五亿不团圆。
一唱雄鸡天下白，万方乐奏有于阗，诗人兴会更无前。

二、节　奏

1. 什么是节奏

从语言的角度来说，节奏是指语音的徐疾、高低、长短、轻重及音色的异同在一定时间内有规律地相间交替回环往复成周期性组合的结果。通俗点说，节奏包含以下几个方面的内容。

一是抑扬顿挫，不仅有高低变化，还有停连、转换的变化。

二是轻重缓急，不仅有声音的力度，还有声音的速度，更有力度和速度的承续、主从、分合与对比。

三是声音行进、语言流动中的回环往复的特点。这是节奏的核心，它体现了节奏的质的规定性。

2. 汉语节奏的一些基本形式

（1）音节匀称，如：

和新朋友会谈文学、谈哲学、谈人生道理等等，和老朋友却只话家常，柴米油盐，细细碎碎，种种琐事。

看，像牛毛，像花针，像细丝，密密地斜织着。

（2）长短交替，如：

小草偷偷地从土里钻出来，嫩嫩的，绿绿的。园子里，田野里，瞧去，一大片一大片满是的。坐着，躺着，打两个滚，踢几脚球，赛几趟跑，捉几回迷藏。风轻悄悄的，草软绵绵的。

（3）平仄匹配，如：

白日依山尽，（仄仄平平仄）　　黄河入海流。（平平仄仄平）

欲穷千里目，（平平仄仄平）　　更上一层楼。（平平仄仄平）

（4）声韵复沓，如：

姗姗而来　　春水淙淙　（重言）

久而久之都会转化为亲情

起初四周非常清静

信赖，往往创造出美好的境界　（双声）

花生的味美　（叠韵）

冬天麦盖三层被，来年枕着馒头睡　（押韵）

（5）反复回旋，如：

大堰河，在她的梦没有做醒的时刻已死了。

她死时，平时打骂她的丈夫也为她流泪，

她死时，轻轻地呼着她的乳儿的名字，

她死时，乳儿不在她的旁侧。

她死时，乳儿不在她的旁侧，

五个儿子，个个哭得很悲，

大堰河，已死了，

（6）层层递进的意念拓展，如：

朱自清《匆匆》

3. 节奏转换的一些基本方法

节奏转换包括快慢转化、抑扬转化、轻重转化等，几种方法相互交叉，相互作用，形成具体作品各具特色的节奏转换。基本方法有：

（1）欲扬先抑与欲抑先扬　（2）欲快先慢与欲慢先快　（3）欲轻先重与欲重先轻

细读下面几段文字，体会节奏转换的方法。

① 有时天边有黑云，而且云片很厚。太阳出来了，人却不能够看见它。然而太阳在黑云里放射出光芒，透过黑云的周围，替黑云镶了一道光亮的金边，把一片片黑云变成了紫云或红霞。这时候，光亮的不仅是太阳、云和海水，连我自己也成了光亮的了。

② 起初四周围非常清静。后来忽然起了一声鸟叫。我们把手一拍，便看见一只大鸟飞了起来，接着又看见第二只，第三只。我们继续拍掌，很快这个树林就变得很热闹了。到处都是鸟声，到处都是鸟影。大的，小的，花的，黑的，有的站在枝上叫，有的飞起来，在扑翅膀。

③ 乔治·华盛顿是个伟人，但并非后来人所想象的，他专做伟大的事，把不伟大的事都留给不伟大的人去做。实际上，他若在你面前，你会觉得他普通得就和你一样，一样的诚实，一样的热情，一样的与人为善。

④ 巴尼打量了一下周围的树木，决定把一棵直径超过两英尺的松树锯倒。出人意料的是：松树倒下时，上端猛地撞在附近的一棵大树上，一下子松树变成了一张弓，旋即又反弹回来，重重地压在巴尼的右腿上。

⑤ 现在我要回家了，胸前佩戴着醒目的绿黑两色的解放十字绶带，上面挂着五六枚我终生难忘的勋章，肩上还佩戴着军官肩章。到达旅馆时，没有一个人跟我打招呼。原来，我母亲，在三年半以前就已经离开人间了。

三、基　　调

1. 什么是基调

基调是指作品的基本情调。基调属篇章层次的节律特征。

汉语的基调受“气”的主宰，所谓“气盛则言之长短，声之高下皆宜”。这里，用于基调节律的“气”，不仅仅是指吸进吐出的“气”，还指不断发展变化而又充满活力的一个思辨范畴，所以“气”又是精神的。我们来看看朗读中情感基调与气、声的关系。

表“慈爱”之情：气徐声柔；　表“悲切”之情：气沉声缓；　表“恐惧”之情：气提声凝；
表“冷漠”之情：气少声平；　表“喜悦”之情：气满声高；　表“急切”之情：气短声促；
表“憎恶”之情：气足声硬；　表“凝思”之情：气细声粘；　表“愤怒”之情：气粗声重；
表“嘲讽”之情：气浮声跳；　表“谄媚”之情：气虚声假。

2. 基调的节奏类型

基调有阳刚与阴柔之分。

阳刚调　阳刚之气亢奋激越，形成的基调可表达慷慨激昂、活泼欢快、喜悦明朗、急躁粗鲁、热烈奔放的情态。常见的阳刚调节奏类型有：轻快型、高亢型、紧张型。

阴柔调　阴柔之气轻悠低沉，可表达悲哀、恐惧、慈爱、幽雅、冷漠等情态。常见节奏类型有凝重型、低沉型、舒缓型。

上述六种节奏类型在轻重、快慢、抑扬、停连等节律要素处理上的特点大致如下：

轻快型

多扬少抑，多轻少重，声轻而不着力，语节少而词的密度大，语流中顿挫较少且时间短暂，语速较快，轻巧明丽，有一定的跳跃感。基本语气或基本转换均偏重于轻快，重点句、段尤为突出。常见作品如：朱自清《春》、孙犁《荷花淀》等。

凝重型

多抑少扬，多重少轻，音强而着力，色彩多显浓重，语势较平稳，顿挫较多，且时间较长，语速偏慢。作品如：鲁迅《藤野先生》、范仲淹《岳阳楼记》、艾青《大堰河，我的保姆》、都德《最后一课》等。

高亢型

声多明亮高亢，语势多为起潮类，峰峰紧连，扬而更扬，势不可遏，语速偏快。重点处的基本语气、基本转换都显高昂、爽朗的特点。作品如：高尔基《海燕》、茅盾《白杨礼赞》。

低沉型

语势多为落潮类，句尾落点多显沉重，音节长，声音偏暗偏沉，语速较缓。基本语气、基本转换都趋于沉缓。作品如：安徒生《卖火柴的小女孩》、夏衍《包身工》、戴望舒《雨巷》、马如琴《小河》、罗曼·加里《我的母亲独一无二》等。

紧张型

多扬少抑，多重少轻，语节内密度大，语速快，音较短，气较促，顿挫短暂。重点处的基本语气、基本转换都较为急促、紧张。作品如：闻一多《最后一次讲演》、沈亚刚译《难以想象的抉择》等。

舒缓型

声音轻松明朗，略高而不着力，语势有跌宕但多轻柔舒展，语速徐缓，语节内较疏但不多顿，气流长而声清。作品如：老舍《济南的冬天》等。

第二章　普通话朗读训练

第一节　朗读的准备

一、朗读的性质和特点

1. 朗读的性质

朗读，是把书面语言转化为有声语言的再创作活动。具体些说就是，朗读者在深入分析理解作品思想内容的基础上，加深感受，产生真实的情感、鲜明的态度，然后通过富有感染力的声音准确生动地再现作品的思想内容，加深听者对作品的理解，引起共鸣，激发感情，从而达到朗读的目的。

2. 朗读的特点

口语性　朗读是“取他人所作，由自己所读，为他人所听”。对他人的书面作品，可以作必要的艺术加工，以便加强它的口语性；另外，书面语言由于缺乏必要的语境，常易产生歧义，通过口语化处理可排除歧义。

针对性　朗读要看对象，为听者服务。不可一味自我表现自我陶醉。失去听众，朗读就失去了意义。

艺术性　朗读要通过对作品的艺术再造，感染听众，激发情感，产生美感。

规范性　使用规范的语言形式朗读作品，是语言规范化的要求，也是准确表现作品思想内容的一个最起码的要求。

朗读者在朗读之前，应首先解决好四个问题，也就是朗读四个基本要素：

① 是什么（朗读内容）　　② 为什么（朗读目的）

③ 对谁读（对象交流）　　④ 怎样读（表达方法）

二、作品准备

作品准备的基本步骤为：

第一，阅读作品。通过阅读，了解作品的内容是什么，这是朗读成功的基础。如果读了半天，连自己都不知道内容是什么，听者就更糊涂了。

第二，把握字、词的准确读音，弄懂词、句关系。

第三，理清结构。如，弄清整篇作品共有多少自然段，每个自然段又可归并为几个层次，各层之间是怎样的关系，全篇重点在哪儿等，都要充分了解，做到心里有数。

第四，了解时代背景，为确定朗读目的打好基础，通过相关背景，确定朗读目的，如：是借古喻今,是托物言志,还是以景抒情。朗读者应紧紧抓住这些,赋予作品以新的生命。

三、状态准备

状态准备,包括生理状态和心理状态两方面。

从生理来说,朗读者应调理好身体状态,做到全身松弛,用声自如。全身松弛,是指能松能紧,要松即松,要紧即紧,松紧自如。用声自如,即选取自如声区,选取最佳音域、最佳音量。用好自己的本色声,不要刻意拿腔拿调、虚声虚气。

从心理上来说,朗读者的心理状态应是:信心百倍,积极主动;全神贯注,进入作品,动脑动心,在感而发。

四、技巧准备

(1) 具备普通话音节、语流音变准确发音的能力,熟练掌握停连、轻重、快慢、升降等节律处理技巧。

(2) 掌握发声的基本技巧。首先,做到精确、自如地控制气息;其次,适当调节共鸣。

(3) 语言造型技巧。运用声音来塑造不同年龄、身份、生活经历、性格的人物角色。如,通过声音模拟塑造不同性别、不同年龄的人;通过语势模拟塑造不同性格、身份、生活经历的人。

(4) 把握态度分寸,表现感情色彩。

五类对立统一的态度:

肯定与否定

对作品中的人、物、事、理,有明确的是非褒贬,区分其是非、好坏。肯定是的、好的,否定非的、坏的,是朗读者应有的最基本的态度。

严肃与亲切

严肃的态度指郑重、重视、不苟且、不随便,也包括严厉、尖刻、冷峻、嘲讽、轻蔑等。

亲切的态度指和蔼、亲密、平易、温存,也包括活泼、顽皮、幽默、嬉戏等。

祈求与命令

祈求的态度包括哀求、请示、劝告、祝贺、慰勉等,有希望对方答应、接受的意思。

命令的态度包括号召、宣告、法令、规定等,是对他人的要求和指令。

客观与直露

客观的态度是不表示肯定或否定。

直露就是直接表态,直露性是论说文的基本特点之一,朗读时态度应该旗帜鲜明,直接表露。

坚定与犹豫

坚定的态度表示对某种事物或信念不容置疑、不可动摇,给人以坚决、稳定、自信、顽强的感觉。

犹豫的态度表示心神不宁、进退两难、拿不定主意,给人以彷徨、茫然、忐忑、恍惚的感觉。

五类感情色彩:

热爱与憎恨;悲哀与喜悦;惊惧与欲求;焦急与冷漠;愤怒与疑惑。

第二节　不同文体作品的朗读

一、诗歌的朗读

澎湃的激情，飞腾的想象，深邃的意境，和谐的韵律，是诗歌的四大特征。诗歌又分多体，我们区分格律诗与自由诗两种来简述一下诗歌朗读的一些基本特点。

（一）格律诗的朗读

1. 划分音步

格律诗字数、语节（节拍、音步）是一定的。五言格律诗，每句五个音节，分两拍，即二三组合；七言格律诗，每句七个音节，分三拍，即二二三组合。

2. 押住韵脚

押韵是格律诗最重要的标志之一。一般是在偶句上押韵，首句也常入韵。韵脚的存在，给人以规整和谐之感。对于韵脚，一般是需要强调的，方法有二：加重或延长。

3. 突出平仄

平，指阴平、阳平二调；仄，指上、去、入三调。入声在普通话里已派入其他各调，朗读时，不必追溯入声沿用古韵。平仄匹配，使音律抑扬、语言优美。突出平仄体现在：重点词句加大起伏，对仗之中突出变化，整体加强抑扬顿挫。

4. 语势呼应

同势呼应，高停高起或低停低起，如：
接天莲叶无穷碧，（高停）　　映日荷花别样红。（高起）
上句呈起潮语势，下句呈落潮语势。
异势呼应，高停低起或低停高起，如：
身无彩凤双飞翼，（高停）　　心有灵犀一点通。（低起）
上句下句之间有一种转折关系。

5. 讲究节奏

讲究节奏，从三方面予以注意：一是突出回环往复的音韵特征，如韵脚、平仄、对仗等；二是注意疏密变化，快慢变化；三是利用停顿造势，停前蓄势，顿后承接。

6. 诵出韵味

根据具体作品内容的需要，在关键词句上作一些点染，如增强共鸣、延长字音等，以产生声有余韵的效果。如：
姑苏城外寒山寺，夜半钟声到客船。

对句中的“声”字加强低频共鸣，并将字尾适当延长，让人觉得钟声似乎触动了诗人的心弦。

（二）自由诗的朗读

自由诗不受押韵、平仄、字数的限制，表达更自由，同时也为诵读者的有声语言再创作提供了广阔的创作空间。自由诗是诗，也有规律可循，也有限制，只是表现形式不同罢了。因此，自由诗的朗读，同样需要注意感情的抒发和节奏的变化。

1. 划分层次

自由诗有单节的，也有多节的。单节诗歌有时因篇幅长、容量大而须划分若干个小层次；多节诗歌有时又应根据内容关联的紧密程度而重新归并为若干个大的部分。目的是使诗歌层次分明，语意更清晰。如徐志摩的《再别康桥》（见附录），共七小节，可分三大层次：一节和七节各为一层，中间二至六为一层。首尾两节句式相同，文字相似，遥相呼应，起到了反复咏叹的效果，加深了美感。中间部分描绘康桥美景，蕴含眷恋之情。

2. 安排停连，注意节奏

节奏是诗的生命。自由诗字数不定，语节不定，韵脚不定，平仄不定；朗读时，如不把握节奏，就会丧失诗味。自由诗的节奏通过语节、诗行、诗节体现出来，由于“步子”大小不同，跨度和容量不一，驾驭时必须随步移形，不可乱了步法。

朗读自由诗，要善于使用突停、长停、快连、推进、虚实等技巧，因境抒情，因情用声。

3. 深入意境，因境抒情

从全诗的整体出发，在意境需要的前提下，因境抒情，避免片断感。

二、记叙文的朗读

记叙文，或记人，或叙事，或写景，或状物，总给人以启迪。朗读记叙文，要因事明理，以事感人，具体细微，语气自然，节奏简朴。

1. 线索清晰，立意具体

记叙文的线索有时是以人、事、景、物为轴心，有时以作者的思想感情为转移。对线索的剖析和把握，利于突出记叙文的特点，顺水推舟，当好听者的向导。

记叙文的立意多不直陈，而是通过记人叙事写景等向读者展现深思遐想的天地。朗读者不应自始至终把立意刻意强加给听者，而应该沿着记叙的发展线索因势利导，使听者在耳不暇听中，敞开心扉，在不知不觉中有所感悟，承受作品深沉立意的滋润，由此得到的启迪则更为深刻。因此，朗读者不要只在抒情、明理的直露语句上下功夫，而应当透过人、事、物、景的具体变化，使作品的立意生发开去，深沉起来。

2. 表达细腻，点染得体

记叙文的语言，往往是细腻的；只有细腻地叙述和描写，才能具体地展示立意，朗读者对此要深入体味，准确表现。做到：

叙述舒展　叙述语言是记叙文的主体语言，朗读时要注意把语句化开，根据发展线索、主次关系来作朗读处理。

描写实在　朗读描写语句，不宜夸张，必须把生活图景真实地再现出来。

人物写意化　以人物的精神境界、思想深度为重点，同时也适当照顾到人物的性格特征、年龄大小、人物之间的关系等。不必刻意模拟人物的音容笑貌、方言土语等外在的东西，避免做作感。

三、其他文体作品的朗读处理要点

1. 论说文的朗读

论说文的朗读，要透辟地把握作品内在的逻辑关系，把概念、判断、推理融会贯通，明确有的放矢的内涵和作用，并以切身感受，鲜明的态度，直言不讳。具体说，应从三方面下功夫。

一是要做到论点鲜明，论据有力。不论是立论或者驳论，一定要锋芒毕露，尖锐鲜明，具体感受论点之间、论点与论据之间的严密逻辑关系，理解“起、承、转、合”的脉络，准确地表达出来。

二是态度明朗，感情含蓄。态度明朗，语气不可犹豫、商量，而要肯定、果断；不可以势压人，而是从容、大度。感情含蓄，论说文的感情寓于理中，并不直抒胸臆，要立足于以理服人，而不是以情动人。

三是语气肯定，重音坚定。

2. 小说的朗读

小说，一般有人物，有情节，篇幅较大，需要运用多种技巧才能朗读好。除了细节描写外，还应将主要精力放在表现典型环境的典型性格上。

朗读小说，首先必须明了情节的开端、发展、高潮、结局的多样性结构，着力于人物心理、言语的特征性刻画，用“事”写人，借“境”明心。即从人物在特定环境中的特定言语、行为揭示人物的精神面貌；从气氛的点染中，把握全篇的基调和节奏；从人物的语言中，突出个性化的性格特征。

具体地说，朗读小说应从下面几个方面下功夫：一是抓住核心，深化感情；二是抓住个性，塑造人物；三是抓住基调，变化节奏。

3. 文言文的朗读

熟读原文，加强感受是朗读好文言文应做到的第一步。文言文是古代的书面语言，古今汉语差异很大，书面语与口语差别也大，不下功夫熟悉作品、理解其思想内容，是不可能朗读好的。对文言文作品透彻、精到的理解，再融入具体的感受，是朗读文言作品的关键。

整体平缓，词语拓开是处理文言作品朗读的基本技巧。朗读文言文，不宜峰谷悬殊、急缓突变，整体上应该是平稳舒缓，从容深沉的；拓开词语，便于更多地容纳、表露那些不见诸文字的含义和意蕴。

4. 儿童文学作品的朗读

儿童文学作品大致可分为儿童诗歌、童话、故事、儿歌等。朗读儿童文学作品，应注意以下几点。

一是语速适当放慢，照顾听众的特点；二是停延、句调、重音适度夸张；三是语势起落悬殊，悬念感强；四是合理运用声音模拟、语势模拟等语言造型艺术，增强生动感。

四、作品语言的类型处理

作品语言的类型是多种多样的，我们根据普通话水平测试的实际需要，简要地谈谈叙述语言、描写语言、议论语言、感叹语言、人物对话的朗读处理以及不同类型语言的转换处理的基本技巧。

类型语言的特点及朗读处理

叙述语言一般是作品里的主体语言，所占比重最大。叙述语言的句子一般是陈述句，多由动词充当谓语中心。完成句一般用降调来处理，未完成句一般用升调来处理；完成句用“停”，未完成句用“延”。作品的节奏类型不同，叙述语言的语速语势等也有明显的差异。试体味一下以下各句的细微差别：

① 读小学的时候，我的外祖母过世了。

② 在我依稀记事的时候，家中很穷，一个月难得吃上一次鱼肉。

③ 小学的时候，有一次我们去海边远足，妈妈没有做便饭，给了我十块钱买午餐。

④ 从山沟沟里跨进大学那年，我才 16 岁，浑身上下飞扬着土气。

⑤ 今年四月，我到广州从化温泉小住了几天。

描写语言的句子多为形容词谓语句或动词谓语句，有时还有成串的名词性非主谓句。朗读时一般应该用重音、停延等手段来突出形容词谓语或形容词修饰语。试读以下各句：

① 小草偷偷地从土里钻出来，嫩嫩的，绿绿的。

② 瞧，它多美丽，娇巧的小嘴，啄理着绿色的羽毛，鸭子样的扁脚，呈现出春草的鹅黄。

③ 她笑眯眯地看着我，短头发，脸圆圆的。

④ 他长着两条细弱的小腿，此刻这两条小腿却怎么也不听使唤，老是哆哆嗦嗦地。

议论语言多为复句或长句形式，且多用关联词语，讲求逻辑性。朗读时除了准确把握议论的口气外，还要读出层次感。体味下列几句的读法：

① 你只看到两个人之间的异，却没有看到两个人之间的同：他们同样有反省和进取的精神。

② 当时，我心中只充满感激，而今天，当我自己也成了祖父的时候，突然领悟到他用心之良苦。

③ 伟大的人之所以伟大，就在于他决不做逼人尊重的人所做出的那种倒人胃口的蠢事。

感叹语言一般用感叹句，感叹句多带感叹语气词，句调为降调，句子一般不长。如：

① 哪儿也不如故乡好！　　② 哟，雏儿！正是这个小家伙！

③ 嗬！好大的雪啊！　　　　④ 这美丽的南国的树！

⑤ 好一个登山者！　　　　　⑥ 人生会有多少个第一次啊！

⑦ 暴风雨！暴风雨就要来啦！　⑧ 可怜的虫子！

人物对话实际上是多类型的，关键是要抓住人物的年龄、性别、性格、心情等特征，以准确的口气“说”出来。如《落花生》、《上将与下士》、《迷途笛音》、《第一次》、《猫和老鼠》等文章的对话就很值得琢磨一阵子。

类型语言之间的转换处理

语言类型的转换，大致包含两种：一是口气转换，是指由叙述、描写转为感叹或议论，这种转换文章里常有，一般要有较长的停顿来实现这种转换。二是话体转换，指的是由叙述等语言类型转为人物对话，这是由“读”到“说”的转换。提供以下各例，供大家体味。

① 他长着两条细弱的小腿，此刻这两条小腿却怎么都不听使唤，老是哆哆嗦嗦地……但两条腿的主人——小男孩想从马路上登上人行道的愿望却十分强烈，而且信心十足。

② 打那以后，我悟出了一个道理：女人作了母亲，便喜欢吃鱼头了。

③ 今天早晨，天放晴了，太阳出来了。推开门一看，嗬！好大的雪啊！……

④ 旁边走来一个乘凉的人，对他说：“您老人家必要高寿，您老是金胡子了。”

⑤ “哦，这倒是真的！”华盛顿说着，解开大衣纽扣……

五、作品朗读的情感处理

常有应试者问朗读短文时要不要动用感情或要不要表情，我说能有表情地或动情地朗读当然是最好的，说明你对作品的理解提高了一个档次。但是，要真正理解作品才能准确地动情，否则就有造作之感，让人听来觉得肉麻。我们在这里结合一些作品谈谈几种情感的处理。

（1）慈爱之情一般适用长辈对晚辈的关切、怜爱、鼓励等情景，朗读时面部作亲切和蔼状，用气徐缓，声音柔和。体味以下几句的朗读处理：

① 父亲接下去说：“所以你们要像花生，它虽然不好看，可是很有用，不是外表好看而没有实用的东西。”

② “所有时间里的事物，都永远不会回来。你的昨天过去，它就永远变成昨天，你不能再回到昨天。爸爸以前也和你一样小，现在也不能回到你这么小的童年了；有一天你会长大，你会像外祖母一样老；有一天你度过了你的时间，就永远不会回来了。”爸爸说。

③ 他长着两条细弱的小腿，此刻这两条小腿却怎么也不听使唤，老是哆哆嗦嗦地……

④ 它小，就能轻易地由疏格的笼子钻出身。瞧，多么像它的父母：红嘴红脚，蓝灰色的毛，只是后背还没生出珍珠似的圆圆的白点；它好肥，整个身子好像一个蓬松的球儿。

（2）喜悦之情的表现方式是面露喜悦兴奋之色，气息饱满，声音高亢。试读以下各例：

① 一刹那间，这深红的东西，忽然发出夺目的光亮，射得人眼睛发痛，同时附近的云也添了光彩。

② 我们继续拍掌，很快这个树林就变得很热闹了。到处都是鸟声，到处都是鸟影。大的，小的，花的，黑的，有的站在枝上叫，有的飞起来，在扑翅膀。

③ 终于两只脚都站到人行道上去了，这也许是孩子一生中拿下的第一个高地，小胖脸

同时绽开了笑容——了不起的胜利!

(3) 悲哀之情可这样表现:面显悲痛之色,气息下沉,声音缓慢沉重。如:

① 读小学的时候,我的外祖母过世了。外祖母生前最疼爱我,我无法排除自己的忧伤,每天在学校的操场上一圈儿又一圈儿在跑着,跑得累倒在地上,扑在草坪上痛哭。

② 就在那年秋天,母亲离我们去了,小弟弟一生下来不哭也不动,也追随母亲去了。为了我的生存,母亲去了,弟弟也去了。

③ 可万万没有想到,这么一位在艺术上日趋辉煌、前途不可估量的小"猴娃",竟然被白血病这个病魔无情地夺走了生命,年仅16岁。他的英年早逝,着实令人痛惜不已。

(4) 愤怒之情可如此表现:面带怒意,怒目圆睁,气粗声重。例如:

① 爹听了便叫嚷道:"你以为这是什么车? 旅游车?"

② 猫一下子全明白了,瞪圆双眼大声说:"是你给吃见底了?"

(5) 嘲讽之情的表现方式可这样把握:面露嘲笑讽刺之色,气息浮漂,声音跳跃。如:

海鸥在暴风雨到来之前呻吟着——呻吟着, 在大海上面飞窜;想把自己对暴风雨的恐惧,掩藏到大海深处。

此外,还有恐惧之情、冷漠之情、急切之情、憎恶之情、凝思之情、谄媚之情等等,读作品时要仔细体味,准确地运用情感,并把情感表现与气、声的处理结合起来。

六、《狼和小羊》朗读详析

0.1 朗读能力的培养是"教师口语"或"普通话"课程教学的一个重要环节,但教材和有关论著多是泛泛而谈,极少见到就某一篇具体作品进行详细的朗读分析。学习朗读光靠理论很难有效地提高朗读能力,往往是知道一些理论知识,拿到具体的作品却又无从下手。我们写作本文的目的即在于指导学习者如何对一篇具体作品作朗读分析,并有声有色地读出来。

0.2 我们之所以选择寓言故事《狼和小羊》为例,基于以下几点考虑:一是这个故事几乎人所共知,一般教材或论著多提到它,对它作些分析,但又不甚透彻和细致;二是这个故事貌似简单、浅显,但要真正读好它又确有一定的难度,难在角色多(狼、小羊、叙述人)、语言类型广(有叙述、有议论、有描写、有对白)、"人物"性格变化幅度较大;三是涉及的朗读知识技能多,可以多方面地训练学习者的朗读能力。

1. 字词读音简注

读准作品中每一个字的声韵调,是朗读的一个最基本的要求。对于方言区的人来说,轻声、儿化更是难点。

1.1 *轻声词分析* 文中的轻声词可分两类,一是"的、了、吧、哪、着"等助词和语气词;二是后一个音节读轻声的双音节词,排列如下:

山上 怎么 什么 明白 家伙 觉得 爸爸 反正 身上 人们

事情 先生

1.2 *儿化分析* 文中的"碴儿、这儿、那儿"等几个儿化词,注意务必读成一个音节,切忌读成两个音节。

1.3　其他字词读音简注　叹词“啊”在此表示惊异，应读为阳平调，如读成去声则表示感叹，与文意不合。“总得找个借口才好”的“得”是助动词，读为“děi；“觉得”的“得”是动词后缀，读轻声“de”；“呲”念“zī”不念“cī”；“咆哮”的规范音是“páoxiào”。

2. 角色语言基调及语言造型分析

2.1　叙述人　叙述人对狼和小羊的本质有着明确的认识，这就决定了叙述人有着明显的感情倾向，即对狼的憎恶和对小羊的同情、怜悯。因此朗读叙述人语言部分时理所当然要带有朗读者的憎爱色彩。鉴于叙述人对狼和小羊本质特征的成熟认识，在语言造型上可将叙述人处理为成年人的音色。

2.2　“狼”　狼给我们的印象是老奸巨猾的，因此可处理为老年人的音色。

2.3　“小羊”　可处理为童音色彩，温和善良弱小。

3. 叙述人语言朗读分析

3.1　第一部分(第①自然段)　这一部分的两句话是对故事的人物、事件、环境、地点等作介绍，是全文的引子，一定要非常鲜明地交代出来，不应当平铺直叙。第一句交代故事的两个主角及故事发生的缘由，首要的是突出两个主角，其次“碰巧、同时”两个词又是故事发生缘由的关键性词语，也应突出，要用较明显的停顿和加强音量重音来表现。第二句是对环境作进一步的描写，旨在加深听众对环境的了解，语速处理同样较慢，起到加深印象作用。

3.2　第二部分(②～③自然段引号外面的部分)　这部分是叙述狼和小羊的心理活动和动作行为的，要带着鲜明的感情倾向。②自然段描写狼巧遇小羊后的心理活动，为了表现狼的伪善、可恶而又可笑的逻辑推理，应该使用讽刺的语气(拖腔和高低变化悬殊的曲折句调)来加以表现，做到重音突出，起落悬殊，拖而少停。“非常”二字表现狼的心理本质，要重读，可在“非”后增加音长，此处为一起；“找个借口才好”一落。起落分明，狼的一副馋相便跃然而出。③自然段两句写狼的行为，心理支配行为，想好就干，这里表现出狼的装腔作势的状态，用讽刺的口气来叙述。④自然段两句写小羊的反应，由“惊”到平静(“温和”)，中间有个语气转换过程，逗号处的停顿和语意转变要处理得恰到好处。⑤自然段只有两字，但不可轻视，要表现出狼的理亏。⑥自然段一句，表现小羊的第二次反应，对小羊的同情要溢于言表，全句突出“可怜”和“喊”二词。⑦自然段对狼的黔驴技穷、原形毕露、穷凶极恶的一系列行为动作进行描写。狼气愤已极，不再有理智可言，要吃小羊已是急不可待。为了表现狼的这种心情，可用较为急促的语速来处理。

3.3　第三部分(⑧自然段)　这部分是对上文故事的议论，是寓意所在之处。首先，从叙述口气转变为议论口气，需要较长的停顿来实现。议论部分是对全文的总结，目的是让听众从故事中得到启迪，语速处理稍慢些。全句又是引起听众警策、觉悟的话，重音、停顿要明显，句调可处理为升调。

4. “狼”的语言朗读分析

“狼”总共说了三次话，每一次都有不同的特色。

第一次(③自然段)说话，“狼”主要是装腔作势，以势吓人同时又企图以“理”服人，为自己的残暴行为找到正当理由。语速可稍快些，主要是通过几个重音处理突出狼的霸道，突出“你”、“我”、“什么”三词。

第二次(⑤自然段)讲话，“狼”首先是姑且自认理亏，然后是继续以势压人，编造新的理由。“就算这样吧”是姑且自认理亏，后面则是编造新理由，仍是以吓唬为主，说理在其次。显示出狼的狡猾多端。较前一次讲话语速要稍慢些。

第三次(⑦自然段)讲话，“狼”的状态可用下列成语来形容：黔驴技穷、原形毕露、穷凶极恶、声嘶力竭、咬牙切齿。淋漓尽致地显示出其凶恶残酷的本来面目。语速处理要快，语势要强，少停而多连。

5. “小羊”的语言朗读分析

“小羊”说了两次话。

第一次(④自然段)　先是吃惊，后是平静，几句话要处理得能显示出平静中有吃惊，就是说“小羊”此时平静中带有心慌。语速以中速为主，语势以平稳为主，突出“我”(怎么会……)、“不是”两词显示其心慌。

第二次(⑥自然段)　小羊心理失去平衡，但还是幼稚地企图驳倒狼，免遭劫难。这里小羊有绝望，也有抗争。由于心理显示出着急吃惊绝望，语势语调也非同寻常，语速稍快，语势递升，语调也以升为主。

附：《狼和小羊》全文及符号分析

狼和小羊碰巧同时到一条小溪边喝水，→那条小溪是从山上流下来的。

狼非常想吃小羊，↗可是它想，↘既然当着面，↗总得找个借口才好。

狼就故意找碴儿，→气冲冲地说：→“你怎么敢到我的溪边来，↗把水弄脏，↗害得我不能喝？↗你安的什么心？↗”

小羊吃了一惊，→温和地说：→“我不明白，我怎么会把水弄脏？↗您站在上游，↘水是从您那儿流到我这儿的，↘不是从我这儿流到您那儿的。↘”

“就算这样吧，”↘狼说，→“你总是个坏家伙，↘我听说，↗去年你在背地里说我的坏话。↘”

“啊”，↗“亲爱的狼先生，”↗可怜的小羊喊道，→“那是不会有的事，↗去年我还没出世哪！↘”

狼觉得用不着再争辩了，→就呲着牙咆哮着，→逼近小羊，→说：→“你这个小坏蛋！↘说我坏话的人不是你就是你爸爸，↘反正都一样。”→说着就扑到小羊身上，→抓住它，→把它吃掉了。

人们存心要干凶恶残酷的坏事情，→那是很容易找到借口的。↗

卷　四

现代诗文诵读作品选

一、现当代诗歌10首

乡　愁

余光中

小时候，
乡愁是一枚小小的邮票。
我在这头，
母亲在那头。

长大后，
乡愁是一张窄窄的船票。
我在这头，
新娘在那头。

后来啊，
乡愁是一方矮矮的坟墓。
我在外头，
母亲在里头。

而现在，
乡愁是一湾浅浅的海峡。
我在这头，
大陆在那头。

再别康桥

徐志摩

轻轻的我走，正如我轻轻的来；我轻轻的招手，作别西天的云彩。
那河畔的金柳，是夕阳中的新娘；波光里的艳影，在我的心头荡漾。
软泥上的青荇，油油的在水底招摇；在康河的柔波里，我甘心做一条水草！
那榆荫下的一潭，不是清泉，是天上虹；揉碎在浮藻间，沉淀着彩虹似的梦。
寻梦？撑一支长篙，向青草更青处漫溯；满载一船星辉，在星辉斑斓里放歌。
但我不能放歌，悄悄是别离的笙箫；夏虫也为我沉默，沉默是今晚的康桥！
悄悄的我走了，正如我悄悄的来；我挥一挥衣袖，不带走一片云彩。

致橡树

舒婷

我如果爱你——
绝不像攀援的凌霄花，
借你的高枝炫耀自己；
我如果爱你——
绝不学痴情的鸟儿
为绿荫重复单调的歌曲；
也不止像泉源
长年送来清凉的慰藉；
也不止像险峰
增加你的高度，衬托你的威仪。
甚至日光。
甚至春雨。
不，这些都还不够！
我必须是你近旁的一株木棉，
作为树的形象和你站在一起。
根，紧握在地下
叶，相触在云里。
每一阵风吹过
我们都互相致意，
但没有人
听懂我们的言语。
你有你的铜枝铁干，
像刀、像剑
也像戟；
我有我红硕的花朵
像沉重的叹息，
又像英勇的火炬。
我们分担寒潮、风雷、霹雳；
我们共享雾霭、流岚、虹霓。
仿佛永远分离，
却又终身相依。
这才是伟大的爱情，
坚贞就在这里：
爱——不仅爱你伟岸的身躯，
也爱你坚持的位置，足下的土地。

祖国啊,我亲爱的祖国

舒　婷

我是你河边上破旧的老水车
数百年来纺着疲惫的歌
我是你额上熏黑的矿灯
照你在历史的隧洞里蜗行摸索
我是干瘪的稻穗;是失修的路基
是淤滩上的驳船
把纤绳深深
勒进你的肩膊
——祖国啊

我是贫困
我是悲哀
我是你祖祖辈辈
痛苦的希望啊
是“飞天”袖间
千百年来未落到地面的花朵
——祖国啊

我是你簇新的理想
刚从神话的蛛网里挣脱
我是你雪被下古莲的胚芽
我是你挂着眼泪的笑窝
我是新刷出的雪白的起跑线
是绯红的黎明
正在喷薄
——祖国啊

我是你十亿分之一
是你九百六十万平方的总和
你以伤痕累累的乳房
喂养了
迷惘的我,深思的我,沸腾的我
那就从我的血肉之躯上
去取得
你的富饶,你的荣光,你的自由
——祖国啊
我亲爱的祖国

雨　巷

戴望舒

撑着油纸伞，独自
彷徨在悠长，悠长
又寂寥的雨巷
我希望逢着
一个丁香一样地
结着愁怨的姑娘

她是有
丁香一样的颜色
丁香一样的芬芳
丁香一样的忧愁
在雨中哀怨
哀怨又彷徨

她彷徨在这寂寥的雨巷
撑着油纸伞
像我一样
像我一样地
默默彳亍着
冷漠凄清，又惆怅

她默默地走近
走近，又投出
太息一般的眼光
她飘过
像梦一般地
像梦一般地凄婉迷茫

像梦中飘过
一枝丁香地
我身旁飘过这女郎
她静默地远了，远了
到了颓圮的篱墙
走尽这雨巷

在雨的哀曲里
消了她的颜色
散了她的芬芳
消散了，甚至她的
太息般的眼光
丁香般的惆怅

撑着油纸伞，独自
彷徨在悠长，悠长
又寂寥的雨巷
我希望飘过
一个丁香一样地
结着愁怨的姑娘

回　答

北岛

卑鄙是卑鄙者的通行证，
高尚是高尚者的墓志铭。
看吧，在那镀金的天空中，
飘满了死者弯曲的倒影。
冰川纪过去了，
为什么到处都是冰凌？
好望角发现了，
为什么死海里千帆相竞？
我来到这个世界上，
只带着纸、绳索和身影。
为了在审判之前，
宣读那些被判决的声音。
告诉你吧，世界，
我——不——相——信！
纵使你脚下有一千名挑战者，
那就把我算作第一千零一名。
我不相信天是蓝的，
我不相信雷的回声，
我不相信梦是假的，
我不相信死无报应。
如果海洋注定要决堤，
就让所有的苦水注入我心中。
如果陆地注定要上升，

就让人类重新选择生存的峰顶。
新的转机和闪闪星斗，
正在缀满没有遮拦的天空，
那是五千年的象形文字，
那是未来人们凝视的眼睛。

大堰河——我的保姆

艾　青

大堰河，是我的保姆。
她的名字就是生她的村庄的名字，
她是童养媳，
大堰河，是我的保姆。

我是地主的儿子；
也是吃了大堰河的奶而长大了的
大堰河的儿子。
大堰河以养育我而养育她的家，
而我，是吃了你的奶而被养育了的，
大堰河啊，我的保姆。

大堰河，今天我看到雪使我想起了你：
你的被雪压着的草盖的坟墓，
你的关闭了的故居檐头的枯死的瓦菲，
你的被典押了的一丈平方的园地，
你的门前的长了青苔的石椅，
大堰河，今天我看到雪使我想起了你。

你用你厚大的手掌把我抱在怀里，抚摸我；
在你搭好了灶火之后，
在你拍去了围裙上的炭灰之后，
在你尝到饭已煮熟了之后，
在你把乌黑的酱碗放到乌黑的桌子上之后，

在你补好了儿子们的为山腰的荆棘扯破的衣服之后，
在你把小儿被柴刀砍伤了的手包好之后，
在你把夫儿们的衬衣上的虱子一颗颗的掐死之后，
在你拿起了今天的第一颗鸡蛋之后，
你用你厚大的手掌把我抱在怀里，抚摸我。

我是地主的儿子，
在我吃光了你大堰河的奶之后，
我被生我的父母领回到自己的家里。
啊，大堰河，你为什么要哭？

我做了生我的父母家里的新客了！
我摸着红漆雕花的家具，
我摸着父母的睡床上金色的花纹，
我呆呆地看着檐头的我不认得的“天伦叙乐”的匾，
我摸着新换上的衣服的丝的和贝壳的纽扣，
我看着母亲怀里的不熟识的妹妹，
我坐着油漆过的安了火钵的炕凳，
我吃着碾了三番的白米的饭，
但，我是这般忸怩不安！因为我
我做了生我的父母家里的新客了。

大堰河，为了生活，
在她流尽了她的乳液之后，
她就开始用抱过我的两臂劳动了；
她含着笑，洗着我们的衣服，
她含着笑，提着菜篮到村边的结冰的池塘去，
她含着笑，切着冰屑悉索的萝卜，
她含着笑，用手掏着猪吃的麦糟，
她含着笑，扇着炖肉的炉子的火，
她含着笑，背了团箕到广场上去
晒好那些大豆和小麦，
大堰河，为了生活，
在她流尽了她的乳液之后，
她就用抱过我的两臂，劳动了。

大堰河，深爱着她的乳儿；
在年节里，为了他，忙着切那冬米的糖，
为了他，常悄悄地走到村边的她的家里去，
为了他，走到她的身边叫一声“妈”，
大堰河，把他画的大红大绿的关云长
贴在灶边的墙上，
大堰河，会对她的邻居夸口赞美她的乳儿；
大堰河曾做了一个不能对人说的梦：
在梦里，她吃着她的乳儿的婚酒，

坐在辉煌的结彩的堂上，
而她的娇美的媳妇亲切地叫她“婆婆”
……
大堰河，深爱她的乳儿！
大堰河，在她的梦没有做醒的时候已死了。
她死时，乳儿不在她的旁侧，
她死时，平时打骂她的丈夫也为她流泪，
五个儿子，个个哭得很悲，
她死时，轻轻地呼着她的乳儿的名字，
大堰河，已死了，
她死时，乳儿不在她的旁侧。

大堰河，含泪的去了！
同着四十几年的人世生活的凌侮，
同着数不尽的奴隶的凄苦，
同着四块钱的棺材和几束稻草，
同着几尺长方的埋棺材的土地，
同着一手把的纸钱的灰，
大堰河，她含泪的去了。

这是大堰河所不知道的：
她的醉酒的丈夫已死去，
大儿做了土匪，
第二个死在炮火的烟里，
第三，第四，第五
在师傅和地主的叱骂声里过着日子。
而我，我是在写着给予这不公道的世界的咒语。
当我经了长长的漂泊回到故土时，
在山腰里，田野上，
兄弟们碰见时，是比六七年前更要亲密！
这，这是为你，静静的睡着的大堰河
所不知道的啊！
大堰河，今天，你的乳儿是在狱里，
写着一首呈给你的赞美诗，
呈给你黄土下紫色的灵魂，
呈给你拥抱过我的直伸着的手，
呈给你吻过我的唇，
呈给你泥黑的温柔的脸颜，
呈给你养育了我的乳房，

呈给你的儿子们，我的兄弟们，
呈给大地上一切的，
我的大堰河般的保姆和她们的儿子，
呈给爱我如爱她自己的儿子般的大堰河。
大堰河，
我是吃了你的奶而长大了的
你的儿子，
我敬你
爱你！

远方的朋友

于坚

远方的朋友
您的信我读了
你是什么长相 我想了想
大不了就是长得像某某吧
想到有一天你要来找我
不免有些担心
我怕我们无话可说
一见面就心怀鬼胎
想占上风
我怕我们默然不语
该说的都已说过
无论这里还是那里
都是过一样的日子
无论这里还是那里
都是看一样的小说
我怕我讲不出国家大事
面对你昏昏欲睡 忍住呵欠
我怕我听不懂你的幽默
目瞪口呆 像个木偶
我怕你仪表堂堂 风度翩翩
我怕你客客气气 彬彬有礼
叫我眼睛不知该看哪里
话也常常听错

一会儿搓搓大腿

一会儿抓抓耳朵
远方的朋友
交个朋友不容易
如果你一脚踢开我的门
大喝一声："我是某某！"
我也只好说一句：
我是于坚

《我爱你中国诗朗诵词》

男1：
当灿烂的太阳跳出了你东海的碧波，
你的帕米尔高原上依然是群星闪烁。
当你的北国还是银装素裹的世界啊！
你的南疆早已到处洋溢着盎然的春色。
我爱你，中国！
女1：
我爱你敦煌飞天的曼舞轻歌，
杭州西湖的淡妆浓抹，
桂林山水的清奇秀丽，
黄山云海的神秘莫测。
我爱你，中国！
男2：
我爱你世界屋脊上布达拉宫的巍峨，
傣家竹楼前如水的月色，
吐鲁番的葡萄哈密的瓜，
呼伦贝尔大草原上的羊群就像蓝天上飘动的洁白的云朵。
我爱你，中国！
女2：
我爱你青年人的热情奔放，
中年人的深沉不惑，
孩子们天真烂漫的笑脸，
还有老人们跳起的晚霞迪斯科。
我爱你，中国！
男3：
我爱你战国编钟奏出的古曲，
我爱你腾飞时代唱出的新歌，
我爱你黄昏里紫禁城那层层殿宇，
我爱你夜色中现代建筑上辉煌的灯火。
我爱你，中国！

女3：

我爱你腾空的蘑菇云驱走了荒原的寂寞，

我爱你南极长城传来的电波，

我爱你送走瘟神病魔的喜悦啊，

我爱你奥运史上许海峰那一枪零的突破。

我爱你，中国！

领诵6人合：

我爱你神七飞天留下的神话，我爱你北京奥运不灭的圣火。

我爱你上海世博会的盛宴啊，我爱你广州亚运嘹亮的国歌。

全班合：

我爱你中国！

几度阴晴，几度离合，几度舒缓，几度壮阔，

我爱你斗争、创造谱写的诗篇。

几番耕耘，几番收获，几番荒芜，几番蓬勃，

我爱你汗水、血水浇灌的肥沃。

几多欢乐，几多枯涩，几多失落，几多赢得，

我爱你坚韧、执着塑造的性格。

我爱你博大的胸怀，我爱你恢弘的气魄，

我爱你祖祖辈辈，生生不息跳动的脉搏啊。

我爱你，中国！

男生全体合：

你是涅磐的烈火中飞出的金凤凰，

你是神州大地上舞动的巨龙。

你是雄踞东方的醒狮啊，

你是我们刚刚走过六十二载风风雨雨的伟大的人民共和国，

我爱你，中国！

女生全体合：

你经历了苦难与蹉跎，你饱尝了屈辱与折磨。

你有愚昧和不足，你有弊病与贫弱。

是的，

我们不应妄自尊大，但我们也绝不妄自菲薄。

女生全体合：

我们思虑，我们焦灼，

男生全体合：

我们奋发，我们开拓，

女生全体合：

我们努力，我们探索，

男生全体合：

我们跋涉，我们拼搏！

女生全体合：

我们要让你古老的大地焕发出更加耀眼的青春的光泽，

男生全体合：

我们要让你成为世界民族之林中繁荣、富强、文明、民主的佼佼者。

女生领男生紧跟：

我们为你自豪，

我们为你骄傲，

全班合：

我们永远热爱你呀，中国！

附：《我爱你，中国》歌词（瞿琮填词）

百灵鸟从蓝天飞过，我爱你中国
我爱你中国，我爱你中国
我爱你春天蓬勃的秧苗
我爱你秋日金黄的硕果
我爱你青松气质
我爱你红梅品格
我爱你家乡的甜蔗
好像乳汁滋润着我的心窝
我爱你中国
我爱你中国
我要把最美的歌儿献给你
我的母亲我的祖国

我爱你中国，我爱你中国
我爱你碧波滚滚的南海
我爱你白雪飘飘的北国
我爱你森林无边
我爱你群山巍峨
我爱你淙淙的小河
荡着清波从我的梦中流过
我爱你中国，我爱你中国
我要把美好的青春献给你
我的母亲我的祖国
啊——啊——
我要把美好的青春献给你
我的母亲我的祖国

二、现代散文6篇

笑

冰心

雨声渐渐的住了，窗帘后隐隐的透进清光来。推开窗户一看，呀！凉云 散了，树叶上的残滴，映着月儿，好似萤光千点，闪闪烁烁的动着。——真 没想到苦雨孤灯之后，会有这么一幅清美的图画！

凭窗站了一会儿，微微的觉得凉意侵人。转过身来，忽然眼花缭乱，屋子里的别的东西，都隐在光云里；一片幽辉，只浸着墙上画中的安琪儿。——这白衣的安琪儿，抱着花儿，扬着翅儿，向着我微微的笑。

"这笑容仿佛在哪儿看见过似的，什么时候，我曾……"我不知不觉的便坐在窗口下想，——默默的想。

严闭的心幕，慢慢的拉开了，涌出五年前的一个印象。——一条很长的古道。驴脚下的泥，兀自滑滑的。田沟里的水，潺潺的流着。近村的绿树，都笼在湿烟里。弓儿似的新月，挂在树梢。一边走着，似乎道旁有一个孩子，抱着一堆灿白的东西。驴儿过去了，无意中回头一看。——他抱着花儿，赤着脚儿，向着我微微的笑。

"这笑容又仿佛是哪儿看见过似的！"我仍是想——默默的想。

又现出一重心幕来，也慢慢的拉开了，涌出十年前的一个印象。——茅檐下的雨水，一滴一滴的落到衣上来。土阶边的水泡儿，泛来泛去的乱转。

门前的麦垄和葡萄架子，都濯得新黄嫩绿的非常鲜丽。——一会儿好容易雨晴了，连忙走下坡儿去。迎头看见月儿从海面上来了，猛然记得有件东西忘下了，站住了，回过头来。这茅屋里的老妇人——她倚着门儿，抱着花儿，向着我微微的笑。

这同样微妙的神情，好似游丝一般，飘飘漾漾的合了拢来，绾在一起。

这时心下光明澄静，如登仙界，如归故乡。眼前浮现的三个笑容，一时融化在爱的调和里看不分明了。

珍珠鸟

冯骥才

真好！朋友送我一对珍珠鸟。放在一个简易的竹条编成的笼子里，笼内还有一卷干草，那是小鸟舒适又温暖的巢。

有人说，这是一种怕人的鸟。

我把它挂在窗前，那儿还有一盆异常茂盛的法国吊兰。我便用吊兰长长的、串生着小绿叶的垂蔓蒙盖在鸟笼上，它们就像躲进深幽的丛林一样安全；从中传出的笛儿般又细又亮的叫声，也就格外轻松自在了。

阳光从窗外射入，透过这里，吊兰那些无数指甲状的小叶，一半成了黑影，一半被照透，如同碧玉；斑斑驳驳，生意葱茏。小鸟的影子就在这中间隐约闪动，看不完整，有时连笼子也看不出，却见它们可爱的鲜红小嘴从绿叶中伸出来。

我很少扒开叶蔓瞧它们，它们便渐渐敢伸出小脑袋瞅瞅我。我们就这样一点点熟悉了。

3个月后，那一团愈发繁茂的绿蔓里边，发出一种尖细又娇嫩的鸣叫。我猜到，是它们，有了雏儿。我呢？决不掀开叶片往里看，连添食加水时也不睁大好奇的眼去惊动它们。过不多久，忽然有一个小脑袋从叶间探出来。哟，雏儿！正是这个小家伙！

它小，就能轻易地由疏格的笼子钻出身。瞧，多么像它的母亲；红嘴红脚，灰蓝色的毛，只是后背还没有生出珍珠似的圆圆的白点；它好肥，整个身子好像一个蓬松的球儿。

起先，这小家伙只在笼子四周活动，随后就在屋里飞来飞去，一会儿落在柜顶上，一会儿神气十足地站在书架上，啄着书背上那些大文豪的名字；一会儿把灯绳撞的来回摇动，跟着跳到画框上去了。只要大鸟在笼里生气儿地叫一声，它立即飞回笼里去。

我不管它。这样久了，打开窗子，它最多只在窗框上站一会儿，决不飞出去。

渐渐它胆子大了，就落在我书桌上。

它先是离我较远，见我不去伤害它，便一点点挨近，然后蹦到我的杯子上，俯下头来喝茶，再偏过脸瞧瞧我的反应。我只是微微一笑，依旧写东西，它就放开胆子跑到稿纸上，绕着我的笔尖蹦来蹦去；跳动的小红爪子在纸上发出嚓嚓响。

我不动声色的写，默默享受着这小家伙亲近的情意。这样，它完全放心了。索性用那涂了蜡似的、角质的小红嘴，“嗒嗒”啄着我颤动的笔尖。我用手抚一抚它细腻的绒毛，它也不怕，反而友好地啄两下我的手指。

白天，它这样淘气地陪伴我；天色入暮，它就在父母的再三呼唤声中，飞向笼子，扭动滚圆的身子，挤开那些绿叶钻进去。

有一天，我伏案写作时，它居然落到我的肩上。我手中的笔不觉停了，生怕惊跑它。呆一会儿，扭头看，这小家伙竟扒在我的肩头睡着了，银灰色的眼睑盖住眸子，小红脚刚好给胸脯上长长的绒毛盖住。我轻轻抬一抬肩，它没醒，睡得好熟！还呷呷嘴，难道在做梦？

我笔尖一动，流泻下一时的感受：

信赖，往往创造出美好的境界。

小　河

马如琴

离开家乡已经六年了，在梦里也想念那条小河.我在那里长大，在那里经历了风雨，小河知道童年的我经历的一切。

小时候我喜欢站在小河边看哥哥，姐姐在河里游泳，他们一会儿游入水底，在水中捉迷藏，一会儿游出水面，泼水打仗。我好羡慕他们啊。一次，我见他们向远处游去幼小的我带着好奇走入水中，恍惚在梦境中一般，幸好母亲发现我不在岸上，又见水中直泛水泡，不会游泳的母亲费了许多力气将我从死神手中拉了回来。

当时母亲怀着我的小弟弟，由于救我时费力紧张，喝了不少水一下就病倒了，经医生治疗也不见好转。躺在床上的母亲，怕我再走到河里去，让哥哥姐姐看着我，还吩咐他们一有空就教我学游泳，我一进步，母亲就显得很高兴，可她得病一点也没好。

就在那年秋天，母亲离我们去了，小弟弟一生下来不哭也不动，也追随母亲去了。为了我的生存，母亲去了，弟弟也去了。母亲生育了我，又从死神手中救了我。她给了我两次生命。临终前，她拉着我们兄妹四个人的手，眼里流露出的尽是爱，她为了我们，没有怨言，倾泻给我们的是全部的爱！

母亲去世后，我便常站在河边，幻想着能从小河里看到母亲。她是从小河走向那个世界的，那轻轻的流水声多像母亲温柔的语声，那缓缓拍打堤岸的河水，多像母亲温柔的手。

长大了，我也常去河边，高兴时去，烦恼时也去。清静柔顺的河水，就像母亲充满爱的目光，我带去的欢乐便愈加热烈，我带去的烦恼也烟消云散。

如今我离去了，小河被我远远的抛在故乡，可我永远的思念着你，小河。

难以想象的抉择

沈亚刚 译

巴尼·罗伯格是美国缅因州的一个伐木工人。一天早晨,巴尼像平时一样驾着吉普车去森林干活。由于下过一场暴雨,路上到处坑坑洼洼。他好不容易把车开到路的尽头。他走下车,拿了斧子和电锯,朝着林子深处又走了大约两英里路。

巴尼打量了一下周围的树木,决定把一棵直径超过两英尺的松树锯倒,出人意料的是:松树倒下时,上端猛地撞在附近的一棵大树上,一下子松树弯成了一张弓,旋即又反弹回来,重重地压在巴尼的右腿上。

剧烈的疼痛使巴尼只觉得眼前一片漆黑。但他知道,自己首先要做的事是保持清醒。他试图把腿抽回来,可是办不到。腿给压得死死的,一点也动弹不得。巴尼很清楚,要是等到同伴们下工后发现他不见了再来找他的话,很可能会因流血过多而死去。他只能靠自己了。

巴尼拿起手边的斧子,狠命朝树身砍去。可是,由于用力过猛,砍了三四下后,斧子柄便断了。巴尼觉得自己真的什么都完了。他喘了口气,朝四周望了望。还好,电锯就在不远处躺着,他用手里的断斧柄一点一点地拨动着电锯,把它移到自己手够得着的地方,然后拿起电锯开始锯树。但他发现,由于倒下的松树呈45度角,巨大的压力随时会把锯条卡住,如果电锯出了故障,那么他只能束手待毙了。左思右想,巴尼终于认定,只有唯一一条路可走了。他狠了狠心,拿起电锯,对准自己的右腿,进行截肢……

巴尼把断腿简单包扎了一下,他决定爬回去。一路上巴尼忍着剧痛,一寸一寸地爬着;他一次次地昏迷过去,又一次次地苏醒过来,心中只有一个念头:一定要活着回去!

海　燕

高尔基

在苍茫的大海上，狂风卷集着乌云。在乌云和大海之间，海燕象黑色的闪电高傲地飞翔。

一会儿翅膀碰着波浪，一会儿箭一般地直冲云霄，它叫喊着，——在这鸟儿勇敢的叫喊声里，乌云听到了欢乐。

在这叫喊声里，充满着对暴风雨的渴望！在这叫喊声里，乌云感到了愤怒的力量、热情的火焰和胜利的信心。

海鸥在暴风雨到来之前呻吟着，——呻吟着，在大海上面飞窜，想把自己对暴风雨的恐惧，掩藏到大海深处。

海鸭也呻吟着，——这些海鸭呀，享受不了生活的战斗的欢乐：轰隆隆的雷声就把它们吓坏了。

愚蠢的企鹅，畏缩地把肥胖的身体躲藏在峭崖底下……只有高傲的海燕，勇敢地、自由自在地，在翻起白沫的大海上面飞翔。

乌云越来越暗，越来越低，向海面压下来；波浪一边歌唱，一边冲向空中去迎接那雷声。

雷声轰响，波浪在愤怒的飞沫中呼啸着，跟狂风争鸣。看吧，狂风紧紧抱起一堆巨浪，恶狠狠地扔到峭崖上，把这大块的翡翠摔成尘雾和水沫。

海燕叫喊着，飞翔着，像黑色的闪电，箭一般地穿过乌云，翅膀刮起波浪的飞沫。

看吧，它飞舞着像个精灵——高傲的、黑色的暴风雨的精灵，——它一边大笑，它一边高叫……它笑那些乌云，它为欢乐而高叫！

这个敏感的精灵，从雷声的震怒里早就听出困乏，它深信乌云遮不住太阳，——是的，遮不住的！

风在狂吼……雷在轰响……

一堆堆的乌云像青色的火焰，在无底的大海上燃烧。大海抓住金箭似的闪电，把它熄灭在自己的深渊里。闪电的影子，像一条条的火舌，在大海里蜿蜒浮动，一晃就消失了。

——暴风雨！暴风雨就要来啦！

这是勇敢的海燕，在闪电之间，在怒吼的大海上高傲地飞翔。这是胜利的预言家在叫喊：

——让暴风雨来得更猛烈些吧！……

卖火柴的小女孩

安徒生

天冷极了，下着雪，又快黑了。这是一年的最后一天—大年夜。在这又冷又黑的晚上，一个乖巧的小女孩，赤着脚在街上走着。她从家里出来的时候还穿着一双拖鞋，但是有什么用呢？那是一双很大的拖鞋—那么大，一向是她妈妈穿的。她穿过马路的时候，两辆马车飞快地冲过来，吓得她把鞋都跑掉了。一只怎么也找不着，另一只叫一个男孩捡起来拿着跑了。他说，将来他有了孩子可以拿它当摇篮。

小女孩只好赤着脚走，一双小脚冻得红一块青一块的。她的旧围裙里兜着许多火柴，手里还拿着一把。这一整天，谁也没买过她一根火柴，谁也没给过她一个硬币。

可怜的小女孩！她又冷又饿，哆哆嗦嗦地向前走。雪花落在她的金黄的长头发上，那头发打成卷儿披在肩上，看上去很美丽，不过她没注意这些。每个窗子里都透出灯光来，街上飘着一股烤鹅的香味，因为这是大年夜—她可忘不了这个。

她在一座房子的墙角里坐下来，蜷着腿缩成一团。她觉得更冷了。她不敢回家，因为她没卖掉一根火柴，没挣到一个钱，爸爸一定会打她的。再说，家里跟街上一样冷。他们头上只有个房顶，虽然最大的裂缝已经用草和破布堵住了，风还是可以灌进来。

她的一双小手几乎冻僵了。啊，哪怕一根小小的火柴，对她也是有好处的！她敢从成把的火柴里抽出一根，在墙上擦燃了，来暖和暖和自己的小手吗？她终于抽出了一根。哧！火柴燃起来了，冒出火焰来了！她把小手拢在火焰上。多么温暖多么明亮的火焰啊，简直像一支小小的蜡烛！这是一道奇异的火光！小女孩觉得自己好像坐在一个大火炉前面，火炉装着闪亮的铜脚和铜把手，烧得旺旺的，暖烘烘的，多么舒服啊！哎，这是怎么回事呢？她刚把脚伸出去，想让脚也暖和一下，火柴灭了，火炉不见了。她坐在那儿，手里只有一根烧过了的火柴梗。

她又擦了一根。火柴燃起来了，发出亮光来了。亮光落在墙上，那儿忽然变得像薄纱那么透明，她可以一直看到屋里。桌上铺着雪白的台布，摆着精致的盘子和碗，肚子里填满了苹果和梅子的烤鹅正冒着香气。更妙的是这只鹅从盘子里跳下来，背上插着刀和叉，摇摇摆摆地在地板上走着，一直向这个穷苦的小女孩走来。这时候，火柴又灭了，她面前只有一堵又厚又冷的墙。

她又擦着了一根火柴。这一回，她坐在美丽的圣诞树下。这棵圣诞树，比她去年圣诞节透过富商家的玻璃门看到的还要大，还要美。翠绿的树枝上点着几千支明晃晃的蜡烛，许多幅美丽的彩色画片，跟挂在商店橱窗里的一个样，在向她眨眼睛。小女孩向画片伸出手去。这时候，火柴又灭了。只见圣诞树上的烛光越升越高，最后成了在天空中闪烁的星星。有一颗星星落下来了，在天空中划出了一道细长的红光。

“有一个什么人快要死了。”小女孩说。唯一疼她的奶奶活着的时候告诉过她：一颗星星落下来，就有一个灵魂要到上帝那儿去了。

她在墙上又擦着了一根火柴。这一回,火柴把周围全照亮了。奶奶出现在亮光里,是那么温和,那么慈爱。“奶奶!”小女孩叫起来,“啊! 请把我带走吧! 我知道,火柴一灭,您就会不见的,像那暖和的火炉,喷香的烤鹅,美丽的圣诞树一个样,就会不见的!”

她赶紧擦着了一大把火柴,要把奶奶留住。一大把火柴发出强烈的光,照得跟白天一样明亮。奶奶从来没有像现在这样高大,这样美丽。奶奶把小女孩抱起来,搂在怀里。她们俩在光明和快乐中飞走了,越飞越高,飞到那没有寒冷,没有饥饿,也没有痛苦的地方去了。

第二天清晨,这个小女孩坐在墙角里,两腮通红,嘴上带着微笑。她死了,在旧年的大年夜冻死了。新年的太阳升起来了,照在她小小的尸体上。小女孩坐在那儿,手里还捏着一把烧过了的火柴梗。

“她想给自己暖和一下……”人们说。谁也不知道她曾经看到过多么美丽的东西,她曾经多么幸福,跟着她奶奶一起走向新年的幸福中去。

卷　五

古典诗文诵读作品选

一、经典言论35则

（一）孔子言论8则

子曰："学而时习之，不亦说乎？有朋自远方来，不亦乐乎？人不知而不愠，不亦君子乎？" （《论语·学而》）

子曰："富与贵，是人之所欲也；不以其道得之，不处也。贫与贱，是人所恶也；不以其道得之，不去也。君子去仁，恶乎成名？君子无终食之间违仁，造次必于是，颠沛必于是。" （《论语·里仁》）

子曰："君子喻于义，小人喻于利。" （《论语·里仁》）

子曰："知者乐水，仁者乐山。知者动，仁者静。知者乐，仁者寿。"（《论语·雍也》）

子曰："三人行，必有我师焉。择其善者而从之，其不善者而改之。" （《论语·述而》）

子曰："可与言而不与之言，失人；不可与言而与之言，失言。知者不失人，亦不失言。" （《论语·卫灵公》）

子曰："君子有九思：视思明，听思聪，色思温，貌思恭，言思忠，事思敬，疑思问，忿思难，见得思义。" （《论语·季氏》）

孔子曰："不知命，无以为君子也；不知礼，无以立也；不知言，无以知人也。" （《论语·尧曰》）

（二）孟子言论4则

恻隐之心，仁之端也；羞恶之心，义之端也；辞让之心，礼之端也；是非之心，智之端也。人之有是四端也，犹其有四体也。 （《孟子·公孙丑》）

得道者多助，失道者寡助。寡助之至，亲戚畔之；多助之至，天下顺之。 （《孟子·公孙丑》）

鱼，我所欲也；熊掌，亦我所欲也。二者不可得兼，舍鱼而取熊掌也。生，亦我所欲也；义，亦我所欲也。二者不可得兼，舍生而取义者也。 （《孟子·告子》）

故士穷不失义，达不离道。穷不失义，故士得己焉；达不离道，故民不失望焉。古之人，得志，泽加于民；不得志，修身见于世。穷则独善其身，达则兼善天下。 （《孟子·尽心》）

（三）荀子言论5则

水火有气而无生，草木有生而无知，禽兽有知而无义。人有气有生有知，亦且有义，故

最为天下贵也。（《荀子·王制》）

不闻不若闻之，闻之不若见之，见之不若知之，知之不若行之。学至于行之而止矣。（《荀子·儒效》）

故与人善言，暖于布帛；伤人以言，深于矛戟。故薄薄之地，不得履之，非地不安也，危足无所履者，凡在言也。（《荀子·荣辱》）

口能言之，身能行之，国宝也；口不能言，身能行之，国器也；口能言之，身不能行，国用也；口言善，身行恶，国妖也。（《荀子·大略》）

信信，信也；疑疑，亦信也。贵贤，仁也；贱不肖，亦仁也。言而当，知也；默而当，亦知也。故知默犹知言也。故多言而类，圣人也；少言而法，君子也；多言无法而流湎然，虽辩，小人也。（《荀子·非十二子》）

（四）老庄言论10则

道可道，非常道。名可名，非常名。无名天地之始；有名万物之母。故常无，欲以观其妙；常有，欲以观其徼。此两者，同出而异名，同谓之玄。玄之又玄，众妙之门。（《老子·第一章》）

上善若水。水善利万物而不争，处众人之所恶，故几于道。居善地，心善渊，与善仁，言善信，政善治，事善能，动善时。夫唯不争，故无尤。（《老子·第八章》）

知人者智，自知者明。胜人者有力，自胜者强。知足者富，强行者有志，不失其所者久，死而不亡者寿。（《老子·第三十三章》）

上德不德，是以有德；下德不失德，是以无德。上德无为而无以为；下德无为而有以为。上仁为之而无以为；上义为之而有以为。上礼为之而莫之应，则攘臂而扔之。故失道而后德，失德而后仁，失仁而后义，失义而后礼。夫礼者，忠信之薄，而乱之首。前识者，道之华，而愚之始。是以大丈夫处其厚，不居其薄；处其实，不居其华。故去彼取此。（《老子·第三十八章》）

大成若缺，其用不弊；大盈若冲，其用不穷。大直若屈，大巧若拙，大辩若讷。静胜躁，寒胜热，清静为天下正。（《老子·第四十五章》）

为无为，事无事，味无味。大小多少。报怨以德。图难于其易，为大于其细；天下难事，必作于易；天下大事，必作于细。是以圣人终不为大，故能成其大。夫轻诺必寡信，多易必多难。是以圣人犹难之，故终无难矣。（《老子·第六十三章》）

知不知，尚矣；不知知，病也。圣人不病，以其病病。夫唯病病，是以不病。（《老子·第七十一章》）

信言不美，美言不信。善者不辩，辩者不善。知者不博，博者不知。圣人不积，既以为人，己愈有；既以与人，己愈多。天之道，利而不害。圣人之道，为而不争。（《老子·第八十一章》）

天地有大美而不言，四时有明法而不议，万物有成理而不说。圣人者，原天地之美而达万物之理。是故至人无为，大圣不作，观于天地之谓也。（《庄子·知北游》）

君子之交淡若水，小人之交甘若醴。（《庄子·山木》）

（五）墨子言论3则

夫爱人者，人必从而爱之；利人者，人必从而利之；恶人者，人必从而恶之；害人者，人必从而害之。（《墨子·兼爱》）

大不攻小也，强不侮弱也，众不贼寡也，诈不欺愚也，贵不傲贱也，富不骄贫也，壮不夺老也。是以天下庶国，莫以水火毒药兵刃以相害也。（《墨子·天志》）

闻，耳之聪也；循所闻而得其意，心之察也。言，口之利也；执所言而意得见，心之辨也。（《墨子·经上》）

（六）其他5则

孙子兵法·谋攻篇

孙子曰：

凡用兵之法，全国为上，破国次之；全军为上，破军次之；全旅为上，破旅次之；全卒为上，破卒次之；全伍为上，破伍次之。是故百战百胜，非善之善者也；不战而屈人之兵，善之善者也。

故上兵伐谋，其次伐交，其次伐兵，其下攻城。攻城之法为不得已。修橹轒辒，具器械，三月而后成；距堙，又三月而后已。将不胜其忿，而蚁附之，杀士三分之一而城不拔者，此攻之灾也。

故善用兵者，屈人之兵而非战也，拔人之城而非攻也，毁人之国而非久也。必以全争于天下，故兵不顿而利可全，此谋攻之法也。

故用兵之法，十则围之，五则攻之，倍则分之，敌则能战之，少则能逃之，不若则能避之。故小敌之坚，大敌之擒也。

夫将者，国之辅也，辅周则国必强，辅隙则国必弱。

故君之所以患于军者三：不知军之不可以进而谓之进，不知军之不可以退而谓之退，是谓縻军；不知三军之事而同三军之政，则军士惑矣；不知三军之权而同三军之任，则军士疑矣。三军既惑且疑，则诸侯之难至矣，是谓乱军引胜。

故知胜有五：知可以战与不可以战者胜；识众寡之用者胜；上下同欲者胜；以虞待不虞者胜；将能而君不御者胜。此五者，知胜之道也。

故曰：知彼知己者，百战不殆；不知彼而知己，一胜一负；不知彼不知己，每战必殆。

礼记·大学（节录）

大学之道，在明明德，在亲民，在止于至善。

知止而后有定，定而后能静，静而后能安，安而后能虑，虑而后能得。

物有本末，事有终始，知所先后，则近道矣。

古之欲明明德于天下者，先治其国。欲治其国者，先齐其家。欲齐其家者，先修其身。欲修其身者，先正其心。欲正其心者，先诚其意。欲诚其意者，先致其知。致知在格物。

物格而后知至，知至而后意诚，意诚而后心正，心正而后身修，身修而后家齐，家齐而后国治，国治而后天下平。

自天子以至于庶人，壹是皆以修身为本。

其本乱而末治者，否矣！其所厚者薄，而其所薄者厚，未之有也。

此谓知本，此谓知之至也。

三字经（节录）

人之初，性本善，性相近，习相远。苟不教，性乃迁，教之道，贵以专。

昔孟母，择邻处，子不学，断机杼。窦燕山，有义方，教五子，名俱扬。

养不教，父之过，教不严，师之惰。子不学，非所宜，幼不学，老何为。

玉不琢，不成器，人不学，不知义。

弟子规·泛爱众而亲仁（节录）

凡是人，皆须爱，天同覆，地同载。行高者，名自高，人所重，非貌高。

才大者，望自大，人所服，非言大。己有能，勿自私，人所能，勿轻訾。

勿谄富，勿骄贫，勿厌故，勿喜新。人不闲，勿事搅，人不安，勿话扰。

人有短，切莫揭，人有私，切莫说。道人善，即是善，人知之，愈思勉。

扬人恶，即是恶，疾之甚，祸且作。善相劝，德皆建，过不规，道两亏。

凡取与，贵分晓，与宜多，取宜少。将加人，先问己，己不欲，即速已。

恩欲报，怨欲忘，抱怨短，报恩长。待婢仆，身贵端，虽贵端，慈而宽。

势服人，心不然，理服人，方无言。同是人，类不齐，流俗众，仁者希。

果仁者，人多畏，言不讳，色不媚。能亲仁，无限好，德日进，过日少。

不亲仁，无限害，小人进，百事坏。

孝经·开宗明义章第一

仲尼居，曾子侍。子曰："先王有至德要道，以顺天下，民用和睦，上下无怨。汝知之乎？"

曾子避席曰："参不敏，何足以知之？"

子曰："夫孝，德之本也，教之所由生也。复坐，吾语汝。身体发肤，受之父母，不敢毁伤，孝之始也。立身行道，扬名于后世，以显父母，孝之终也。夫孝，始于事亲，中于事君，终于立身。《大雅》云：'无念尔祖，聿修厥德。'"

二、经典诗歌49首

（一）古体诗22首

1. 四言古诗3首

诗经·关雎

关关雎鸠，在河之洲。窈窕淑女，君子好逑。

参差荇菜，左右流之。窈窕淑女，寤寐求之。
求之不得，寤寐思服。优哉游哉，辗转反侧。
参差荇菜，左右采之。窈窕淑女，琴瑟友之。
参差荇菜，左右芼之。窈窕淑女，钟鼓乐之。

观沧海

曹　操

东临碣石，以观沧海。水何澹澹，山岛竦峙。
树木丛生，百草丰茂。秋风萧瑟，洪波涌起。
日月之行，若出其中。星汉灿烂，若出其里。
幸甚至哉，歌以咏志。

短歌行

曹　操

对酒当歌，人生几何？譬如朝露，去日苦多。
慨当以慷，忧思难忘。何以解忧？唯有杜康。
青青子衿，悠悠我心。但为君故，沉吟至今。
呦呦鹿鸣，食野之苹。我有嘉宾，鼓瑟吹笙。
明明如月，何时可掇？忧从中来，不可断绝。
越陌度阡，枉用相存。契阔谈讌，心念旧恩。
月明星稀，乌鹊南飞。绕树三匝，何枝可依。
山不厌高，海不厌深。周公吐哺，天下归心。

2. 五言古诗5首

乐府·十五从军行

十五从军征，八十始得归。道逢乡里人：家中有阿谁？
遥看是君家，松柏冢累累。兔从狗窦入，雉从梁上飞。
中庭生旅谷，井上生旅葵。舂谷持作饭，采葵持作羹。
羹饭一时熟，不知贻阿谁！出门东向看，泪落沾我衣。

饮　酒（其五）

陶渊明

结庐在人境，而无车马喧。问君何能尔，心远地自偏。
采菊东篱下，悠然见南山。山气日夕佳，飞鸟相与还。
此中有真意，欲辩已忘言。

月下独酌四首（其一）

李　白

花间一壶酒，独酌无相亲。举杯邀明月，对影成三人。
月既不解饮，影徒随我身。暂伴月将影，行乐须及春。
我歌月徘徊，我舞影零乱。醒时同交欢，醉后各分散。
永结无情游，相期邈云汉。

望　岳

杜　甫

岱宗夫如何？齐鲁青未了。造化钟神秀，阴阳割昏晓。
荡胸生层云，决眦入归鸟。会当凌绝顶，一览众山小。

游　子　吟

孟　郊

慈母手中线，游子身上衣。
临行密密缝，意恐迟迟归。
谁言寸草心，报得三春晖？

3. 六言古诗3首

云中僧舍芍药二首

李　贽

其一

芍药庭开两朵，经僧阁里评论。木鱼暂且停手，风送花香有情。

其二

笑时倾城倾国，愁时倚树凭阑。尔但一开两朵，我来万水千山。

给彭德怀同志

毛泽东

山高路远坑深，大军纵横驰奔。谁敢横刀立马？唯我彭大将军！

4. 七言古诗 6 首

国　殇

屈　原

操吴戈兮被犀甲，车错毂兮短兵接。旌蔽日兮敌若云，矢交坠兮士争先。
凌余阵兮躐余行，左骖殪兮右刃伤。霾两轮兮絷四马，援玉枹兮击鸣鼓。
天时坠兮威灵怒，严杀尽兮弃原野。出不入兮往不反，平原忽兮路超远。
带长剑兮挟秦弓，首身离兮心不惩。诚既勇兮又以武，终刚强兮不可凌。
身既死兮神以灵，子魂魄兮为鬼雄！

白雪歌送武判官归京

岑　参

北风卷地白草折，胡天八月即飞雪。忽如一夜春风来，千树万树梨花开。
散入珠帘湿罗幕，狐裘不暖锦衾薄。将军角弓不得控，都护铁衣冷难着。
瀚海阑干百丈冰，愁云惨淡万里凝。中军置酒饮归客，胡琴琵琶与羌笛。
纷纷暮雪下辕门，风掣红旗冻不翻。轮台东门送君去，去时雪满天山路。
山回路转不见君，雪上空留马行处。

春江花月夜

张若虚

春江潮水连海平，海上明月共潮生。滟滟随波千万里，何处春江无月明。
江流宛转绕芳甸，月照花林皆似霰。空里流霜不觉飞，汀上白沙看不见。
江天一色无纤尘，皎皎空中孤月轮。江畔何人初见月？江月何年初照人？
人生代代无穷已，江月年年只相似。不知江月待何人，但见长江送流水。
白云一片去悠悠，青枫浦上不胜愁。谁家今夜扁舟子？何处相思明月楼？
可怜楼上月徘徊，应照离人妆镜台。玉户帘中卷不去，捣衣砧上拂还来。
此时相望不相闻，愿逐月华流照君。鸿雁长飞光不度，鱼龙潜跃水成文。
昨夜闲潭梦落花，可怜春半不还家。江水流春去欲尽，江潭落月复西斜。
斜月沉沉藏海雾，碣石潇湘无限路。不知乘月几人归，落月摇情满江树。

宣州谢朓楼饯别校书叔云

李　白

弃我去者昨日之日不可留，乱我心者今日之日多烦忧。长风万里送秋雁，对此可以酣高楼。蓬莱文章建安骨，中间小谢又清发。俱怀逸兴壮思飞，欲上青天揽明月。抽刀断水水更流，举杯销愁愁更愁。人生在世不称意，明朝散发弄扁舟。

茅屋为秋风所破歌

杜　甫

八月秋高风怒号，卷我屋上三重茅。茅飞渡江洒江郊，高者挂罥长林梢，下者飘转沉塘坳。南村群童欺我老无力，忍能对面为盗贼。公然抱茅入竹去，唇焦口燥呼不得，归来倚杖自叹息。俄顷风定云墨色，秋天漠漠向昏黑。布衾多年冷似铁，骄儿恶卧踏里裂。床头屋漏无干处，雨脚如麻未断绝。自经丧乱少睡眠，长夜沾湿何由彻！安得广厦千万间，大庇天下寒士俱欢颜，风雨不动安如山！呜呼！何时眼前突兀见此屋，吾庐独破受冻死亦足！

长　恨　歌

白居易

汉皇重色思倾国，御宇多年求不得。杨家有女初长成，养在深闺人未识。
天生丽质难自弃，一朝选在君王侧。回眸一笑百媚生，六宫粉黛无颜色。
春寒赐浴华清池，温泉水滑洗凝脂。侍儿扶起娇无力，始是新承恩泽时。
云鬓花颜金步摇，芙蓉帐暖度春宵。春宵苦短日高起，从此君王不早朝。
承欢侍宴无闲暇，春从春游夜专夜。后宫佳丽三千人，三千宠爱在一身。
金屋妆成娇侍夜，玉楼宴罢醉和春。姊妹弟兄皆列土，可怜光彩生门户。
遂令天下父母心，不重生男重生女。骊宫高处入青云，仙乐风飘处处闻。
缓歌慢舞凝丝竹，尽日君王看不足。渔阳鼙鼓动地来，惊破霓裳羽衣曲。
九重城阙烟尘生，千乘万骑西南行。翠华摇摇行复止，西出都门百余里。
六军不发无奈何，宛转蛾眉马前死。花钿委地无人收，翠翘金雀玉搔头。
君王掩面救不得，回看血泪相和流。黄埃散漫风萧索，云栈萦纡登剑阁。
峨眉山下少人行，旌旗无光日色薄。蜀江水碧蜀山青，圣主朝朝暮暮情。
行宫见月伤心色，夜雨闻铃肠断声。天旋地转回龙驭，到此踌躇不能去。
马嵬坡下泥土中，不见玉颜空死处。君臣相顾尽沾衣，东望都门信马归。
归来池苑皆依旧，太液芙蓉未央柳。芙蓉如面柳如眉，对此如何不泪垂。
春风桃李花开日，秋雨梧桐叶落时。西宫南内多秋草，落叶满阶红不扫。
梨园弟子白发新，椒房阿监青娥老。夕殿萤飞思悄然，孤灯挑尽未成眠。
迟迟钟鼓初长夜，耿耿星河欲曙天。鸳鸯瓦冷霜华重，翡翠衾寒谁与共。
悠悠生死别经年，魂魄不曾来入梦。临邛道士鸿都客，能以精诚致魂魄。
为感君王辗转思，遂教方士殷勤觅。排空驭气奔如电，升天入地求之遍。
上穷碧落下黄泉，两处茫茫皆不见。忽闻海上有仙山，山在虚无缥缈间。
楼阁玲珑五云起，其中绰约多仙子。中有一人字太真，雪肤花貌参差是。
金阙西厢叩玉扃，转教小玉报双成。闻道汉家天子使，九华帐里梦魂惊。
揽衣推枕起徘徊，珠箔银屏迤逦开。云髻半偏新睡觉，花冠不整下堂来。
风吹仙袂飘飘举，犹似霓裳羽衣舞。玉容寂寞泪阑干，梨花一枝春带雨。
含情凝睇谢君王，一别音容两渺茫。昭阳殿里恩爱绝，蓬莱宫中日月长。
回头下望人寰处，不见长安见尘雾。唯将旧物表深情，钿合金钗寄将去。

钗留一股合一扇，钗擘黄金合分钿。但教心似金钿坚，天上人间会相见。
临别殷勤重寄词，词中有誓两心知。七月七日长生殿，夜半无人私语时。
在天愿作比翼鸟，在地愿为连理枝。天长地久有时尽，此恨绵绵无绝期。

5. 杂言诗5首

乐府·上邪

上邪！我欲与君相知，长命无绝衰。山无陵，江水为竭，冬雷震震，夏雨雪，天地合，乃敢与君绝！

乐府·敕勒川

敕勒川，阴山下。天似穹庐，笼盖四野。天苍苍，野茫茫，风吹草低见牛羊。

乐府·木兰诗

唧唧复唧唧，木兰当户织。不闻机杼声，惟闻女叹息。

问女何所思，问女何所忆。女亦无所思，女亦无所忆。昨夜见军帖，可汗大点兵，军书十二卷，卷卷有爷名。阿爷无大儿，木兰无长兄，愿为市鞍马，从此替爷征。

东市买骏马，西市买鞍鞯，南市买辔头，北市买长鞭。旦辞爷娘去，暮宿黄河边，不闻爷娘唤女声，但闻黄河流水鸣溅溅。旦辞黄河去，暮至黑山头，不闻爷娘唤女声，但闻燕山胡骑鸣啾啾。

万里赴戎机，关山度若飞。朔气传金柝，寒光照铁衣。将军百战死，壮士十年归。

归来见天子，天子坐明堂。策勋十二转，赏赐百千强。可汗问所欲，木兰不用尚书郎；愿驰千里足，送儿还故乡。

爷娘闻女来，出郭相扶将；阿姊闻妹来，当户理红妆；小弟闻姊来，磨刀霍霍向猪羊。开我东阁门，坐我西阁床，脱我战时袍，著我旧时裳，当窗理云鬓，对镜帖花黄。出门看火伴，火伴皆惊忙：同行十二年，不知木兰是女郎。

雄兔脚扑朔，雌兔眼迷离；双兔傍地走，安能辨我是雄雌？

登幽州台歌

陈子昂

前不见古人，后不见来者。念天地之悠悠，独怆然而涕下！

将　进　酒

李　白

君不见黄河之水天上来，奔流到海不复回。君不见高堂明镜悲白发，朝如青丝暮成雪。人生得意须尽欢，莫使金樽空对月。天生我材必有用，千金散尽还复来。烹羊宰牛且为乐，会须一饮三百杯。岑夫子，丹丘生，将进酒，杯莫停。与君歌一曲，请君为我侧耳听。钟鼓馔玉不足贵，但愿长醉不用醒。古来圣贤皆寂寞，惟有饮者留其名。陈王昔时宴平乐，斗酒十千恣欢谑。主人何为言少钱，径须沽取对君酌。五花马，千金裘，呼儿将出换美酒，与尔同销万古愁。

（二）近体诗27首

1. 五言绝句8首

相　思

王　维

红豆生南国，春来发几枝？愿君多采撷，此物最相思。

宿建德江

孟浩然

移舟泊烟渚，日暮客愁新。野旷天低树，江清月近人。

静夜思

李　白

床前明月光，疑是地上霜。举头望明月，低头思故乡。

八阵图

杜　甫

功盖三分国，名成八阵图。江流石不转，遗恨失吞吴。

登鹳雀楼

王之涣

白日依山尽，黄河入海流。欲穷千里目，更上一层楼。

江　雪

柳宗元

千山鸟飞绝，万径人踪灭。孤舟蓑笠翁，独钓寒江雪。

乐　游　原

李商隐

向晚意不适，驱车登古原。夕阳无限好，只是近黄昏。

寻隐者不遇

贾　岛

松下问童子，言师采药去。只在此山中，云深不知处。

2. 七言绝句 7 首

回 乡 偶 书

贺知章

少小离家老大回，乡音无改鬓毛衰。儿童相见不相识，笑问客从何处来。

早发白帝城

李　白

朝辞白帝彩云间，千里江陵一日还。两岸猿声啼不住，轻舟已过万重山。

出　塞

王昌龄

秦时明月汉时关，万里长征人未还。但使龙城飞将在，不教胡马度阴山。

绝　句

杜　甫

两个黄鹂鸣翠柳，一行白鹭上青天。窗含西岭千秋雪，门泊东吴万里船。

清　明

杜　牧

清明时节雨纷纷，路上行人欲断魂。借问酒家何处有，牧童遥指杏花村。

枫 桥 夜 泊

张　继

月落乌啼霜满天，江枫渔火对愁眠。姑苏城外寒山寺，夜半钟声到客船。

观 书 有 感

朱 熹

半亩方塘一鉴开，天光云影共徘徊。问渠那得清如许，为有源头活水来。

3. 五言律诗6首

送杜少府之任蜀川

王 勃

城阙辅三秦，风烟望五津。与君离别意，同是宦游人。
海内存知己，天涯若比邻。无为在歧路，儿女共沾巾。

春 望

杜 甫

国破山河在，城春草木深。感时花溅泪，恨别鸟惊心。
烽火连三月，家书抵万金。白头搔更短，浑欲不胜簪。

春 夜 喜 雨

杜 甫

好雨知时节，当春乃发生。随风潜入夜，润物细无声。
野径云俱黑，江船火独明。晓看红湿处，花重锦官城。

山 居 秋 暝

王 维

空山新雨后，天气晚来秋。明月松间照，清泉石上流。
竹喧归浣女，莲动下渔舟。随意春芳歇，王孙自可留。

过 故 人 庄

孟浩然

故人具鸡黍，邀我至田家。绿树村边合，青山郭外斜。
开轩面场圃，把酒话桑麻。待到重阳日，还来就菊花。

赋得古原草送别

白居易

离离原上草，一岁一枯荣。野火烧不尽，春风吹又生。
远芳侵古道，晴翠接荒城。又送王孙去，萋萋满别情。

4. 七言律诗6首

黄　鹤　楼

崔　颢

昔人已乘黄鹤去，此地空余黄鹤楼。黄鹤一去不复返，白云千载空悠悠。
晴川历历汉阳树，芳草萋萋鹦鹉洲。日暮乡关何处是？烟波江上使人愁。

闻官军收河南河北

杜　甫

剑外忽传收蓟北，初闻涕泪满衣裳。却看妻子愁何在，漫卷诗书喜欲狂。
白日放歌须纵酒，青春作伴好还乡。即从巴峡穿巫峡，便下襄阳向洛阳。

登　高

杜　甫

风急天高猿啸哀，渚清沙白鸟飞回。无边落木萧萧下，不尽长江滚滚来。
万里悲秋常作客，百年多病独登台。艰难苦恨繁霜鬓，潦倒新停浊酒杯。

无　题

李商隐

相见时难别亦难，东风无力百花残。春蚕到死丝方尽，蜡炬成灰泪始干。
晓镜但愁云鬓改，夜吟应觉月光寒。蓬山此去无多路，青鸟殷勤为探看。

游山西村

陆　游

莫笑农家腊酒浑，丰年留客足鸡豚。山重水复疑无路，柳暗花明又一村。
箫鼓追随春社近，衣冠简朴古风存。从今若许闲乘月，拄杖无时夜叩门。

长　征

毛泽东

红军不怕远征难，万水千山只等闲。五岭逶迤腾细浪，乌蒙磅礴走泥丸。
金沙水拍云崖暖，大渡桥横铁索寒。更喜岷山千里雪，三军过后尽开颜。

三、经典词曲30首

（一）词20首

忆秦娥

李　白

箫声咽，秦娥梦断秦楼月。秦楼月，年年柳色，灞陵伤别。

乐游原上清秋节，咸阳古道音尘绝。音尘绝，西风残照，汉家陵阙。

浪淘沙

李　煜

帘外雨潺潺，春意阑珊，罗衾不耐五更寒。梦里不知身是客，一晌贪欢。

独自莫凭栏，无限江山，别时容易见时难。流水落花春去也，天上人间！

虞美人

李　煜

春花秋月何时了？往事知多少！小楼昨夜又东风，故国不堪回首月明中。

雕栏玉砌应犹在，只是朱颜改。问君能有几多愁，恰似一江春水向东流。

雨霖铃

柳　永

寒蝉凄切，对长亭晚，骤雨初歇。都门帐饮无绪，留恋处，兰舟催发。执手相看泪眼，竟无语凝噎。念去去，千里烟波，暮霭沉沉楚天阔。

多情自古伤离别，更那堪，冷落清秋节！今宵酒醒何处？杨柳岸、晓风残月。此去经年，应是良辰好景虚设。便纵有千种风情，更与何人说。

八声甘州

柳　永

对潇潇暮雨洒江天，一番洗清秋。渐霜风凄紧，关河冷落，残照当楼。是处红衰翠减，苒苒物华休。惟有长江水，无语东流。

不忍登高临远，望故乡渺邈，归思难收。叹年来踪迹，何事苦淹留？想佳人、妆楼颙望，误几回、天际识归舟。争知我，倚阑干处，正恁凝愁！

浣　溪　沙

晏　殊

一曲新词酒一杯，去年天气旧亭台。夕阳西下几时回？
无可奈何花落去，似曾相识燕归来。小园香径独徘徊。

渔家傲·秋思

范仲淹

塞下秋来风景异，衡阳雁去无留意。四面边声连角起。千嶂里，长烟落日孤城闭。
浊酒一杯家万里，燕然未勒归无计。羌管悠悠霜满地，人不寐，将军白发征夫泪。

苏幕遮·怀旧

范仲淹

碧云天，黄叶地，秋色连波，波上寒烟翠。山映斜阳天接水，芳草无情，更在斜阳外。
黯乡魂，追旅思，夜夜除非，好梦留人睡。明月楼高休独倚，酒入愁肠，化作相思泪。

念奴娇·赤壁怀古

苏　轼

大江东去，浪淘尽，千古风流人物。故垒西边，人道是，三国周郎赤壁。乱石穿空，惊涛拍岸，卷起千堆雪。江山如画，一时多少豪杰！

遥想公瑾当年，小乔初嫁了，雄姿英发。羽扇纶巾，谈笑间，樯橹灰飞烟灭。故国神游，多情应笑我，早生华发。人生如梦，一尊还酹江月。

水　调　歌　头

苏　轼

明月几时有？把酒问青天。不知天上宫阙、今夕是何年。我欲乘风归去，惟恐琼楼玉宇，高处不胜寒。起舞弄清影，何似在人间！

转朱阁，低绮户，照无眠。不应有恨、何事长向别时圆？人有悲欢离合，月有阴晴圆缺，此事古难全。但愿人长久，千里共婵娟。

一　剪　梅

李清照

红耦香残玉蕈秋，轻解罗裳，独上兰舟。云中谁寄锦书来？雁字回时，月满西楼。
花自飘零水自流。一种相思，两处闲愁。此情无计可消除。才下眉头，却上心头。

声 声 慢

李清照

寻寻觅觅，冷冷清清，凄凄惨惨戚戚。乍暖还寒时候，最难将息。三杯两盏淡酒，怎敌他、晚来风急！雁过也，正伤心，却是旧时相识。

满地黄花堆积，憔悴损，如今有谁堪摘！守着窗儿，独自怎生得黑！梧桐更兼细雨，到黄昏、点点滴滴。这次第，怎一个愁字了得！

满 江 红

岳 飞

怒发冲冠，凭栏处、潇潇雨歇。抬望眼，仰天长啸，壮怀激烈。三十功名尘与土，八千里路云和月。莫等闲、白了少年头，空悲切。

靖康耻，犹未雪；臣子恨，何时灭？驾长车、踏破贺兰山缺。壮志饥餐胡虏肉，笑谈渴饮匈奴血。待从头、收拾旧山河，朝天阙。

卜算子・咏梅

陆 游

驿外断桥边，寂寞开无主。已是黄昏独自愁，更著风和雨。

无意苦争春，一任群芳妒。零落成泥碾作尘，只有香如故。

南乡子・登京口北固亭有怀

辛弃疾

何处望神州？满眼风光北固楼。千古兴亡多少事？悠悠，不尽长江滚滚流。

年少万兜鍪，坐断东南战未休。天下英雄谁敌手？曹、刘。生子当如孙仲谋。

采桑子・书博山道中壁

辛弃疾

少年不识愁滋味，爱上层楼。爱上层楼，为赋新词强说愁。

而今识尽愁滋味，欲说还休。欲说还休，却道天凉好个秋。

永遇乐・京口北固亭怀古

辛弃疾

千古江山，英雄无觅、孙仲谋处。舞榭歌台，风流总被、雨打风吹去。斜阳草树，寻常巷陌，人道寄奴曾住。想当年、金戈铁马，气吞万里如虎。

元嘉草草，封狼居胥，赢得仓皇北顾。四十三年，望中犹记，烽火扬州路。可堪回首，佛狸祠下，一片神鸦社鼓！凭谁问：廉颇老矣，尚能饭否？

迈陂塘·雁丘词

元好问

问世间、情是何物，直教生死相许。天南地北双飞客，老翅几回寒暑。欢乐趣，离别苦，就中更有痴儿女。君应有语，渺万里层云，千山暮雪，只影向谁去。

横汾路，寂寞当年箫鼓，荒烟依旧平楚。招魂楚些何嗟及，山鬼暗啼风雨。天也妒，未信与，莺儿燕子俱黄土。千秋万古，为留待骚人，狂歌痛饮，来访雁丘处。

沁园春·雪

毛泽东

北国风光，千里冰封，万里雪飘。望长城内外，惟余莽莽；大河上下，顿失滔滔。山舞银蛇，原驰蜡象，欲与天公试比高。须晴日，看红装素裹，分外妖娆。

江山如此多娇，引无数英雄竞折腰。惜秦皇汉武，略输文采；唐宗宋祖，稍逊风骚。一代天骄，成吉思汗，只识弯弓射大雕。俱往矣，数风流人物，还看今朝。

卜算子·咏梅

毛泽东

风雨送春归，飞雪迎春到。已是悬崖百丈冰，犹有花枝俏。

俏也不争春，只把春来报。待到山花烂漫时，她在丛中笑。

（二）元曲10首

【仙吕·醉中天】 咏大蝴蝶

王和卿

弹破庄周梦，两翅驾东风。三百座名园，一采一个空。谁道风流种，唬杀寻芳的蜜蜂。轻轻飞动，把卖花人搧过桥东。

【南吕·一枝花】 不伏老

关汉卿

【尾】 我是个蒸不烂、煮不熟、捶不扁、炒不爆、响珰珰一粒铜豌豆。恁子弟每，谁教你钻入他锄不断、斫不下、解不开、顿不脱、慢腾腾千层锦套头。我玩的是梁园月，饮的是东京酒；赏的是洛阳花，攀的是章台柳。我也会围棋、会蹴鞠、会打围、会插科；会歌舞、会吹弹、会咽作、会吟诗、会双陆。你便是落了我牙，歪了我嘴，瘸了我腿，折了我手，天赐与我这几般儿歹症候，尚兀自不肯休！则除是阎王亲自唤，神鬼自来勾。三魂归地府，七魄丧冥幽，天哪！那其间才不向烟花路儿上走！

【双调·沉醉东风】 别情

关汉卿

咫尺的天南地北，霎时间月缺花飞。手执着饯行杯，眼阁着别离泪，则道得声“保重将息”，痛煞煞教人舍不得。“好去者望前程万里！”

【越调·天净沙】 秋思

马致远

枯藤老树昏鸦。小桥流水人家。古道西风瘦马。夕阳西下，断肠人在天涯。

【中吕·山坡羊】 潼关怀古

张养浩

峰峦如聚，波涛如怒，山河表里潼关路。望西都，意踟蹰。伤心秦汉经行处，宫阙万间都做了土。兴，百姓苦；亡，百姓苦。

【中吕·红绣鞋】

贯云石

挨着靠着云窗同坐，看着笑着月枕双歌，听着数着愁着怕着早四更过。

四更过，情未足；情未足，夜如梭。天哪，更闰一更儿妨甚么！

【双调·蟾宫曲】 怀古

吴西逸

问从来谁是英雄？一个农夫，一个渔翁。晦迹南阳，栖身东海，一举成功。八阵图名成卧龙，六韬书功在飞熊。霸业成空，遗恨无穷。蜀道寒云，渭水秋风。

【南吕·四块玉】 风情

兰楚芳

我事事村，他般般丑。丑则丑村则村意相投。则为他丑心儿真，博得我村情儿厚。似这般丑眷属，村配偶，只除天上有。

【正宫·醉太平】 讥贪小利者

无名氏

夺泥燕口，剥铁针头，刮金佛面细搜求，无中觅有。鹌鹑嗉里寻豌豆，鹭鸶腿上劈精肉，蚊子腹内刳脂油，亏老先生下手。

【商调·梧叶】 嘲谎人

无名氏

东村里鸡生凤，南庄上马变牛，六月里裹皮裘。瓦垄上宜栽树，阳沟里好驾舟。瓮来大肉馒头，俺家茄子大如斗。

四、经典文赋14篇

阿房宫赋

杜　牧

六王毕，四海一；蜀山兀，阿房出。覆压三百余里，隔离天日。骊山北构而西折，直走咸阳。二川溶溶，流入宫墙。五步一楼，十步一阁；廊腰缦回，檐牙高啄；各抱地势，钩心斗角。盘盘焉，囷囷焉，蜂房水涡，矗不知乎几千万落。长桥卧波，未云何龙？复道行空，不霁何虹？高低冥迷，不知东西。歌台暖响，春光融融；舞殿冷袖，风雨凄凄。一日之内，一宫之间，而气候不齐。

妃嫔媵嫱，王子皇孙，辞楼下殿，辇来于秦。朝歌夜弦，为秦宫人。明星荧荧，开妆镜也；绿云扰扰，梳晓鬟也；渭流涨腻，弃脂水也；烟斜雾横，焚椒兰也。雷霆乍惊，宫车回也；辘辘远听，杳不知其所之也。一肌一容，尽态极妍；缦立远视，而望幸焉，有不见者，三十六年。

燕赵之收藏，韩魏之经营，齐楚之精英，几世几年，剽掠其人，倚叠如山；一旦不能有，输来其间。鼎铛玉石，金块珠砾，弃掷逦迤；秦人视之，亦不甚惜。

嗟乎！一人之心，千万人之心也。秦爱纷奢，人亦念其家；奈何取之尽锱铢，用之如泥沙？使负栋之柱，多于南亩之农夫；架梁之椽，多于机上之工女；钉头磷磷，多于在庾之粟粒；瓦缝参差，多于周身之帛缕；直栏横槛，多于九土之郭；管弦呕哑，多于市人之言语。使天下之人，不敢言而敢怒；独夫之心，日益骄固。戍卒叫，函谷举；楚人一炬，可怜焦土。

呜呼！灭六国者，六国也；非秦也。族秦者，秦也；非天下也。嗟乎！使六国各爱其人，则足以拒秦。使秦复爱六国之人，则递三世，可至万世而为君，谁得而族灭也。秦人不暇自哀，而后人哀之；后人哀之而不鉴之，亦使后人而复哀后人也。

前赤壁赋

苏　轼

壬戌之秋，七月既望，苏子与客泛舟，游于赤壁之下。清风徐来，水波不兴。举酒属客，诵明月之诗，歌窈窕之章。少焉，月出于东山之上，徘徊于斗牛之间。白露横江，水光接天。纵一苇之所如，凌万顷之茫然。浩浩乎如冯虚御风，而不知其所止；飘飘乎如遗世独立，羽化而登仙。

于是饮酒乐甚，扣舷而歌之。歌曰："桂棹兮兰桨，击空明兮溯流光；渺渺兮予怀，望美人兮天一方。"客有吹洞箫者，倚歌而和之，其声呜呜然，如怨如慕，如泣如诉；余音袅袅，不绝如缕，舞幽壑之潜蛟，泣孤舟之嫠妇。

苏子愀然，正襟危坐，而问客曰："何为其然也？"客曰："'月明星稀，乌鹊南飞'，此非曹孟德之诗乎？西望夏口，东望武昌，山川相缪，郁乎苍苍，此非孟德之困于周郎者乎？方其破荆州，下江陵，顺流而东也，舳舻千里，旌旗蔽空，酾酒临江，横槊赋诗，固一世之雄也，而今安在哉？况吾与子渔樵于江渚之上，侣鱼虾而友麋鹿，驾一叶之扁舟，举匏樽以相属。寄蜉蝣于天地，渺沧海之一粟。哀吾生之须臾，羡长江之无穷。挟飞仙以遨游，抱明月而长终。知不可乎骤得，托遗响于悲风。”

苏子曰：“客亦知夫水与月乎？逝者如斯，而未尝往也；盈虚者如彼，而卒莫消长也。盖将自其变者而观之，而天地曾不能一瞬；自其不变者而观之，则物于我皆无尽也。而又何羡乎？且夫天地之间，物各有主，苟非吾之所有，虽一毫而莫取。惟江上之清风，与山间之明月，耳得之而为声，目遇之而成色；取之无尽，用之不竭。是造物者之无尽藏也，而吾与子之所共适。”

客喜而笑，洗盏更酌。肴核既尽，杯盘狼藉。相与枕藉乎舟中，不知东方之既白。

兰亭集序

王羲之

永和九年，岁在癸丑，暮春之初，会于会稽山阴之兰亭，修禊事也。群贤毕至，少长咸集。此地有崇山峻岭，茂林修竹；又有清流激湍，映带左右，引以为流觞曲水，列坐其次。虽无丝竹管弦之盛，一觞一咏，亦足以畅叙幽情。是日也，天朗气清，惠风和畅，仰观宇宙之大，俯察品类之盛，所以游目骋怀，足以极视听之娱，信可乐也。

夫人之相与，俯仰一世，或取诸怀抱，晤言一室之内；或因寄所托，放浪形骸之外。虽趣舍万殊，静躁不同，当其欣于所遇，暂得于己，快然自足，不知老之将至。及其所之既倦，情随事迁，感慨系之矣。向之所欣，俯仰之间，已为陈迹，犹不能不以之兴怀。况修短随化，终期于尽。古人云：“死生亦大矣。”岂不痛哉！

每览昔人兴感之由，若合一契，未尝不临文嗟悼，不能喻之于怀。固知一死生为虚诞，齐彭殇为妄作。后之视今，亦犹今之视昔。悲夫！故列叙时人，录其所述，虽世殊事异，所以兴怀，其致一也。后之览者，亦将有感于斯文。

滕王阁序

王　勃

豫章故郡，洪都新府。星分翼轸，地接衡庐。襟三江而带五湖，控蛮荆而引瓯越。物华天宝，龙光射牛斗之墟；人杰地灵，徐孺下陈蕃之榻。雄州雾列，俊采星驰。台隍枕夷夏之交，宾主尽东南之美。都督阎公之雅望，棨戟遥临；宇文新州之懿范，襜帷暂驻。十旬休假，胜友如云；千里逢迎，高朋满座。腾蛟起凤，孟学士之词宗；紫电青霜，王将军之武库。家君作宰，路出名区，童子何知，躬逢胜饯。

时维九月，序属三秋。潦水尽而寒潭清，烟光凝而暮山紫。俨骖騑于上路，访风景于崇阿。临帝子之长洲，得天人之旧馆。层台耸翠，上出重霄；飞阁翔丹，下临无地。鹤汀凫渚，穷岛屿之萦回；桂殿兰宫，即冈峦之体势。披绣闼，俯雕甍：山原旷其盈视，川泽纡其骇瞩。闾阎扑地，钟鸣鼎食之家；舸舰迷津，青雀黄龙之轴。云销雨霁，彩彻区明。落霞与孤鹜齐飞，秋水共长天一色。渔舟唱晚，响穷彭蠡之滨；雁阵惊寒，声断衡阳之浦。

遥襟甫畅，逸兴遄飞。爽籁发而清风生，纤歌凝而白云遏。睢园绿竹，气凌彭泽之樽；邺水朱华，光照临川之笔。四美具，二难并。穷睇眄于中天，极娱游于暇日。天高地迥，觉宇宙之无穷；兴尽悲来，识盈虚之有数。望长安于日下，目吴会于云间。地势极而南溟深，天柱高而北辰远。关山难越，谁悲失路之人；沟水相逢，尽是他乡之客。怀帝阍而不见，奉宣室以何年。嗟乎！时运不齐，命途多舛；冯唐易老，李广难封。屈贾谊于长沙，非无圣主；窜梁鸿于海曲，岂乏明时。所赖君子见机，达人知命。老当益壮，宁移白首之心；穷且益坚，不坠青云之志。酌贪泉而觉爽，处涸辙而相欢。北海虽赊，扶摇可接；东隅已逝，桑榆非晚。孟尝高洁，空余报国之情；阮籍猖狂，岂效穷途之哭！

勃，三尺微命，一介书生。无路请缨，等终军之弱冠；有怀投笔，爱宗悫之长风。舍簪笏于百龄，奉晨昏于万里。非谢家之宝树，接孟氏之芳邻。他日趋庭，叨陪鲤对；今兹捧袂，喜托龙门。杨意不逢，抚凌云而自惜；钟期相遇，奏流水以何惭。呜呼！胜地不常，盛筵难再；兰亭已矣，梓泽丘墟。临别赠言，幸承恩于伟饯；登高作赋，是所望于群公。敢竭鄙怀，恭疏短引；一言均赋，四韵俱成。请洒潘江，各倾陆海云尔。

师　说

韩　愈

古之学者必有师。师者，所以传道授业解惑也。人非生而知之者，孰能无惑？惑而不从师，其为惑也，终不解矣。生乎吾前，其闻道也固先乎吾，吾从而师之；生乎吾后，其闻道也亦先乎吾，吾从而师之。吾师道也，夫庸知其年之先后生于吾乎？是故无贵无贱，无长无少，道之所存，师之所存也。

嗟乎！师道之不传也久矣！欲人之无惑也难矣！古之圣人，其出人也远矣，犹且从师而问焉；今之众人，其下圣人也亦远矣，而耻学于师。是故圣益圣，愚益愚。圣人之所以为圣，愚人之所以为愚，其皆出于此乎？

爱其子，择师而教之；于其身也，则耻师焉，惑矣。彼童子之师，授之书而习其句读者，非吾所谓传其道解其惑者也。句读之不知，惑之不解，或师焉，或不焉，小学而大遗，吾未见其明也。巫医乐师百工之人，不耻相师。士大夫之族，曰师曰弟子云者，则群聚而笑之。问之，则曰："彼与彼年相若也，道相似也。位卑则足羞，官盛则近谀。"呜呼！师道之不复可知矣。巫医乐师百工之人，君子不齿，今其智乃反不能及，其可怪也欤！

圣人无常师。孔子师郯子、苌弘、师襄、老聃。郯子之徒，其贤不及孔子。孔子曰："三人行，则必有我师。"是故弟子不必不如师，师不必贤于弟子，闻道有先后，术业有专攻，如是而已。

李氏子蟠，年十七，好古文，六艺经传皆通习之，不拘于时，学于余。余嘉其能行古道，作《师说》以贻之。

岳阳楼记

范仲淹

庆历四年春，滕子京谪守巴陵郡。越明年，政通人和，百废具兴，乃重修岳阳楼，增其旧制，刻唐贤今人诗赋于其上。属予作文以记之。

予观夫巴陵胜状，在洞庭一湖。衔远山，吞长江，浩浩汤汤，横无际涯；朝晖夕阴，气象万千。此则岳阳楼之大观也，前人之述备矣。然则北通巫峡，南极潇湘，迁客骚人，多会于此，览物之情，得无异乎？

若夫淫雨霏霏，连月不开；阴风怒号，浊浪排空；日星隐耀，山岳潜形；商旅不行，樯倾楫摧；薄暮冥冥，虎啸猿啼。登斯楼也，则有去国怀乡，忧谗畏讥，满目萧然，感极而悲者矣。

至若春和景明，波澜不惊，上下天光，一碧万顷；沙鸥翔集，锦鳞游泳，岸芷汀兰，郁郁青青。而或长烟一空，皓月千里，浮光跃金，静影沉璧。渔歌互答，此乐何极！登斯楼也，则有心旷神怡，宠辱偕忘，把酒临风，其喜洋洋者矣。

嗟夫！予尝求古仁人之心，或异二者之为，何哉？不以物喜，不以己悲。居庙堂之高则忧其民，处江湖之远，则忧其君。是进亦忧，退亦忧。然则何时而乐耶？其必曰："先天下之忧而忧，后天下之乐而乐"欤！噫！微斯人，吾谁与归？

时六年九月十五日。

汤问·愚公移山

列　子

太行，王屋二山，方七百里，高万仞，本在冀州之南，河阳之北。北山愚公者，年且九十，面山而居。惩山北之塞，出入之迂也。聚室而谋曰："吾与汝毕力平险，指通豫南，达于汉阴，可乎？"杂然相许。其妻献疑曰："以君之力，曾不能损魁父之丘，如太行、王屋何？且焉置土石？"杂曰："投诸渤海之尾，隐土之北。"遂率子孙荷担者三夫，叩石垦壤，箕畚运于渤海之尾。邻人京城氏之孀妻有遗男，始龀，跳往助之。寒暑易节，始一反焉。

河曲智叟笑而止之曰："甚矣，汝之不惠。以残年余力，曾不能毁山之一毛，其如土石何？"北山愚公长息曰："汝心之固，固不可彻，曾不若孀妻弱子。虽我之死，有子存焉；子又生孙，孙又生子；子又有子，子又有孙；子子孙孙无穷匮也，而山不加增，何苦而不平？"河曲智叟亡以应。

操蛇之神闻之，惧其不已也，告之于帝。帝感其诚，命夸娥氏二子负二山，一厝朔东，一厝雍南。自此，冀之南，汉之阴，无陇断焉。

世说新语·小时了了

刘义庆

孔文举年十岁，随父到洛。时李元礼有盛名，为司隶校尉。诣门者，皆俊才清称及中表亲戚乃通。文举至门，谓吏曰："我是李府君亲。"既通，前坐。元礼问曰："君与仆有何亲？"对曰："昔先君仲尼与君先人伯阳有师资之尊，是仆与君奕世为通好也。"元礼及宾客莫不奇之。太中大夫陈韪后至，人以其语语之，韪曰："小时了了，大未必佳。"文举曰："想君小时必当了了。"韪大踧踖。

陋　室　铭

刘禹锡

山不在高，有仙则名。水不在深，有龙则灵。斯是陋室，惟吾德馨。苔痕上阶绿，草色入帘青。谈笑有鸿儒，往来无白丁。可以调素琴，阅金经。无丝竹之乱耳，无案牍之劳形。南阳诸葛庐，西蜀子云亭。孔子云："何陋之有？"

杂说四　马说

韩　愈

世有伯乐，然后有千里马。千里马常有，而伯乐不常有。故虽有名马，只辱于奴隶人之手，骈死于槽枥之间，不以千里称也。

马之千里者，一食或尽粟一石。食马者，不知其能千里而食也。是马也，虽有千里之能，食不饱，力不足，才美不外见，且欲与常马等不可得，安求其能千里也！

策之不以其道，食之不能尽其材，鸣之而不能通其意，执策而临之曰："天下无马。"呜呼！其真无马邪？其真不知马也！

黔　之　驴

柳宗元

黔无驴，有好事者，船载以入；至则无可用，放之山下。虎见之，庞然大物也，以为神。蔽林间窥之，稍出近之，慭慭然，莫相知。

他日，驴一鸣，虎大骇，远遁，以为且噬己也，甚恐！然往来视之，觉无异能者，益习其声，又近出前后，终不敢搏。稍近益狎，荡倚冲冒。驴不胜怒，蹄之。虎因喜，计之曰："技止此耳！"因跳踉大㘎，断其喉，尽其肉，乃去。

噫！形之庞也类有德，声之宏也类有能。向不出其技，虎虽猛，疑畏卒不敢取，今若是焉，悲夫！

卖　油　翁

欧阳修

陈康肃公尧咨善射，当世无双，公亦以此自矜。尝射于家圃，有卖油翁释担而立，睨之，久而不去。见其发矢十中八九，但微颔之。

康肃问曰："汝亦知射乎？吾射不亦精乎？"翁曰："无他，但手熟尔。"康肃忿然曰："尔安敢轻吾射！"翁曰："以我酌油知之。"乃取一葫芦置于地，以钱覆其口，徐以杓酌油沥之，自钱孔入，而钱不湿。因曰："我亦无他，唯手熟尔。"康肃笑而遣之。

爱 莲 说

周敦颐

水陆草木之花，可爱者甚蕃。晋陶渊明独爱菊。自李唐来，世人甚爱牡丹。予独爱莲之出淤泥而不染，濯清涟而不妖，中通外直，不蔓不枝，香远益清，亭亭净植，可远观而不可亵玩焉。

予谓菊，花之隐逸者也；牡丹，花之富贵者也；莲，花之君子者也。噫！菊之爱，陶后鲜有闻；莲之爱，同予者何人？牡丹之爱，宜乎众矣。

为学一首示子侄

彭端淑

天下事有难易乎？为之，则难者亦易矣；不为，则易者亦难矣。人之为学有难易乎？学之，则难者亦易矣；不学，则易者亦难矣。

蜀之鄙有二僧，其一贫，其一富。贫者语于富者曰："吾欲之南海，何如？"富者曰："子何恃而往？"曰："吾一瓶一钵足矣。"富者曰："吾数年来欲买舟而下，犹未能也。子何恃而往？"越明年，贫者自南海还，以告富者。富者有惭色。

西蜀之去南海，不知几千里也，僧富者不能至而贫者至焉。人之立志，顾不如蜀鄙之僧哉？是故聪与敏，可恃而不可恃也；自恃其聪与敏而不学者，自败者也。昏与庸，可限而不可限也；不自限其昏与庸而力学不倦者，自力者也。

参考文献

[1] 白龙. 播音发声技巧[M]. 北京:中国广播电视出版社. 2001.
[2] 白宛如. 广州方言词典[M]. 南京:江苏教育出版社. 2001.
[3] 北京大学中国语言文学系语言学教研室. 汉语方言词汇[M]. 北京:语文出版社. 1995.
[4] 陈旻. 普通话水平测试教程[M]. 南京:东南大学出版社. 2002.
[5] 杜菁. 普通话语音学教程[M]. 北京:中国广播电视出版社. 1999.
[6] 傅国通,殷作炎. 普通话导学[M]. 杭州:浙江大学出版社. 2001.
[7] 国家语言文字工作委员会政策法规室. 国家语言文字政策法规汇编[M]. 北京:语文出版社. 1996.
[8] 黄伯荣,瘳序东. 现代汉语(上册)[M]. 北京:高等教育出版社. 2000.
[9] 黄雪贞. 梅县方言词典[M]. 南京:江苏教育出版社. 1999.
[10] 李红岩. 诗歌朗读技术[M]. 北京:中国广播电视出版社. 2002.
[11] 李乐毅. 普通话正音知识[M]. 北京:商务印书馆出版社. 2001.
[12] 林焘. 林焘语言学论文集[M]. 北京:商务印书馆. 2001.
[13] 林伦伦,陈小枫. 广东闽方言语音研究[M]. 汕头:汕头大学出版社. 1996.
[14] 刘照雄. 普通话水平测试大纲[M]. 长春:吉林人民出版社. 2001.
[15] 罗常培,王均. 普通语音学纲要[M]. 北京:商务印书馆. 1981.
[16]《普通话水平测试指导》编写组.普通话水平测试指导[M]. 广州:广东经济出版社. 2001.
[17] 商务印书馆辞书研究中心. 新华正音词典[M]. 北京:商务印书馆. 2002.
[18] 王力. 广东人怎样学习普通话[M]. 北京:北京大学出版社. 1997.
[19] 王宇红. 诵读技巧[M]. 北京:中国广播电视出版社. 2002.
[20] 吴弘毅. 普通话语音和播音发声[M]. 北京:北京广播学院出版社. 2002.
[21] 吴洁敏,朱宏达. 汉语节律学[M]. 北京:语文出版社. 2001.
[22] 吴洁敏. 新编普通话教程[M]. 杭州:浙江大学出版社. 2001.
[23] 谢永昌. 梅县客家方言志[M]. 广州:暨南大学出版社. 1994.
[24] 徐世荣. 普通话语音知识[M]. 北京:语文出版社. 1993.
[25] 袁家骅. 汉语方言概要[M]. 北京:语文出版社. 2001.
[26] 詹伯慧. 汉语方言及方言调查[M]. 武汉:湖北教育出版社. 2001.
[27] 张颂.朗读学[M]. 北京:北京广播学院出版社. 2000.
[28] 赵杰. 汉语语言学[M]. 北京:朝华出版社. 2001.